Quand les poules auront des dents...

# DU MÊME AUTEUR

*Darwin et les grandes énigmes de la vie*, Paris, Pygmalion, 1979.
*Le Pouce du panda*, Paris, Grasset, 1982.
*La Mal-mesure de l'homme*, Paris, Ramsay, 1983.

Stephen Jay Gould

# Quand les poules auront des dents...

*Réflexions sur l'histoire naturelle*

traduit de l'américain
par Marie-France de Paloméra

FAYARD

Cet ouvrage est la traduction intégrale, parue pour la première fois en France, de l'ouvrage de langue anglaise

*HEN'S TEETH AND HORSE'S TOES*

*édité par W.W. NORTON & Company. New York. London.*

# PROLOGUE

*Le monde entier aime les centenaires ; nous ne résistons pas à la tentation de fêter quelque chose de net et d'égal dans un univers rempli d'aspérités et incertain. Je réunis les essais qui composent ce troisième volume * alors que les festivités marquant la troisième commémoration darwinienne de notre siècle battent leur plein. La première, en 1909, célébrait le centenaire de la naissance de Darwin, la deuxième, en 1959, le centenaire de la parution de* L'Origine des espèces, *la troisième, en 1982, le centenaire de sa mort. Toute cette série de textes était axée sur Darwin et sur la théorie de l'évolution (l'essai n° 9 constituant mon hommage personnel au savant). L'enchaînement de ces commémorations nous fournit un exemple splendide de ce qu'est, à notre siècle, l'évolution et nous donne un aperçu de ses actuels succès et tribulations.*

*Les organisateurs des réjouissances qui se déroulèrent à Cambridge en 1909 furent obligés de dissimuler une réalité gênante lorsqu'il réglèrent les détails de leur hagiographie. Bien qu'aucun*

---

* Les deux premiers volumes, *Darwin et les grandes énigmes de la vie* et *Le Pouce du Panda*, ont été publiés par W.W. Norton en 1977 et 1980 (les traductions françaises sont parues respectivement aux éditions Pygmalion en 1979 et Grasset en 1982). Cette fois encore, presque tous mes essais sont tirés de ma chronique mensuelle du *Natural History Magazine*, intitulés *This View of Life*. Trois essais ont une autre origine. L'essai 19 fut d'abord publié dans *Discover Magazine* de mai 1981 ; l'essai 24 a été écrit pour *Junk Food*, publié par Dial Press, 1980 ; l'essai 17 a été écrit spécialement pour ce volume, où il reprend les critiques qui ont été formulées sur l'essai 16 à l'occasion de sa parution dans *Natural History*.

*individu doté d'esprit de réflexion ne doutât, en 1909, de la réalité de l'évolution en tant que fait, la théorie darwinienne sur la façon dont elle s'opérait — la sélection naturelle — n'était pas au plus fort de sa popularité. A vrai dire, cette année 1909 marqua le point culminant de la confusion sur le mécanisme qui avait permis à cette évolution de se produire. Un groupe de darwiniens orthodoxes en ordre de combat, avec à leur tête un A.R. Wallace vieillissant en Angleterre et A. Weissman en Allemagne, soutenaient avec entêtement que presque toutes les modifications dues à l'évolution découlaient du pouvoir cumulatif de la sélection naturelle, qui mettait progressivement en place des mécanismes d'adaptation à partir du matériau brut aléatoire des variations génétiques de petite ampleur. La théorie de Lamarck conservait toute sa vigueur et offrait une solution de rechange à la sélection naturelle pour expliquer l'apparition graduelle des adaptations : l'organisme réagissait de façon créatrice aux besoins perçus, et ces réactions favorables à la progéniture se transmettaient par le biais du patrimoine des caractères acquis. L'hérédité mendélienne, une fois correctement déchiffrée, fit pencher la balance en faveur de Darwin ; mais en 1909 cette théorie (encore dans l'incertitude de la jeunesse) ne fit qu'augmenter la pagaïe en ajoutant un troisième mécanisme aux deux déjà en compétition : l'apparition soudaine de nouvelles espèces à la suite de grandes mutations fortuites.*

*En 1959, la confusion avait fait place à une situation inverse : une autosatisfaction involontaire. Le darwinisme orthodoxe triomphait. L'essor de la génétique mendélienne avait mis au rebut le lamarckisme, car le fonctionnement de l'ADN ne faisait intervenir aucun mécanisme de transmission de caractères acquis. La fascination initiale à l'égard des grandes mutations avait disparu ; il était admis que des petites variations nombreuses et continues avaient elles aussi une base mendélienne, et qu'elles offraient de bien meilleures possibilités à la matière brute du changement évolutionniste que de grandes mutations occasionnelles et préjudiciables. Mais une variation aléatoire à petite échelle n'est pas en elle-même à l'origine d'une modification ; elle exige l'action d'une force qui préserve et renforce sa composante favorable. En 1959, presque tous les biologistes partisans de l'évolution étaient parvenus à la conclusion que, tout compte fait, la sélection naturelle fournissait ce mécanisme créateur de changement. A cent cinquante ans, Darwin triomphait. Pourtant, dans l'ivresse de la victoire, ses disciples de dernière heure conçurent une version de sa théorie bien plus étroite qu'il ne l'aurait lui-même jamais permis.*

*Cette version stricte allait beaucoup plus loin que la simple hypothèse selon laquelle la sélection naturelle constitue un mécanisme prédominant de l'évolution (proposition que je ne conteste pas). Elle mettait l'accent sur un programme de recherche qui réduisait pratiquement l'organisme à un amalgame de composants dont chacun était rendu aussi parfait que possible par la force lente mais obstinée de la sélection naturelle. Ce « programme adaptatif » minimisait l'ancienne théorie, qui voyait dans les organismes des entités intégrées dont les possibilités de développement sont limitées par l'hérédité — et non une pâte molle que les forces sélectives de l'environnement peuvent orienter vers n'importe quelle adaptation. Outre l'importance accordée aux variations nombreuses, infimes et aléatoires dues à la lenteur insupportable mais opiniâtre de la sélection naturelle, la version stricte affirmait également que tous les phénomènes de l'évolution qui se produisaient sur une vaste échelle (la macroévolution) étaient le résultat progressif, accumulé, d'innombrables étapes. Chaque étape représentait elle-même une adaptation infime à un contexte en transformation au sein d'une population locale. Cette théorie « extrapolationniste » refusait toute indépendance à la macroévolution et interprétait tous les phénomènes évolutifs à vaste échelle (l'origine des formes essentielles, les tendances à long terme, les schémas d'extinction et le renouvellement de la faune) comme une microévolution (l'étude des changements de faible amplitude à l'intérieur des espèces) qui s'était lentement accumulée. Finalement, les tenants de la version stricte cherchèrent la source de tous les changements dans la lutte menée par les organismes individuels pour s'adapter, refusant ainsi tout enchaînement causal direct aux autres échelons de la riche hiéararchie de la nature, avec ses « individus » situés à la fois au-dessous de l'échelon des organismes (les gènes, par exemple) et au-dessus) (les espèces, par exemple). Bref, la version stricte insistait sur le changement graduel et adaptatif dû à la sélection naturelle qui opérait exclusivement sur les organismes.*

*Lors de la deuxième commémoration, quelques spécialistes allèrent même jusqu'à déclarer que l'immense complexité de l'évolution avait fini par s'incliner devant la résolution finale. Comme le fit observer un de ses chefs de file dans un essai célèbre : « Naturellement, les opinions divergent encore sur certains points mineurs, et de nombreux détails demandant à être complétés, mais les bases de l'explication de l'histoire de la vie sont probablement élucidées à l'heure qu'il est. »*

*Aujourd'hui, pour sa troisième commémoration, la théorie de Darwin se porte remarquablement bien. Son mécanisme fondamental, la sélection naturelle, fournit une base théorique et un terrain d'entente qui nous permettent de dépasser l'anarchie pessimiste de 1909. Mais les contraintes imposées par la version orthodoxe trop zélée qui primait en 1959 se relâchent. Les découvertes passionnantes de la biologie moléculaire et de l'étude du développement embryonnaire ont à nouveau déplacé l'accent sur l'intégrité de la forme organique et laissent penser qu'il existe des modes d'évolution autre que le changement progressif procédant par accumulation qu'avaient mis en avant les darwiniens orthodoxes. L'étude directe des séquences fossiles a également dénoncé les déformations de la théorie graduelle (le modèle d'« équilibre ponctué » de stase à long terme au sein des espèces et l'origine géologiquement rapide de nouvelles espèces) et avancé l'hypothèse qu'il existait peut-être une hiérarchie explicative considérant les espèces comme des agents d'évolution aussi discrets qu'actifs (tout comme la biologie moléculaire a étendu la hiérarchie dans une autre direction en découvrant au niveau des gênes des processus évolutifs qui sont « invisibles » aux organismes — voir essai n° 13).*

*Mais le paradoxe veut qu'on ait aussi assisté, au début des années 1980, à un débat entièrement différent et contradictoire en matière d'évolution, souvent confondu dans l'esprit du public avec les arguments légitimes et passionnants en faveur des mécanismes de l'évolution. Je veux parler, bien sûr, de la résurgence politique d'une pseudoscience baptisée par ses adeptes « création-*

*nisme scientifique »* —, *soit une adhésion littérale à la Genèse, qui se fait passer pour science en essayant insidieusement de contourner le Premier amendement de la Constitution et de s'arroger le droit d'inclure des opinions religieuses particulières (et défendues par une minorité) dans les programmes de l'enseignement public. Comme en 1909, personne à l'heure actuelle, aucun individu capable de raisonnement ne met en doute une vérité de fait : le vivant évolue. Les discussions enflammées sur le* comment *de l'évolution font apparaître la science sous son jour le plus passionnant, mais ne sont d'aucun réconfort pour le fondamentaliste inconditionnel (tout au plus lui apportent-elles des munitions factices à partir de déformations délibérées).*

*La juxtaposition très particulière d'attitudes absolument contraires face à un thème manifestement identique me rappelle deux opéras de Wagner où il est question d'un concours de chant,* Tannhäuser *et* Les Maîtres chanteurs *— l'un sublime, l'autre comique ; ou encore deux films de Spielberg sur certains phénomènes étranges qui viennent troubler la quiétude des banlieues à l'été 1982,* E.T. *et* Poltergeist *— l'un plein d'optimisme, l'autre sinistre. Mais la vie est une fusion continuelle du sacré et du profane, et pourquoi vouloir s'en défendre ?*

*Ce recueil d'essais sur l'évolution a vu le jour dans ce climat de tension. Il aborde à la fois la controverse purement politique et non intellectuelle déclenchée par les créationnistes modernes (5ᵉ partie) et le passionnant débat qui anime aujourd'hui la théorie de l'évolution. C'est ainsi que j'évoque le rôle des modifications dans le développement embryonnaire, qui constitueraient un mécanisme conduisant à des transformations évolutives rapides (3ᵉ partie) ; le hasard comme source d'évolution, et pas seulement la matière brute (essai nº 26) ; l'évolution aux échelons à la fois supérieur et inférieur à celui traditionnellement envisagé par la théorie darwinienne (essai nº 13) ; ou encore les contraintes du développement et de l'hérédité comme argument en faveur de l'intégrité des organismes, et contre une vue trop atomiste et déterministe de l'adaptation (3ᵉ partie, mais également thème central des essais nº 3, 10 et 29).*

*Une dernière tension, plus importante en dernier ressort —*

*tension qui fait de l'évolution un sujet passionnant entre tous, pour le scientifique comme pour le profane — oppose les controverses animées qui nous divisent à l'énorme pouvoir unificateur et à l'ampleur de la théorie de l'évolution proprement dite. De la même manière que j'ai analysé les divers arguments, j'ai écrit sur une théorie du vivant qui a, depuis l'époque de Darwin, transformé la conception que nous avions de nous-mêmes et de notre univers. Les « grandes » questions sur l'histoire de notre planète et de sa vie permettent d'explorer la pensée de scientifiques exemplaires du passé et de comprendre le processus de la science lorsqu'elle est à son point d'excellence (2ᵉ partie). (Si le lecteur achève la lecture de cette partie en ayant compris que le domaine où navigue la science est celui des questions sans réponses, et non des divagations fascinantes de l'esprit humain, il comprendra aussi pourquoi le créationnisme moderne n'est pas une science.) Le fait que les problèmes de l'évolution se perdent dans des débats politiques qui s'en écartent manifestement (5ᵉ partie) montre à la fois l'ampleur du champ de cette théorie du vivant et l'enchevêtrement inextricable des problèmes scientifiques et sociaux. La vision plus vaste et plus nette qu'il se dégage de la théorie de l'évolution pourrait élargir notre conception de la science et de l'explication en général, en insistant sur la contingence historique et sur les caprices du changement (sensés après coup) par rapport au monde prévisible et régulier prôné par le stéréotype de la science dite « dure ». J'étudie ce point dans tout mon livre, mais, plus essentiellement, dans l'essai n° 4 (le seul qui soit à relire si vous estimez qu'un essai mérite cette peine). Tous ces problèmes sont abstraits, mais j'utilise pour les aborder les particularités étranges et mystérieuses de la nature. Je n'ai jamais été très sensible aux théories désincarnées. Ainsi, pour analyser la force explicative de la théorie de l'évolution (1ᵉʳ partie), je parle des singularités apparentes résolues par la théorie de Darwin — baudroies naines mâles vivant en parasites avec les femelles, guêpes qui paralysent les insectes afin d'offrir un repas vivant à leurs larves, jeunes oiseaux qui tuent les autres membres de la couvée en les éjectant de leur « nid » de guano, mites mâles dont le cycle de vie est seulement une fraction de celui accordé aux femelles... D'autres essais traitent des généralités abordées par l'observation de l'agencement de mystères particuliers : pourquoi les parties génitales de la hyène tachetée femelle signifient-elles la disparition du pénis et du scrotum du mâle ; pourquoi les grands animaux ne se déplacent-ils pas sur roues ; comment les poules réussissent-elles à avoir des dents alors qu'aucun oiseau n'en a produit depuis plus de cinquante millions d'années ; comment certaines mouches peuvent-elles développer des pattes dans leur bouche (je parle même d'un moustique « coi », ainsi affligé) ; pourquoi la disparition des dinosaures coïncide-t-elle avec l'extinction d'au moins vingt-cinq pour cent des familles d'invertébrés marins ; les zèbres sont-ils noirs avec des rayures blanches, ou blancs avec des rayures noires, et quelles règles générales président aux variantes du dessin de leur robe ? J'irai même jusqu'à penser qu'une règle générale se cache derrière ce que j'écris sur la réduction du format des Hershey Bars, mais je n'insisterai pas. L'humour (en tout cas, la volonté d'en avoir) a sa place ici.*

*En cette troisième célébration, Darwin serait satisfait de voir combien son enfant a grandi et forci. De même applaudirait-il aux controverses légitimes et d'une grande portée qui entourent sa théorie, car l'absence de dogmatisme est le signe distinctif du grand savant. Lors de la commémoration de 1909, la première, William Bateson (voir essai n° 11), peut-être le dernier darwinien de tous les participants, rendit à Darwin le plus bel hommage qu'il pût recevoir, en écrivant : « Ce que nous honorerons le plus en lui ne sera pas l'élégance d'une réussite achevée, mais le pouvoir créateur par lequel il a marqué le point de départ de découvertes d'un champ illimité et d'une infinie variété. »*

# I. DES BIZARRERIES RAISONNABLES

# 1.

# Gros poissons et menu fretin

Lord Alfred Tennyson, peu connu pour ses préoccupations égalitaires, comparait ainsi les mérites respectifs des sexes :

> La femme est un homme en réduction et toutes
> tes passions, comparées aux miennes,
> sont ce qu'est la lune au soleil
> et l'eau au vin.

Ce quatrain [1] n'est peut-être pas représentatif de l'opinion de Tennyson. Le protagoniste de « Locksley Hall » venait en effet d'être éconduit et il prononçait ces mots dans un accès d'amertume aussi grandiose que poétique. Toutefois, nous serions tentés, pour la plupart d'entre nous, de prendre son contenu à la lettre — les femmes sont plus petites que les hommes — et d'y voir une réalité largement répandue dans la nature, et non un piège sexiste. Et nous serions, pour la plupart d'entre nous également, dans l'erreur.

Les mâles de l'espèce humaine sont, bien sûr, plus grands et plus gros que les femelles, et cette règle vaut pour la majeure partie des mammifères (reportez-vous néanmoins à l'essai nº 11). Or, dans un très grand nombre — sinon la grande majorité — d'espèces animales, les femelles sont plus grosses que les mâles. D'abord, la plupart des espèces animales sont des insectes, et les femelles y sont en général plus importantes que

---

1. Poème de Tennyson publié dans son recueil de 1842. (NdT.)

les mâles. Comment expliquer que ceux-ci aient habituellement des proportions plus modestes ?

Une hypothèse amusante, mais avancée sans l'ombre d'un sourire il y a un siècle (comme je l'ai découvert par hasard dans la rubrique *« 50 and 100 Years Ago »* du numéro du *Scientific American* de janvier 1982) : un certain G. Delaunay affirmait qu'on pouvait classer les races humaines en fonction de la position sociale relative des femelles. Les races inférieures subissaient la suprématie des femelles, les mâles avaient le pouvoir dans les races supérieures, tandis que l'égalité des sexes caractérisait les races qui se situaient au milieu de la hiérarchie. A l'appui de cette thèse pour le moins originale, Delaunay déclarait que les femelles sont plus grosses que les mâles chez les animaux « inférieurs » et plus menues chez les créatures « supérieures ». Ainsi, le fait qu'il existe un plus grand nombre d'espèces dans lesquelles les femelles sont plus imposantes ne menaçait en rien le concept général de supériorité masculine. Après tout, beaucoup triment et peu gouvernent.

La thèse de Delaunay est presque trop belle pour qu'on veuille en troubler l'agencement, mais il vaut sans doute la peine de rappeler que le paradigme d'un groupe « supérieur » dans lequel les mâles sont plus gros (les mammifères) est moins solide qu'on ne le pense en général (voir Katherine Ralls, dans la bibliographie). D'accord, les mâles sont plus gros dans la majorité des espèces de mammifères, mais Katherine Ralls a découvert un nombre étonnant d'espèces dotées de femelles plus imposantes, et cela, à tous les niveaux de cette classe animale. Douze des vingt ordres qu'elle comprend et vingt de ses cent vingt-deux familles comportent des espèces à femelles plus grosses. Dans certains groupes importants, elles sont la règle : chez les lapins et les lièvres, une famille de chauves-souris, trois familles de baleines, un grand groupe de phoques et deux tribus d'antilopes. Par ailleurs, comme nous le rappelle également Katherine Ralls, étant donné que les baleines bleues sont les plus gros animaux qui aient jamais existé, et que chez les baleines les femelles sont plus grosses que les mâles, le plus gros animal de tous les temps est incontestablement une femelle. Le record jamais atteint chez une baleine était de 28,5 mètres — une femelle.

La répartition sporadique de femelles plus grandes et plus grosses dans l'éventail taxinomique des mammifères illustre la conclusion générale la plus importante à laquelle nous puissions parvenir quant aux dimensions relatives des sexes : le modèle étudié ne fait apparaître aucune tendance générale ou globale liant la prédominance de l'un ou l'autre sexe à la complexité anatomique, à l'âge géologique ou à une étape supposée de l'évolution. La taille relative des sexes semble refléter au contraire une stratégie d'évolution adaptée à un contexte particulier, ce qui reprend la thèse de Darwin selon laquelle l'évolution est essentiellement l'histoire d'une adaptation à un milieu donné. Dans cette optique, les dimensions habituellement plus imposantes des femelles n'ont rien d'inattendu. Produisant les œufs, les femelles s'occupent en général plus activement de leur progéniture que les mâles. (Certains pères nourriciers, comme l'hippocampe et plusieurs poissons abritant leurs petits dans leur bouche, doivent recevoir les œufs directement de la femelle ou récupérer ceux-ci une fois qu'elle les a libérés.) Même chez les espèces qui se désintéressent de leur progéniture, les œufs doivent recevoir les aliments qui leur permettront de se développer, car le sperme n'est guère autre chose que de l'ADN assorti d'un système de diffusion. Les œufs plus gros ont besoin de plus de place et d'un corps plus important pour les produire.

Si les femelles fournissent les éléments nutritifs indispensables à la croissance de l'embryon ou de la larve, nous sommes en droit de nous demander pourquoi les mâles existent. Pourquoi se compliquer les choses avec une différence de sexe si un seul parent peut pourvoir à l'essentiel ? La nature du monde darwinien semble fournir la réponse à ce vieux dilemme. Si la sélection naturelle fait progresser l'évolution en préservant les variantes privilégiées d'un spectre réparti au hasard et en fonction d'une valeur moyenne, alors l'absence de variations détraque le processus ; en effet, la sélection naturelle ne fait rien directement et ne peut que choisir parmi les alternatives offertes. Si tous les rejetons étaient les copies conformes d'un parent unique, ils ne présenteraient aucune variation génétique (exception faite de quelques rares mutations), ce qui entraverait le bon fonctionnement de la sélection. La différenciation sexuelle crée un champ énorme de variations en mélangeant dans chaque rejeton le matériau génétique de deux créatures. Ne serait-ce que pour cette raison, la présence fortuite des mâles s'impose.

Mais si la fonction biologique des mâles ne dépasse pas l'apport d'un ADN réduit à lui-même, pourquoi se donner tant de mal pour qu'il y en ait ? Pourquoi doivent-ils être, dans la plupart des cas, presque aussi gros que les femmes, posséder des organes complexes et être parfaitement capables de vivre leur vie ? Pourquoi les abeilles laborieuses sont-elles obligées de continuer à produire ces gros bons à rien connus sous le nom de faux-bourdons ?

Autant de questions auxquelles il serait difficile de répondre si l'évolution œuvrait pour le bien de l'espèce ou pour des groupes plus vastes. Mais, d'après la théorie darwinienne de la sélection naturelle, l'évolution est fondamentalement une lutte entre des organismes individuels pour transmettre un nombre plus grand de leurs gènes aux générations futures. Les mâles, étant indispensables (voir plus haut), deviennent eux-mêmes des agents de l'évolution ; ils ne sont pas conçus pour le bénéfice de leur espèce. En leur qualité d'agents indépendants, ils participent à la lutte à leur façon — ce qui favorise parfois le développement de leur taille. Dans de nombreux groupes, les mâles se battent (au sens propre du terme) pour approcher les femelles, et les poids lourds ont souvent l'avantage. Chez les créatures plus complexes, il peut en résulter une vie sociale qui gagnera même parfois en complexité. Il se pourra alors que la présence active d'un seul parent soit insuffisante pour élever les petits, et les mâles acquerront un rôle biologique qui transcendera leur seule fonction de reproducteurs patentés.

Mais qu'en est-il de situations écologiques qui ne stimulent pas la lutte et n'exigent pas le rôle parental ? Après tout, le plus célèbre vers écologique de Tennyson — la description qu'il fait de l'écologie de la vie : « la nature, toute griffes et ongles sanglants » — ne s'applique pas à la totalité des cas, ni même à la majorité de ceux-ci. La « lutte pour la vie » de Darwin est une métaphore, elle ne sous-entend pas de combat actif. La lutte pour que les gènes soient présents à la génération suivante peut être menée de bien des façons. Une stratégie très répandue copie la devise des élections truquées : votez avant tout le monde, votez le plus de fois possible (mais remplacez « votez » par « forniquez »). Les mâles qui adoptent cette tactique n'ont, sur le plan de la théorie de l'évolution, aucune raison d'être plus gros ou plus complexes que ce qui leur est strictement nécessaire pour localiser une femelle aussi vite que possible et pour rester dans les parages. Nous pouvons nous attendre, en l'occurence, à trouver des mâles réduits à leur plus simple expression, statut qui aurait très bien pu se généraliser si l'évolution ne s'attachait qu'au bien de l'espèce, et consister en un petit système ayant pour seule fonction de déposer le sperme. La nature, trop obligeante, nous a donné plusieurs exemples d'un sort qui, n'eût été la sélection naturelle, aurait pu être le mien.

Imaginons une espèce si bien disséminée sur un vaste territoire que les mâles se rencontreraient rarement sur le site d'une femelle. Supposons aussi que les femelles, parvenues à l'âge adulte, se déplacent peu, voire pas du tout — elles sont fixées au substrat (des bernacles, par exemple), ou bien elles vivent en parasites avec une autre créature, ou encore elles se nourrissent en guettant leur proie ou en la prenant au piège, non en la poursuivant. Supposons enfin que le milieu ambiant puisse facilement véhiculer de petites créatures (comme la mer, avec ses courants et sa forte densité ; pour une analyse de ce phénomène, voir l'ouvrage de M. Ghiselin, *The Economy of Nature and the Evolution of Sex*). Étant donné que les mâles manquent de la vigueur nécessaire pour se battre, au sens général, qu'ils doivent trouver une femelle immobile, et que le milieu dans lequel ils évoluent peut leur servir de moyen de transport (ou aider considérablement leurs déplacements), à quoi leur servirait-il d'être gros ? Pourquoi ne pas s'empresser de trouver une femelle alors qu'ils sont encore petits et jeunes et s'y accrocher au titre de simple source de sperme ? Pourquoi se fatiguer pour trouver à se nourrir, pourquoi grandir et grossir, et devenir plus complexe ? Pourquoi ne pas exploiter cette femelle nourricière ? Surtout que ses petits seront des nôtres à cinquante pour cent.

Force est de reconnaître que c'est là une stratégie des plus courantes — bien que peu appréciée des mammifères jouissant d'un autre statut et dotés de sensations — chez les invertébrés qui vivent à de grandes profondeurs (où la nourriture est rare et où les populatons sont très éparses), ou qui élisent domicile dans des emplacements largement dispersés et difficiles à localiser (comme dans le cas de nombreux parasites). Là, nous trouvons souvent cette situation ultime dans l'expression de la tendance la plus courante de la nature : la présence de femelles plus grosses que les mâles. Ces derniers deviennent nains, ils font souvent moins d'un dixième de la longueur de la femelle. Leur corps se transforme et ils deviennent un organisme principalement conçu pour dénicher les femelles : une sorte de système de distribution de sperme.

Une espèce d'*Enteroxenos,* par exemple, un mollusque parasite qui vit dans l'intestin des concombres de mer (des échinodermes de la famille des oursins et des étoiles de mer), fut d'abord décrit comme un hermaphrodite doté d'un organe mâle et d'un organe femelle. Mais J. Lutzen, de l'université de Copenhague, a découvert récemment que l'« organe » mâle est en réalité le produit dégénéré d'un organisme mâle nain distinct, qui a trouvé la femelle a parasiter et s'y est fixé de façon permanente. La femelle *Enteroxenos* se fixe elle-même à l'œsophage du concombre de mer au moyen d'un petit tube cilié. Le mâle nain trouve le tube, pénètre dans le corps de la femelle, s'y fixe à un endroit donné, puis perd en quelque sorte tous ses organes sauf, naturellement, ses testicules. Après que le mâle est entré, la femelle sectionne sa liaison tubulaire avec l'œsophage du concombre de mer, bloquant ainsi l'entrée à tout mâle éventuel. (Un darwinien orthodoxe — je n'en suis pas — dirait déjà que le mâle a mis au point un système pour sectionner cette liaison tubulaire ou amener la femelle à le faire, afin d'exclure tout autre mâle que lui et assurer sa paternité exclusive sur tous les petits de la femelle. Mais aucune preuve ne vient étayer cette hypothèse ni la réfuter.)

Tant qu'un phénomène aussi peu enviable n'existera que chez les invertébrés mal connus et « inférieurs », les tenants de la suprématie du mâle, qui cherchent dans la nature une pseudo-confirmation de leurs thèses, ne seront pas troublés outre mesure. Mais je m'empresse de leur citer un cas analogue, cette fois chez un groupe de vertébrés éminemment adaptés, les baudroies d'eau profonde appartenant aux Cératioïdés (un vaste groupe qui comporte 11 familles et près de 100 espèces).

Les baudroies réunissent toutes les conditions nécessaires pour transformer les mâles nains en systèmes de distribution de sperme. Elles vivent dans les profondeurs de l'océan, essentiellement entre 900 et 3 000 mètres, où la nourriture est rare et les populations clairsemées. Chez les femelles, le premier rayon de la nageoire dorsale s'est détaché et s'est rapproché de leur vaste ouverture buccale. Elles agitent un appât au bout de cette arête et s'en servent littéralement pour pêcher. En flottant, elles secouent légèrement l'appât et l'agitent, tandis que le reste de leur corps reste immobile. Les baudroies de la même famille qui fréquentent les eaux moins profondes et vivent sur les hauts-fonds développent souvent des structures mimétiques en guise d'appât, des fragments de tissus qui ressemblent à des vers ou même à un poisson-leurre (voir l'essai n° 3 dans *Le Pouce du Panda*). Les Cératioïdes vivent à des profondeurs que n'atteint pas la lumière. Leur univers est donc entièrement obscur, ce qui les oblige à produire elles-mêmes la lumière qui attirera une proie. Leur appât diffuse une luminescence due à des glandes lumineuses, et devient ainsi un piège mortel pour la proie en même temps que, peut-être, un phare pour les mâles nains.

En 1922, B. Saemundsson, un biologiste des pêcheries islandaises, remonta à la surface une femelle *Ceratias holbolli*, de 66 cm de long. A sa grande surprise, il découvrit deux mini-cératias de 50 et 51 mm de long fixées à la peau de la femelle. Il pensa, bien sûr, que c'étaient ses petits, mais leur forme dégénérée l'intrigua. « Je crus d'abord, écrit-il, que ces rejetons étaient des lambeaux de chair qui pendaient. » Un autre élément bizarre l'intrigua encore davantage : ces petits poissons étaient si solidement fixés que leurs lèvres s'étaient développées autour d'un tampon de tissu femelle qui se projetait en avant dans leur bouche et leur gorge. Pour décrire ce phénomène, Saemundsson dut recourir à une comparaison avec les mammifères, visiblement inappropriée : « Les lèvres sont soudées et fixées à une papille molle ou " téton ", saillant pour autant que je puisse en juger du ventre de la mère. »

Trois ans plus tard, le grand ichtyologiste britannique C. Tate Regan, alors conservateur du département des poissons, et qui devint plus tard le grand patron de la section d'Histoire naturelle du British Museum, résolut l'énigme. Les « petits » n'étaient pas la progéniture de la femelle, mais des mâles nains ayant atteint leur maturité sexuelle et qui s'étaient attachés définitivement à elle. En étudiant de plus près les mécanismes de cette union, Regan constata l'ahurissante réalité, considérée depuis lors comme la plus grande bizarrerie de toute l'histoire naturelle : « Au point de jonction entre le poisson mâle et le poisson femelle, la fusion est totale... leurs systèmes vasculaires ne font qu'un. » Autrement dit, le mâle a cessé d'être un organisme indépendant. Il ne se nourrit plus, car sa bouche est soudée à la surface externe de la peau de la femelle. Les systèmes vasculaires du mâle et de la femelle ont fusionné, et pour se nourrir le minuscule mâle dépend entièrement du sang de la femelle. Regan écrit à propos d'une autre espèce dotée de mœurs semblables : « Il est impossible de dire où commence un des poissons et où finit l'autre. » Le mâle est devenu un appendice sexuel de la femelle, une sorte de pénis incorporé. (La littérature technique, comme celle de vulgarisation, qualifie souvent le mâle de « parasite ». Mais je m'insurge : les parasites vivent aux dépens de leur hôte. Les mâles fusionnés dépendent des femelles pour se nourrir, mais ils fournissent en échange le plus précieux des dons biologiques : l'accès à la génération suivante et la continuité éventuelle du processus d'évolution.)

Les textes de vulgarisation ont pour la plupart exagéré le degré d' « intégration » du mâle. Bien qu'ils renoncent à leur indépendance vasculaire et perdent ou laissent s'atrophier des organes dont ils n'ont plus besoin (les yeux, par exemple), ces mâles fusionnés sont plus qu'un simple pénis. Leur cœur doit continuer à faire circuler le sang désormais fourni par les femelles, ils respirent toujours avec leurs ouïes et évacuent les déchets avec leurs reins. Regan décrit ainsi un de ces mâles solidement en place :

> Le poisson mâle, même s'il n'est plus, dans une grande mesure, qu'un appendice de la femelle et qu'il dépend entièrement d'elle pour se nourrir, conserve pourtant une certaine autonomie. Il est

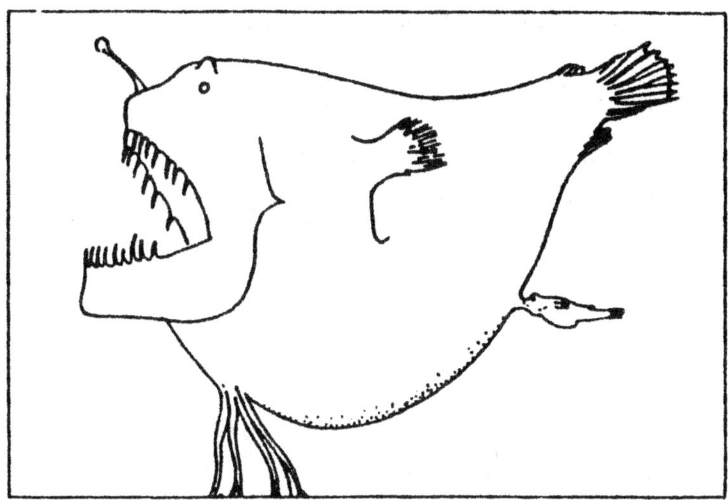

*Une baudroie mâle (en bas, à droite), mesurant trois centimètres environ, est incrustée dans une femelle de la même espèce, mesurant vingt-cinq centimètres. Reproduit d'après* L'HISTOIRE NATURELLE.

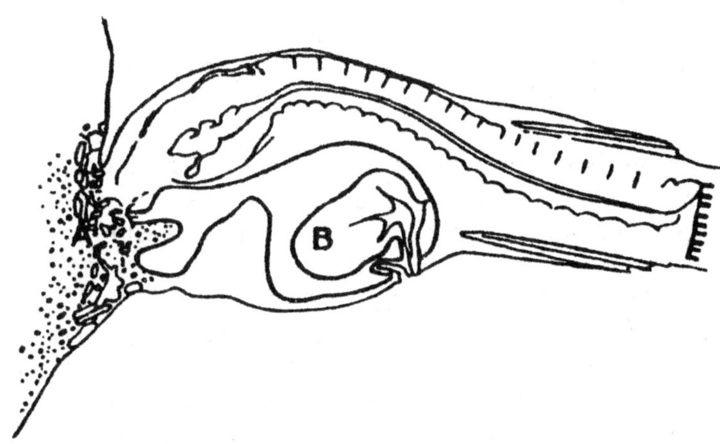

*Coupe simplifiée montrant une baudroie mâle fixée à une femelle. Les deux poissons partagent le même tissu (A), et les testicules du mâle (B) se sont développés. Reproduit d'après* L'HISTOIRE NATURELLE.

sans doute capable, par des mouvements de la queue et des nageoires, de plus ou moins changer de position. Il respire, ses reins conservent peut-être leurs fonctions, et il chasse de son sang certains produits de son propre métabolisme, qu'il conserve comme pigment... Mais cette union conjugale est si parfaite et totale qu'on pourait presque affirmer avec certitude que leurs glandes génitales parviennent simultanément à maturité ; et il n'est peut-être pas trop extravagant de penser que la femelle puisse être capable de contrôler le flux séminal du mâle pour garantir qu'il se déclenche au moment voulu pour féconder ses œufs.

Toutefois, aussi autonomes soient-ils, les mâles ne se sont guère soucié d'optimum darwinien, car ils n'ont mis en place aucun mécanisme destiné à exclure les autres mâles de toute fusion ultérieure. Plusieurs mâles sont souvent incrustés dans une même femelle.

(Puisque je critique les exagérations de certains textes de vulgarisation, permettez-moi de m'écarter un peu de mon propos pour exprimer un de mes sujets de rogne favoris. Je me suis appuyé sur la littérature de base, sur les textes techniques, pour toutes mes descriptions, mais je me suis mis aussi à lire plusieurs comptes rendus de vulgarisation scientifique. Toutes les versions écrites à l'intention des non scientifiques parlent des mâles fusionnés comme de la curieuse histoire *des* baudroies, exactement comme on nous parle souvent *du* singe qui se balance dans les arbres, ou *du* ver qui creuse la terre. Mais, pour autant que la nature doive nous enseigner quoi que ce soit, ce qu'elle proclame haut et clair, c'est la diversité de la vie. Des abstractions comme *la* praire, *la* mouche ou *la* baudroie n'existent pas. On trouve près de 100 espèces de baudroies cératioïdes, dont chacune a sa particularité. Les mâles fusionnés ne sont pas apparus dans toutes les espèces. Chez certaines, ils ne se fixent à la femelle que de façon temporaire, probablement à l'époque du frai, mais sans fusionner. Chez d'autres, certains mâles fusionnent, d'autres atteignent leur maturité sexuelle en conservant leur indépendance organique. Chez d'autres encore, la fusion est obligatoire. Dans une espèce pourvue de ces forçats de la fusion, on n'a jamais encore trouvé de femelle ayant atteint sa maturité sexuelle sans son mâle, et le stimulus apporté par les hormones mâles constitue peut-être une condition indispensable à l'acquisition de cette maturité.

Ces mâles contraints à fusionner sont devenus le paradigme des descriptions faites par la vulgarisation scientifique de *la* baudroie, mais ils ne représentent pas la majorité des espèces de cératioïdes. Je peste parce que ces abstractions dénuées de sens véhiculent des impressions gravement erronées sur la nature. Elles exagèrent considérablement les incohérences de celle-ci en mettant l'accent sur les formes extrêmes, qu'elles présentent à tort comme le paradigme du groupe entier, et elles mentionnent rarement les espèces intermédiaires de la structure, qui sont souvent abondantes et vivent sans problème. Si tous les poissons avaient des mâles totalement indépendants ou complètement fusionnés, comment pourrions-nous même imaginer un passage, par le biais de l'évolution, au système de la baudroie ? Mais l'abondance d'étapes structurelles intermédiaires — la fixation temporaire ou la fusion de certains mâles seulement — a une signification évolutionniste. Ces paliers structurels modernes ne sont pas, bien sûr, les ancêtres réels d'espèces entièrement fusionnées, mais ils dessinent bel et bien une trajectoire d'évolution. Exactement comme Darwin étudia les yeux simples des vers et des coquilles Saint-Jacques pour savoir comment une structure aussi complète et apparemment parfaite que l'œil des vertébrés évoluait selon une chaîne de formes intermédiaires. Quoi qu'il en soit, la diversité exubérante est le mot d'ordre de la nature ; il ne doit jamais être étouffé par l'indifférenciation de l'abstraction.)

Les mâles cératioïdes s'embarquent très tôt dans leur étrange aventure. Au stade larvaire, ils s'alimentent normalement et vivent de manière indépendante. Après une brève période de transformation, ou métamorphose, les canaux alimentaires cessent de se développer chez les mâles des espèces où s'opère la fusion, et ceux-ci ne se nourriront jamais plus. Leurs dents normales disparaissent et ils conservent seulement quelques dents excessivement développées et soudées aux extrémités de leur bouche, qui ne leur seront d'aucune utilité pour se nourrir, mais parfaitement adaptées pour agripper solidement une femelle. Leur ligne s'affine, ils prennent une forme plus allongée, avec une tête pointue, un corps comprimé et une nageoire caudale vigoureuse et propulsive ; bref, ils deviennent une sorte de torpille sexuelle.

Mais comment vont-ils trouver les femelles, ces minuscules points de matière conjugale perdus dans l'infinité de l'océan ? La plupart des espèces doivent disposer d'indicateurs olfactifs, système souvent extrêmement raffiné chez les poissons, comme chez ces saumons en proie au mal du pays qui sont capables de retrouver par le flair leur cours d'eau d'origine. Les orifices olfactifs de ces mâles cératioïdes s'hypertrophient après la métamorphose ; compte tenu de leurs dimensions, certains ont de plus grands organes nasaux que les autres vertébrés. Dans une autre famille, ils ne se développent pas, mais les mâles ont des yeux énormes qui leur permettent sans doute de chercher la lumière fantomatique émise par les femelles en train de chasser (chaque espèce a son propre schéma d'émissions lumineuses, et les mâles reconnaissent probablement les « bonnes » femelles). Le système n'est pas absolument garanti ; c'est ainsi que l'ichtyologiste Ted Pietsch a trouvé récemment un mâle d'une espèce fixé à une femelle d'une autre espèce — erreur fatale en matière d'évolution (bien que les deux poissons n'aient pas fusionné et qu'ils se fussent sans doute séparés par la suite si la science, toujours zélée, ne les avait pas pris en flagrant délit).

Tandis que je plie et déplie mes doigts et manœuvre mes orteils en savourant mon indépendance (et avec deux bons centimètres d'avantage sur ma femme), je suis tenté (mais je résiste) d'appliquer les critères de mon indépendance si chère à ce malheureux mâle fusionné, et de m'apitoyer sur son sort. D'accord, ce n'est pas une vie, du moins comme nous l'entendons, mais ce système permet à plusieurs espèces de baudroies de tirer leur épingle du jeu dans un environnement étrange et difficile. Et puis, qui peut juger ? En ultime analyse — freudienne —, quel mâle résisterait au fantasme de vivre en tant que pénis doté d'un cœur, fiché en profondeur et en permanence dans une femelle attentive et nourricière ? Ces baudroies représentent, en tout cas, l'expression extrême du modèle le plus répandu dans la nature : des mâles plus petits, assumant leur rôle dans l'évolution en qualité de dispensateurs de sperme. Ne nous enseignent-ils pas, alors, une généralité par leur exagération même ? A savoir que nous, mâles humains, sommes de drôles de numéros ?

Je prendrai donc congé des baudroies fusionnées avec un certain respect admiratif. N'ont-ils pas, ces mâles, découvert et irrévocablement défini quant à eux ce qui, selon Shakespeare, « fut toujours connu des vrais sages, que la seule fin possible aux voyages est la rencontre des amants » ?

# 2.

# Amorale nature

Quand il mourut en février 1829, le très Honorable et Révérend Francis Henry, comte de Bridgewater, laissa 8 000 livres destinées à financer la publication d'une série d'ouvrages célébrant « le pouvoir, la sagesse et la bonté de Dieu tels qu'ils se manifestent dans la Création ». William Buckland, premier géologue officiellement reconnu par l'Académie et futur doyen de Westminster, fut invité à composer l'un des neuf Traités Bridgewater. Il y abordait le problème le plus pressant de la théologie de la nature : si Dieu est bienveillant et si la création manifeste « le pouvoir, la sagesse et la bonté » de son Créateur, pourquoi existe-t-il autant de douleur, de souffrances et de cruauté apparemment absurde dans le monde animal qui nous entoure ?

Buckland voyait dans les déprédations auxquelles se livrent les « races carnivores » la remise en question essentielle d'un monde idéalisé où le lion pourrait vivre avec l'agneau. Il résolut le problème comme il l'entendait : il posa pour hypothèse que les carnivores augmentent en fait « la somme de plaisir du vivre animal » et « diminuent celle de souffrance ». La mort, après tout, est rapide et relativement indolore, les victimes se voient épargner les ravages de la décrépitude et de la sénilité, et les populations n'épuisent pas leurs ressources alimentaires pour le plus grand dommage de tous. Dieu savait ce qu'il faisait en créant les lions. Et Buckland de conclure avec un ravissement à peine déguisé :

> La mort causée par le biais des carnivores, en tant que terme ordinaire de l'existence animale, semble donc être dans ses principaux effets une marque de bienveillance ; elle ôte beaucoup à la somme de douleur de la mort universelle ; elle abrège, et anihile presque, dans toute la création animale, les souffrances dues à la maladie, aux blessures accidentelles et au déclin prolongé ; elle impose enfin des limites si salutaires à l'augmentation excessive du nombre que les ressources en nourriture restent en permanence proportionnées à la demande. Il en résulte que la surface du sol et les profondeurs des eaux sont toujours peuplées de myriades d'être animés, dont le plaisir de vivre coïncide avec leur durée de vie ; et qui au fil des jours de l'existence limitée qui leur est accordée, remplissent avec joie les fonctions pour lesquelles ils ont été créés.

Nous pouvons aujourd'hui trouver un certain charme à la théorie de Buckland et en sourire, mais, pour de nombreux contemporains de Buckland, les arguments de ce genre s'attaquaient bel et bien au « problème du mal » : comment un Dieu bienveillant pouvait-il créer un tel univers de carnage et de sang ? Or cette thèse ne résolvait pas entièrement le problème du mal ; en effet, nous trouvons, dans la nature de nombreux phénomènes qui nous paraissent bien plus atroces que la simple prédation. Je soupçonne que rien ne paraît plus haïssable à la plupart d'entre nous que la destruction lente d'un organisme - hôte par un parasite interne — une ingestion graduelle de l'intérieur, fragment après fragment. Comment expliquer autrement pourquoi *Alien,* film d'horreur de troisième catégorie, sans grâce ni invention, ait attiré un public aussi vaste ? La seule scène où l'on voyait M. Alien, jaillissant sous la forme d'un bébé parasite du corps-hôte d'un être humain, vous soulevait le cœur en même temps qu'elle vous fascinait. Nos ancêtres du XIXe siècle éprouvaient des sentiments analogues. Ce qui remettait essentiellement en question leur conception d'une divinité bienveillante n'était pas la simple prédation, mais la mort lente par ingestion, due à la présence d'un parasite. Le cas classique, discuté en long et en large par tous les grands naturalistes, était celui de ce qu'on appelait la « mouche » ichneumon. Buckland avait esquivé le vrai problème.

L' « ichneumon », qui préoccupait tant les théologiens de la nature, était en réalité une créature composite représentant les mœurs d'une énorme tribu. Les Ichneumonoïdes sont un groupe de guêpes, et non de mouches, qui comprend plus d'espèces que tous les vertébrés rassemblés (les guêpes, avec les fourmis et les abeilles, forment l'ordre des Hyménoptères ; les mouches, avec leurs deux ailes — les guêpes en ont quatre — constituent l'ordre des Diptères). De plus, un grand nombre de guêpes dotées de mœurs identiques étaient souvent citées pour les mêmes raisons macabres. Ainsi, cette triste histoire ne s'appliquait pas à une seule espèce aberrante (peut-être une émanation perverse du royaume de Satan), mais à des centaines de milliers — autrement dit à un bon morceau de ce qui ne pouvait avoir été créé que par Dieu.

Les ichneumons, comme la plupart des guêpes, sont généralement indépendants à l'état adulte, mais passent leur vie larvaire sous la forme de parasites qui se nourrissent des corps d'autres animaux, presqu'invariablement de membres de leur phylum, les Arthropodes. Leurs victimes les plus courantes sont les chenilles (les papillons et les larves des phalènes), mais certains ichneumons ont un faible pour les aphidés et pour d'autres araignées agressives. La plupart des organismes-hôtes sont parasités à l'état de larve, mais quelques adultes sont attaqués, et beaucoup d'ichneumons minuscules injectent leur portée directement dans l'œuf de leur hôte.

Les femelles capables de voler localisent un hôte approprié qu'elles transforment en usine alimentaire pour leurs petits. Les spécialistes parlent d'ectoparasitisme quand l'invité nonconvié vit sur la surface de son hôte, et d'endoparasitisme quand il vit à l'intérieur de celui-ci. Chez les ichneumons endoparasites, la femelle adulte perfore l'hôte au moyen de son ovipositeur et introduit ses œufs. (L'ovipositeur, un tube mince situé à l'arrière du corps de la guêpe, peut être aussi long que le corps proprement dit.) Habituellement, l'hôte n'en est pas autrement incommodé sur le moment, du moins jusqu'à l'éclosion des œufs, après quoi les larves des ichneumons entreprennent leurs sinistes travaux d'excavation interne.

Chez les ectoparasites, toutefois, beaucoup de femelles déposent leurs œufs directement sur le corps de l'hôte. Comme un hôte actif pourrait facilement déloger l'œuf, la mère ichneumon injecte souvent en même temps une toxine qui paralyse la chenille ou quelqu'autre victime. L'effet paralysant peut être permanent et la chenille continue alors à vivre, mais immobile, l'agent de sa destruction prochaine installé en toute quiétude sur son ventre. L'œuf éclôt, la chenille impuissante se contracte, la larve de la guêpe pique et entame son abominable festin.

Étant donné qu'une chenille morte et en état de décomposition ne serait pas d'un grand secours pour la larve de guêpe, la façon dont elle s'en repaît ne peut qu'évoquer, avec notre interprétation inappropriée et anthropocentrique, l'ancien châtiment que réservaient les Anglais au crime de trahison : l'écartèlement et le démembrement, supplice explicitement destiné à faire éprouver un maximum de tourments à la victime en la maintenant en vie, capable d'éprouver encore des sensations. De la même manière que le bourreau extirpait et brûlait les entrailles de son client, la larve de l'ichneumon commence par déguster la graisse et les organes digestifs de la chenille qu'elle conserve en vie en épargnant le cœur et le système nerveux central. Elle parfait ainsi son œuvre, tue sa victime et abandonne la dépouille vide. Faut-il dès lors s'étonner que les ichneumons — et non les serpents ni les lions — aient représenté par excellence la remise en question de la bienveillance divine à l'âge d'or de la théologie de la nature ?

Lorsque j'ai passé en revue tout ce qui a été écrit aux XIXe et XXe siècles sur les ichneumons, rien ne m'a plus amusé que le dilemme des auteurs, qui savent intellectuellement que les guêpes ne doivent pas être décrites en termes humains, mais sont incapables, au plan littéraire ou émotionnel, d'éviter un ton épique et narratif, les catégories familières : douleur et destruction, victime et vainqueur. Il semble que nous soyons prisonniers des structures mythiques de nos propres sagas culturelles, et dans l'incapacité, même dans nos descriptions élémentaires, d'utiliser un langage autre que les métaphores de guerre et de conquête. Nous ne pouvons évoquer ce petit territoire de l'histoire naturelle que sous la forme du récit, en mêlant l'horreur macabre et la fascination, et, pour finir, en montrant moins de pitié pour la chenille que d'admiration pour l'efficacité de l'ichneumon.

Je relève deux thèmes essentiels dans la plupart de ces descriptions épiques : la lutte de la proie et la brutale efficacité des parasites. Tout en admettant que nous n'avons sous les yeux guère plus qu'un automatisme instinctif ou un réflexe physiologique, nous nous obstinons à vouloir décrire les mécanismes de défense des hôtes comme s'il s'agissait de luttes conscientes. Ainsi, l'aphidé se débat en tous sens et la chenille se tortille violemment quand la guêpe essaie d'insérer son ovipositeur. La larve de la vanesse (tenue habituellement pour une créature inerte qui attend de passer du stade de l'affreux petit canard à celui du cygne) peut contorsionner sa région abdominale avec assez de vigueur pour éjecter la guêpe prédatrice. La chenille d'*Hapalia,* attaquée par l'*Apantelas machaeralis,* se laisse choir brusquement de sa feuille et se suspend en l'air par un fil de soie. Ce qui n'empêche pas la guêpe de descendre le long du fil en question et d'insérer ses œufs. Certains hôtes peuvent enfermer l'œuf dans des cellules de sang qui s'assemblent et se coagulent, étouffant ainsi le parasite.

J.H. Fabre, le grand entomologiste français du XIX<sup>e</sup> siècle, qui reste encore aujourd'hui le plus érudit des spécialistes de l'histoire naturelle des insectes, se pencha, entre autres, sur les guêpes parasites et raconta avec un anthropocentrisme forcené les efforts désespérés des victimes paralysées (voir *la Vie des insectes* et *les Merveilles de l'instinct*). Il décrit des chenilles imparfaitement paralysées qui se débattent avec une telle violence, chaque fois qu'un parasite s'approche, que les larves de la guêpe doivent faire preuve d'une prudence inhabituelle pour se nourrir. Elles se suspendent à un fil de soie du sommet de leur nid et se laissent choir sur une partie exposée de la chenille ne présentant pour elles aucun danger.

Fabre apprit même à nourrir les victimes paralysées en humectant avec de l'eau sucrée leur orifice buccal — montrant ainsi qu'elles restaient vivantes, douées de sensations et (sous-entendu) reconnaissantes pour tout ce qui constituait un palliatif à leur inévitable destinée. Si Jésus en croix, immobile et souffrant de la soif, ne reçut que du vinaigre de ses bourreaux, Fabre au moins fut à même d'offrir une mort plus douce-amère.

Le second thème, l'efficacité brutale des parasites, conduit à une conclusion inverse : l'admiration réticente pour les vainqueurs. On nous parle de leur habileté à capturer des hôtes dangereux qui sont souvent d'une taille plusieurs fois supérieure à la leur. Les chenilles sont peut-être un gibier facile, mais les guêpes psammocharides ont un penchant pour les araignées. Elles doivent insérer leur ovipositeur en un point précis et qui offre toute sécurité. Certaines laissent l'araignée paralysée dans son nid. La *Planiceps hirsutus,* par exemple, parasite une mygale californienne. Elle cherche les galeries où s'abrite celle-ci dans les dunes de sable, puis creuse à proximité pour troubler la quiétude de l'araignée et la faire sortir. Lorsque celle-ci émerge, la guêpe attaque, paralyse sa victime, la transporte dans sa propre galerie, ferme solidement l'opercule et dépose un œuf unique sur l'abdomen de l'araignée. D'autres psammocharides traîneront une lourde araignée à l'intérieur d'un amas, préparé d'avance, de cellules d'argile ou de boue. Certaines amputeront leur victime de ses pattes pour qu'elle passe plus facilement. D'autres voleront au ras de l'eau pour happer une araignée flottant à la surface.

Certaines araignées doivent disputer à d'autres parasites le corps d'un hôte. La *Rhysella enivipes* peut repérer les larves de frelons à l'intérieur d'un aulne, perforer le bois et atteindre une victime potentielle avec son ovipositeur aux bords aiguisés. La *Pseudorhyssa alpestris,* un parasite de la même famille, ne peut pas perforer le bois, car son mince ovipositeur a des bords peu tranchants. Elle repère les trous faits par la *Rhyssella,* insère son ovipositeur et pond un œuf sur l'hôte (déjà paralysé en bonne et due forme par la *Rhyssella*), juste à côté de l'œuf déposé par sa parente. Les deux œufs arrivent à éclosion presqu'en même temps, mais la larve de la *Pseudorhyssa* a une tête plus grosse, dotée de mandibules beaucoup plus importantes. La *Pseudorhyssa* saisit la petite larve *Rhyssella,* la détruit et entreprend de se régaler d'un festin déjà amplement préparé.

D'autres louanges à la gloire de l'efficacité des mères mettent l'accent sur le fait que celle-ci se manifeste tôt, vite et souvent. Beaucoup d'ichneumons n'attendent même pas que leurs hôtes deviennent des larves : ils parasitent directement l'œuf (les guêpes à l'état larvaire absorbent l'œuf lui-même ou pénètrent dans la larve-hôte en train de se développer). D'autres se contentent de faire vite. L'*Apanteles militaris* peut déposer jusqu'à soixante-douze œufs en une seconde. D'autres encore font preuve d'une obstination tenace. Les femelles *Aphidius gomezi* produisent jusqu'à 1 500 œufs et peuvent parasiter 600 aphidés en une seule journée de labeur. Par une bizarre réinterprétation de ce « toujours plus », certaines guêpes s'adonnent à la polyembryonie, une sorte de superjumelage répété. Un seul œuf se divise en cellules qui peuvent former jusqu'à 500 individus. Étant donné que certaines guêpes polyembryonnaires parasitent des chenilles beaucoup plus grosses qu'elles, et sont capables de pondre six œufs dans chacune, 3 000 larves peuvent se développer à l'intérieur d'un seul hôte et s'en nourrir. Ces guêpes sont endoparasites et ne paralysent pas leurs victimes. Les chenilles s'agitent et se tortillent, non (du moins le pense-t-on) de douleur, mais simplement en raison de la perturbation provoquée par des milliers de larves de guêpes occupées à festoyer.

L'efficacité maternelle est souvent renforcée par les aptitudes propres aux larves. J'ai déjà mentionné le fait qu'elles consomment d'abord les parties les moins vitales de l'hôte, ce qui garde celui-ci vivant et comestible jusqu'à son ultime délivrance. Après avoir digéré chaque bouchée mangeable de sa victime (ne serait-ce que pour empêcher que son habitat ne soit souillé par des tissus en décomposition), elle peut encore utiliser l'enveloppe externe de son hôte. Il existe un parasite aphidé qui découpe un trou dans le fond de la dépouille de sa victime, colle le squelette à une feuille au moyen de sécrétions gluantes de sa glande salivaire, et tisse un cocon pour passer à l'état de chrysalide à l'intérieur même de la dépouille de l'aphidé.

En utilisant un langage anthropomorphique qui couvient mal à ces incursions désordonnées dans l'histoire naturelle des ichneumons, j'ai seulement essayé de montrer pourquoi ces guêpes tiennent lieu de contestation majeure de la théologie naturelle — la vieille doctrine qui tentait de déduire l'essence de Dieu des produits de Sa Création. J'ai le plus souvent fait appel à des exemples contemporains, mais tous ces thèmes étaient connus et soulignés par les grands spécialistes de la théologie naturelle du XIXe siècle. Comment se débrouillaient-ils, alors, pour faire cadrer les mœurs de ces guêpes avec l'infinie bonté de Dieu ?

Comment réussissaient-ils à se sortir d'un dilemme dont ils étaient eux-mêmes responsables ?

Les stratégies étaient aussi variées que les spécialistes de la question ; ceux-ci n'avaient en commun que le fait de défendre une doctrine *a priori :* nos naturalistes *savaient* que la bienveillance divine se profilait quelque part derrière tous ces récits apparemment horribles. Charles Lyell, par exemple, dans la première édition d'un ouvrage qui fit date, *Principles of Geology* (1830-1833), décréta que la chenille constituait une menace telle pour la végétation que n'importe quel frein naturel ne pouvait que créditer la théorie d'une divinité créatrice ; les chenilles détruiraient en effet l'agriculture humaine « si la Providence n'y avait pourvu en leur imposant des limites convenables ».

Le révérend William Kirby, président élu de l'université de Barham et le plus éminent entomologise britannique, préféra ignorer la triste situation des chenilles pour reporter l'attention sur les vertus de l'amour maternel déployé par les guêpes afin de fournir à leurs petits des soins aussi attentifs.

> Le grand objectif de la femelle est de découvrir un nid approprié pour ses œufs. Sa quête ne connaît pas de trêve. La chenille d'un papillon ou d'une phalène constitue-t-elle la nourriture qu'il faut à ses petits ? Vous la voyez s'affairer au-dessus des plantes où l'on en rencontre habituellement, les explorer rapidement en examinant avec soin chaque feuille et, une fois qu'elle a découvert l'objet infortuné de sa quête, insérer son dard dans la chair de celui-ci et y déposer un œuf... L'actif Ichneumon brave tous les dangers et il s'obstine jusqu'à ce que son courage et son adresse aient assuré la subsistance d'un membre de sa future progéniture.

Kirby trouvait cette sollicitude d'autant plus admirable que la guêpe femelle ne verrait jamais son rejeton ni ne goûterait les joies de la maternité. Il n'empêche que l'amour la met en péril :

> Une très vaste proportion d'entre elles sont vouées à périr avant la naissance de leurs petits. Mais la passion n'est pas éteinte en elles... Quand on voit avec quelle sollicitude elles veillent à la sécurité et à la subsistance de leurs futurs petits, on peut difficilement nier cet amour pour une progéniture qu'elles sont destinées à ne jamais contempler.

Kirby avait aussi un mot gentil pour les larves en maraude et les louait pour la patience dont elles faisaient preuve en sélectionnant ce qu'elles mangeaient afin de maintenir en vie la chenille. Saurions-nous tous gérer nos ressources avec autant de soin ?

> Dans cette opération étrange et apparemment cruelle, il est un facteur réellement remarquable. La larve de l'Ichneumon, chaque jour, pendant des mois peut-être, grignote l'intérieur de la chenille, et bien qu'à la fin elle l'ait dévorée presqu'en totalité, sauf la peau et les intestins, elle évite avec soin, pendant tout ce temps, de blesser les organes vitaux, comme si elle avait conscience que sa propre existence dépend de celle de l'insecte dont elle fait sa proie !... Quelle impression un exemple analogue parmi la race des quadrupèdes produirait-il sur nous ? Si, par exemple, on trouvait un animal... qui se nourissait de l'intérieur d'un chien, dévorant seulement les parties qui ne sont pas essentielles à la vie, tout en laissant soigneusement indemnes le cœur, les artères, les poumons et les intestins — ne verrions-nous pas dans cet exemple un prodige parfait, l'illustration même d'une patience instinctive presque miraculeuse ?
>
> [Les trois dernières citations datent de l'édition de 1856, la dernière à être antérieure à Darwin, de l'*Introduction to Entomology* de Kirby et Spence.]

Cette tendance traditionnelle à vouloir déchiffrer un contenu moral dans la nature ne disparut pas avec le triomphe, en 1859, de la théorie de l'évolution. En effet, on pouvait voir dans celle-ci la méthode choisie par Dieu pour peupler notre planète, et rien n'empêchait la nature de continuer à abonder en messages éthiques. C'est ainsi que St. George Mivart, un des adversaires les plus efficaces de la théorie darwinienne, et catholique convaincu, soutenait que « beaucoup d'excellentes et aimables gens » avaient été induites en erreur par les souffrances apparentes des animaux, pour deux raisons. D'abord, quelle que soit la douleur, « la souffrance physique et le mal moral sont tout simplement incommensurables ». Étant donné que les bêtes ne sont pas des agents moraux, ce qu'elles ressentent ne peut véhiculer aucun message éthique. Mais, deuxième point, craignant que notre sensibilité viscérale ne soit encore émue, Mivart nous assure que les animaux ne ressentent guère, sinon pas du tout, la douleur. Usant d'un argument raciste en vogue à l'époque — les « primitifs » souffrent moins que leur semblables plus avancés et cultivés —, Mivart allait plus loin et situait les échelons inférieurs de la vie dans un univers où l'on souffrait vraiment très peu. La souffrance physique, affirmait-il,

> dépend grandement de la condition mentale de celui qui souffre. Elle existe seulement lorsqu'il y a conscience, et elle atteint son acmé seulement chez les êtres humains les plus hautement organisés. On a assuré à l'auteur que les races d'hommes inférieures semblent moins sensibles à la douleur physique que les êtres humains plus cultivés et raffinés. Aussi n'est-ce que chez l'homme qu'il peut exister un degré vraiment intense de douleur, parce que c'est seulement chez lui qu'existent le souvenir intellectuel des moments passés et cette anticipation des moments futurs qui constituent pour une grande part l'amertume de la souffrance. Il ne fait aucun doute que l'élancement soudain, la douleur présente que la bête endure, bien qu'assez réels, ne peuvent cependant être comparés, quant à leur intensité, aux souffrances que produit chez l'homme la haute prérogative de la conscience de soi. [Extrait de *Genesis of Species*, 1871.]

Il fallut Darwin en personne pour sortir desrails de cette antique tradition, ce qu'il fit avec la douceur caractéristique de son approche intellectuelle radicale de toutes choses, ou presque. Les ichneumons le troublaient beaucoup, lui aussi, et il écrivit à leur propos à Asa Gray, en 1860 :

> J'avoue ne pas voir aussi clairement que les autres, et comme je devrais souhaiter la voir, la preuve d'un projet et d'une bienfaisance dans ce qui nous entoure. Il me semble qu'il y a bien trop de souffrances dans le monde. Je ne peux me persuader qu'un Dieu bienveillant et omnipotent ait conçu à dessein les Ichneumonidés avec l'intention expresse qu'elles trouvent leur nourriture à l'intérieur des corps vivants des chenilles, ou qu'un chat doive jouer avec une souris.

Il avait d'ailleurs déclaré avec plus de passion à Joseph Hooker, en 1856 : « Quel livre pourrait écrire un chapelain du diable sur la maladresse, le gaspillage, les bévues, la bassesse et l'horrible cruauté de la nature ! »

Ce constat honnête — à savoir que la nature est souvent

(d'après nos critères) cruelle et que toutes les tentatives effectuées jusque-là pour découvrir la présence d'un principe de bonté derrière toutes choses sont vaines — peut mener dans deux directions. D'une part, on peut retenir le principe que la nature comporte des messages moraux. mais inverser la perspective habituelle et affirmer que la moralité consiste à comprendre la façon d'être de la nature, puis à faire le contraire. Thomas Henry Huxley avançait cet argument dans son célèbre essai sur *Evolution and Ethics* (1893) :

> La pratique de ce qui est le mieux au plan de l'éthique — ce que nous appelons bonté ou vertu — fait entrer en jeu une conduite qui, à tous égards, est contraire à celle qui mène au succès dans la lutte cosmique pour l'existence. Au lieu d'une affirmation brutale, elle exige la retenue ; elle requiert que l'individu, au lieu d'écarter violemment ou de piétiner tous ses rivaux, non seulement respecte, mais aide ses semblables... Elle désavoue la théorie belliqueuse de l'existence... Les lois et les préceptes moraux ont pour objet de maîtriser le processus cosmique.

Selon l'autre argument, extrême à l'époque de Darwin, mais qui nous est plus familier aujourd'hui, la nature est tout simplement telle que nous la trouvons. Le fait que nous ne réussissons pas à discerner un bien universel ne traduit pas un manque d'intuition ou d'ingéniosité. mais prouve seulement que la nature ne recèle aucun message moral formulé en termes humains. La morale intéresse les philosophes, les théologiens, les étudiants en humanités, en fait tous les gens qui pensent. Les réponses ne seront pas lues passivement dans la nature ; elles ne jaillissent pas — et elles ne peuvent le faire — des données de la science. L'état du monde ne nous enseigne pas comment, avec notre aptitude au bien et au mal, nous devrions le modifier ou le préserver en souscrivant autant que faire se peut aux règles morales.

Darwin lui-même inclinait à cette vue des choses, bien qu'il lui fût impossible, en tant qu'homme de son époque, d'abandonner totalement l'idée que les lois de la nature puissent refléter quelque objectif supérieur. Il reconnaissait clairement que les manifestations spécifiques de ces lois — les chats jouant avec les souris, et les larves d'ichneumons mangeant les chenilles —

ne pouvaient véhiculer de messages éthiques, mais il espérait d'une manière ou d'une autre que des lois supérieures inconnues existaient, « les détails, bons ou mauvais, étant laissés à l'action de ce que nous pouvons appeler le hasard ».

Comme les ichneumons sont un détail, et puisque la sélection naturelle est une loi gouvernant les détails, la réponse au vieux dilemme — pourquoi tant de cruauté (selon nos critères) existe-t-elle dans la nature ? — ne peut qu'être la suivante : il n'y a pas de réponse — et le fait de formuler la question « selon nos critères » est totalement déplacé dans un monde naturel qui n'est ni fait pour nous, ni gouverné par nous. Ce sont des choses qui arrivent, un point c'est tout. Dans le cas des ichneumons, c'est une stratégie satisfaisante, programmée par la sélection naturelle dans leur répertoire comportemental. Les chenilles ne souffrent pas dans le but de nous enseigner quelque chose ; elles ont simplement eu le dessous, pour le moment, au jeu de l'évolution. Peut-être développeront-elles un jour un ensemble de défenses adéquates, scellant ici le destin des ichneumons. Et peut-être, très probablement, ne le feront-elles pas.

Un autre Huxley, le petit-fils de Thomas, Julian, abondait en ce sens en prenant pour exemple — oui, vous avez deviné — les omniprésents ichneumons :

> La sélection naturelle, en réalité, tout en ressemblant aux moulins divins qui tournent lentement et donnent une fine moûture, présente peu d'autres attributs qu'une religion civilisée qualifierait de divins... Ses produits ont autant de chances de nous être répugnants sur le plan esthétique, moral ou intellectuel, que de nous séduire. Pensons seulement à la laideur de la *Sacculina* ou d'un ver cystique, à la stupidité d'un rhinocéros ou d'un stégosaure, aux mœurs atroces de la mante religieuse dévorant son mâle, ou à une portée d'ichneumons se repaissant lentement d'une chenille.

Si la nature est dénuée de sens moral, l'évolution ne peut enseigner aucune théorie éthique. L'hypothèse qu'elle en serait capable a été à l'origine de toute une panoplie de maux sociaux que les idéologues déchiffrent à tort dans la nature à partir de ce qu'ils croient — les plus criants étant l'eugénisme et ce qu'on appelle (à tort) le darwinisme social. Non seulement Darwin s'est bien gardé d'essayer de découvrir dans la nature une éthique antireligieuse, mais il a expressément exprimé sa perplexité profonde devant des problèmes aussi insondables que celui du mal. Quelques phrases seulement après avoir évoqué les ichneumons, et en des termes qui traduisent à la fois la modestie de cet homme superbe et l'incompatibilité, par absence de contact, de la science et de la vraie religion, Darwin écrivait à Asa Gray :

> Je suis intimement conscient que tout ce sujet est trop profond pour l'intelligence humaine. Un chien pourrait tout aussi bien spéculer sur l'esprit de Newton. Que chaque homme espère et croie ce qu'il peut.

### POST-SCRIPTUM

Michele Aldrich m'a communiqué une référence littéraire encore meilleure que tout ce que j'ai pu trouver. Mark Twain, dans une petite satire mordante intitulée « *Little Bessie Would Assist Providence* », rapporte une conversation entre une mère et une fille — la fille soulignant avec insistance qu'un Dieu bienveillant n'aurait pas donné à son petit ami Billy Norris le typhus, ni infligé d'autres maux injustes à de braves gens, la mère soutenant qu'il devait y avoir de bonnes raisons à tout cela. La dernière réplique de Bessie qui, comme vous le verrez, résume et clôt cet essai, fait intervenir les ichneumons :

> Mr. Hollister dit que les guêpes attrapent les araignées et les entassent dans leurs nids dans la terre — vivantes, maman ! — et qu'elles continuent à vivre et souffrent des jours et des jours, et que de petites guêpes affamées passent leur temps à leur grignoter les pattes et à leur dévorer le ventre, pour qu'elles soient sages et qu'elles craignent Dieu et le louent pour Son infinie miséricorde. Je trouve Mr. Hollister absolument adorable, et tellement gentil ; car lorsque je lui ai demandé s'il traiterait ainsi une araignée, il m'a répondu qu'il espérait bien être damné s'il faisait une chose pareille ; et puis, il... oh, maman chérie, vous vous êtes évanouie !

James W. Tuttleton, président du département d'anglais de

l'université de New York, m'a envoyé un étonnant poème de Robert Frost, qui semble être un commentaire de la dernière affirmation de Darwin, à savoir qu'il appartient probablement au hasard de régler les détails, même si l'on est à même de découvrir une intention générale. En admettant que nous en voyions une. Le poème s'intitule tout simplement *Dessein* :

> J'ai découvert une araignée charnue, blanche et dodue
> Sur une valériane blanche. agrippant une phalène
> Tel un morceau de satin blanc rigide —
> Signes jumeaux de mort et de destruction
> Mêlés et prêts à bien entamer la matinée,
> Ingrédients d'un brouet de sorcière —
> Une araignée floconneuse, une fleur semblable à l'écume
> Et des ailes mortes traînées comme un cerf-volant de papier
>
> Pourquoi cette fleur devait-elle être blanche,
> Et le bord du chemin bleu, et la valériane innocente ?
> Qui avait conduit si haut l'araignée parente,
> Puis guidé jusque-là la blanche phalène dans la nuit ?
> Qui, sinon le dessein sinistre des ténèbres ? —
> Pour peu qu'un dessein gouverne une chose si petite.

Ce qui m'a frappé, c'est l'image de l'araignée-flocon, de la fleur-écume, de la phalène-ailes bidimensionnelles. Des formes si différentes, toutes blanches pourtant, et toutes réunies en un point pour une œuvre de destruction. Pourquoi ? Ou bien, comme nous le lisons dans les deux derniers vers, convient-il même de poser une telle question ? Il semble que non, et, pour moi, cette intuition est le thème le plus libérateur de la révolution darwinienne.

# 3.

## L'anneau de guano

La première fois que je pris la mer, en bon citadin pétrifié n'ayant jamais mis le pied sur quelque chose de plus conséquent qu'une coque de noix, un vieux loup de mer (marin de surcroît) m'assura que je me débrouillerais toujours sur cette *aqua incognita,* pour peu que je garde en mémoire une règle simple de travail et de vie à bord : quand le bateau bouge on le salue, quand il est immobile on le peint.

Si nous cherchons pourquoi cette phrase est à ranger au nombre des plaisanteries (légères) de notre culture, il nous faut en conclure que c'est en raison de l'incongruité qu'il y a à appliquer un modèle aussi « inconséquent » aux décisions qui seront prises à l'intérieur d'un cerveau humain. Après tout, l'intelligence humaine se caractérise essentiellement par sa souplesse d'adaptation, par la capacité que nous avons d'appréhender des contextes nouveaux et complexes — bref, par notre faculté de porter des « jugements » (comme nous les appelons), au lieu d'agir en fonction de règles rigides et préétablies. Nous sommes, comme l'a dit Konrad Lorenz, « des spécialistes en non-spécialisation ». Nous ne nous comportons pas comme des machines, avec de simples boutons *oui/non,* invariablement actionnés par des bribes définies d'information présentes dans notre environnement immédiat. Notre marin éclairé, aussi habile soit-il à combattre la rouille ou à éviter une goélette, ne suit pas un type de raisonnement humain.

Pourtant, ce modèle rigide représente bel et bien le type de raisonnement adopté avec beaucoup de succès par la plupart des autres animaux. Les décisions des animaux sont habituellement des *oui* ou des *non* sans ambiguïté, déclenchés par des signaux déterminés et non par des choix subtils fondés sur l'affirmation d'une *gestalt* complexe.

Beaucoup d'oiseaux, par exemple, ne reconnaissent pas leurs propres petits et agissent, en fait, en s'en tenant à la règle suivante : on s'occupe de ce qui est à l'intérieur du nid, on ignore ce qui est à l'extérieur. L'éthologiste W.H. Thorpe écrit : « La plupart des oiseaux, tout en pouvant être très attentifs aux petits qui se trouvent dans le nid, sont totalement insensibles et indifférents à ces mêmes petits lorsque, à la suite d'un accident quelconque, ceux-ci sont hors du nid ou de l'abord immédiat de ce nid. »

Cette règle pose rarement des problèmes d'évolution aux oiseaux : les objets présents dans leur nid sont en général leurs propres petits (porteurs de leur patrimoine darwinien de gènes partagés). Mais ce type d'intelligence dépourvue de souplesse est parfois réquisitionné et exploité à des fins abominables par d'autres espèces. Les coucous, par exemple, pondent dans le nid des autres oiseaux. La couvée de jeunes coucous, habituellement plus nombreux et plus vigoureux que les occupants de plein droit, éjecte souvent ses compagnons de nid légitimes qui trouveront la mort en réclamant frénétiquement à manger à des parents qui, eux, collent à la règle : ils les ignorent puisqu'ils ne sont pas là où ils devraient être, et ils nourrissent à leur place les intrus. Même si, intellectuellement, nous oublions notre anthropomorphisme, nous sommes incapables de le gommer de nos réactions esthétiques. Je dois avouer qu'aucun spectacle d'activité organique ne me met plus en colère contre l'injustice de ce bas monde que la vue d'un parent adoptif, dont les petits ont été occis par un coucou, en train de nourrir avec sollicitude un parasite piailleur qui fait parfois jusqu'à cinq fois sa taille (les coucous ont une prédilection pour les oiseaux beaucoup plus petits que leurs hôtes, et il arrive que les oisillons soient plus gros que leurs parents d'adoption).

Lors d'un voyage récent que je fis aux îles Galapagos, j'ai rencontré un autre exemple, intéressant par sa singularité, d'oiseaux qui détournent cette règle commune à d'autres usages. Cette fois, la victime et le bienfaiteur sont de vrais parents et le résultat final, tout en condamnant à mort les plus faibles, profite, du point de vue de l'évolution, à toute la famille.

Les fous avec leurs cousins, les gannets, forment une famille, petite (neuf espèces) mais largement répandue, d'oiseaux de mer, les Sulidés. (Vous trouverez tout ce que vous avez toujours voulu savoir, et plus encore, sur les Sulidés dans la splendide monographie de J. Bryan Nelson : *The Sulidae : Gannets and Boobies,* 1978.) Les premières mentions qui en sont faites dans l'Oxford English Dictionary indiquent que les fous se virent attribuer leur nom peu flatteur non pour leur démarche chaloupée très particulière, paradante, leurs grosses pattes bien en évidence et leur tête dressée dans une posture dite « montrant le ciel », mais pour leur confiance peu commune qui permettait aux marins (dotés d'intentions exclusivement meurtrières) de les attraper avec la plus grande facilité.

Trois espèces de Sulidés vivent aux Galapagos : le fou à pieds rouges, le fou à pieds bleus, et le fou masqué. Le fou à pieds rouges pond un œuf unique dans un nid classique qu'il construit à proximité du faîte des arbres et de la lisière des buissons. En revanche, son cousin, pourvu par la nature de pattes nettement différentes, le fou à pieds bleus, dépose ses œufs à même le sol, sans bâtir de nid à proprement parler. Il se contente de délimiter la zone de nidification avec autant d'originalité que d'efficacité : il projette du guano (de la fiente pour les non-ornithologues qui n'ont pas lu *Docteur Nô*) tout autour de lui, formant ainsi un anneau blanc qui marquera symboliquement l'emplacement de son nid.

A l'intérieur de ce nid, la femelle à pieds bleus pond non un œuf unique (comme chez beaucoup de fous), mais d'un à trois œufs. Nelson, dans ses observations les plus remarquables, a élucidé bien des aspects du comportement de couvaison chez les fous et de leur écologie en général, en effectuant un rapprochement entre la production des œufs et des petits et la qualité de la nourriture apportée par les parents, ainsi que la façon dont ils la dispensent. Les fous qui parcourent de longues distances (jusqu'à 450 kilomètres) pour chercher des sources de nourriture

*Un fou à pieds bleus couve un œuf à l'intérieur de l'anneau de guano qui délimite son « nid ». Galapagos, île de Seymour Nord. PHOTO DUNCAN M. PORTER.*

rares ont tendance à ne pondre qu'un seul gros œuf, qui donne naissance à un poussin vigoureux capable de survivre pendant les longues absences des parents. Par ailleurs, quand les sources de nourriture sont riches, permanentes et proches, ces oiseaux pondent un plus grand nombre d'œufs et élèvent plus de petits. L'exemple le plus extrême est celui du fou du Pérou, dont la couvée comporte de deux à quatre œufs (trois en moyenne) et qui est capable d'élever tous les poussins jusqu'à l'âge adulte. Les fous du Pérou se nourrissent des anchois qu'on trouve en abondance dans les eaux locales, parfois aussi serrés dans l'océan que dans les boîtes de conserve qui leur serviront à l'occasion de demeure posthume.

Le fou à pieds bleus se situe entre ces deux tendances. Il trouve sa nourriture à proximité du rivage, mais ses sources de nourriture n'ont ni l'abondance ni la permanence des bancs d'anchois. Le contexte peut varier du tout au tout d'une génération à l'autre. Le fou à pieds bleus a donc mis au point, au fil de l'évolution, une stratégie souple fondée sur l'exploitation, par les aînés des poussins, du type d'intelligence de leurs parents : des décisions de type *oui/non* déclenchées par des signaux simples. Dans les périodes fastes, les parents pondront jusqu'à trois œufs et réussiront à élever trois poussins ; en période de restrictions, ils continueront à pondre deux ou trois œufs qui viendront tous à éclosion, mais dont un seul survivra. La mort des compagnons de nid (ou plutôt d'anneau) n'est pas le résultat aléatoire de la lutte pour nourrir tous les poussins avec des ressources insuffisantes, mais une affaire terriblement systématique qui repose sur le meurtre indirect des poussins par leur aîné.

La boutade du vieux loup de mer — on salue ou on peint — me revint à l'esprit alors que j'observais les fous à pieds bleus sur l'île de Hood, aux Galapagos. Leurs anneaux de guano couvrent la surface volcanique en de nombreux endroits et bloquent souvent les étroits sentiers que les visiteurs doivent suivre dans ces îles très protégées. Les parents s'installent sur leurs œufs et leurs jeunes poussins, sans se soucier apparemment des groupes de visiteurs qui les contemplent bouche bée, gesticulent et braquent leurs appareils à quelques centimètres de leur territoire. Or je remarquai — d'abord par hasard — que toute intrusion dans un anneau de guano modifiait le comportement des oiseaux adultes, qui passaient d'une bienheureuse indifférence à l'agression caractérisée. La présence d'un orteil à l'intérieur de l'anneau déclenchait un tir de barrage immédiat de cris rauques, de postures belliqueuses et de coups de bec. Quelques petits tests auxquels je me livrai mine de rien me conduisirent à émettre timidement l'hypothèse que la frontière à ne pas transgresser est, en fait, un cercle invisible situé exactement au milieu de l'épaisseur de l'anneau. Je pouvais avancer avec précaution mon orteil sur la partie extérieure de l'anneau sans susciter de réaction ; mais à mesure que je l'avançais, aussi lentement et discrètement que possible, j'atteignais invariablement un point central qui déclenchait aussitôt les réactions marquées des parents.

Trois heures plus tard, j'appris de nos excellents guides et du livre de vulgarisation écrit par Bryan Nelson *(Galapagos : Islands of Birds)* comment les aînés des poussins exploitent le comportement des parents. Et, avec l'anthropomorphisme qui nous caractérise tous, j'éprouvai un frisson d'émerveillement et de dégoût. (La science consiste, dans une grande mesure, à privilégier le premier réflexe et à refouler le second.) La femelle à pieds bleus pond ses œufs à plusieurs jours d'intervalle, et ils éclosent suivant l'ordre dans lequel ils ont été pondus. Le premier-né est donc plus gros et considérablement plus fort que ses un ou deux autres frères d'anneau. Quand la nourriture est abondante, les parents nourrissent convenablement tous les poussins, et l'aîné ne moleste pas les cadets. Mais quand elle est rare et qu'un seul poussin peut survivre, les agissements des cadets suscitent (comment, nous l'ignorons) un comportement différent chez le grand frère ou la grande sœur. L'aîné éjecte purement et simplement ses cadets de l'anneau de guano. En tant que mammifères humains, notre première réaction pourrait être : et alors ? Les cadets ne sont pas physiquement blessés et ils atterrissent à quelques centimètres à peine de l'anneau ; leurs parents ne manqueront pas d'être attirés par leurs piaillements plaintifs et par leurs efforts désordonnés, et les ramèneront promptement à l'intérieur de celui-ci.

Eh bien non, un parent fou ne fait pas ça, car son intelligence fonctionne comme celle de notre marin sentencieux qui portait un jugement de type *« ou bien-ou bien »* en invoquant le seul critère de mouvement. Les parents fous s'en tiennent à la règle : « Si un poussin est à l'intérieur de l'anneau, on le nourrit ; s'il est à l'extérieur, on l'ignore ». Même si le poussin parvenait, par le plus grand des hasards, à retomber à l'intérieur de l'anneau, il serait rejeté avec toute la véhémence dirigée contre mon orteil coupable.

Dans l'île de Hood, nous vîmes un poussin qui se débattait à une trentaine de centimètres à peine de l'anneau, sous le regard du parent confortablement installé à l'intérieur (dans une attitude où nous voyons en général l'expression de la tendresse maternelle) et couvant l'aîné triomphant (qui ne paraissait pas, cependant, ricaner). Les rejetons affectionnés que nous étions n'avaient qu'une envie: rapatrier le malheureux à l'intérieur de l'anneau ; mais le principe de non-ingérénce doit être respecté, même si cela fait mal. Car si nous comprenons correctement ce système, un tel massacre d'innocents ne constitue qu'une décimation si l'on se place du point de vue de la réussite des familles qui le pratiquent. Les aînés des poussins n'éjectent leurs frères et sœurs que lorsqu'il n'y a pas assez de nourriture pour tous. L'entêtement des parents à vouloir nourrir trois petits avec des ressources tout juste suffisantes pour un conduirait sans doute à la mort des trois.

La règle « nourrir ce qui est à l'intérieur du nid, ignorer ou rejeter ce qui est à l'extérieur » ne saurait rendre compte de toute la complexité du comportement social chez les fous en période de reproduction. Après tout, la plupart des oiseaux ont la réputation d'être « égalitaires » dans la division du travail entre les sexes, et les fous mâles se donnent presque autant de mal que les femelles pour couver les œufs et les poussins. Étant donné qu'un « tour » de couvaison dure un jour environ, chaque parent doit laisser son compagnon transgresser l'espace sacré de l'anneau de guano au moment où les rôles permutent et où celui qui couvait part chercher la nourriture. La règle de base n'en est pas pour autant abolie ; elle est moins annulée qu'outrepassée par des signaux spécifiques et reconnus qui jouent en quelque sorte le rôle de tickets d'entrée. K.E.L. Simmons, qui étudia sur l'île de l'Ascension une espèce parente, le fou brun, a décrit la longue série d'appels et de rites d'atterrissage que le parent rentrant au nid utilise pour être admis dans leur territoire. Mais lorsque les adultes s'insinuent dans le territoire non gardé d'un oiseau non parent (ils le font souvent pour récupérer à bon compte des matériaux pour leur propre nid), ils le font aussi « silencieusement et discrètement que possible ».

Si les poussins connaissaient le comportement « de passe », eux aussi pourraient obtenir l'autorisation de rentrer dans l'anneau. En fait, il apprennent inévitablement ces signaux en grandissant ; les poussins commencent à s'aventurer hors du nid à mesure qu'ils acquièrent la mobilité voulue pour s'aventurer dans de telles expéditions, c'est-à-dire vers l'âge de quatre à cinq semaines. (D'après Nelson, ils se déplacent essentiellement pour chercher de l'ombre quand les deux parents sont occupés à chasser ; chez les fous, l'excès de chaleur est la cause de mortalité la plus fréquente des poussins.) Mais les bébés fous n'ont à leur disposition qu'un répertoire limité de comportements, qui ne va guère plus loin que les mouvements pour quémander la nourriture ou cacher leur bec (un geste d'apaisement, comme le montre Nelson) — et les signaux réclamant l'admission dans le nid n'y figurent pas.

La troisième espèce de fous vivant aux Galapagos, le fou blanc ou fou masqué, a des mœurs plus rigides, mais suit les mêmes règles que son coussin à pieds bleus. Le fou masqué va chercher sa nourriture au loin et s'alimente essentiellement de poissons volants. D'après le principe de Nelson, il ne devrait être capable d'élever qu'un seul poussin. Parfois, il pond un œuf unique, mais, habituellement, ce sont deux œufs qu'il dépose dans son nid. Dans ce dernier cas, la « réduction de la couvée » (pour utiliser un euphémisme scientifique) est obligatoire. Le poussin premier-éclos éjecte son cadet du nid (ou le piétine à mort, le cas échéant, à l'intérieur même de celui-ci). A première vue, un tel système paraît absurde. Chez le fou à pieds bleus, indépendamment de nos réactions sentimentales négatives (pour ne pas dire inadéquates), le fratricide est un mécanisme qui permet d'adapter le nombre de poussins aux fluctuations des sources d'approvisionnement.

Mais au nom de quelle logique perverse les fous masqués pondent-ils deux œufs, dont ils n'élèveront jamais plus d'un, invariablement marqué du sceau de Caïn ? Nelson soutient avec la plus grande énergie que des couvées de deux œufs constituent une adaptation : on réussira d'autant mieux à élever *un* poussin. De nombreux dangers menacent la survie des œufs et des oisillons, les visées fratricides des frères ne représentant qu'un des nombreux périls qui guettent le lignage. Les œufs se fêlent ou roulent hors du nid ; les minuscules oisillons sont très sensibles aux coups de chaleur. Le deuxième œuf représente peut-être une assurance contre la mort du premier poussin. Un aîné vigoureux annule directement la politique de l'œuf unique, mais l'investissement supplémentaire peut profiter aux parents, au titre de garantie, et mérite la peine qu'on produise un autre œuf (après tout, les parents ne seront jamais forcés de gaspiller leur énergie à nourrir un second poussin inutile). A Kuré, par exemple, un atoll de l'archipel hawaïen, des couvées de deux œufs donnaient un poussin en bonne santé dans soixante-huit pour cent des nids observés pendant trois ans ; mais les couvées d'un seul œuf ne réussissaient à élever leur unique rejeton que dans trente-deux pour cent des cas.

Les biologistes de l'évolution, du fait d'une longue formation et d'une habitude tenace, ont tendance à analyser le comportement fratricide des fous en termes d'adaptation : comment un comportement qui paraît à première vue nuisible et irrationnel représente-t-il une adaptation soigneusementt affinée par la sélection naturelle, au bénéfice d'individus qui luttent pour survivre ? Dans cet essai, j'ai utilisé (ce qui est quelque peu inhabituel chez moi) le vocabulaire classique, car les travaux de Nelson m'ont convaincu que le fratricide est une adaptation de type darwinien grâce à laquelle les parents réussissent à élever le plus grand nombre de poussins possible, compte tenu des ressources alimentaires.

Cela me chiffonne néanmoins d'attribuer ce comportement de base, qui autorise le fratricide en tant que trait spécifique de l'espèce, à la seule adaptation — bien que ce soit là l'habitude. Je veux parler ici du mode d'intelligence élémentaire qui fait du fratricide un système satisfaisant : celui du vieux loup de mer (voir premier paragraphe) fondé sur des décisions de type *oui/non* déclenchées par des signaux définis. John Alcock, par exemple, dans un texte récent qui fait autorité (*Animal Behavior : An Evolutionary Approach,* 1975), soutient à longueur de pages que ce type d'intelligence commun est, en lui-même et en général, une adaptation directement façonnée par la sélection naturelle pour obtenir des réflexes optimaux dans les environnements dominants : « Les réactions programmées sont largement répandues, écrit-il, parce que les animaux qui fondent leur comportement sur des signaux relativement simples fournis par des objets importants de leur environnement ont toutes chances de faire ce qui, au plan biologique, est la chose à faire. »

(A propos de l'irrésistible pouvoir de la sélection naturelle, Son Altesse Royale le duc d'Édimbourg en personne écrivait dans sa préface au livre de vulgarisation de Nelson sur les oiseaux des Galapagos : « Le processus de sélection naturelle a contrôlé les plus infimes détails de chaque trait de l'individu dans sa totalité, et du groupe auquel il appartient. » Je ne cite pas cette phrase avec l'intention malicieuse d'avoir le dernier mot en conférant à une position qui n'est pas la mienne la garantie supposée d'une approbation royale, mais pour montrer à quel point le langage de la théorie orthodoxe de l'adaptation est sorti des cénacles scientifiques pour envahir les écrits d'amateurs bien informés.)

Comme je l'ai fait en matière de fratricides et d'anneaux de guano, je suis disposé à voir, dans toute manifestation spécifique du type de raisonnement de mon vieux loup de mer, une adaptation. Mais je ne peux pas, comme le prétend Alcock, considérer simplement ce raisonnnement lui-même comme le produit optimisé d'une sélection naturelle spontanée. Le cerveau plus petit et les circuits neuronaux plus limités des animaux non humains doivent imposer — ou au moins encourager — des modes intellectuels différentes des nôtres. Il n'est pas nécessaire de considérer que ces cerveaux plus petits sont des adaptations directes à un contexte dominant. Ils représentent plutôt des contraintes structurelles innées qui limitent la gamme des adaptation spécifiques élaborées à l'intérieur de leur orbite. Le raisonnement du marin est une contrainte qui permet aux fous de réduire leur progéniture en exploitant un répertoire de comportement fondés sur des règles rigides et des déclencheurs simples. Un tel système ne donnerait aucun résultat chez les humains ; en effet, les parents ne cesseraient pas de connaître leurs bébés parce que ceux-ci auraient simplement changé de place. Dans les sociétés humaines qui pratiquent l'infanticide (pour des raisons écologiques souvent analogues à celles qui conduisent les fous au fratricide), ce sont des règles sociales explicites ou le respect de traditions religieuses — plus que la simple duplicité par soustraction — qui obligent les parents à se comporter comme ils le font, ou les en persuadent.

Il se peut que les oiseaux aient à l'origine développé leur cerveau, avec ses dimensions caractéristiques, pour s'adapter il y a plus de deux cents millions d'années à la vie au sein d'un lignage ancestral ; le raisonnement du marin est peut-être une conséquence non adaptationnelle de ce schéma inné. Pourtant, ce type d'intelligence a défini depuis lors les frontières du comportement. Chaque comportement individuel peut être une adaptation pleine de charme, mais il doit se façonner dans les limites de la contrainte existante. Qu'est-ce qui est le plus important : l'adaptation ou la contrainte qui cantonne celle-ci dans une voie acceptable ? Nous ne pouvons ni ne devons choisir, car ces deux facteurs définissent la tension essentielle qui règle toute évolution.

Les sources de la forme et du comportement organiques sont multiples et comprennent au moins trois catégories élémentaires. Nous venons d'en analyser deux : les adaptations immédiates façonnées par la sélection naturelle (l'exploitation, par les aînés des poussins fous, du type d'intelligence de leur parents, ce qui les conduit à supprimer sans plus de formalités leurs cadets), et les conséquences éventuellement contraires à l'adaptation de modèles structuraux de base agissant comme contraintes sur les voies de l'adaptation (le type d'intelligence conduisant à des décisions *oui/non* fondées sur des déclencheurs simples).

Dans une troisième catégorie, nous trouvons des adaptations ancestrales déterminées, désormais utilisées d'une autre façon par les descendants. Nelson a montré, par exemple, que les fous renforcent le lien de couple entre mâle et femelle au moyen d'une série complexe de comportements hautement ritualisés, entre autres la collecte d'objets présentés à l'un ou à l'autre. Chez les fous qui déposent leurs œufs sur le sol, ces comportements sont de toute évidence les vestiges de conduites qui servaient jadis à réunir les matériaux nécessaires aux nids ancestraux — certains des mouvements détaillés utilisés dans la construction des nids chez les espèces parentes subsistent encore, d'autres ont disparu. Les zones de ponte des fous masqués sont jonchées de brindilles et de divers matériaux de nidification rassemblés par les adultes pour leur parade mutuelle, qu'ils doivent ensuite ôter de l'anneau de guano et laisser inutilisés sur le sol. J'ai souligné ces curieux détournements de fonction dans plusieurs autres essais (voir 4 et 11), car ils constituent une preuve essentielle de la réalité de l'évolution — des formes et des agissements qu'on ne peut comprendre qu'à la lumière d'une histoire antérieure et innée.

Quand je me demande comment trois sources aussi disparates peuvent conduire aux structures harmonieuses incarnées par les organismes, je modère mon étonnement en pensant à l'histoire des diverses langues. Prenons cet amalgame de vestiges, d'emprunts et de fusions que représente l'anglais. Les poètes n'en continuent pas moins à faire œuvre de beauté. Les chemins de l'histoire et l'usage courant sont les diverses facettes d'un même thème. Ces chemins sont d'un enchevêtrement qui défie l'imagination, mais seuls les voyageurs robustes restent parmi nous.

# 4.

## Vies brèves et mutations capricieuses

Pour gratifiants qu'ils soient dans l'abstrait, les triomphes posthumes sonnent creux. Nanki-Poo refusa de se laisser séduire par les arguments de Ko-Ko, qui lui conseillait une décapitation sur la place publique plutôt que le suicide en privé. « Il y aura une procession, des orchestres, la marche funèbre, le glas... et puis, quand tout sera fini, des réjouissances générales et des feux d'artifice le soir. Vous ne les verrez pas, mais ils auront pourtant lieu. » Et je n'ai jamais compris pourquoi les plus éminents anthropologues américains du XIXe siècle, J.W. Powell et W.J. McGee, firent un pari sur la taille respective de leurs cerveaux — pari qui ne pouvait être élucidé que par l'autopsie, à un moment où les joies de la victoire ne pourraient plus être savourées.

Il n'empêche que je viens de me livrer à un pari stupide avec une inconditionnelle du jogging, à savoir qu'aucune femme ne remporterait de mon vivant le marathon de Boston. J'aimerais autant perdre, mais cela me paraît fort improbable. Toutefois, si la vitesse moyenne supérieure des individus de sexe masculin à la course figure parmi les quelques différences insignifiantes mais authentiquement biologiques entre les sexes humains, je ne peux me défendre contre les accusations de triomphalisme (pour l'entité que je représente, mais pas, hélas, pour moi avec mon mille mètres péniblement couru en cinq minutes) qu'en exprimant mes regrets les plus sincères. Avec quelle joie ne troquerais-je pas cette inutile supériorité contre l'avantage le plus précieux lié à la condition féminine : quelques années de vie supplémentaires !

J'ignore si la vie plus courte des mâles est une généralité de la nature — et si nous devons, de ce fait, porter un nouveau coup au machisme en ajoutant cette particularité à une taille moyenne plutôt réduite (voir essai n° 1) —, mais je viens d'avoir connaissance (tous mes remerciements à Martin L. Adamson) d'un cas extrêmement instructif.

En 1962, James H. Oliver, Jr., traçait le cycle de vie d'une mite qui parasite les cocons des vers de terre. Les mâles et les femelles *Histiostoma murchiei* passent par trois stades de développement entre l'œuf et l'état adulte. De plus, la femelle intercale dans ce cycle un stade supplémentaire — joliment baptisé « hypope » —, qui se situe entre la deuxième et la troisième phase préadulte. Pour de si petites créatures, les femelles prennent tout leur temps. Sans même compter la phase de l'hypope, il leur faut, pour passer de l'œuf à l'état adulte par les phases qu'elles ont en commun avec les mâles, d'une à trois semaines. La phase supplémentaire de l'hypope peut considérablement rallonger la vie de la femelle, ces mites trouvant et infestant d'autres cocons seulement durant cette phase (les mâles ne mettent pas le nez dehors). L'hypope peut d'abord rester en sommeil pendant de longues périodes à l'intérieur de l'enveloppe de la phase juvénile antérieure, attendant (si l'on peut dire) des conditions favorables pour sortir et passer dans un autre cocon. Quand l'hypope se décide à faire son apparition, elle peut encore vivre longtemps et occuper son propre cocon (quitte à repasser à l'état de sommeil) ou partir en quête d'un autre domicile.

Les mâles, au contraire, parcourent leurs trois phases de développement (moins celle de l'hypope) à toute allure, à un rythme accéléré qui devrait inspirer Bill Rodgers lorsqu'il peine au sommet de Heartbreak Hill au lendemain du Patriot's Day *. « On a observé des mâles adultes, écrit Oliver, copulant avec leur mère trois ou quatre jours après avoir été pondus » — ils trépassent peu après cette flambée de passion incestueuse. Pourquoi cette

---

* *Patriot's Day :* Jour des Patriotes, commémorant la bataille de Lexington en 1775, première rencontre entre Anglais et Américains. (NdT.)

différence marquée dans la durée de vie respective des deux sexes ? Et quel rapport existe-t-il avec les mœurs œdipiennes de ces mites ? Un examen plus approfondi de l'insolite biologie de reproduction de ces parasites semblerait apporter la réponse.

Quand une hypope trouve un nouveau cocon, elle pond de deux à neuf œufs moins de deux jours après être passée à l'état adulte — et cela, sans le bénéfice de la fécondation. Tous ces œufs donnent des mâles — qui constituent par ailleurs la seule source d'époux potentiels. Quel meilleur exposé évolutionniste du développement rapide des mâles pourrions-nous espérer trouver ? Dans la plupart des espèces, les femelles doivent chercher leurs conjoints. Ces mites les fabriquent de toutes pièces, puis attendent. Les mâles des *Histiostoma murchiei* ne sont guère plus qu'une source de sperme ; plus vite ils seront opérationnels, mieux cela vaudra.

Deux jours après cette étreinte incestueuse, la femelle recommence à pondre et peut continuer à le faire pendant deux à cinq jours, produisant jusqu'à 500 rejetons — cette fois, tous femelles.

Si nous avons résolu un problème — la vitesse différente de développement selon les sexes —, c'est seulement pour nous heurter à une question encore plus étrange : comment ce système peut-il être amorcé ? Comment une femelle non fécondée, seule dans un nouveau cocon, produit-elle une génération de maris, et pourquoi sa phase suivante de reproduction ne produit-elle que des femelles ?

La réponse à cette question plus vaste réside dans le mode peu commun de détermination sexuelle qui caractérise ces mites. Chez la plupart des animaux, les mâles et les femelles ont des chromosomes allant par paires, et le statut d'une paire détermine le sexe de son porteur. Les femelles humaines, par exemple, ont deux grands chromosomes sexuels (XX), tandis que les mâles en ont un grand (X) et un petit (Y) dans la paire déterminant le sexe. Toutes les cellules de l'œuf non fécondé sont porteuses d'un X unique, alors que le spermatozoïde a soit un X, soit un Y. Nous devons notre sexe à la bonne étoile d'un spermatozoïde unique parmi les millions que comporte une éjaculation. On dit des animaux dotés de paires de chromosomes, d'un sexe ou de l'autre, qu'ils sont diploïdes.

Certains animaux utilisent un système de détermination sexuelle différent. Les femelles sont diploïdes, mais les mâles n'ont qu'un chromosome pour chaque paire de la femelle et sont dits « haploïdes » (c'est-à-dire qu'ils ne possèdent que la moitié du nombre normal de chromosomes). Autrement dit, les mâles — aussi paradoxal que cela paraisse — se développent à partir d'œufs non fécondés et n'ont pas de père. Les œufs fécondés produisent des femelles diploïdes. Les animaux utilisant ce système sont dits « haplodiploïdes » (les mâles étant haploïdes et les femelles diploïdes).

L'*Histiostoma murchiei* est haplodiploïde. Donc, la femelle non fécondée élève dans un nouveau cocon une génération de mâles nés d'œufs non fécondés, plus une génération suivante de femelles nées de l'inceste qui en résulte.

L'haplodiploïdie, phénomène fascinant et riche de conséquences, apparaît régulièrement, depuis des années, au fil de ces essais et dans des contextes divers. Elle m'a aidé à expliquer l'origine des systèmes sociaux chez les fourmis et les abeilles (voir l'essai n° 33 de *Darwin et les grandes énigmes de la vie*), et elle est à la base des mœurs d'une mite mâle qui féconde plusieurs de ses sœurs à l'intérieur du corps de sa mère et meurt avant de « naître » (essai n° 6 du *Pouce du panda*). Elle est également très présente dans tout le règne animal. On a trouvé des espèces haplodiploïdes chez les rotifères, les nématodes et les mites, et dans quatre ordres distincts d'insectes — les Thysanoptères (thrips), les Homoptères (aphidés, cigales et leurs alliés), les Coléoptères (cafards) et les Hyménoptères (fourmis, abeilles et guêpes). Ces groupes ne sont pas étroitement liés, et leurs ancêtres communs supposés sont diploïdes. Ainsi, l'haplodiploïdie est apparue indépendamment — et souvent à de nombreuses reprises — à l'intérieur de chaque groupe. Bien que la plupart de ces groupes ne comportent qu'un nombre limité d'espèces haplodiploïdes parmi une foule d'espèces diploïdes ordinaires, les Hyménoptères, avec plus de 100 000 espèces dénombrées, sont exclusivement haplodiploïdes. Étant donné que les vertébrés ne comportent que 50 000 espèces environ, comme nous le rappelle Oliver, nous devons réviser le chauvinisme qui nous porte à voir dans l'haplodiploïdie un phénomène étrange ou rare. Dix pour cent au moins de toutes les espèces animales recensées sont haplodiploïdes.

Au cours de ces dix dernières années, l'haplodiploïdie a occupé une place importante dans l'information (aussi bien générale que scientifique) en raison du rôle qu'elle joue dans l'ingénieuse explication darwinienne d'une vieille énigme biologique : l'origine de la vie sociale chez les Hyménoptères, en particulier l'existence de castes d'« ouvrières » stériles, invariablement femelles, chez les fourmis et les abeilles. La vie sociale ayant évolué à plusieurs reprises chez les Hyménoptères, le système invariant de castes de femelles stériles appelle une explication d'ensemble. A ce niveau, le problème est encore plus intrigant : pourquoi, dans un monde probablement darwinien, rempli d'organismes qui travaillent uniquement à se reproduire individuellement avec succès, de vastes quantités de femelles doivent-elles « renoncer » à la reproduction pour aider leur mère (la reine) à élever un plus grand nombre de sœurs ?

L'explication ingénieuse que j'évoquais s'appuie sur l'asymétrie particulière des liens génétiques entre les sexes chez les animaux haplodiploïdes. Chez les diploïdes comme chez les haplodiploïdes, les mères transmettent la moitié de leur matériel génétique (un ensemble de chromosomes dans chaque œuf) à chaque membre de leur progéniture. Elles sont donc également liées (par la moitié de leur individualité génétique) à leurs fils et à leurs filles. Dans une espèce diploïde, la femelle partage aussi approximativement la moitié de ses gènes avec ses frères et ses sœurs. Mais dans une espèce haplodiploïde, la femelle partage trois quarts de ses gènes avec ses sœurs et un quart seulement de ses gènes avec ses frères. Cela pour la raison suivante : considérons n'importe quel gène (un exemplaire sur un chromosome unique) chez des sœurs. Quelle est la probabilité qu'un frère le partage ? Si le gène est sur un chromosome paternel, la probabilité que le frère le partage est égale à zéro, car il ne possède pas de chromosomes paternels. Si le gène est sur un chromosome maternel, la probabilité qu'il le partage avec sa sœur est égale à cinquante pour cent — puisqu'il a reçu le même chromosome de sa mère, ou bien l'autre élément de la paire. Ainsi, si l'on additionne tous les gènes, la liaison entre le frère et la sœur est la moyenne entre zéro (pour les gènes paternels des sœurs, nécessairement absents chez les frères) et cinquante pour cent (pour les gènes maternels) — soit vingt-cinq pour cent.

Les femelles sont donc plus étroitement liées à leurs sœurs (3/4) qu'à leur mère (1/2) ou à leur propre progéniture potentielle (également 1/2). Si l'impératif darwinien conduit les organismes à maximiser le nombre de leurs propres gènes dans les générations futures, les femelles ont donc tout intérêt à aider leur mère à élever des sœurs (comme le font les ouvrières stériles), plutôt qu'à produire leur propre progéniture. Ainsi, l'asymétrie des liens génétiques chez les haplodiploïdes peut expliquer pourquoi les castes d'ouvrières des Hyménoptères sociaux sont invariablement composées de femelles, et pourquoi ce type d'organisation sociale a évolué à plusieurs reprises chez les Hyménoptères, mais pas dans l'ensemble considérablement plus vaste des organismes diploïdes. (Comme toujours, notre univers complexe nous présente une exception : les termites diploïdes, parentes des blattes, dont les classes laborieuses comportent des mâles et des femelles).

Cette explication a plongé les biologistes dans de tels abîmes de perplexité qu'un retournement de l'enchaînement causal s'est parfois glissé dans certaines analyses. L'existence même de l'haplodiploïdie est liée, avec force et élégance, à l'évolution de l'organisation sociale, et nous en venons presque à croire que ce mode de détermination sexuelle est né « de » — ou en tout cas dans le contexte de — la merveilleuse organisation sociale des fourmis et des abeilles. Or il suffit d'un instant de réflexion pour se persuader qu'il ne peut en être ainsi, et cela pour deux raisons.

Premièrement, *tous* les hyménoptères sont haplodiploïdes, mais seuls quelques lignages à l'intérieur du groupe ont mis en place des systèmes sociaux complexes (la plupart des hyménoptères sont des guêpes asociales ou très peu sociales). L'ancêtre commun des hyménoptères fut sans doute haplodiploïde, mais, à coup sûr, pas intégralement social, étant donné que la société complexe des abeilles ou des fourmis qui en est descendue n'a été, au fil de l'évolution, qu'une sorte d'« après coup » phylétique à l'intérieur de plusieurs lignages indépendants. L'enchaînement causal est sûrement axé vers une autre direction. L'haplodiploïdie n'existe pas « à cause de » l'organisation sociale, à moins de dire que le futur peut déterminer le passé. L'haplodiploïde est apparue pour d'autres raisons, et elle a ensuite permis, par un heureux hasard, l'évolution ultérieure de ce mode de vie sociale magnifiquement complexe et réussi. Mais quelles sont ces « autres raisons ? » C'est ce qui m'amène, au bout du compte, au sujet même de cet essai, au principal motif de la fascination que j'éprouve pour l'*Histiostoma murchiei* et, de manière plus immédiate, à mon second point.

Deuxièmement, donc, lorsque nous considérons le contexte écologique habituel de l'haplodiploïdie dans un vaste éventail d'espèces animales qui ont pu la mettre en œuvre directement (et non l'avoir simplement cooptée pour un autre usage), nous voyons apparaître un schéma intéressant. L'*Histiostoma murchiei* a une caractéristique en commun avec les mites qui meurent avant de naître et avec beaucoup d'autres animaux haplodiploïdes appartenant à des groupes de parenté lointaine : tous sont des « colonisateurs », des espèces qui survivent en cherchant des ressources rares mais riches, et qui se reproduisent aussi vite qu'elles le peuvent quand une bonne fortune inhabituelle récompense leur quête (la vaste majorité des hypopes d'*Histiostoma* meurent avant d'avoir trouvé un cocon frais de ver de terre). L'haplodiploïdie présente plusieurs avantages dans ce système de survie hasardeux. Pour réussir, la colonisation n'exige pas qu'un mâle et une femelle effectuent deux migrations distinctes, ni même qu'une seule femelle migrante soit fécondée avant de partir en quête d'une nouvelle source de nourriture. Toute femelle non fécondée, même jeune, devient une source potentielle de nouvelles colonies, puisqu'elle peut fabriquer par ses propres moyens une génération de mâles, puis s'accoupler avec eux pour initier une génération de femelles — stratégie élaborée au fil de l'évolution par les *Histiostoma*.

Quand les colonisatrices trouvent une source de nourriture riche mais éphémère, l'haplodiploïdie peut accélérer la production d'une nouvelle génération en permettant aux femelles fécondées de contrôler la répartition sexuelle de leur progéniture. Comme je l'ai montré dans mon essai « Morte avant de naître » (in *Le Pouce du panda*), quand des frères s'accouplent avec des sœurs, la génération suivante sera plus nombreuse si les mères peuvent consacrer la plus grande partie de leur énergie limitée de reproductrices à la production de femelles et produire seulement un nombre minime de mâles (souvent, un seul suffira). Un mâle unique peut féconder de nombreuses femelles, et c'est la quantité disponible d'œufs, et non de spermatozoïdes, qui limite le taux de reproduction d'une population — aussi, à quoi bon produire une multitude de mâles superflus ? Le principe est parfait en théorie, mais la plupart des animaux sont incapables de contrôler aisément la répartition sexuelle de leur progéniture. On a beau prier et supplier qu'il naisse des garçons dans de nombreuses sociétés humaines sexistes, les filles continuent à faire prévaloir leurs droits (et leur taux de natalité) à environ cinquante pour cent.

Mais beaucoup d'haplodiploïdes sont capables de contrôler la répartition sexuelle de leur progéniture. Si les femelles emmagasinent les spermatozoïdes dans leur corps après l'accouplement, tous les œufs qui gardent leurs distances avec la zone de stockage donnent des mâles, tandis que ceux qui entrent en contact avec elle donnent des femelles. Les mites haplodiploïdes présentant une répartition sexuelle très inégale produisent souvent une portée d'œufs femelles, puis coupent l'approvisionnement en spermatozoïdes pour ajouter un mâle ou deux, juste en fin de parcours.

Cet ensemble de traits associés — un style de vie colonisateur, des ressources rares et éphémères, une reproduction rapide et la possibilité d'élever de nouvelles générations en des endroits insolites — semble définir le contexte original qui favorise l'apparition de l'haplodiploïdie. Si nous posons — à titre d'hypothèse seulement — que l'haplodiploïdie constitue habituellement, lorsqu'elle apparaît, une adaptation à la vie dans ce monde incertain, on doit alors y voir un accident heureux, compte tenu de l'utilité qu'elle a eue par la suite dans l'évolution de l'organisation sociale chez les fourmis et les abeilles.

Ceci posé, quoi de plus différent, dans notre raisonnement

biologique habituel, que la vie hasardeuse d'une colonisatrice solitaire (dont la progéniture a peu de chances d'instaurer une vie sociale en vivant sur une source alimentaire qui dure seulement le temps d'une génération ou deux), et la complexité, la stabilité et l'organisation des sociétés d'abeilles et de fourmis ? N'est-il pas extrêmement étrange que l'haplodiploïdie, condition préalable virtuelle à l'évolution des sociétés d'hyménoptères, ait d'abord constitué une adaptation à un style de vie presque diamétralement opposé (au moins par les représentations qu'elle suggère) ? Si je peux vous convaincre qu'il ne faut pas y voir la moindre bizarrerie, mais un exemple d'un principe de base qui distingue la biologie évolutionniste d'un simple cliché scientifique, alors cet essai aura atteint son but.

C'est une erreur manifeste, bien que regrettablement courante, que de croire que l'utilité actuelle d'un caractère permet de déduire les causes de son origine dans le contexte de l'évolution. L'utilité actuelle et l'origine historique sont deux choses différentes. Un caractère, indépendamment du comment ou du pourquoi de son évolution première, devient disponible et peut être co-opté pour d'autres rôles, souvent étonnamment différents. Des traits complexes véhiculent une multitude de possibilités. L'usage qu'on peut en concevoir n'est pas limité à la fonction qu'ils avaient à l'origine (j'avoue avoir utilisé une carte de crédit pour forcer une porte). Et ces détournements de fonction peuvent être aussi capricieux et imprévisibles que le champ des possibilités offertes par la complexité du trait est vaste. Ces détournements se produisent tout le temps ; ils définissent l'étonnant et admirable infini de l'évolution.

. Les nageoires assurant l'équilibre des poissons devinrent les membres propulseurs des vertébrés terrestres, tandis que la queue propulsante devenait un organe qui contribue souvent à l'équilibre. L'os qui rattachait la mâchoire supérieure d'un poisson ancestral à son crâne devint l'os qui transmet le bruit aux oreilles des reptiles. Deux os qui articulaient les mâchoires de ce reptile devinrent quant à eux les deux os qui transmettent le son de l'oreille moyenne des mammifères. Quand nous voyons le splendide fonctionnement du marteau, de l'enclume et de l'étrier de notre système auditif, qui irait imaginer qu'un de ces os rattacha un jour une mâchoire à un crâne, tandis que les deux autres constituaient l'articulation de cette mâchoire ? (A propos, avant que la mâchoire n'apparaisse, tous ces os supportaient les voûtes des branchies d'un poisson ancestral dépourvu de mâchoire.) Et un mode de détermination sexuelle qui peut avoir d'abord rendu service à une colonisatrice solitaire est apparemment devenu la base de systèmes sociaux seulement égalés en complexité par le nôtre.

A mesure que nous explorons plus avant et remontons le temps, le facteur d'imprévisibilité s'accentue. J'ai analysé les caprices d'une modification fonctionnelle destinée à aider l'organisation sociale au moyen d'un système sexuel qui s'est probablement transformé, au fil de l'évolution, en aide à la colonisation. Mais que dire de la raison plus vaste qui explique notre monde imparfait et imprévisible, à savoir les limites structurelles imposées par des traits ayant évolué pour d'autres motifs ? Des systèmes sociaux comme ceux des fourmis et des abeilles pourraient énormément servir les intérêts d'une foule d'autres créatures. Mais ils n'évoluent pas sur une vaste échelle, en raison des difficultés que présente leur mise en place chez des organismes diploïdes (seuls les termites y sont parvenus), tandis que les hyménoptères haplodiploïdes ne cessent de les développer. Et si nous remontons encore un cran plus loin (je vous promets de m'en tenir là), que dire des contraintes qui ont pesé sur l'évolution de l'haplodiploïdie elle-même ? Ce phénomène constitue peut-être une magnifique adaptation à quantité d'environnements, mais il ne peut toujours évoluer aussi facilement.

En partant du principe que les diploïdes donnent généralement des haplodiploïdes, que faut-il pour faire d'une créature haploïde un mâle ? Soumis à certains systèmes de détermination sexuelle diploïde, les haploïdes mâles ne peuvent facilement évoluer. Un humain haploïde ne serait pas de sexe masculin, car un chromosome X unique donne une femelle stérile. Mais d'autres diploïdes ont un système de détermination sexuelle dit XX-XO, dans lequel les femelles ont deux chromosomes X et les mâles un X unique dépourvu de chromosome Y (mais tous les autres chromosomes vont par paires). Dans de tels systèmes, un organisme haploïde pourrait facilement et directement devenir un mâle. (Le système XX-XO ne constitue pas une condition préalable à l'haplodiploïdie, étant donné que des modifications plus complexes peuvent produire des haploïdes mâles à partir d'autres modes de détermination sexuelle diploïde.)

Bref, les modes de détermination sexuelle limitent l'haplodiploïdie, l'haplodiploïdie limite l'organisation sociale, et l'organisation sociale exige une modification capricieuse du rôle tenu par l'haplodiploïdie dans l'adaptation. Quel ordre pouvons-nous trouver dans l'évolution au milieu d'une mosaïque aussi insensée de limites imposées à un monde raisonnablement parfait et prévisible ?

Certains pourraient être tentés de déchiffrer un message quasi mystique dans ce thème, à savoir que l'évolution impose à la nature une ignorance ineffable. C'est une notion contre laquelle je m'élève vigoureusement : la connaissance et la prévision sont deux phénomènes différents. D'autres pourraient essayer d'y lire un message morose ou pessimiste : l'évolution n'est pas une science très avancée, ou n'est pas une science du tout, puisqu'elle ne peut prévoir le cours d'un monde imparfait. Là encore, je m'insurgerai contre une telle interprétation de ce que j'ai écrit en parlant de contrainte et de modification fonctionnelle capricieuse.

Le problème tient à notre conception simpliste et stéréotypée de la science, que nous considérons comme quelque chose de monolithique fondé sur la régularité, la répétition et la capacité de prévoir le futur. Les sciences qui traitent d'objets moins complexes et moins historiquement liés que ne l'est la vie peuvent obéir à cette formule. L'hydrogène et l'oxygène, mélangés d'une certaine façon, donnent de l'eau aujourd'hui, ont donné de l'eau il y a des millions d'années, et donneront sans doute de l'eau pendant longtemps encore. La même eau, avec la même composition chimique. Pas d'indication de temps, pas de contraintes imposées par une histoire de changement antérieur.

Les organismes, eux, sont déterminés et limités par leur passé. Ils doivent rester imparfaits dans leur forme et leur fonction, et dans cette mesure imprévisibles, puisqu'ils ne sont pas des machines optimales. Nous ne pouvons pas connaître leur futur avec certitude, ne serait-ce que parce qu'une myriade de modifications fonctionnelles capricieuses sont présentes dans la capacité d'évolution de n'importe quel trait, aussi adapté soit-il à un rôle actuel.

La science d'objets historiques complexes est une entreprise différente, mais tout aussi importante. Elle tente d'expliquer le passé, non de prévoir le futur. Elle recherche les principes et les régularités qui sont à la base du caractère unique de chaque espèce, de chaque interaction, tout en chérissant cette singularité irréductible et en la décrivant dans toute sa plendeur. Les notions scientifiques doivent se plier (et se dilater) pour s'adapter à la vie. L'art du soluble — comme Peter Medawar définit la science — ne doit pas faire montre de myopie, car la vie est longue.

# II. Personnalités

# 5.

# L'évêque *in partibus* de Titiopolis

La géologie moderne vit le jour, du moins est-ce ce qu'on raconte, avec la publication d'un livre au titre dont l'étrangeté l'emporte presque sur celui que prit plus tard son auteur Nicolaus Sténon, danois de naissance et converti au catholicisme, lorsqu'il devint évêque titulaire de Titiopolis *(in partibus infidelium).* en 1677. (Les évêques *in partibus* « président » des territoires encore aux mains des incroyants et où ils ne peuvent résider — au royaume des infidèles, comme le précise le second terme latin. L'ancien évêché de Titiopolis appartient aujourd'hui à la Turquie.) En fait, Sténon avait pour mission, assez périlleuse en territoire protestant, d'administrer les quelques fiefs catholiques dispersés dans le nord de l'Allemagne, en Norvège et au Danemark.

Publié en 1669, ce livre écrit en latin porte un titre considéré comme « presque inintelligible » par son principal traducteur. Il s'intitule : *De solido intra solidum naturaliter contento dissertationis prodromus,* soit : « Prodrome à une dissertation sur un corps solide naturellement inclus dans un autre solide ». Un prodrome est un préambule, mais Sténon n'écrivit jamais la dissertation promise. A la suite de sa conversion en 1667 et de son ordination en 1675, sa nouvelle vocation religieuse le conduisit à renoncer à une belle carrière d'anatomiste en même temps que de géologue, sa rencontre avec cette science s'étant produite fortuitement au moment précis où il mettait un terme à ses recherches.

Pourquoi un solide inclus dans un autre solide ? Et quel rapport peut bien avoir une phrase aussi sybilline avec l'origine de la géologie moderne ? Le fait de poser un problème sous une forme nouvelle et propre à retenir l'attention constitue le préalable virtuel à toute grande science. Le génie de Sténon fut de voir qu'en résolvant le problème général de la présence de corps solides à l'intérieur d'autres solides, on définirait peut-être un critère permettant d'élucider la structure et l'histoire de la Terre. Mais Sténon ne formule pas son problème à partir de déductions rationnelles effectuées dans son fauteuil. Comme il arrive si souvent dans le monde des hommes, il y vint indirectement et sans l'avoir cherché.

Comme beaucoup d'anatomistes, Sténon s'intéressait aux ressemblances entre les humains et les autres animaux. Il décida de disséquer des requins et fit plusieurs découvertes importantes. Il prouva, par exemple, que l'étroit enroulement en spirale de l'intestin avait, une fois déplié, la même longueur que l'intestin moins ramassé des mammifères. En octobre 1666, la grande année de Newton ou *anno mirabilis*, et un mois après l'incendie qui ravagea Londres, Sténon reçut pour ses observations la tête d'un requin géant capturé dans la ville de Leghorn — dont le nom anglais est aussi étrange que le titre de Sténon et celui de son ouvrage. (Ce nom — *leg* : jambe, *horn* : cor — ne renvoie ni à un membre ni à un instrument de musique, mais est la mauvaise prononciation anglaise de Ligorno, l'actuelle Livourne italienne). Comme beaucoup d'intellectuels de ce temps, Sténon travaillait non loin de là, à Florence, sous le mécénat du grand duc Ferdinand II de Médicis. En examinant les dents de son monstre, Sténon se rendit compte que ses observations le renvoyaient à un des grands débats scientifiques de son époque : l'origine des *glossipetrae*, ou pierres linguiformes.

On pouvait ramasser à la pelle de ces dents fossiles de requins, en particulier à Malte. Au XXe siècle, il est impossible de se méprendre sur leur origine. Elles sont identiques aux dents des requins modernes par leur forme extérieure, leur structure détaillée, leur composition chimique. Elles ne peuvent être rien d'autre, donc, que des dents de requins.

Mais cette identité de forme sur laquelle se fonde notre certitude conduisit, à l'époque de Sténon, à une autre interprétation, car Dieu, auteur de toutes choses, faisait souvent preuve d'une inspiration étonnamment identique dans les divers domaines de Sa Création, afin de manifester l'organisation de Son dessein et la splendide harmonie de Son univers. S'Il avait fait un monde doté de sept planètes (le Soleil, la Lune et les cinq planètes visibles d'une cosmologie plus ancienne) et de sept notes de musique, pourquoi n'aurait-Il pas donné aux roches le pouvoir plastique de former des objets ressemblant avec précision à des éléments animaux ? Après tout, les *glossipetrae* venaient des roches, et les roches avaient été créées telles que nous les voyons. Si les pierres linguiformes étaient des dents de requins, comment diable avaient-elles fait pour entrer dans la roche ? De plus, la terre n'avait que quelques milliers d'années, et ces pierres envahissaient les collections européennes. Comment autant de requins avaient-ils pu infester les eaux de la Méditerranée en si peu de temps ?

Sténon observa que le requin a des centaines de dents, et qu'il s'en forme continuellement de nouvelles à mesure que les anciennes s'usent et tombent. Les innombrables *glossipetrae* de Malte ne provenaient donc plus de la gueule des requins, même aux termes de la chronologie mosaïque (que Sténon ne remettait pas en question). Conformément à la légende selon laquelle les grands savants sont des observateurs impartiaux, capables de jeter aux orties les contraintes de la culture et de porter sur la nature un regard direct, Sténon, en raison de la qualité de ses observations, aboutit à une conclusion correcte : les *glossipetrae* sont des dents de requin fossiles. Sténon était un excellent observateur, mais il adhérait également à la nouvelle philosophie mécaniste qui mettait l'accent sur les causes physiques des phénomènes et considérait que la similitude des détails internes constituait la marque infaillible d'un même type de fabrication au sens mécaniste de ce concept. Sténon ne voyait pas mieux que les autres, mais il possédait les outils conceptuels voulus pour donner de ses excellentes observations une interprétation nécessaire que nous continuons d'estimer juste.

Mais Sténon résuma alors le problème des *glossipetrae* avec

*Illustration du milieu du XVIII<sup>e</sup> siècle montrant pourquoi les* glossipetrae *(A, B et C) venaient de toute évidence de la gueule des requins.* TIRÉ DE DE CORPORIBUS MARINIS LAPIDES CENTIBUS *(DES CORPS MARINS PETRIFIÉS), ILLUSTRÉ PAR LE SAVANT ET ARTISTE SICILIEN AUGUSTINO SCILLA.*

une originalité remarquable — et cette grande intuition fit de lui le fondateur de la géologie moderne. Son raisonnement était le suivant : les pierres linguiformes découvertes dans les roches posaient un problème, parce qu'elles étaient des solides inclus dans un corps solide. Comment étaient-elles arrivées là ? Sténon s'aperçut ensuite que tous les objets troublants de la géologie étaient des solides inclus dans d'autres solides — des fossiles dans les strates, des cristaux dans les roches, des strates elles-mêmes dans des bassins sédimentaires. Une théorie générale rendant compte de l'origine de solides inclus dans d'autres solides fournirait un fil conducteur permettant de comprendre l'histoire de la planète.

On pense souvent que la taxinomie est la matière la plus aride qui soit, seulement bonne à établir des classifications idiotes, et elle est parfois méprisée par la science qui l'assimile à une vulgaire « collection de timbres » (ce que le philatéliste que je fus déplore profondément). Si les systèmes de classification n'étaient que des portemanteaux neutres auxquels accrocher les faits du monde, ce dédain pourrait être justifié. Mais les classifications reflètent et orientent notre pensée. Nous mettons en ordre comme nous pensons. Les changements historiques qui se sont produits dans nos classifications sont les repères fossilisés de nos évolutions conceptuelles.

Pour le penseur français Michel Foucault, ce principe est la clé qui permet d'accéder à la compréhension de l'histoire de la pensée. Dans *Folie et déraison ; histoire de la folie*, par exemple, il note qu'une nouvelle méthode de traitement des fous fit son apparition au milieu du XVIIe siècle et gagna rapidement toute l'Europe. Jusque-là, on exilait les fous, ou on les tolérait et on les laissait libres de leurs mouvements. Au milieu du XVIIe siècle, on les relégua dans des institutions avec les indigents et les chômeurs, assemblage hétéroclite au vu de nos critères modernes. Nous pourrions estimer que cette classification est absurde ou cruelle, mais, comme le montre Foucault, un jugement de cet ordre ne nous aidera pas à comprendre le XVIIe siècle.

Pourquoi ranger dans la même catégorie les pauvres, les sans-travail et les fous ; quel thème commun pouvait inspirer une telle classification ? D'après Foucault, l'avènement de la société commerciale moderne fut à l'origine d'une redéfinition du péché cardinal, celui qu'il fallait cacher en enfermant tous ceux qui, pour une raison ou une autre, s'y complaisaient. Ce péché était l'oisiveté et, comme le montre Foucault, dans la liste des sept péchés capitaux, le vieux péché d'orgueil contre lequel avait tonné le Moyen Age fut remplacé, dans les textes du XVIIe siècle, par la paresse au rang de péché mortel par excellence. Le fait que les fous ne travaillaient pas pour des raisons d'ordre biologique ou psychologique, et les chômeurs parce qu'ils n'en avaient pas l'occasion, n'avait aucune importance.

Sténon réorganise aussi l'univers d'une façon qui dut sembler aussi étrange à ses contemporains qu'à nous l'amalgame de la folie et de la pauvreté. De la même façon que ceux-ci mettaient dans le même sac tous les oisifs, Sténon regroupa tous les solides inclus dans d'autres solides dans une classe d'objets fondamentale, les isola du reste et définit un ensemble de critères grâce auxquels il répartit ses solides en des subdivisions représentant les différentes causes qui les avaient modelés. Le grand *Podromus* est essentiellement un traité sur un nouveau système de classification des solides inclus dans d'autres solides — classification fondée sur une genèse commune plus que sur la similitude superficielle de l'aspect extérieur. La révolution de Sténon tient au changement qu'il apporta dans la classification — et, ainsi compris, le titre étrange de son ouvrage est on ne peut mieux approprié et dérangeant. J'ai lu et relu le *Podromus,* mais quand j'ai enfin compris son message, pas plus tard que le mois dernier, ce titre bizarre a éveillé en moi un frisson d'excitation.

Le *Podromus* a été en général mal compris des géologues, pour qui la réussite de Sténon tient au fait qu'il a appliqué des méthodes d'observation modernes. (De fait, bien que le *Podromus* soit truffé d'observations fines, sa partie la plus longue est une discussion spéculative sur l'origine des corps solides fondée sur un postulat incorrect, à savoir que tous les solides viennent de liquides, et que la forme d'un solide exprime les mouvements des liquides qui l'ont produit.) C'est ainsi que son traducteur écrit : « En un temps où la métaphysique fantastique régnait, Sténon ne faisait confiance qu'à l'induction fondée sur l'expérimentation et l'observation. » Mais le *Podromus* ne relate aucune expérimentation concrète et mentionne seulement un nombre modeste d'observations. Il dut principalement son succès au fait que Sténon suivit une métaphysique qui avait des affinités avec la nôtre, mais était relativement nouvelle à l'époque.

Les géologues se sont également mépris sur Sténon lorsqu'ils ont épluché son texte pour y trouver les précieuses traces d'une intuition « moderne », au lieu de prendre sa démonstration comme un tout. L'affirmation qui revient le plus fréquemment à propos du *Podromus,* souvent la seule émise par les géologues, est que Sténon formula la loi cristallographique de la constance des angles dièdres que font entre elles les faces d'un cristal — quelles que soient les variations de la taille et de la forme des facettes des cristaux, les angles demeurent identiques. Peut-être le fit-il, mais la « loi » consiste en deux lignes anodines de la légende d'une figure, et elle a peu de rapport avec le thème majeur de Sténon ou avec son argumentation. (Elle apparaît simplement en tant que corollaire de ses spéculations sur les possibilités de déduire le mouvement des fluides de la forme des solides auxquels ils ont donné naissance par précipitation.)

Non. Le *Podromus* traite, comme son titre l'indique, de solides inclus dans d'autres solides et de leur classification correcte en fonction de leur mode d'origine. Il repose sur deux grandes intuitions taxinomiques : premièrement, la notion essentielle que les solides inclus dans d'autres solides constituent une catégorie cohérente d'étude et, deuxièmement, la détermination de subdivisions permettant de ranger les solides inclus dans d'autres solides en fonction des causes qui les ont modelés.

Pour établir ses subdivisions, Sténon fait appel à deux critères. (Ils crèvent les yeux une fois le problème posé, mais la révolution de Sténon fut précisément de le poser.) D'abord, dans ce qu'on pourrait appeler le principe de moulage, Sténon pose que lorsqu'un solide est présent à l'intérieur d'un autre solide, nous pouvons dire lequel a durci en premier, en notant lequel des deux objets a laissé une empreinte sur l'autre. Ainsi, les coquillages fossiles étaient solides avant la strate qui les enveloppe, parce qu'ils impriment leur forme aux sédiments qui les entourent, de la même façon que nos pieds laissent une empreinte dans le sable humide. Mais les roches solides qui les enveloppent étaient solides avant les veines de calcite qui les traversent, parce que la calcite remplit les canaux préexistants, exactement comme le flan épouse les nervures d'un moule. Le principe de moulage nous permet d'établir l'ordre chronologique de formation de deux objets en contact. Dans un monde que beaucoup estiment aujourd'hui encore, comme bon nombre de contemporains de Sténon, avoir été formé d'un bloc par la volonté divine, ce critère historique lançait une note discordante et obligeait même à une translation de la pensée.

Dans son ouvrage, Sténon délimitait d'entrée le problème qu'il voulait résoudre avec son second critère : « Soit une substance possédée par une certaine figure, et produite selon les lois de la nature ; trouver dans la substance elle-même les preuves révélant où et comment elle a été produite. » La solution, principe fondamental de toute reconstitution historique, est la suivante :

> Si une substance solide est à tous égards semblable à une autre substance solide, non seulement en ce qui concerne les conditions de sa surface, mais aussi dans l'arrangement intérieur des parties et des particules, elle sera également semblable en ce qui concerne la manière et l'endroit où elle a été produite.

Il est impossible par principe, d'observer des processus passés ; seuls subsistent les résultats. Si nous voulons déduire les processus qui ont formé un objet géologique, nous devons trouver des indices dans l'objet lui-même. L'indice le plus sûr est la similitude détaillée — élément par élément interne — avec des objets modernes formés par des processus que nous pouvons observer directement. La ressemblance est parfois trompeuse — et l'on a commis de grandes erreurs en appliquant le principe de Sténon — mais notre confiance dans l'origine commune augmente à mesure que nous répertorions des similitudes de plus en plus fouillées intéressant la structure interne et la composition chimique en même temps que la forme externe.

Donc, poursuit Sténon, les roches sédimentaires doivent être les dépôts des fleuves, des lacs et des océans, parce qu'elles « coïncident avec les strates que déposent les eaux turbides ». Les coquillages fossiles appartenaient jadis à des animaux, et les cristaux étaient précipités par les fluides, tout comme nous obtenons aujourd'hui du sel ou du sucre d'orge.

Avec ces deux principes — le moulage et un degré suffisant de similitude —, Sténon posait les conditions préalables à une reconstitution géologique, ou à toute reconstitution historique : il pouvait déterminer comment et où les objets se formaient, et il pouvait établir une chronologie des événements. Le génie de Sténon, répétons-le une fois encore, fut la mise en place de ce nouveau cadre conceptuel d'observation, et non l'acuité des observations qui en découlèrent. Sa rupture d'avec les traditions plus anciennes est particulièrement manifeste dans le fait qu'il fut incapable, sauf en quelques lignes penaudes, de s'attacher au sujet essentiel qui obsédait ses confrères : identifier les buts et objectifs de toutes choses, y compris de ce que nous considérons aujourd'hui comme des processus purement physiques de soulèvement, d'érosion et de cristallisation. Dans un bref passage, Sténon cite la différence de fonction comme raison seconde de sa théorie sur la ressemblance interne, et déclare que les roches et les os se forment différemment. Mais il s'empresse d'ajouter : « pour peu qu'on puisse affirmer quoi que ce soit sur un sujet autrement aussi peu connu que le sont les fonctions des choses ». Comme le dit également Foucault, les sujets que vous écartez de vos taxinomies sont aussi importants que ceux que vous y incluez.

On a généralement reproché à la composition en quatre parties du *Podromus* d'être décousue, voire incohérente — une juxtaposition désordonnée effectuée par un homme qui brûlait de quitter Florence, mais était contraint de justifier la protection du grand duc. J'y vois, au contraire, un plaidoyer serré en faveur d'une science de la géologie fondée sur les deux principes de moulage et de similitude suffisante.

La première partie est une colle, un exemple spécifique destiné à démontrer le pouvoir de la méthode générale. Les *glossipetrae,* dit Sténon, sont très certainement des dents de requins parce qu'elles sont identiques dans leur forme et dans leur arrangement interne aux objets qu'il a récupérés dans la gueule de sa prise de Leghorn. Elles se sont solidifiées avant les roches dans lesquelles elles sont incluses, parce qu'elles impriment leur forme au sédiment qui les entoure. Donc — et là, l'argumentation commence à s'orienter vers la généralité révolutionnaire — les roches sédimentaires n'ont pas été créées avec la Terre, mais se sont formées en tant que dépôts d'eaux turbides dans les fleuves, les lacs ou les océans. De plus, on trouve souvent des fossiles marins semblables dans les montagnes et très loin de la mer ; ces fossiles se sont également solidifiés avant les strates qui les renferment. Ainsi, la Terre a une longue histoire : les mers et les terres se sont déplacées, et les montagnes ont émergé des eaux.

Dans la deuxième partie, Sténon expose que les *glossipetrae* ne sont qu'un exemple du problème général des solides inclus dans d'autres solides, et que les principes de moulage et de similitude suffisante permettent d'établir des subdivisions taxinomiques adéquates fondées sur des modes d'origine communs.

La troisième partie traite des grandes classes de solides inclus dans d'autres solides et définit deux catégories de base pour les objets inclus dans les roches : les fossiles qui durcissent *avant* la strate qui les enveloppe, et les cristaux et les veines qui se forment *à l'intérieur* des roches solides.

La quatrième partie — une reconstitution de l'histoire géologique de la Toscane — est problématique et même embarrassante pour les géologues qui veulent voir en Sténon leur saint patron fondateur. (A propos, l'Église catholique envisage elle aussi de béatifier Sténon, qui risque donc d'atteindre une double notoriété sans précédent.) Sténon construit son histoire en veillant à la faire coïncider avec la chronologie biologique, avec deux cycles de sédimentation — à partir du vide originel et à partir de l'océan universel de Noé. L'essence de cette partie, pourtant, n'est pas tant l'affirmation de sa fidélité non démentie à Moïse — après tout, Sténon n'était pas un homme de notre siècle — que la démonstration que les principes de moulage et de similitude suffisante permettent non seulement de classer des objets (troisième partie), mais aussi de reconstituer l'histoire de la Terre à partir de ces objets (quatrième partie). La dernière partie du *Podromus* démontre, à partir d'un exemple spécifique tiré du terrain local, que la classification convenable des solides inclus dans d'autres solides peut servir de fondement à une science de la géologie.

En 1678, Athanasius Kircher publia une figure montrant toutes les lettres de l'alphabet, y compris l'Æ contracté, dessinées dans des veines de calcite. Aujourd'hui, nous ricanons doucement et attribuons ces lettres bien formées au hasard. Mais, pour Kircher, elles avaient autant d'importance que les coques de praires également trouvées dans les roches. On peut dire que les praires sont plus complexes que des lettres, mais un ouvrage vénitien de 1708 décrivait une agathe qui semblait reproduire, dans ses bandes de couleur, le Christ en croix avec tous les accessoires traditionnels, y compris un Soleil sur le côté droit, privilégié comme toujours, et une Lune sur la gauche, méprisée. La légende proclamait en mauvais allemand : *Solche wunderbarliche Gestalt hat die Natur in ein Agat gemahlt* — « la Nature elle-même a peint cette magnifique figure dans une agate ».

En quoi une praire dans une roche était-elle différente d'une lettre ou d'une crucifixion ? Puisque les alphabets et les scènes religieuses ne peuvent préexister aux objets enfouis dans les strates, c'est qu'ils doivent être fabriqués par une force plastique quelconque dans les roches elles-mêmes. Tant que « les choses étranges présentes dans les roches » formeraient une catégorie unique, les praires et les dents de requins seraient elles aussi des manifestations de cette force plastique, et il ne pourrait y avoir de science de la paléontologie ou de la géologie historique. Mais la classification de Sténon reconnaissait la distinction fondamentale entre des fossiles, qui durcissaient avant les roches dans lesquelles ils étaient inclus, et les veines présentes qui pouvaient, par hasard, ressembler à quelque forme ou motif abstraits.

Sténon changea le monde de la manière la plus simple qui soit, et pourtant la plus profonde : il classa différemment les objets.

# 6.

## Hutton et la finalité

Rendant hommage à Lucrèce, Virgile écrivait : « Heureux celui qui put connaître les causes des choses » *(Felix qui potuit rerum cognoscere causas)*. Opinion d'une noble simplicité s'il en est, mais un prédécesseur encore plus illustre avait montré que la causalité n'a rien de simple. Aristote, dans les *Seconds Analytiques*, déclarait : « Nous pensons seulement que nous connaissons une chose quand nous connaissons la cause de cette chose. » Après quoi, il se lançait dans une analyse compliquée du concept de causalité proprement dit.

Tout fait, dit-il, a quatre types de causes distincts. Prenez l'allégorie dite de la maison, l'exemple qu'on continue à citer depuis plus de deux mille ans, sans doute pour illustrer la théorie d'Aristote. Quelle est la cause de ma maison ? Quelles sont les conditions nécessaires, les divers facteurs dont l'absence ferait qu'il n'y aurait pas de maison du tout, ou bien une maison, d'une conception absolument différente ?

D'abord, pose Aristote, il nous faut de la paille, du bois ou des briques ; c'est la cause *matérielle*. Le matériau que vous allez choisir — rappelez-vous l'histoire des trois petits cochons — a, de toute évidence, son importance. Ensuite, quelqu'un doit faire le travail proprement dit, mettre du chaume sur le toit ou empiler les briques ; c'est la cause *efficiente*. Le plan d'exécution de la maison n'effectue aucune action, et il n'est pas non plus le matériau de construction. Mais il constitue un certain type de cause, car des plans différents aboutissent à des maisons différentes, et en l'absence de plan, vous vous retrouvez avec un tas de briques et rien de plus. Ces « feuilles de route » sont, dans le vocabulaire aristotélicien, les causes *formelles*. Enfin, si la maison ne correspondait pas à une finalité — loger ses habitants —, personne ne prendrait la peine de la construire. L'objectif est la cause *finale*.

Nos habitudes linguistiques se démarquent aujourd'hui de l'analyse d'Aristote ; notre notion de cause se réduit pratiquement aux causes efficientes du philosophe grec. Nous ne nions pas les aspects matériels et formels, mais nous n'y voyons plus des causes. Si j'estime que le mouvement de ma queue de billard est *la* cause de la trajectoire vagabonde d'une boule (alors que ce n'est là, pour Aristote, qu'une cause efficiente), je ne considère pas pour autant que la composition de la boule ou la forme de la table sont étrangères à la chose, mais je ne les appelle plus des causes.

Cette élimination de l'intention, ou de la cause finale, a une importance capitale, et elle constitue un tournant majeur de la science occidentale. Pour Aristote, il n'y avait rien d'absurde à attribuer à chaque événement une cause efficiente (nous dirions maintenant un mécanisme) et une cause finale (une intention). C'est ainsi qu'il écrivait :

> Pourquoi la lumière traverse la lanterne ? C'est d'abord parce que ce qui est composé de particules plus petites passe nécessairement au travers de pores plus grands, en supposant bien entendu que la lumière se produise au-dehors, par pénétration, et en second lieu, c'est en vue d'une fin, à savoir pour que nous ne nous heurtions pas. [*Seconds Analytiques*, 94 b, 1.28.]

Nous suivons sans peine Aristote quand il s'agit de mécanismes construits par l'être humain dans un but précis. Il est exact que nous avons troué les lanternes pour laisser passer la lumière. Le concept de cause finale conserve toute sa légitimité lorsqu'il est question d'adaptation d'organismes, même si ces caractéristiques sont dues à des processus naturels, et non à l'activité consciente des animaux en cause. Nous continuons à dire couramment que les chauves-souris et les oiseaux ont des ailes

« pour » voler et que le loup invoquait à juste titre une cause finale quand il répondait au Petit Chaperon Rouge, inquiète de la taille de ses dents : « C'est pour mieux te manger, mon enfant. »

En revanche, et à la différence d'Aristote, nous hésitons à attribuer des causes finales aux mécanismes physiques d'objets inanimés. Lui-même acceptait sans peine l'idée que :

> le tonnerre est un sifflement et un bruit nécessairement produits par l'extinction du feu dans les nuages, et... il a aussi pour fin, comme l'assurent les Pythagoriciens, de menacer les habitants du Tartare afin de leur inspirer de la crainte. [*Ibid.*, 94 b, 1.34.]

Là, nous rions doucement, et ce gloussement narquois constitue peut-être le plus grand changement à avoir marqué la science moderne. Nous ne pensons plus que l'univers ait été explicitement conçu, avec toutes ses composantes mineures et variées, pour servir une finalité humaine. Nous avons substitué à cette hubris cosmique une conception plus mécaniste de la nature. Dieu a peut-être remonté la pendule et réglé au départ le mouvement de son balancier, mais il n'a certainement pas gaspillé un temps précieux à ciseler chaque brin d'herbe et chaque grain de sable pour instruire ou entretenir explicitement son espèce terrestre préférée. En se fondant sur la primauté de la causalité efficiente, la théorie mécaniste a purement et simplement éjecté la cause finale du champ des objets naturels et physiques.

Cette évacuation de la cause finale est si absolue, et si essentielle à une définition moderne de la science, que les vieilles considérations sur la finalité des objets physiques nous fournissent des cibles incomparables quand, avec notre présomption coutumière à l'égard de l'histoire, nous décidons de descendre en flammes le passé pour mieux savourer notre philosophie actuelle (finalité légitime de la psychologie humaine). Mais on aurait du mal à nier, avouons-le, que bon nombre de ces textes sont franchement comiques.

Louis Agassiz, par exemple, soutenait avec le plus grand sérieux, dans les années 1860, que les périodes glaciaires pouvaient être expliquées par la physique des mouvements des glaciers (cause efficiente), et comme une manifestation de la bienveillance divine ayant pour objet de retourner et d'enrichir le sol :

> Naturellement, on se demande : à quoi sert ce grand moteur, mis en marche il y a bien longtemps pour moudre, labourer et pétrir en quelque sorte la surface de la terre ? La réponse nous est fournie par le sol fertile qui recouvre les régions tempérées du globe. Le glacier fut la grande charrue divine.

En 1836, William Buckland, le premier géologue officiel d'Oxford, affirmait que le charbon — l'abondant combustible dont s'alimentait la prospérité britannique — était si intelligemment disséminé dans les entrailles de la Terre que Dieu luimême, dans Son amour, devait l'y avoir mis quelques millions d'années plus tôt en prévision de son utilisation future. Nous pourrions en effet présumer que, comme les roches anciennes, le charbon devrait être enfoui aujourd'hui sous tant de couches géologiques plus jeunes qu'il se trouverait hors (ou plutôt audessous) de notre portée. Mais Dieu a veillé à ce qu'il fût disposé non en vastes gisements horizontaux, mais en bassins concaves discontinus, dont les extrémités les plus hautes affleurent à la surface de la Terre ou reposent juste un peu au-dessous de celleci. Qui plus est, les gisements enfouis à des profondeurs inaccessibles ont souvent subi l'effet de secousses telluriques qui les ont ramenés à la surface. Ces failles sont une aubaine supplémentaire pour les mineurs, car les cours d'eau qui suivent souvent les bords de ces cassures nous guident parfois jusqu'au précieux minerai, et parce que les incendies ne ravagent plus la totalité d'un gisement quand les failles disloquent une strate constituée de plusieurs fragments discontinus séparés par des roches qui, elles, ne brûleront pas. Buckland écrivait :

> Aussi éloignées qu'aient été les périodes auxquelles furent emmagasinés les matériaux destinés à être si heureusement dispensés dans le futur, nous pouvons raisonnablement penser que... la prévision des usages que leur réserverait l'homme plus tard faisait partie du dessein qui régla, il y a bien longtemps, leur disposition si admirablement adaptée pour servir la race humaine.

Alexander Winchell, éminent géologue américain et premier chancelier de l'université de Syracuse, maîtrisait mal son enthousiasme lorsqu'il célébrait avec lyrisme (dans *Sketches of Creation,* 1870) les failles qui permettaient au charbon de venir jusque dans notre orbite :

> Caché à notre vue à des milliers de pieds de profondeur, l'homme n'aurait jamais eu connaissance de son existence, et encore moins su l'amener à la surface. Voyez la prévoyance de la Nature qui a disloqué et incliné les couches carbonifères, comme pour dire : Réjouissez-vous ! Voici ce que vous désiriez ; ne cherchez plus en vain ; creusez, et que la chaleur vous soit dispensée ; ramenez à la surface l'énergie cachée... et commandez aux serviteurs qui sont confiés à vos soins d'exécuter à votre convenance tout ce que vous leur ordonnerez.

Je ne souhaite nullement, faut-il le préciser, ranimer le débat traditionnel sur les causes finales. Mais je condamnerai toute velléité de ressortir les vieux textes sur la cause finale dans le but de déclencher nos rires faciles et notre vanité d'avoir transcendé les sottises du passé, et cela pour deux raisons. D'abord, ce genre d'attitude démolit tout effort de compréhension du passé et d'utilisation de celui-ci comme guide pour interpréter le présent. Quand des esprits aussi remarquables qu'Agassiz et Buckland (sans parler d'Aristote) avancent sérieusement de tels arguments, nous devons y voir l'expression d'une conception du monde fondamentalent différente de la nôtre, et non de la stupidité individuelle ou de la naïveté générale. Ensuite, même des conceptions erronées du monde, quand elles ont à la fois de la grandeur et de la profondeur, peuvent constituer une source d'inspiration féconde. Pour reprendre une de mes citations favorites du *Pouce du Panda :* « Que l'on me donne une erreur féconde, pleine de graines, prête à éclater sous l'effet de ses propres corrections. Vous pouvez garder pour vous votre stérile vérité » (Pareto à propos de Kepler).

La cause finale fut l'erreur féconde d'un moment capital qui marqua l'histoire de ma spécialité. La plus grande reconstitution géologique — la théorie géologique de James Hutton — reposait en gros sur une analyse des causes finales. Et peu de géologues ont ne serait-ce qu'une très vague idée de cette source d'inspiration « dépassée », car elle fut pervertie par un mythe confortable (et réconfortant) qui attribue le succès de Hutton au fait qu'il appliqua une tactique moderne, à savoir les recherches sur le terrain et une conception mécaniste de la causalité physique (voir l'excellente description qu'à donnée G.L. Davies de ce mythe et du correctif qu'il faut lui apporter, dans *The Earth in Decay* [American Elsevier, 1969]).

Né à Edimbourg en 1726, James Hutton côtoya les émules d'Adam Smith et de James Watt dans le cercle hautement intellectuel qui exerça une influence considérable sur la vie de l'Europe du XVIIIe siècle. Après avoir renoncé à un début de carrière juridique, il étudia la médecine. Comme il jouissait d'une certaine aisance, il ne se sentit pas le besoin d'exercer et préféra se tourner vers l'agriculture (sur des terres héritées de son père et après avoir consolidé sa fortune en inventant et en commercialisant un procédé de fabrication de sel ammoniac à partir de la suie). Ni paysan ni hobereau, il s'initia aux méthodes de gestion les plus récentes pour administrer une exploitation modèle, moderne et rentable. Lorqu'il atteignit la quarantaine, Hutton abandonna la vie agreste, revint à Edimbourg et mena pendant les trente années qu'il lui restait à vivre une existence d'honnête homme cultivé, inemployé à plein temps.

En 1788, Hutton publia son précis de géologie dans le premier volume des *Transactions of the Royal Society of Edinburgh* (qui s'augmenta et devint en 1795 un ouvrage en plusieurs volumes intitulé *Theory of the Earth* pour répondre aux critiques virulentes du chimiste et minéralogiste irlandais Richard Kirwan, qui attaquait son prétendu athéisme, entre autres inconvenances). Hutton, bien qu'habituellement rangé parmi les empiristes modernes, appartient en réalité à la grande tradition des constructions de systèmes (au moins partiellement spéculatives) qui domina la plus grande partie de la « géologie » du XVIIIe siècle (le terme n'avait pas encore été inventé et il n'existait encore aucune définition de cette spécialisation avec des procédures officiellement reconnues).

Le système de Hutton, sa « machine du monde », exprimait une notion cyclique de l'Histoire — un éternel retour dynamique mais n'aboutissant à rien, comme l'affirmait le Prédicateur de l'Ecclésiaste :

> Tous les fleuves marchent vers la mer, et la mer ne se remplit pas ; et les fleuves continuent à marcher vers le terme [I, 7]. Ce qui fut, cela sera ; ce qui s'est fait se refera ; et il n'y a rien de nouveau sous le soleil [I, 9].

Cette conception de l'Histoire forme un contraste brutal avec la notion chrétienne d'une série linéaire et orientée, allant perpétuellement de la création à la résurrection. (Hutton, qui n'était certainement pas athée, ne niait pas que Dieu eût ordonné un commencement et qu'Il décréterait une fin. Mais ces événements miraculeux se situent hors des limites de la science. Entre ces deux moments, Dieu se reposait et laissait le monde être gouverné par les lois naturelles qu'Il avait établies. Seule cette période pouvait être étudiée par la science, et là, Hutton ne trouvait pas trace d'une orientation quelconque, seulement un cycle continuellement renouvelé.)

La théorie de Hutton repose en partie sur son choix des métaphores qui décrivent la Terre. Dans son amitié pour James Watt et sa respectueuse admiration pour Isaac Newton, Hutton préférait voir le monde comme une machine parfaite qui, une fois remontée, fonctionnait éternellement (ou jusqu'à ce que Dieu en modifie les lois) sans jamais s'user ni se détraquer. « Ce monde, soutenait Hutton, est une scène active, ou une machine matérielle dont tous les éléments fonctionnent. Nous devons chercher comment ils le font sans s'user ni se casser, ou bien, s'ils s'usent et se cassent, comment ils se réparent. »

Hutton conçut donc une théorie cyclique, en quatre temps, de l'histoire de la Terre. Dans un premier temps, le seul que nous puissions observer directement, la Terre est usée et emportée par l'érosion et, finalement (deuxième temps) déposée en strates dans les profondeurs de l'océan. Là (troisième temps), les strates sont tassées et consolidées par la chaleur (provenant du « feu central » de la Terre et du poids des sédiments qui les recouvrent), puis (quatrième temps), du fait de cette même chaleur interne, fracturées et soulevées pour former de nouveaux continents. La terre et la mer ont changé de place et le cycle — érosion, dépôt, consolidation et soulèvement — recommence indéfiniment. Ainsi, avec les mots les plus célèbres jamais écrits par un géologue, Hutton achève son traité de 1788 en comparant explicitement sa machine du monde à l'éternel mouvement des planètes autour du soleil :

> Ayant vu, dans l'histoire naturelle de cette terre, une succession de mondes, nous pouvons en conclure qu'il existe un système dans la nature ; de la même manière qu'à partir des révolutions des planètes, on a conclu qu'il existe un système en raison duquel ces révolutions doivent se poursuivre... Il résulte donc, de notre enquête présente, que nous ne trouvons ni vestiges d'un commencement, ni perspectives d'une fin.

Bien que les divers éléments de la théorie de Hutton aient tous été défendus par des prédécesseurs, le contenu révolutionnaire de son système global tenait essentiellement à deux points. D'abord, Hutton faisait éclater les frontières du temps avec la contribution la plus caractéristique et la plus révolutionnaire de la géologie à la pensée humaine : la notion de « temps profond », pour reprendre l'expression de John McPhee (*Basin and Range*, 1981). Dans son second postulat, tout aussi célèbre, Hutton déclarait : « Le temps, qui mesure tout dans nos concepts, et nous fait souvent défaut dans nos projets, est illimité pour la nature et comme nul. »

Le temps profond butait essentiellement sur le fait qu'il n'existait pas de force réparatrice reconnue dans le fonctionnement de la nature. En règle générale, les géologues qui précédèrent Hutton ignoraient ce concept de « réparation ». Ils savaient que le sol était soumis à une érosion perpétuelle, et les traditions culturelles renforçaient la vision de l'Histoire perçue comme une dégradation incessante de la perfection originelle de l'Éden. Ils ne pensaient pas que le feu interne de la Terre pût fracturer et soulever de vastes portions de continents pour former des montagnes et de hautes plaines ; (pour eux, les chaînes de montagnes faisaient partie de la structure originelle de la Terre et les volcans n'étaient que de simples pustules sur la surface d'un globe qui s'usait). Faute de ce concept de réparation, on peut seulement conclure que la Terre est très jeune. Après tout, il ne faudrait pas longtemps à l'érosion pour niveler tous les continents et les abaisser au-dessous du niveau de la mer ; or les montagnes nous dominent toujours de leur masse imposante. Hutton — et c'est là son deuxième apport majeur — démontra que les forces ignées présentes au sein de la Terre fournissent l'énergie réparatrice qui soulève les continents, empêche la destruction du sol, permet cet éternel recommencement et établit la possibilité d'un temps profond.

Hutton accompagna chacun de ces apports — temps profond et concept de réparation — d'une observation empirique déterminante. Dans le premier cas, il reconnut l'importance de ce que les géologues appellent une discordance angulaire. Les vieilles roches sédimentaires, originellement déposées en couches horizontales, sont souvent soulevées et basculées pendant qu'agissent les forces réparatrices de Hutton. Elles peuvent être érodées, submergées à nouveau par l'eau et recouvertes par une nouvelle série de sédiments horizontaux. Le contact entre ces deux conglomérats de roches sédimentaires est appelé discordance angulaire parce que la strate la plus ancienne, ainsi basculée, rencontre la strate horizontale plus jeune en formant un angle. Les discordances faisaient la joie de Hutton parce qu'elles lui fournissaient la preuve directe de sa théorie des cycles. Chaque discordance angulaire témoignait de *deux* mondes huttoniens placés chronologiquement l'un au-dessus de l'autre — un monde plus ancien dans le premier conglomérat, constitué dans les profondeurs de l'océan, soulevé et de nouveau nivelé par l'érosion, et un monde plus jeune dans le second conglomérat, formé dans un océan plus récent et amené à notre vue. John Playfair, le meilleur interprète de Hutton et l'être le plus érudit qui ait jamais écrit sur la géologie, rappelait avec quelle crainte respectueuse il avait contemplé une discordance angulaire, un jour qu'il était sur le terrain avec Hutton :

> Quelle preuve plus évidente aurions-nous pu avoir de la formation différente de ces roches et du long intervalle qui sépara leur formation, si nous les avions réellement vues émerger du sein des profondeurs ?... L'esprit semble saisi de vertige en regardant si loin dans les abîmes du temps.

En ce qui concerne le concept de réparation, Hutton identifia la nature ignée de deux roches communes, le basalte et le granite. Beaucoup de géologues de l'époque soutenaient que c'étaient des roches sédimentaires, formées à partir de l'eau : Hutton affirmait quant à lui (et correctement) qu'elles avaient

*La discordance angulaire vue par Hutton. Noter les couches intérieures verti-
cales et les couches supérieures horizontales. DESSINS DE JOHN CLARK, TIRÉ DU
TRAITÉ DE HUTTON, DE 1795.*

surgi des profondeurs de la Terre sous la forme de magma et
s'étaient solidifiées dans leur état présent. Elles étaient donc le
produit de la force réparatrice de Hutton. Ce point devint le
centre d'un grand débat scientifique entre « neptuniens », qui
attribuaient à l'eau l'origine du basalte et du granite, et « pluto-
niens » (comme Hutton), qui penchaient plutôt pour le feu central de la Terre. La controverse fut largement vulgarisée et on en
trouve même des échos dans les pages de *Faust* (Goethe étant,
entre autres, un brillant géologue) où, à partir d'une erreur de
l'auteur, Faust prend le parti de l'eau et Méphistophélès (c'est
normal) du feu présent dans les entrailles de la terre. Les obscurs
débats scientifiques passent assez inaperçus, sauf si l'enjeu est
important — et celui-ci l'était. Le basalte et le granite occupent
de vastes portions de la surface du globe. Si, comme les autres
roches communes alors recensées, ce sont des roches sédimentaires, dans ce cas toutes les roches peuvent avoir été produites
par un océan primordial et l'histoire entière de notre planète
peut être courte et orientée — quelques milliers d'années de
sédimentation et d'assèchement. Mais si le granite et le basalte

sont des roches ignées, ils témoignent alors de l'action d'une force réparatrice suffisamment puissante pour couvrir une bonne partie de la terre de ses produits. L'histoire peut être cyclique et longue. Pour ses conclusions plutoniennes, Hutton s'appuyait essentiellement sur les preuves fournies par le terrain. Il notait en particulier qu'on trouvait souvent le granite et le basalte sous la forme de veines verticales qui coupent des sédiments horizontaux et marquent les couloirs par où s'était écoulé le magma provenant de l'intérieur de la Terre.

Hutton fondait-il sa théorie générale sur ces observations ? Triomphait-il, comme on l'affirme habituellement, parce qu'il fut un moderniste objectif qui combattit les anciennes traditions de spéculation suspective en faisant appel à l'outil du « vrai » scientifique — l'observation pure et libre — et en défendant un concept moderne de causalité mécaniste ? Un compatriote de Hutton, le grand géologue écossais Sir Andrew Geikie, conforta particulièrement cette légende dans *The Founders of Geology*, écrit en 1905. « Dans toute sa doctrine, exposait-il, Hutton se garda rigoureusement d'admettre un principe qui ne reposât pas sur l'observation. Il ne posa aucune hypothèse. Chaque nouveau pas de ses déductions était fondé sur un fait réel. » Le Hutton de la saga de Geikie collectait ses faits en appliquant une méthode qui confère à la géologie toute sa force et sa mystique, les recherches sur le terrain :

> Il allait très loin chercher des faits et vérifier l'interprétation qu'il en donnait. Il voyagea en différentes parties de l'Écosse... De même explora-t-il l'Angleterre et le pays de Galles. Pendant une trentaine d'années, il ne cessa jamais d'étudier l'histoire naturelle du globe, cherchant constamment à discerner les preuves de révolutions terrestres anciennes et à connaître les causes qui les avaient produites.

Ce Hutton rejoint l'image idéalisée de la géologie qu'on présenta à des générations d'étudiants, mais elle n'a que peu de rapport avec l'original. D'accord, Hutton ne resta pas vissé à son fauteuil. Il fit de nombreux voyages et vit beaucoup de choses. Il ne fait aucun doute que ses observations l'inspirèrent et l'instruisirent ; mais nous pouvons montrer, de façon tout aussi indiscutable, que son travail sur le terrain ne fut pas à l'origine de sa théorie. Pour ce qui est de ses deux grandes observations, la chronologie du mythe officiel est à inverser. Hutton vit sa première discordance angulaire après qu'il eut présenté l'ensemble de sa théorie au public. De plus, de son propre aveu, avant de publier celle-ci, il n'avait observé le granite que sur un site peu concluant. Les recherches sur le terrain apportaient, au mieux, la confirmation d'une intuition née ailleurs.

Quand nous nous reportons aux écrits que nous a laissés Hutton, nous constatons — si tant est que nous puissions prendre ses propres développements pour argent comptant — qu'il construisit son système en suivant l'itinéraire des penseurs du XVIII<sup>e</sup> siècle : il raisonnait à partir de sa version personnelle des principes premiers, puis rassemblait les preuves qui justifiaient ce qu'il estimait être des conclusions nécessaires. Et quand nous examinons l'idée que se faisait Hutton des principes premiers, nous voyons qu'il n'était pas un mécaniste voué à l'expérimentation empiriste, mais un disciple de la notion de causalité aristotélicienne.

Hutton n'avait pas une vision mécaniste de la causalité ; sa terre est une machine parfaite qui fonctionnera sans la moindre trace de vieillissement jusqu'à ce que Dieu décide d'y mettre un terme. Mais Hutton suivait Aristote dans son affirmation que les événements ont *à la fois* une cause mécanique (ou efficiente) et un but, ou cause finale. De toute évidence, Hutton jugeait que les plus importantes et les plus essentielles pour son système étaient les causes finales. En choisissant d'ignorer les récits de Hutton et de faire de lui l'incarnation morale d'une conception idéalisée de la science, Geikie et consorts desservirent considérablement un esprit qui, sans être moderne, n'en fut pas moins remarquable.

Le premier paragraphe du grand ouvrage de Hutton (version originale de 1788), en mettant l'accent sur les machines et sur la finalité, pose d'emblée, dans la ligne aristotélicienne, qu'une théorie acceptable de la Terre doit expliquer à la fois le « comment » et le « pourquoi » :

Quand nous cherchons de quels éléments est composé ce système terrestre, et quand nous considérons le rapport général qui lie ces différentes parties, l'ensemble présente une machine dotée d'une construction particulière qui la rend adaptée à une certaine fin. Nous distinguons une structure érigée en sagesse afin de parvenir à un but digne de la puissance qui préside à sa production.

Au quatrième paragraphe, nous apprenons que la finalité de la Terre doit se juger en fonction du caractère approprié qu'elle revêt pour les êtres doués de sensations qui l'habitent, autrement dit, nous : « Ce globe est un monde habitable ; et des qualités qu'il possède pour parvenir à cette finalité dépendra le sentiment que nous aurons de la sagesse ayant présidé à sa formation. »

Hutton explique ensuite sa théorie générale de la Terre : une machine qui se sépare d'elle-même, avec un cycle historique d'érosion, de sédimentation, de consolidation et de soulèvement. Il ne fait appel ni aux observations sur le terrain ni aux causes mécaniques, mais fonde son argumentation sur un phénomène qui l'avait intrigué dans sa propre expérience d'agriculture et qui reposait en gros sur la notion de finalité. Nous pourrions appeler cela le « paradoxe du sol ».

S'il n'existait pas de sol fertile, nous ne pourrions pas subsister sur cette planète. Le sol est un produit de l'érosion, c'est-à-dire de la phase de destruction du cycle huttonien :

> Un terrain solide n'aurait pas répondu à la finalité d'un monde habitable ; car il faut un sol pour que les plantes croissent ; et un sol n'est rien d'autre que les matériaux rassemblés à partir de la destruction du terrain... Les élévations sont ainsi nivelées et abaissées jusqu'aux rivages ; nos plaines fertiles sont formées des ruines des montagnes.

Et maintenant, le paradoxe. Pour constituer ce sol si nécessaire à notre vie et, de ce fait, si essentiel à la finalité de la Terre, la nature utilise un processus mécanique destiné à détruire le terrain : « Nous devons donc considérer comme inévitable la destruction de notre terre, dans la mesure où elle est affectée par les opérations qui sont nécessaires à la finalité du globe considéré comme un monde habitable. » Mais Dieu ne se livrerait pas à une plaisanterie aussi douteuse sur Ses créatures préférées. Il ne pourrait pas utiliser comme source d'un sol dont dépend la vie un processus appelé à supprimer à brève échéance l'humanité tout entière en emportant la terre ferme dans la mer. Une force réparatrice doit exister *a priori*, afin que la Terre puisse manifester sa sagesse dans la manière dont elle s'adapte à la vie humaine :

> Si, après enquête, on ne trouve aucune puissance régénératrice ou opération de réparation dans la constitution de ce monde, nous devons raisonnablement conclure que le système de cette terre ou bien a été rendu intentionnellement imparfait, ou bien n'a pas été l'ouvrage d'une infinie puissance et sagesse.

Hutton ne découvrit pas par hasard sa force réparatrice sur le terrain, en butant contre une discordance angulaire ou en spéculant sur la nature du granite. Il déduisit son existence nécessaire d'un paradoxe inquiétant de finalité, et se mit ensuite en devoir de la découvrir. Tout son traité, d'après la description qu'il en fait, fut une quête passionnée de la finalité dans les objets physiques :

> C'est ainsi que nous allons maintenant examiner le globe ; voir s'il existe, dans la constitution de ce monde, une opération de reproduction grâce à laquelle une constitution abîmée peut être de nouveau réparée, et une durée ou une stabilité ainsi procurée à la machine, celle-ci étant un monde capable de maintenir en vie des plantes et des animaux... C'est là une question importante... une question que la sagacité de l'homme est peut-être capable de résoudre ; et une question qui, si elle est résolue de manière satisfaisante, pourrait ajouter quelque lustre à la science et à l'intellect humain.

Quand Hutton situe ses forces réparatrices dans le « feu central » de la Terre, il poursuit la stratégie aristotélicienne : il identifie comment elles opèrent et pourquoi, en termes humains, elles opèrent ainsi :

> Le dessein de la nature, en plaçant un feu central ou une chaleur, et une force d'expansion irrésistible au centre de cette terre, est de consolider les sédiments amoncelés au fond de la mer, et d'en former une masse permanente de terrain au-dessus du niveau de l'océan dans le but de maintenir en vie les plantes et les animaux.

Les volcans, nous dit Hutton, ne sont pas « faits à dessein pour effrayer les gens superstitieux et les plonger dans des accès de piété et de dévotion, ni pour ravager des villes ferventes ». Ce sont les orifices par lesquels s'échappe le feu central, « les bouches d'aération de la fournaise souterraine, destinées à empêcher des soulèvements de terrain inutiles et les effets fatals des séismes ». Si leurs éruptions font des victimes, bien plus nombreux sont ceux à qui elles permettent de vivre : « Alors qu'elles peuvent occasionnellement détruire les habitations de quelques-uns, elles assurent la sécurité et l'aisance tranquille du plus grand nombre. »

Les contemporains de Hutton comprirent sûrement le rôle capital qu'occupait, dans sa théorie, la cause finale, à la fois comme motivation de départ et comme source alimentant son raisonnement. John Playfair écrivit à propos du traité : « Nous voyons partout le souci extrême de découvrir et la plus grande disposition à admirer les exemples du dessein sage et bienveillant qui se manifeste dans la structure ou dans l'économie du monde. » Pour Hutton, continuait-il, la finalité primait :

> Il y avait les parties... qu'il observait avec une joie sans égale ; et il aurait été moins flatté si on lui avait parlé de l'ingéniosité et de l'originalité de sa théorie, plutôt que de ce qu'elle avait apporté à notre connaissance des causes finales.

Je ne suggère pas, naturellement, que la cause finale doive retrouver droit de cité dans la science en tant qu'explication partielle des phénomènes physiques. Je veux simplement souligner une chose : bien qu'on puisse élaguer les théories et les conserver à des fins pratiques, leurs sources sont aussi nombreuses que les peuples, les époques, les traditions et les cultures sont variés. Si nous nous contentons d'utiliser le passé pour créer des héros servant nos intentions présentes, nous ne comprendrons jamais la richesse de la pensée humaine ni la pluralité des chemins de la connaissance.

La cause finale a inspiré la plus grande des théories géologiques, mais nous ne pouvons plus l'utiliser pour les objets physiques. Cette déperdition créatrice fait partie de l'héritage darwinien ; elle constitue une prise de distance bienvenue et féconde d'avec la conception orgueilleuse qui veut qu'un pouvoir divin ait tout créé sur cette Terre pour nous rendre la vie plus facile et nous informer. L'étendue de cette perte m'a récemment frappé alors que je lisais un passage de l'œuvre d'Edward Blyth, éminent créationniste contemporain de Darwin. Il évoquait la beauté et la sagesse « si bien illustrées par l'adaptation du lagopède au sommet de la montagne, et du sommet de la montagne aux mœurs du lagopède ». Et j'ai alors compris que cette petite phrase exprimait toute la force de la pensée de Darwin, car si nous pouvons encore parler de l'adaptation du lagopède à la montagne, nous ne pouvons plus considérer que la montagne soit adaptée au lagopède. C'est là, dans cette impossibilité, que résident la joie et les affres de notre conception actuelle de la vie.

# 7.

# Les pierres fétiches d'Œningen

Dans son manifeste pour une science de la paléontologie, Georges Cuvier effectuait une comparaison entre notre ignorance du temps géologique et notre maîtrise de l'espace astronomique. Dans le discours préliminaire de son grand ouvrage en quatre tomes sur les ossements des vertébrés fossiles, il écrivait en 1812 :

> Le génie et la science ont franchi les limites de l'espace... [et] dévoilé le mécanisme du monde ; n'y aurait-il pas aussi quelque gloire pour l'homme à avoir franchi les limites du temps... Sans doute les astronomes ont marché plus vite que les naturalistes, et l'époque où se trouve aujourd'hui la théorie de la terre, ressemble un peu à celle où quelques philosophes croyaient le ciel de pierres de taille, et la lune grande comme le Péloponnèse : mais, après les Anaxagoras, il est venu des Copernic et des Kepler, qui ont frayé la route à Newton ; et pourquoi l'histoire naturelle n'aurait-elle pas un jour son Newton ?

Homme ambitieux, Cuvier entretenait peut-être quelques espoirs personnels, bien que Darwin (dont la dépouille terrestre repose aux côtés de celle de Newton à Westminster Abbey) se fût approprié dans l'ensemble le titre offert. Cuvier ne s'était pourtant pas trop mal débrouillé : ses successeurs immédiats, au moins en France, le qualifièrent habituellement d'Aristote de la biologie.

Le centenaire de la mort de Darwin (avril 1882) a déclenché des commémorations en série dans le monde entier. Mais 1982 marquait aussi le cent cinquantième anniversaire de la disparition de Cuvier (1769-1832), et notre Aristote n'a guère éveillé l'attention. Pourquoi Cuvier, à n'en pas douter le géant suprême de son époque, a-t-il subi une éclipse (du moins pour le public) à la nôtre ? Pour ce qui est de la source de son intelligence comme de l'ampleur et de la portée de sa production. Cuvier n'eut rien à envier à Darwin. Il fonda pratiquement les sciences modernes que sont la paléontologie et l'anatomie comparée et produisit quelques-unes des premières (et des plus belles) cartes géologiques. De plus, et à la différence de Darwin, il fut une grande figure publique et politique, un orateur brillant et un haut fonctionnaire sous des régimes qui allèrent d'une révolution à une restauration. Charles Lyell, le grand géologue britannique, rendit visite à Cuvier, alors au sommet de son influence, et décrivit l'ordre et le système à qui l'on devait un rendement si prodigieux chez un même individu :

> Je suis entré dans le saint des saints de Cuvier hier, et il est vraiment caractéristique de l'homme. Partout on y voit la marque de cette extraordinaire puissance méthodique qui est le plus grand secret des exploits prodigieux qu'il accomplit annuellement sans paraître se donner le moindre mal... Il y a d'abord le musée d'histoire naturelle situé en face de chez lui, qu'il a lui-même admirablement organisé ; puis le musée d'anatomie, relié à sa maison. On y trouve une bibliothèque occupant plusieurs pièces qui se font suite, et dont chacune abrite les ouvrages portant sur un même sujet. L'une d'elles contient tout ce qui a été écrit sur l'ornithologie, une autre pièce tout sur l'ichtyologie, une autre sur l'ostéologie, une autre, des livres de *droit !* etc., etc... La pièce où il travaille n'a aucun rayonnage. C'est une salle assez grande, confortablement meublée, éclairée par le dessus, avec onze pupitres et deux tables basses, qui ressemble à un bureau destiné à de nombreux employés. Mais tout est pour ce seul homme, qui se multiplie en tant qu'auteur et qui, n'admettant personne dans cette pièce, passe, quand il le juge nécessaire ou quand la fantaisie le prend, d'une occupation à l'autre. Chaque pupitre est équipé d'un assortiment complet d'encriers, plumes, etc. Plusieurs d'entre eux ont une sonnette particulière. Les tables basses lui servent de siège quand il est fatigué. Ses collaborateurs ne sont pas nombreux, mais toujours bien choisis. Ils lui épargnent tout travail mécanique, cherchent les références, etc.. sont rarement admis dans le bureau, reçoivent des ordres et n'ouvrent pas la bouche.

Cuvier a principalement pâti du fait que la postérité ait estimé incorrectes les deux conclusions principales qui motivaient la fixité des espèces et son catastrophisme. Étant donné qu'avoir tort est un péché essentiellement intellectuel, quand nous jugeons du passé en fonction de nos attitudes et de la philosophie actuelle, nous sommes conduits à attribuer à Cuvier des motifs bien douteux. Comment expliquer, sinon, qu'un homme aussi brillant se soit égaré à ce point ? Cuvier devient alors une leçon de choses pour scientifiques en herbe : si Cuvier est tombé en disgrâce, c'est parce qu'il a laissé les préjugés obscurcir la vérité objective. La théologie conventionnelle lui aura dicté son créationnisme et ce catastrophisme géologique qui coinçaient théoriquement notre Terre dans la chronologie mosaïque. Prenez le portrait que fait de Cuvier un grand manuel moderne de géologie :

> Cuvier croyait que le déluge était universel et avait préparé la terre pour ses habitants actuels. L'Église fut heureuse d'avoir l'appui d'un savant aussi éminent, et il ne fait aucun doute que la grande réputation de Cuvier retarda le moment où furent acceptées les théories plus raisonnables qui finirent par s'imposer.

Je consacre cet essai à la défense de Cuvier (que je place personnellement, aux côtés de Darwin et de Karl Ernst von Baer, parmi les plus grands spécialistes d'histoire naturelle du XIXe siècle). Mais je ne procéderai pas comme le font habituellement les historiens, c'est-à-dire en montrant que les convictions de Cuvier ne plongeaient pas leurs racines dans un préjugé irrationnel mais trouvaient leur origine dans le contexte scientifique et social de son époque, et allaient même plus loin. Je ne défendrai pas davantage (on s'en doute) le créationnisme de Cuvier ni même un atome de son catastrophisme. Ce que je veux montrer, c'est que Cuvier utilisa les doctrines pour lesquelles on le condamne — le créationnisme et le catastrophisme — comme stratégie de recherches bien précises et hautement fécondes pour poser les fondements de la géologie moderne, à savoir le témoignage stratigraphique des fossiles et la longue chronologie de l'histoire de la Terre qui l'accompagne. Certaines vérités exigent parfois qu'on reste dans le droit chemin, mais les voies de l'intuition scientifique sont aussi tortueuses et complexes que l'esprit humain.

On a souvent montré Cuvier sous les traits d'un penseur en chambre, parce qu'on estime aujourd'hui que ses conclusions étaient incorrectes et que l'erreur est censée naître de l'aversion pour les données brutes. En réalité, il fut un empiriste convaincu. Il s'attaqua à la tradition qui prévalait alors en géologie et qui conduisait à élaborer des « théories de la Terre » ne tenant que très peu compte des roches et des fossiles qu'on avait sous les yeux. « Les naturalistes, écrivait-il, semblent ignorer qu'il convient d'explorer les faits avant de construire des systèmes. » (Cuvier compte à juste titre Hutton, thème de l'essai n° 6, parmi ces constructeurs de systèmes, bien qu'il avoue éprouver plus de sympathie pour son collègue écossais que pour les autres représentants de cette espèce.)

Si nous voulons découvrir ce que fut l'histoire de la Terre, dit Cuvier, il nous faut chercher un critère empirique. Mais lequel ? Quel élément s'est modifié avec une régularité et une ampleur suffisantes pour servir d'indicateur chronologique ? Cuvier reconnaissait que la lithologie des roches ne faisait pas l'affaire ; les craies et les grès, en effet, ne présentent guère de différences selon qu'ils sont situés au sommet ou au bas d'une séquence stratigraphique. Mais les fossiles ?

L'idée que les fossiles reflètent l'Histoire est aujourd'hui si courante que nous avons tendance à y voir une vérité de toujours. Pourtant, elle était un sujet de controverse à l'époque de Cuvier, lorsqu'on débattait de l'extinction des espèces ; s'il n'y a pas extinction, en effet, toutes les créatures datent de l'ère primordiale et les fossiles ne peuvent mesurer le temps (à moins que de nouvelles formes ne continuent à s'accumuler et que nous puissions dater les roches en fonction de leur première apparition. Mais une Terre finie semblerait écarter la possibilité d'une addition continuelle, sans qu'il y ait jamais soustraction).

Beaucoup d'illustres contemporains de Cuvier (dont Thomas Jefferson qui, un jour où il n'avait pas d'autre souci en tête, consacra un article à ce thème) soutenaient avec force que l'extinction était une impossibilité. Cuvier jugea que les arguments *a priori* (et souvent explicitement bibliques) en faveur de la non-extinction étaient sans valeur et qu'il fallait résoudre le problème par la voie empirique. Mais l'étude des vertébrés fossiles (sa spécialité) se limitait jusque-là à une simple collecte menée de façon peu rigoureuse. On s'intéressait aux fossiles essentiellement en tant que curiosités de la nature ; or les scientifiques doivent *poser des questions* et collecter systématiquement leurs matériaux à la lumière de ces questions :

> D'autres savants étudiaient, à la vérité, les débris fossiles des corps organisés ; ils en recueillaient et en faisaient représenter par milliers ; leurs ouvrages seront des collections précieuses des matériaux : mais, plus occupés des animaux ou des plantes, considérés comme tels, que de la théorie de la terre, ou regardant ces pétrifications ou ces fossiles comme des curiosités, plutôt que comme des documents historiques... ils ont presque toujours négligé de rechercher les lois générales de position ou de rapport des fossiles avec les couches.

Cuvier établit ensuite un questionnaire de deux pages qui constitue le *vade mecum* de l'empiriste décidé à partir en guerre contre les vieilles traditions spéculatives :

> Y a-t-il des animaux, des plantes propres à certaines couches, et qui ne se trouvent pas dans les autres ? Quelles sont les espèces qui paraissent les premières, ou celles qui viennent après ? Les deux sortes d'espèces s'accompagnent-elles quelquefois ? Y a-t-il des alternatives dans leur retour ; ou, en d'autres termes, les premières reviennent-elles une seconde fois, et alors les secondes disparaissent-elles ?

Mais ce programme de recherche destiné à constituer des archives géologiques ne peut aboutir que si l'extinction est un phénomène couramment répandu dans la nature — et si les créatures anciennes sont enfermées dans des roches datant de périodes précises et limitées. Le grand ouvrage de Cuvier en quatre tomes *(Recherches sur les ossemens fossiles)* est une longue démonstration de l'appartenance des os fossiles à des créations perdues d'espèces disparues.

Cuvier recourut à l'anatomie comparative des vertébrés vivants pour assigner ses fossiles à des espèces éteintes. Puisque les fossiles ne nous parviennent qu'en pièces détachées, une dent par-ci, un fémur par-là, il faut inventer une méthode pour reconstituer le tout à partir des fragments et déterminer si ce tout est encore en circulation parmi les créatures vivantes. Mais quels principes régiront-ils la reconstitution de ces « tout » ? Et d'ailleurs, est-elle possible ? Cuvier se rendait compte qu'il devait commencer par étudier l'anatomie des organismes modernes — où nous trouvons des organismes entiers indiscutables — pour apprendre à interpréter les fragments du passé. Le deuxième paragraphe de son essai présente ce programme de recherche :

> Antiquaire d'une espèce nouvelle, il m'a fallu apprendre à déchiffrer et à restaurer ces monuments, à reconnaître et à rapprocher dans leur ordre primitif les fragments épars et mutilés dont ils se composent... J'ai donc dû me préparer à ces recherches, par des recherches bien plus longues sur les animaux existants ; une revue presque générale de la création actuelle pouvait seule donner un caractère de démonstration à mes résultats sur cette création ancienne ; mais cette revue m'a donné en même temps un grand ensemble de règles et de rapports non moins démontrés et le règne entier des animaux s'est trouvé soumis à des lois nouvelles à l'occasion de cet essai sur une petite partie de la théorie de la terre.

Cuvier posait comme règle de base à ce type de reconstitution un principe qu'il appelait « la corrélation des parties ». Les animaux sont des structures exquisément conçues et intégrées — de parfaites machines newtoniennes, en quelque sorte. Chaque partie implique la suivante, et la totalité peut être déduite de n'importe quel fragment — bref, une version grandiose du commentaire immortel de la vision d'Ezéchiel : « l'os du pied joint à l'os de la cheville... »

Cuvier présente la loi de corrélation comme si elle pouvait être appliquée par le seul raisonnement, en utilisant les principes de la mécanique animale :

> Tout être organisé forme un ensemble, un système unique et clos, dont toutes les parties se correspondent mutuellement et concourent à la même action définitive... Aucune de ces parties ne peut changer sans que les autres changent aussi ; et par conséquent chacune d'elles, prise séparément, indique et donne toutes les autres... Si les intestins d'un animal sont organisés de manière à ne

digérer que de la chair et de la chair récente, il faut aussi que ses mâchoires soient construites pour dévorer une proie ; ses griffes pour la saisir et la déchirer ; ses dents pour en découper et en diviser la chair ; le système entier de ses organes du mouvement pour la poursuivre et pour l'atteindre ; ses organes des sens pour l'apercevoir de loin... [Ainsi,] en commençant par chacun [des os] séparément, celui qui posséderait rationnellement les lois de l'économie organique, pourrait refaire tout l'animal.

Le principe de corrélation de Cuvier rejoint le mythe bien connu selon lequel les paléontologiste sont capables de voir un dinosaure entier dans un seul os du cou. (Enfant, j'en étais persuadé, et j'ai cru ne jamais pouvoir embrasser la profession que j'avais choisie, car je ne voyais pas comment j'arriverais un jour à acquérir des connaissances aussi mystérieuses et étonnantes.) Le principe de Cuvier peut parfaitement être appliqué au sens le plus général : si je trouve une mâchoire dotée de dents spatulées et peu solides, je ne m'attends pas à trouver la mâchoire tranchante d'un carnivore sur les pattes qui vont avec. Mais une dent isolée ne m'indiquera pas la longueur des pattes, le tranchant de la mâchoire, ni même le nombre total des dents que comportait ladite mâchoire. Les animaux sont des accumulations d'accidents historiques, et non des machines parfaites et prévisibles.

Quand un paléontologue examine une dent unique et s'écrie : « Tiens, tiens, un rhinocéros », son jugement ne fait pas appel aux lois de la physique ; il effectue simplement une association empirique : on n'a jamais trouvé de dents ayant cette forme (celles du rhinocéros sont bien particulières) ailleurs que sur des rhinocéros. Cette dent isolée implique une corne et une peau épaisse pour la simple raison que tous les rhinocéros partagent ces caractéristiques, et non parce que les lois déductives de la structure organique affirment leur nécessaire corrélation. Tout en sachant très bien qu'il opérait par association empirique (et non par inférence logique), Cuvier considérait en réalité que sa méthode ne constituait qu'une étape imparfaite sur la voie d'une future morphologie rationnelle :

Cependant, puisque ces rapports sont constants, il faut bien qu'ils aient une cause suffisante ; mais comme nous ne la connaissons pas, il faut que l'observation supplée au défaut de la théorie ; elle établit des lois empiriques qui deviennent presque aussi certaines que les lois rationnelles, quand elles reposent sur des observations suffisamment répétées, en sorte qu'aujourd'hui quelqu'un qui voit seulement la piste d'un pied fourchu peut en conclure que l'animal qui a laissé cette empreinte ruminait, et cette conclusion est tout aussi certaine qu'aucune autre en physique ou en morale.

Comme il ignorait les lois de la morphologie rationnelle (nous subodorons aujourd'hui qu'elles n'existent pas sous la forme qu'il avait prévue), Cuvier recourait à sa méthode favorite, celle de la classification empirique, il amassa une énorme collection de squelettes de vertébrés et remarqua, à force d'observation, l'existence d'une association invariante des parties. Il put alors utiliser son catalogue des squelettes récents pour déterminer quels fossiles appartenaient à des espèces disparues. La Terre, soutenait-il, a été explorée avec suffisamment de soin (pour ce qui était des grands mammifères terrestres, en tout cas) pour qu'on en déduise que les ossements fossiles étrangers à la gamme des squelettes modernes représentent des espèces disparues.

Les quatre volumes du traité de 1812 ne sont en fait qu'une même longue argumentation en faveur du phénomène d'extinction, de l'utilité présentée de ce fait par les fossiles vertébrés pour dater les différentes roches, et l'ancienneté de la Terre qu'on pouvait en déduire. Le *Discours préliminaire* posait les principes de base. Dans la première monographie technique — consacrée aux restes momifiés de l'ibis égyptien —, Cuvier ne relève aucune différence entre les oiseaux modernes et les fossiles depuis le début de l'histoire telle qu'on en décomposait alors les périodes. La Création que nous avons sous les yeux est donc extrêmement ancienne ; si des espèces éteintes peuplaient des mondes encore plus anciens, la Terre a un âge considérable. L'ensemble suivant de monographies aborde en détail l'anatomie des grands mammifères découverts dans la strate géologique la plus récente — élans irlandais, rhinocéros laineux et toute une variété d'éléphants fossiles (mammouths et mastodontes). Ils ressemblent à leurs parents modernes, mais la dimension et la forme des ossements fragmentaires ne coïncident pas avec les échelles modernes et n'ont pas de corrélation avec les squelettes normaux des formes vivantes (aucun cerf moderne ne serait capable de porter les bois d'un élan irlandais). C'est donc qu'il y a eu extinction et que la vie sur Terre a une histoire. Les monographies qui terminent l'ouvrage prouvent que des ossements encore plus anciens appartenaient à des créatures encore plus différentes des espèces modernes. L'histoire de la vie a une direction — et elle est très ancienne, si elle a traversé tant de cycles de création et de destruction.

Cuvier ne donnait pas d'interprétation évolutionniste à la direction qu'il discernait, car le principe même auquel il faisait appel pour établir l'existence de l'extinction des espèces — la corrélation des parties — l'empêchait d'envisager la possibilité d'une évolution. Si les différentes parties d'un animal sont interdépendantes au point que chacune d'entre elles implique la forme exacte de toutes les autres, tout changement exigerait que le corps soit remodelé dans sa totalité, et quel processus peut accomplir d'un coup une transformation aussi complète et harmonieuse ? La direction de l'histoire de la vie doit refléter une succession de créations (et d'extinctions), chacune étant plus moderne. (Aujourd'hui, nous ne rejetterions pas la déduction de Cuvier, mais seulement son postulat de départ, à savoir l'existence d'une corrélation étroite et omniprésente. L'évolution est essentiellement une mosaïque ; elle se produit à des rythme différents dans des structures différentes. Les parties d'un animal sont largement dissociables, ce qui permet le changement historique.)

Le paradoxe veut donc que la prémisse incorrecte responsable de la mauvaise réputation de Cuvier aujourd'hui — sa croyance dans la fixité des espèces — fut à la base de son plus grand apport à la pensée humaine et à la science empirique stricte : la preuve que l'extinction dote la vie d'une histoire riche, et la Terre d'un âge considérable. (Autre paradoxe, le créationnisme de Cuvier — vraiment scientifique à l'époque — a démoli il y a plus de cent cinquante ans l'hypothèse sur laquelle s'articule le créationnisme fondamentaliste moderne, à savoir que la Terre n'aurait que quelques milliers d'années, — voir les essais de la cinquième partie.)

*Squelette momifié d'un ibis égyptien. Planche extraite de l'ouvrage de Cuvier, Ossemens fossiles, de 1812. Cuvier montre que cet oiseau est identique aux ibis modernes et qu'il ne s'est produit aucune modification organique pendant la longue période qui va de l'Égypte ancienne à l'époque actuelle. Si tant de changements sont intervenus à des périodes antérieures, c'est que la Terre est ancienne.*

La réputation de Cuvier souffrit également de son adhésion (il en était d'ailleurs partiellement l'inventeur) à la théorie géologique du catastrophisme, doctrine complexe qui comporte de nombreux éléments, mais qui est essentiellement axée sur l'hypothèse que le changement géologique reste concentré en de rares épisodes de paroxysme se produisant à l'échelle de la planète : des inondations, des incendies, le soulèvement des montagnes, la cassure et l'effondrement des continents, bref, les tourments de l'enfer au grand complet. Cuvier, bien sûr, reliait son catastrophisme à sa théorie des créations et extinctions successives, en faisant des paroxysmes géologiques les agents des débâcles de la faune.

Une lecture faussée de l'histoire avait conduit à l'affirmation courante — comme dans la présentation faite de Cuvier par le manuel dont nous parlions plus haut — que le catastrophisme était une astuce antiscientifique de l'arrière-garde théologique qui s'évertuait à placer le déluge sous l'égide de la science, et à justifier la compression de l'histoire de la Terre dans la chronologie mosaïque. Naturellement, si la Terre n'a que quelques milliers d'années, nous ne pouvons rendre compte de la vaste panoplie des transformations observées qu'en les télescopant en quelques épisodes de destruction à l'échelle du monde. Mais l'hypothèse inverse ne tient pas : affirmer que des paroxysmes viennent parfois à engloutir la Terre ne permet aucune conclusion sur l'âge de celle-ci. La Terre peut avoir des milliards d'année, et ses modifications rester concentrées sur de rares épisodes de destruction.

L'éclipse dont est victime Cuvier abonde en paradoxes, mais rien ne saurait être plus injuste que d'affirmer, comme on l'a fait, que son catastrophisme traduit un compromis théologique avec ses idéaux scientifiques. Dans les grands débats de la géologie du début du XIXe siècle, les partisans du catastrophisme adoptaient la méthode stéréotypée de la science objective : le littéralisme empirique. Ils croyaient ce qu'ils voyaient, n'interpolaient rien et lisaient directement l'histoire des roches. Celle-ci, littéralement déchiffrée, n'est que discontinuité et changement brutal : des faunes disparaissent, des roches terrestres se trouvent sous des roches marines sans environnements de transition entre elles, des sédiments horizontaux coiffent des strates tordues et fracturées datant d'époques antérieures. Les uniformitaristes, adversaires traditionnels du catastrophisme, ne prétendaient pas lire cette histoire avec plus d'objectivité. Certains, comme Lyell ou Darwin, prônaient en fait une méthode plus subtile et *moins* empirique, à savoir l'utilisation du raisonnement et de la déduction pour obtenir l'information manquante dont on ne trouve pas trace dans un témoignage imparfait. L'histoire littérale est discontinue, mais le changement progressif réside dans les transitions manquantes. Pour reprendre l'expérience imaginaire de Lyell : s'il se produisait une nouvelle éruption du Vésuve qui enterre une ville italienne moderne exactement au-dessus de Pompéi, le passage brutal du latin à l'italien ou des tablettes d'argile à la télévision attesterait-il d'un bond historique authentique ou de deux millénaires de données manquantes ? Je ne suis pas un adepte du changement graduel, mais je me rallie à la méthode historique de Lyell et de Darwin. Le littéralisme empirique brut ne rendrait pas correctement compte d'un monde complexe et imparfait. Pourtant, il paraît injuste que seuls les adeptes du catastrophisme, qui souscrivaient presque à une caricature d'objectivité et de fidélité à la nature, soient accusés de s'être détournés du monde réel au profit de leurs bibles.

Cuvier utilisa peut-être une méthodologie naïve, mais on ne peut qu'admirer sa confiance dans la nature et son zèle pour construire un univers à partir de l'observation directe et patiente, plutôt que par un *« fiat »* ou par les prodiges d'une imagination débridée. Son refus du crédo reconnu comme source de vérité nécessaire est peut-être plus apparent dans la partie du *Discours préliminaire* qui semblerait, à première vue, militer en faveur de l'infaillibilité de la Bible : celle qui traite du déluge. Cuvier défend bel et bien la thèse d'une inondation mondiale qui se serait produite cinq mille ans plus tôt, et il cite la Bible à l'appui. Mais son argumentation, longue de trente pages, est un résumé littéraire et ethnographique de toutes les traditions, des Chaldéens aux Chinois. Et nous comprenons vite que Cuvier a subtilement inversé la tradition apologétique habituelle. La géologie et la philosophie non chrétienne habituelle ne servent pas ici de présentoir à un « je sais parce que la Bible le dit ». Mais il utilise la Bible en tant que source unique parmi beaucoup d'autres d'égal mérite, tandis qu'il cherche les clés de l'histoire de la Terre. L'histoire de Noé n'est qu'un compte rendu local et hautement imparfait du dernier grand paroxysme.

Pour me faire une idée d'un livre, et avec mon empirisme grossier, je jette toujours un coup d'œil aux derniers paragraphes. Les traités d'ordre général et pontifiants prônent l'union de toutes les connaissances ou nous disent, en termes précis, ce que tout *cela* signifie pour l'avenir physique de l'homme et pour son évolution morale. La conclusion de Cuvier est très révélatrice par son style abrupt. Pas de roulements de tambour, pas de grandes déclarations sur ce que sous-entend le catastrophisme pour l'histoire humaine. Cuvier énumère simplement, dans une liste de dix pages, les « grands » problèmes de la géologie stratigraphique. « Il me semble, écrit-il, qu'une histoire suivie de dépôts si singuliers vaudrait bien tant de conjectures contradictoires sur la première origine des globes. » Il parcourt l'Europe du haut en bas de la colonne géologique et suggère ce qui peut être fait dans le domaine empirique : étudier les sédiments alluvionnaires récents du Pô et de l'Arno, creuser les carrières de gypse d'Aix et de Paris, recueillir « les graphites, les cornes d'Ammon, les entroques » qui se trouvent peut-être dans la Forêt Noire. « Mais quelle est la vraie position des schistes fétides d'Œningen, que l'on dit aussi pleins de poissons d'eau douce ? »

Un homme capable de terminer un des plus grands traités *théoriques* d'histoire naturelle en demandant qu'on élucide la position stratigraphique et le contenu animal des pierres fétides d'Œningen avait une conscience profonde de ce qu'est la science. Peut-être nous complairons-nous éternellement dans nos spéculations : la science, elle, s'occupe activement de ce qui peut être fait.

# 8.

## Agassiz aux Galapogos

J'avais autrefois un dynamique professeur d'anglais qui utilisait une édition de poche d'un opuscule intitulé *Le mot rendu facile* au lieu de l'insipide manuel officiel. On y trouvait certains mots osés, et elle nous interrogerait à tour de rôle sur les définitions. Jamais je n'oublierai le spectacle de ces cinq mômes en rang d'oignon jurant qu'ils ne savaient pas ce que voulait dire « nymphomanie » — le seul mot, faites-moi confiance, que tous s'étaient empressés de retenir. La sixième de la rangée était la gourde de la classe : elle rougissait, puis lâchait une définition nette et claire, précise, de sa voix douce et égale, Bénie soit-elle, et bénie soit notre inconfortable lâcheté ; je suis certain que la vie lui a souri depuis la dernière fois où nous nous sommes vus, c'est-à-dire à la remise de notre diplôme.

Si la nymphomanie titillait mon moi pubescent, deux mots accolés dans la même leçon — anachronisme et incongruité — m'intéressaient davantage pour l'impression sinistre qu'ils produisaient sur moi. Rien n'éveille un mélange plus marqué de fascination et de détresse que des objets ou des gens qui semblent être là à la mauvaise place ou au mauvais moment. Les *petites* choses qui offensent un certain sens de l'ordre sont particulièrement troublantes. C'est ainsi que je découvris avec stupéfaction, en 1965, qu'Alexandre Kerensky était vivant, bien vivant, et qu'il habitait New York en qualité d'émigré russe. Kerensky, l'homme qui avait précédé les bolchéviks en 1917 ?

Kerensky, si indissociable de Lénine et de temps révolus depuis belle lurette dans mes pensées, était encore des nôtres ? (Il mourut en fait en 1970, à l'âge de quatre-vingt-neuf ans.)

En juillet 1981, alors que je voguais vers les îles Galapagos, je tombai sur une incongruité qui me frappa avec la même force. J'étais en train d'écouter une conférence quand une phrase anodine s'imposa à mon cerveau. « Louis Agassiz, disait le conférencier, se rendit aux Galapagos en 1872 afin d'y réunir des échantillons scientifiques. » Quoi ? Le plus célèbre créationniste, l'ultime rempart contre Darwin, lui aux Galapagos, dans ces îles synonymes d'évolution qui furent à l'origine de la conversion de Darwin ? Autant amener un chrétien à La Mecque. Cela semblait aussi déplacé qu'un président des États-Unis jouant les champions de base-ball éméchés dans les rencontres mondiales de 1926.

Louis Agassiz fut sans nul doute le plus grand naturaliste de l'Amérique du XIXe siècle et celui qui eut le plus d'influence. Suisse de naissance, il fut le premier grand théoricien européen de biologie à s'expatrier en Amérique. Il avait du charme, de l'esprit, beaucoup de relations, et il devint la coqueluche de l'intelligentsia conservatrice de Boston. Il fut l'ami intime d'Emerson, de Longfellow et de tous ceux qui comptaient dans la ville la plus patricienne d'Amérique. Il publiait et collectait des fonds avec un zèle égal, et il fit pratiquement de l'histoire naturelle une discipline reconnue dans ce pays ; d'ailleurs, je suis en train d'écrire cet article dans le grand musée qu'il fit contruire.

Mais l'été glorieux et fortuné d'Agassiz fit place à un hiver de doute et de confusion. Il était contemporain de Darwin (de deux ans son aîné), mais son esprit était inconditionnellement voué à la théorie créationniste du monde et à la philosophie idéaliste qu'il avait apprise auprès des grands scientifiques européens. L'érudition qui avait tant charmé la rusticité américaine causa sa perte ; Agassiz ne put jamais s'accommoder du monde darwinien. Tous ses étudiants et collègues se firent évolutionnistes. Lui se battit et se débattit, car personne n'aime à se retrouver au rang de hors-la-loi intellectuel. Agassiz mourut en 1873, amer et intellectuellement isolé, mais continuant à soutenir avec obstination que l'histoire de la vie reflète un plan divin préordonné et que les espèces sont les incarnations créées des idées qui habitent l'esprit de Dieu.

Agassiz, toutefois, alla bien aux Galapagos un an avant de mourir. Mon ignorance de cette incongruité est au moins en partie excusable, car jamais il n'en souffla mot dans un discours ou dans une publication. Pourquoi ce silence, alors que la dernière année de sa vie abonde en documents et en déclarations ? Que fabriquait-il là ? Quel effet lui firent tous ces pinsons et ces tortues ? Les terres qui furent une telle source d'inspiration pour Darwin et nourrirent son passage de la vocation de pasteur à celle d'agnostique évolutionniste ne produisirent-elles aucune impression sur Agassiz ? Ce silence n'est-il pas aussi curieux que la visite même d'Agassiz ? Autant de questions qui me taquinèrent pendant tout mon séjour aux Galapagos, mais dont je ne découvris la réponse que lorsque je retournai à la bibliothèque qu'Agassiz avait lui-même fondée il y a plus d'un siècle.

Benjamin Peirce, l'ami d'Agassiz, avait été nommé directeur du *Coast Survey* (l'Institut américain d'hydrographie). En février 1871, il écrivit à Agassiz : il lui proposait de mettre à sa disposition le *Hassler,* un steamer équipé pour le dragage en eaux profondes. Je soupçonne Peirce d'avoir été poussé à le faire par autre chose que le simple désir de recueillir des poissons des profondeurs : il espérait qu'un long voyage et le contact direct avec la nature pourraient sortir Agassiz de son marasme intellectuel. Celui-ci avait passé tellement de temps à réunir des fonds pour son musée et à œuvrer pour l'histoire naturelle en Amérique qu'il avait pratiquement perdu tout contact avec des organismes autres que ceux du genre humain. La vie d'Agassiz démentait pour l'heure sa célèbre devise : étudie la nature et non les livres. Peut-être qu'en renouant avec ce qui avait fait sa célébrité, le naturaliste reprendrait pied dans les temps modernes.

Agassiz ne comprit que trop bien le message et s'empressa d'accepter l'offre de Peirce. Ses amis applaudirent, car tous étaient attristés par la sclérose intellectuelle d'un esprit si brillant. Darwin lui-même écrivit au fils d'Agassiz : « Veuillez transmettre mes respects les plus sincères à votre père. Quel homme merveilleux il est de penser contourner le Cap Horn ;

s'il part vraiment, j'espère qu'il pourra franchir le détroit de Magellan. » Le *Hassler* quitta Boston en décembre 1871, longea la côte orientale de l'Amérique du Sud, combla les espoirs de Darwin en traversant le détroit de Magellan, remonta la côte occidentale de l'Amérique du Sud, atteignit les Galapagos (situées à 1 000 kilomètres environ des côtes de l'Équateur) le 10 juin 1872 et accosta finalement à San Francisco le 24 août.

Une réponse possible à l'énigme du silence d'Agassiz surgit immédiatement. Les Galapagos sont en fait « sur le chemin » suivi par Agassiz. Le *Hassler* ne s'y arrêta peut-être que pour se ravitailler au passage. Peut-être l'expédition fut-elle si absorbée par le dragage en eaux profondes et par l'observation des glaciers effectuée par Agassiz dans le sud des Andes que les Galapagos ne présentaient guère d'intérêt particulier pour elle.

Cette explication facile est visiblement fausse. En réalité, Agassiz voulait vérifier, grâce au voyage du *Hassler,* la théorie de l'évolution. Les opérations de dragage n'avaient pas seulement pour objet de recueillir des créatures inconnues ; elles devaient réunir les preuves dont Agassiz avait besoin pour montrer que son créationnisme obstiné demeurait intellectuellement valable. Dans une remarquable lettre qu'il écrivit à Peirce deux jours avant que le *Hassler* n'appareille, Agassiz définissait très précisément ce qu'il espérait trouver dans ces dragages en eaux profondes.

Agassiz croyait que Dieu avait ordonné un plan pour l'histoire de la vie, puis entrepris de créer des espèces dans un ordre approprié pendant les temps géologiques. Dieu assortissait les milieux au plan de création conçu antérieurement. L'adaptation de la vie au milieu ne témoigne pas de l'évolution des organismes aux changement de climat, mais de la construction par Dieu de milieux destinés à s'adapter au plan préconçu de la création. « Le monde animal conçu depuis le commencement a été la raison des changements physiques qu'a subis notre globe », écrivait Agassiz à Peirce. Il appliquait ensuite cet argument étrangement inversé à la thèse, alors largement répandue mais désormais réfutée, que les profondeurs des océans formaient un domaine vide de changement ou de remises en question — un monde froid, calme et immuable. Dieu n'avait pu

*Agassiz, à gauche, et son ami Benjamin Peirce, qui organisa le voyage aux Galapagos.* PHOTO REPRODUITE AVEC L'AIMABLE AUTORISATION DE LA COLLECTION GRANGER.

créer un tel environnement que pour les créatures les plus primitives d'un groupe, quel qu'il fût. Les profondeurs des océans devaient donc abriter des spécimens vivants des organismes simples découverts sous la forme de fossiles dans les roches anciennes. Étant donné que l'évolution exige un changement progressif au fil du temps, le fait que ces formes simples et primaires aient subsisté prouverait la faillite de la théorie darwinienne. (Je ne crois pas qu'Agassiz ait jamais compris que le principe de la sélection naturelle ne prévoit pas de progrès inexorable à l'échelle du monde, mais seulement une adaptation aux milieux locaux. La persistance de formes simples dans des eaux profondes et immuables aurait autant convenu à la théorie évolutionniste de Darwin qu'au Dieu d'Agassiz. Mais les profondeurs ne sont pas immuables et la vie qu'elles abritent n'est pas primitive.)

Cette lettre à Peirce exprime bien ce mélange de détresse psychologique et de combativité intellectuelle si caractéristique de l'hostilité manifestée à la fin de sa vie par Agassiz à l'encontre de la théorie de l'évolution. Il sait que le monde rira de ses hypothèses, mais il s'y tiendra néanmoins, au point de se livrer à certaines anticipations spécifiques : il découvrira des organismes « anciens » vivant en eau profonde :

> Je désire laisser entre vos mains un document qui peut être très compromettant pour moi, mais que je suis néanmoins résolu à écrire dans l'espoir de montrer dans quelles limites l'histoire naturelle a progressé jusqu'à ce point de maturité où la science peut anticiper la découverte des faits. S'il existe, comme je le crois, un plan en fonction duquel les affinités entre les animaux et l'ordre de leur succession dans le temps ont été déterminées dès le début... si notre monde est le fruit de l'intelligence et pas seulement le résultat de la force et de la matière, l'esprit humain, en tant qu'élément de ce tout, doit y être si justement accordé qu'il puisse, à partir de ce qu'il sait, parvenir à ce qu'il ignore.

Mais Agassiz ne prit pas la mer uniquement pour tester dans l'abstrait le bien-fondé de l'évolution. La route qu'il choisit était un défi lancé à Darwin, car il refit pratiquement — par choix délibéré — une partie de l'itinéraire du *Beagle*. Les Galapagos ne constituaient pas une simple étape technique : elles étaient au centre du projet. Le silence ultérieur d'Aagassiz n'en devient que plus étrange.

Le *Beagle* avait fait le tour du monde, mais le voyage de Darwin était essentiellement une expédition destinée à effectuer le relevé de la côte sud-américaine. L'itinéraire choisi par Agassiz suivait donc dans les grands lignes — physiquement, sinon intellectuellement — celui de Darwin. On ne peut lire le compte rendu que fit Elizabeth Agassiz de l'expédition du *Hassler* sans relever une ressemblance bizarre (et visiblement non fortuite) avec le célèbre récit fait par Darwin du voyage du *Beagle*. (Elizabeth accompagnait Louis.) Darwin centra ses recherches essentiellement sur la géologie. Louis aussi. L'expédition avait peut-être été présentée comme une opération de dragage, mais Agassiz tenait surtout à se rendre dans la partie méridionale de l'Amérique du Sud pour vérifier sa théorie d'une période glaciaire mondiale. Il avait étudié les stries et les moraines glaciaires de l'hémisphère Nord et déterminé qu'une grande plaque de glace était jadis descendue du Nord. (Les stries sont des égratignures laissées sur le soubassement rocheux par des cailloux gelés pris dans la base des glaciers. Les moraines sont des élévations de débris repoussés par le fleuve de glace à l'avant et sur les côtés du glacier.) Si la période glaciaire avait touché tout le globe terrestre, les stries et les moraines de l'Amérique du Sud indiqueraient que l'Antarctique avait progressé à la même époque. L'hypothèse d'Agassiz, en ce cas précis, fut confirmée, et sa jubilation se traduisit par de nombreuses communications (fidèlement transcrites par Elizabeth et publiées dans *Atlantic Monthly*).

Darwin fut stupéfait en voyant la vie rude et l'aspect de « sauvages » des habitants de la Terre de Feu, Agassiz aussi. Elizabeth note leurs impressions à tous deux : « Rien ne saurait être plus grossier et plus répugnant que leur aspect, dans lequel la brutalité du sauvage n'est en rien rachetée par la force ou la virilité... Ils se bousculaient et s'empoignaient férocement, comme des bêtes sauvages, chaque fois qu'il pouvaient attraper quelque chose. »

S'il subsite encore quelque doute sur la décision délibérée d'Agassiz de tester la justesse de vues de Darwin en refaisant pas à pas ses expériences, prenons ce passage, écrit en mer à son collègue allemand Carl Gegenbaur :

> J'ai traversé l'océan Atlantique et le détroit de Magellan et j'ai remonté la côte occidentale de l'Amérique du Sud en direction des latitudes Nord. Les animaux marins étaient, bien sûr, mon principal centre d'intérêt, mais j'avais aussi un objectif particulier. Je voulais étudier l'ensemble de la théorie darwinienne à l'écart de toute influence extérieure et de milieu antérieurs. N'est-

ce pas dans un semblable voyage que Darwin a élaboré sa façon actuelle de penser ! J'ai emporté quelques livres avec moi... essentiellement les grands ouvrages de Darwin.

Je ne trouve que peu d'indications sur le séjour d'Agassiz aux Galapagos. Nous savons qu'il y arrriva le 10 juin 1872, y resta un semaine ou un peu plus, et visita cinq îles, une de plus que Darwin. D'après Elizabeth, Louis « se délecta de sa croisière dans ces îles si passionnantes du point de vue géologique et zoologique ». Nous savons qu'il recueillit (ou plutôt s'assit sur un rocher tandis que ses assistants s'en chargeaient) les célèbres iguanes qui vont se nourrir dans l'océan d'algues marines (certains spécimens rapportés par Agassiz remplissent toujours les bocaux des musées américains). Nous savons qu'il traversa et admira sans réserve les champs dénudés de lave visqueuse récemment solidifiée, « pleins de détails extrêmement singuliers et fantastiques ». J'ai traversé un champ de ce type, qu'Agassiz ne pouvait avoir vu car il se forma au cours des années 1890. Je fus fasciné par les marques figées d'activité ancienne — les configurations ondulées et visqueuses du flux de lave, les bulles éclatées et les longues fissures de contraction. Et j'ai vu les « larmes de Pelé », le plus bel objet géologique de faible échelle que j'aie jamais contemplé. Quand de la lave très liquide est éjectée par de petites fissures, elle apparaît parfois sous la forme de gouttes de basalte qui construisent des ruissellements de pierre irisée au bord de l'orifice ; ce sont les larmes de Pelé, la déesse hawaïenne des volcans (qui n'a rien à voir avec la Montagne Pelée de la Martinique).

Je reviens donc à mon enquête : si Agassiz se rendit aux Galapagos avec l'idée de vérifier la théorie de l'évolution en se mettant à la place de Darwin, quel effet produisit sur lui ce lieu darwinien par excellence ? Pour toute réponse, nous avons le silence public d'Agassiz (et une communication privée sur laquelle je reviendrai bientôt).

On peut trouver une double explication d'ordre intellectuel pour justifier en partie cette réserve, inhabituelle chez Agassiz. D'abord, malgré ses observations fécondes sur les glaciers sud-américains, l'expédition du *Hassler* fut essentiellement un échec et une déception profonde — sur lesquels Agassiz préféra peut-être tirer un trait. Le matériel de dragage ne fonctionna jamais correctement et Agassiz ne récolta aucun spécimen en eau profonde. L'équipage fit de son mieux, mais le bateau était en piètre état. Jules Marcou, le fidèle biographe d'Agassiz, écrivit : « Ce fut une grande et presque cruelle inconscience que d'embarquer un homme si distingué, aussi âgé [Agassiz avait soixante-quatre ans ; l'idée qu'on se fait de la vieillesse aura évolué] et aussi peu valide que l'était Agassiz, sur un bâtiment tenant aussi mal la mer et battant pavillon américain. »

Ensuite, Agassiz fut malade pendant une bonne partie du voyage, et sa nervosité, en même temps que sont inconfort, augmentèrent à mesure qu'il s'éloignait de ses glaciers méridionaux bien-aimés pour s'engager sous les tropiques étouffants. (Les Galapagos, toutefois, bien que situées sur l'équateur, sont sur la route d'un courant océanique frais et ont un climat généralement tempéré ; leurs rivages abritent l'espèce de pingouins la plus septentrionale. Peu après son retour à Harvard, Agassiz écrivit à Pedro II, empereur du Brésil — et vieux copain d'un voyage antérieur :

> Quand j'ai traversé le détroit de Magellan... il me redevint facile de travailler. La beauté des sites, la ressemblance de ces montagnes avec celles de la Suisse, l'intérêt qu'éveillaient en mois les glaciers,le bonheur de voir mes hypothèses confirmées au-delà de tous mes espoirs : tout conspirait à me remettre sur la bonne voie, et même à me donner une nouvelle jeunesse... Ensuite, je déclinai peu à peu à mesure que nous progressions vers les régions tropicales ; la chaleur m'épuisait, et durant le mois que nous passâmes à Panama, je fus absolument incapable du moindre effort.

(Pour tous ces extraits de lettres, je me suis servi des originaux de la bibliothèque Houghton de Harvard ; plusieurs ont été publiées partiellement, mais jamais aucune dans son intégralité. Agassiz écrivait avec la même aisance en français [à Pedro II], en allemand [à Gegenbaur] et en anglais [à Peirce]. Je remercie ma secrétaire Agnès Pilot d'avoir transcrit en caractères romains la lettre adressée à Gegenbaur. Agassiz utilisait les vieux caractères gothiques, qui me sont totalement indéchiffrables.)

Pour autant que je puisse en juger, le seul commentaire

d'Agassiz sur les Galapagos apparaît dans une lettre personnelle à Benjamin Peirce qu'il écrivit en mer le 29 juillet 1872, lendemain du jour où il avait écrit à Gegenbaur (à qui il ne soufflait mot des Galapagos). La lettre commence par les doléances habituelles de tout terrien : « Je me demande si ce billet ira jusqu'à vous, à Martha's Vineyard, et je souhaiterais de tout cœur m'y trouver avec vous et me reposer un peu de ce perpétuel tangage. » Vient ensuite la seule et unique mention faite par Agassiz des Galapagos :

> Notre visite aux Galapagos a été pleine d'intérêt en ce qui concerne la géologie et la zoologie. On éprouve une profonde impression en voyant un archipel étendu, de formation très récente, habité par des êtres si différents de tout ceux qui nous sont connus dans les autres parties du monde. Nous avons ici une limite fixe sur la longueur du temps qu'il a fallu pour la transformation de ces animaux, si vraiment ils descendent de manière quelconque de ceux qui occupent d'autres points du globe. Les Galapagos en effet, sont si peu anciennes que quelques-unes de ces îles ont à peine eu le temps de se couvrir d'une maigre végétation qui leur est propre. Quelques parties du terrain sont entièrement dénudées et beaucoup de leurs coulées de lave et de leurs cratères sont si récents que les agents atmosphériques n'ont pas encore pu les modifier. Leur existence, par conséquent ne remonte pas même à la dernière période géologique ; elles appartiennent, géologiquement parlant, à notre temps. D'où viennent donc les animaux et les plantes qui s'y trouvent ? S'ils descendent de quelque autre type appartenant à un pays voisin, il ne faut donc pas que des périodes d'une longueur incommensurable pour la transformation des espèces comme le prétendent les partisans actuels de l'évolution, et le mystère d'un changement pareil, avec des différences si marquées et si caractéristiques entre les espèces vivantes, n'en est qu'augmenté et ramené au niveau du mystère de la création. S'ils sont autochtones, à quel germe doivent-ils l'existence ? Je crois que des observateurs scrupuleux, en considérant de tels faits, reconnaîtront que notre science n'est pas encore assez avancée pour pouvoir discuter à fond l'origine des êtres organisés.

Voilà une longue citation quoique, à ma connaissance, pas exhaustive. Son aspect le plus remarquable est l'extrême faiblesse, presque le caractère spécieux de l'argumentation. Agassiz ne fait remarquer qu'une chose : beaucoup d'animaux des Galapagos ne vivent nulle part ailleurs. Or les îles sont si jeunes qu'ils n'ont pas eu le temps d'avoir été transformés, à partir d'ancêtres parents, par un long procesus d'évolution. Donc ils ont été créés là où nous les trouvons (car c'est bien là ce dont il s'agit, même si Agassiz termine en disant que nous en savons trop peu pour parvenir à une conclusion solide).

Il y a là deux problèmes. Premièrement, les îles Galapagos, bien que jeunes (d'après les estimations actuelles, les îles les plus anciennes ont de deux à cinq millions d'années), ne sont pas aussi primitives que le veut Agassiz. Dans sa lettre, il décrit les coulées de lave des cent dernières années environ, presque dénuées de végétation et si fraîches qu'on peut presque les voir en mouvement et en sentir la chaleur. Mais Agassiz savait sûrement que plusieurs îles (dont certaines situées sur son itinéraire) ont une végétation plus dense et que, tout en n'étant pas très anciennes, elles ne s'étaient sûrement pas formées en un seul jour géologique.

Deuxièmement, Agassiz laisse de côté l'aspect capital du raisonnement de Darwin. L'important n'est pas qu'un si grand nombre des espèces des Galapagos soient uniques, mais bien qu'on trouve invariablement les espèces parentes les plus proches sur le continent sud-américain voisin. Si Dieu a créé les espèces des Galapagos là où nous les trouvons, pourquoi leur a-t-il donné des affinités avec les espèces sud-américaines (surtout si les climats tempérés et les habitats de lave des Galapagos sont si différents des milieux tropicaux des formes ancestrales). Quelle est la raison d'être d'une telle configuration si les espèces des Galapagos sont des habitants modifiés de formes sud-américaines qui réussirent à franchir la barrière océanique ? Darwin écrivait dans *Voyage d'un naturaliste autour du monde, fait à bord du navire le* Beagle *de 1831 à 1836* :

> Comment se fait-il, sur ces petits îlots, qui tout dernièrement encore, géologiquement parlant, devaient être recouverts par les eaux de l'océan, îlots formés de laves basaltiques, et qui diffèrent par conséquent du caractère géologique du continent américain, outre qu'ils sont situés sous un climat particulier ; comment se fait-il... que sur ces petits îlots les habitants aient été créés sur le type américain ?

Et, un peu plus tôt, dans le même chapitre, cette célèbre

phrase, remplie de poésie : « Ainsi donc, et dans le temps et dans l'espace, nous nous trouvons face à face avec ce grand fait, et mystère des mystères, la première apparition de nouveaux êtres sur la terre. »

Agassiz ne s'y serait pas trompé car, comme Darwin, il était biogéographe de profession. Lui aussi avait eu recours à la répartition géographique comme argument de base pour défendre le créationnisme. Pourquoi éludait-il le principal argument de Darwin ? Pourquoi en disait-il si peu sur les Galapagos et pourquoi son raisonnement était-il si peu étoffé ?

Je pense que nous devons considérer deux possibilités pour résoudre l'énigme du silence d'Agassiz (ou le fait qu'il négligea les points importants dans son seul commentaire privé). Peut-être savait-il que le raisonnement qu'il tenait à Peirce était creux et peu fondé. Peut-être que les Galapagos, et toute l'expédition du *Hassler,* avaient produit chez Agassiz le changement profond qu'avait connu Darwin en de semblables circonstances et qu'il ne put se résoudre à l'admettre.

C'est une solution que je ne peux accepter. Comme je l'ai dit plus haut, nous voyons de nombreux signes de détresse psychologique et de tristesse profonde dans les dernières tentatives d'Agassiz pour défendre le créationnisme. Personne n'aime être un paria intellectuel, surtout dans le rôle du vieux schnock croulant sous les années (celui du prophète ignoré met au moins en valeur le courage moral). Pourtant, aussi faibles que soient ses arguments (et ils se détérioraient à mesure que s'accumulaient les preuves de l'évolution), je ne distingue aucune faille dans la détermination d'Agassiz. La lettre à Peirce semble représenter une autre défense imparfaite, mais parfaitement sincère d'une théorie de la vie indéfendable et pourtant soutenue avec obstination. (Le dernier article d'Agassiz, publié en 1874 à titre posthyme dans l'*Atlantic Monthly,* était une apologie vibrante du créationnisme, intitulée « Évolution et permanence typologiques ».)

Je crois que nous devons nous rallier à la seconde hypothèse : si Agassiz fut d'une telle discrétion à propos des Galapagos, c'est parce que la visite qu'il y fit produisit sur lui infiniment peu d'impression. Le message est familier mais néanmoins profond.

La découverte scientifique n'est pas un transfert d'information, en sens unique, de la nature ambiguë à des esprits toujours ouverts. C'est une interaction réciproque entre une nature variée et déroutante et des esprits suffisamment réceptifs (pas tous, loin s'en faut) pour faire émerger un motif ténu mais sensé du bruit ambiant. Aux Galapagos, aucun écriteau ne signale : « Ici, l'évolution est à l'œuvre. Ouvrez les yeux et vous la verrez. » L'évolution est une déduction inévitable, pas une donnée brute. Darwin, jeune, remuant et inquisiteur, sut capter les signaux. Agassiz, centré sur une théorie et sur la défensive, en fut incapable. N'avait-il pas déjà annoncé dans sa première lettre à Peirce qu'il savait ce qu'il devait trouver ? Je ne crois pas qu'il eut la liberté voulue pour parvenir aux conclusions de Darwin, et les îles Galapagos n'avaient, de ce fait, rien d'important à lui transmettre. La science est une interaction équilibrée de l'esprit et de la nature.

Agassiz vécut encore un peu plus d'un an après que le *Hassler* eut accosté. James Russell Lowell, alors à l'étranger, apprit la mort de son ami en lisant le journal et lui rendit cet hommage poétique (que j'emprunte à la belle biographie d'Agassiz écrite par E. Lurie, *Louis Agassiz : A Life in Science,* University of Chicago Press, 1960) :

> ... d'un regard vague, mécanique,
> Je parcourus le flot tiède de ces nouvelles à demi méprisées
> Quand soudain, tel un afflux de sang
> Injectant l'œil,
> Trois petits mots me terrifièrent
> Et se bousculèrent dans un même vertige : Agassiz est mort !

Je ne sais pas. Peut-être qu'un peu de son moi éthéré monta vers un royaume supérieur, comme l'affirment certaines religions. Peut-être qu'il y vit le vieil Adam Sedgwick, le grand (et révérend) géologue britannique qui, âgé de quatre-vingt-sept ans, lui avait écrit un an avant que le *Hassler* ne prenne la mer :

> Je n'aurai plus le bonheur de revoir votre visage en ce monde. Mais laissez-moi, en chrétien que je suis, espérer que nous nous rencontrerons plus tard au Ciel et que nous aurons des visions de la gloire de Dieu, dans l'univers moral et matériel, qui réduiront à

un simple germe tout ce qui a été élaboré par l'habileté de l'homme.

Quoi qu'il en soit, les théories d'Agassiz étaient mortes de mort intellectuelle avant qu'il n'eût jamais atteint les Galapagos. La vie est une série de transactions. Nous avons perdu le réconfort de la théorie d'Agassiz, à savoir qu'une intelligence supérieure règle chaque étape de l'histoire de la vie selon un plan qui nous place au-dessus de toutes les autres créatures. (« S'il en avait été autrement, écrivait Agassiz à Pedro II en juin 1873, il n'y aurait plus qu'à désespérer. ») Nous avons trouvé un message dans les animaux et les plantes des Galapagos, et partout ailleurs, qui nous permet de les apprécier non comme des sujets d'étonnement et d'admiration fragmentaires et isolés, mais comme les produits intégrés d'une théorie générale, satisfaisante, de l'histoire de la vie. C'est, à nos yeux du moins, une bonne affaire.

# 9.

## Des vers de terre pour un siècle et en toutes saisons

C'est un Charles Darwin déjà âgé qui écrivait dans la préface à son dernier livre : « Le sujet peut sembler insignifiant, mais nous verrons qu'il possède un certain intérêt ; et l'adage *" de minimis lex non curat "* [la loi ne s'occupe pas de bagatelles] ne vaut pas pour la science. »

Les bagatelles ont peut-être de l'importance dans la nature, mais il est peu courant qu'elles fassent l'objet d'un dernier ouvrage. Dans leur grande majorité, nos éminents doyens récapitulent les réflexions de toute une vie et nous offrent quelques suggestions ampoulées pour échafauder l'avenir. Charles Darwin, lui, traita du *Rôle des vers de terre dans la formation de la terre végétale* (1881).

Ce mois * marque le centième anniversaire de la mort de Darwin, et le monde entier s'apprête à le commémorer. La plupart des colloques et des livres empruntent la voie royale habituelle, celle des vastes fresques : Darwin et la vie moderne, Darwin et la théorie de l'évolution. Mon hommage personnel se placera dans une perspective ostensiblement plus modeste, et je me pencherai sur le « bouquin sur les vers de terre » de Darwin. Mais si je le fais, c'est pour montrer que, précisément, Darwin inversa le vénérable adage de ses collègues juristes.

Darwin était un homme astucieux. Il aimait bien les vers de

* Darwin mourut le 19 avril 1882 et le présent article parut initialement dans *Natural History* d'avril 1982.

terre, mais son dernier livre, bien qu'il ne semble traiter de rien d'autre, est (à de multiples égards) une récapitulation déguisée des principes d'analyse qu'il s'était attaché à définir sa vie durant et qu'il avait appliqués à la plus grande transformation de la nature jamais accomplie par un seul homme. En examinant l'intérêt porté par Darwin aux vers de terre, nous saisirons peut-être le pourquoi de sa réussite.

On a vu en général dans ce livre une curiosité, un ouvrage inoffensif sans importance réalisé par un grand naturaliste retombé en enfance. Certains auteurs s'en sont même servi pour étayer une légende à propos de Darwin, que les recherches récentes ont infirmée. Darwin, soutenaient ses détracteurs, était un homme médiocrement doué qui devint célèbre parce qu'il avait eu la chance de se trouver à point nommé au bon endroit. La révolution était « dans l'air », et il eut simplement la patience et l'obstination nécessaires pour en formuler les implications évidentes. Il fut, écrivait naguère Jacques Barzun (dans l'exemple peut-être le plus typique qui me soit jamais tombé sous les yeux) « un grand assembleur de faits et un mauvais constructeur de théories... un homme qui n'appartient pas aux rangs des grands penseurs ».

Pour montrer que Darwin était seulement un naturaliste compétent qui se complaisait dans des détails sans importance, ces mêmes détracteurs insistaient sur le fait que la plupart de ses ouvrages avaient trait à de drôles de petits problèmes, à des broutilles — les mœurs de plantes grimpantes, pourquoi des fleurs de formes différentes coexistent parfois sur une même plante, comment les orchidées sont fécondées par les insectes, quatre volumes sur la taxinomie des bernacles et, pour finir, comment les vers de terre retournent le sol. Or, tous ces livres ont un thème évident et un autre, plus profond ou implicite — qui a échappé à ces détracteurs (sans doute parce qu'ils ne lurent pas les ouvrages en question et tirèrent leurs conclusions de leurs seuls titres). Dans chacun des cas, le thème plus profond est l'évolution proprement dite ou un programme de recherche plus vaste destiné à analyser l'histoire de façon scientifique.

Comment se fait-il, pouvons-nous demander en ce centenaire de sa disparition, que Darwin reste une figure aussi centrale de la science ? Pourquoi devons-nous continuer à lire ses livres et à comprendre sa vision si nous voulons être des spécialistes compétents de l'histoire naturelle ? Pourquoi les scientifiques, malgré leur indifférence notoire envers l'histoire, continuent-ils à méditer ses écrits ou à en débattre ? On peut avancer trois arguments pour expliquer l'actualité de Darwin pour les scientifiques.

Nous pouvons d'abord lui rendre hommage parce qu'il fut celui qui « découvrit » l'évolution. Bien que l'opinion populaire puisse accorder à Darwin ce statut, ces applaudissements sont de toute évidence déplacés, car plusieurs prédécesseurs illustres furent également convaincus que les organismes sont liés par les liens de la descendance physique. Dans la biologie du XIX$^e$ siècle, l'évolution était une hérésie assez répandue.

Ensuite, nous pouvons dire que si Darwin peut prétendre à l'intérêt durable des scientifiques, c'est en raison de l'ampleur et du caractère radical du mécanisme de l'évolution qu'il proposa, la sélection naturelle. Je suis constamment revenu sur ce thème dans mes deux précédents ouvrages, en insistant plus particulièrement sur trois points : la sélection naturelle en tant que théorie d'une adaptation locale, et non d'un progrès inexorable ; l'ordre observé dans la nature apparaissant par pure coïncidence comme un sous-produit de la lutte entre les individus ; le caractère matérialiste de la théorie de Darwin, en particulier son refus du rôle causal de forces, énergies ou pouvoirs spirituels quelconques. C'est un thème que je ne désavoue pas aujourd'hui, mais je me suis progressivement rendu compte qu'il ne saurait constituer la principale raison de la pertinence *scientifique* jamais démentie de Darwin, même s'il explique l'influence qu'eut celui-ci sur le monde en général. Il est en effet trop grandiose, et dans leurs recherches les scientifiques abordent rarement des généralités aussi abstraites.

L'idée lumineuse qui vous dresse sur votre séant, l'œil papillotant pour dissiper les brumes de l'intellect, et qui vous fait totalement revenir sur l'opinion que vous chérissiez, ne manque pas de charme. Mais la science s'intéresse à ce qui peut être fait et résolu, à la théorie qui trouvera à s'incarner avec bonheur dans des objets concrets qu'on peut palper, manipuler, triturer et récupérer. Pour la science, l'idée valable est celle qui conduit à un travail fécond, et pas seulement à des spéculations qui, même si elles constituent une bonne gymnastique pour l'esprit, n'engendreront aucune vérification empirique.

C'est pourquoi je m'attarderai sur une troisième explication de l'importance que continue d'avoir Darwin, en disant que sa plus grande réussite réside dans le fait qu'il définit des principes de raisonnement *utiles* pour les sciences qui (comme l'évolution) tentent de reconstituer l'histoire. Les problèmes propres à la science historique sont nombreux, mais il en est un qui s'impose plus particulièrement : la science doit identifier les processus qui produisent les résultats observés. Nous sommes entourés de résultats de l'histoire, mais nous ne pourrons pas, en principe, observer le processus qui en est à l'origine. Comment adopter alors une attitude scientifique à l'égard du passé ?

En règle générale, nous devons définir des critères qui nous permettront d'inférer les processus que nous ne pouvons voir à partir des résultats qui subsistent encore. C'est le problème par excellence de la théorie de l'évolution. Comment utilisons-nous l'anatomie, la physiologie, le comportement, la variation et la répartition géographique des organismes modernes et les vestiges fossiles de nos documents géologiques pour déduire les voies empruntées par l'histoire ?

Et c'est ainsi que nous en venons au thème inavoué de l'ouvrage de Darwin sur les vers de terre, qui est à la fois, en effet, un traité sur les mœurs de ces animaux et une réflexion sur une approche scientifique de l'histoire.

Ce problème avait obsédé celui qui fut le mentor de Darwin, le grand géologue Charles Lyell. Celui-ci estimait, sans leur rendre tout à fait justice, que ses prédécesseurs n'avaient pas réussi à élaborer une science de la géologie parce qu'ils n'avaient pas imaginé de méthodes permettant de déduire le passé non observable du présent environnant, et qu'ils s'étaient par conséquent laissé aller à des songeries et à des spéculations non vérifiables. « Nous voyons, écrivait-il dans sa prose incomparable, renaître l'antique esprit de spéculation et le désir affirmé de couper, et non de dénouer avec patience, le nœud gordien. »

La solution qu'il proposait — un aspect de la théorie de la

Terre qu'on appellera plus tard l'uniformitarisme — consistait à observer les processus actuels et à extrapoler l'importance et les effets qu'ils avaient eus dans le passé. Mais là, Lyell se heurtait à une difficulté. Beaucoup de produits du passé — le Grand Canyon, par exemple — sont énormes et spectaculaires, mais ce qui se passe autour de nous tous les jours est, en règle générale, plus modeste — un brin d'érosion par-ci, quelques sédiments par-là. Même un Stromboli ou un Vésuve ne provoquent que des dégâts locaux. Si les forces modernes en font trop peu, nous sommes obligés d'invoquer d'autres processus cataclysmiques, aujourd'hui interrompus ou en repos, pour expliquer le passé. Et nous nous retrouvons dans une impasse. Si ces processus se sont réellement produits, et s'ils ont été différents des processus actuels, nous pouvons expliquer en principe le passé, mais notre démarche ne sera pas scientifique, parce qu'il n'existe aucun analogue dans ce que nous pouvons observer aujourd'hui. Si nous nous appuyons uniquement sur les processus actuels, nous manquons du dynamisme voulu pour restituer le passé.

Lyell chercha son salut dans le grand thème de la géologie, le temps. Il rappela que l'âge considérable de notre planète nous permet amplement de considérer les résultats observés, aussi spectaculaires soient-ils, comme la simple addition de petits changements intervenus sur d'immenses périodes. Notre échec ne tient pas à la Terre, mais à nos habitudes de pensée : nous nous sommes refusés jusqu'à maintenant à voir tout le travail que peuvent accomplir les processus les plus modestes pour peu qu'ils disposent du temps nécessaire.

Darwin aborda l'évolution dans le même état d'esprit. Le présent ne prend sa raison d'être, et le passé ne devient donc scientifique, que si nous pouvons additionner les petits effets des processus actuels pour produire les résultats observés. Parce qu'ils ne faisaient pas appel à ce principe, les créationnistes étaient incapables de comprendre la pertinence des variations à petite échelle qui abondent dans le monde biologique (depuis les races canines jusqu'aux variantes géographiques chez les papillons). Les variations mineures sont la substantifique moelle de l'évolution (et pas simplement en ensemble de bifurcations accidentelles à partir d'un type créé idéal), mais nous pouvons nous en rendre compte seulement lorsque nous sommes prêts à additionner les effets sur de longues périodes de temps.

Darwin estimait que ce principe, en tant que mode de raisonnement fondamental de l'histoire, ne devait pas se limiter à l'évolution. C'est pourquoi, au soir de sa vie, il résolut de résumer et de prouver sa méthode historique en l'appliquant à un problème à première vue très différent de l'évolution — un projet suffisamment vaste pour coiffer une carrière illustre. Il choisit les vers de terre et le sol. La réfutation qu'il apportait à l'adage « *de minimis lex non curat* » était délibérément ambiguë. Les vers de terre sont des créatures humbles et intéressantes, et l'action d'un ver de terre, élargie à tous les vers de terre et sur de longues périodes de temps, est capable de modeler nos paysages et de faire nos sols.

C'est ainsi que Darwin écrivit à la fin de sa préface, réfutant les opinions d'un certain M. Fish qui niait que les vers de terre pussent avoir une importance quelconque, « compte tenu de leur faiblesse et de leur taille » :

> Voilà bien un exemple de cette impuissance à évaluer les effets d'une cause se répétant d'une façon continuelle, impuissance qui a souvent retardé le progrès de la science ; jadis, elle s'opposait à la marche de la géologie et récemment elle a tâché d'entraver celle des principes de l'évolution.

Le choix de Darwin, pour illustrer son principe général, était heureux. Quoi de mieux que les vers de terre, ces créatures des plus ordinaires, banales et humbles, ces objets de notre quotidien, oubliés aussi vite qu'aperçus. Si, œuvrant constamment à notre su, ils sont à ce point responsables de notre sol et de nos paysages, quel résultat phénoménal ne peut produire l'addition d'effets de petite ampleur. Darwin ne renonçait pas à l'évolution pour se consacrer au ver de terre : il utilisait au contraire celui-ci pour illustrer la méthode qui validait l'évolution. Les moulins de la nature tournent lentement et donnent une moûture des plus fines.

Darwin posait deux grandes hypothèses. Premièrement, lorsque les vers de terre modèlent la terre, leurs effets sont directionnels. Ils réduisent les particules de roches en fragments encore plus petits (en les digérant tandis qu'ils retournent le sol) et ils mettent la terre à nu en rendant le sol plus meuble, ce faisant, et en le désagrégeant ; la gravité et l'érosion aplanissent ainsi plus facilement le sol et nivellent le paysage. Le profil bas et ondulé de la topographie dans les zones peuplées de vers de terre témoigne, pour une large part, de ce travail lent mais constant.

Deuxièmement, en formant et en retournant le sol, ils entretiennent une certaine stabilité au sein d'un changement permanent. L'objectif essentiel de Darwin dans cet ouvrage (et l'origine de son titre) était de prouver que les vers de terre forment la couche supérieure du sol, ce qu'on appelle l'humus. Il décrit celui-ci dans son premier paragraphe :

> La part prise par les vers à la formation de la couche de terre végétale qui recouvre la surface entière du sol dans toute contrée tant soit peu humide, est le sujet du présent ouvrage. Cette terre végétale est généralement d'une couleur noirâtre et d'une épaisseur de quelques pouces. Dans les différentes régions elle ne varie que peu dans son apparence, bien qu'elle repose sur des sous-sols divers. Un de ses principaux traits caractéristiques est la finesse uniforme des particules qui la composent.

Les vers de terre, explique Darwin, forment l'humus en apportant « des quantités considérables de terre fine » à la surface et en les y déposant sous la forme de « déjections ». (Les vers ne cessent de faire passer le sol par leurs intestins, prélevant tout ce dont ils peuvent se nourrir et rejetant le reste ; les matériaux rejetés ne sont pas des excréments mais essentiellement des particules de sol réduites à une taille moyenne par la trituration et délestées d'un peu de matière organique.) Ces déjections, d'abord en forme de spirale et composées de fines particules, sont désagrégées par le vent et l'eau ; ainsi dispersées, elles forment l'humus. « C'est ainsi que je fus amené à conclure, poursuit Darwin, que la terre végétale sur toute l'étendue d'un pays a passé bien des fois par le canal intestinal des vers et y passera bien des fois encore. »

L'humus ne s'accumule pas de façon continue après avoir été ainsi formé ; il est tassé par la pression et forme des couches plus solides à quelques centimètres sous la surface. Ce qui intéresse Darwin ici, ce n'est pas la modification directionnelle, mais le changement continu sous une permanence apparente. L'humus est toujours le même, et pourtant il ne cesse de changer. Chaque particule effectue ce parcours cyclique à travers le système, commençant à la surface dans une déjection, se dispersant, puis s'enfonçant à mesure que les vers la recouvrent de nouvelles déjections ; mais l'humus proprement dit n'est pas modifié. Il gardera la même épaisseur et les mêmes qualités tandis que toutes les particules dont il est fait subissent les mêmes transformations. Ainsi, un système qui nous paraît stable, voire immuable, subsiste parce qu'il est sans cesse bouleversé. Nous qui manquons de données historiques et avons si peu le sentiment de l'importance accumulée de changements petits mais incessants, nous nous rendons à peine compte que le sol sur lequel nous posons les pieds se dérobe au moment précis où nous le faisons : il est vivant et perpétuellement retourné.

Darwin a recours à deux grands types de raisonnement pour nous convaincre que les vers de terre forment l'humus. Il commence par prouver que les vers de terre sont suffisamment nombreux et largement répandus en espace et en profondeur pour faire le travail. Il démontre qu'« un grand nombre vivent inaperçus sous nos pieds » — quelque 53 767 bestioles (en poids, 356 livres) par acre de bon sol britannique. S'appuyant ensuite sur des observations recueillies un peu partout dans le monde, il pose que les vers de terre sont bien plus répandus, et dans une bien plus grande quantité de milieux non favorables, que nous ne le pensons habituellement. Il creuse pour voir jusqu'à quelle profondeur ils vivent, et coupe une de ces créatures en deux à un mètre cinquante de profondeur, bien que d'autres lui disent en avoir trouvé à deux mètres cinquante ou plus.

Ayant établi la plausibilité de sa théorie, il cherche ensuite une preuve directe du cycle constant de l'humus à la surface de la terre. Considérant les deux aspects du problème, il étudie l'enfouissement des objets dans le sol à mesure que de nouvelles déjections s'empilent au-dessus d'eux, et il récolte et pèse les déjections en question pour déterminer le rythme du cycle.

Darwin était particulièrement impressionné par la régularité et l'uniformité avec lesquelles les objets qui reposaient naguère côte à côte à la surface s'enfouissaient dans le sol. Il explora des champs qui, vingt ans plus tôt ou davantage, avaient été jonchés d'objets de taille substantielle — charbon brûlé, gravats provenant de la démolition d'un bâtiment, cailloux provenant du labourage d'un champ voisin. Il creusa des tranchées et trouva, pour sa plus grande délectation, que les objets formaient toujours une couche visible, parallèle à la surface, mais à quelques centimètres au-dessous de celle-ci, et recouverte d'un humus entièrement constitué de fines particules. « Les objets enfoncés forment des lignes droites régulières et parallèles à la surface du sol ; c'est là le trait le plus saillant de leur disposition », écrivait-il. En matière de lenteur et de méticuleuse uniformité d'action, les vers de terre étaient imbattables.

Darwin étudia comment les « pierres druidiques » de Stonehenge s'enfonçaient progressivement dans le sol, ainsi que l'enfouissement des thermes romains, mais c'est chez lui, dans son propre champ qui n'avait pas été labouré depuis 1841, qu'il trouva son exemple le plus convaincant :

> Pendant plusieurs années de suite, la végétation y fut extrêmement chétive, le sol étant tellement encombré de cailloux de silex petits et grands (quelques-uns d'entre eux étaient moitié aussi gros que la tête d'un enfant) que mes fils appelèrent ce champ-là le « champ pierreux ». Lorsqu'ils descendaient la pente en courant, on entendait les pierres se choquer les unes contre les autres. Je me rappelle avoir douté de jamais voir ces grands cailloux recouverts de terre végétale et de gazon. Mais les plus petites de ces pierres disparurent après peu d'années ; avec le temps, chacune des plus grandes en fit autant, de sorte que trente ans plus tard (1871), un cheval pouvait passer au galop d'un bout du champ à l'autre sur le gazon épais, sans frapper de ses fers une seule pierre. Pour quiconque se souvenait de l'apparence qu'avait présenté ce champ en 1842, la transformation qui s'était opérée était merveilleuse. Elle était certainement l'ouvrage des vers.

En 1871, il creusa une tranchée dans son champ et trouva cinq centimètres d'humus absolument dépourvu de pierres. « Au-dessous se trouvait de la terre grossière argileuse, pleine de cailloux et semblable à celle du premier venu des champs labourés d'alentour... L'accumulation moyenne de cette dernière pen-

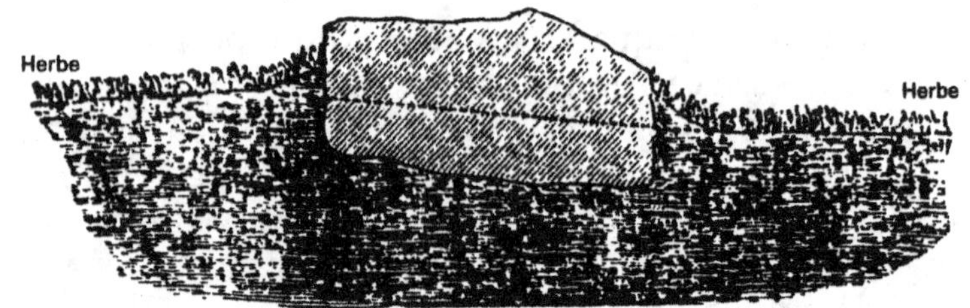


*Section de l'une des pierres druidiques renversées à Stonehenge, montrant combien elle s'est affaissée dans le sol.*

*Planche originale tirée du livre de Darwin sur les vers de terre montrant l'enfouissement de grandes pierres dû à l'action des vers.*

dant trente années entières n'était que de 0,083 pouce par an (donc, un pouce à peu près en douze ans). »

Darwin, au cours des divers essais auxquels il se livra pour récolter et peser directement les déjections, examina de 7,6 à 18,1 tonnes de terre par an. Il calcula que 3 mm à 5,5 cm d'humus, réparti régulièrement sur la surface, se constituait tous les dix ans. Pour réunir ces chiffres, Darwin utilisa les services d'une grande institution méconnue, et si typiquement britannique : le corps des amateurs zélés d'histoire naturelle, prêts à endurer toutes les privations pour une seule de ces précieuses données. Une contribution anonyme m'a particulièrement impressionné. « Une dame, nous dit Darwin, à l'exactitude de laquelle je puis m'en rapporter aveuglément, m'offrit de recueillir pendant une année toutes les déjections déposées sur deux carrés d'une toise en des endroits différents, près de Leith Hill Place, en Surrey. » Était-ce l'homologue de quelque riche héritière moderne de Park Avenue qui ramasse soigneusement les immondices laissés par son chien : un sac pour un balayeur new-yorkais, l'autre pour la Science avec un grand S ?

Le plaisir qu'on éprouve à lire le livre sur les vers de terre de Darwin tient non seulement aux perspectives plus vastes qu'il découvre, mais aussi au charme des détails que donne Darwin sur les vers eux-mêmes. Je préfère lire attentivement trois cents pages de Darwin sur les vers de terre qu'absorber péniblement trente pages de vérités éternelles explicitement prêchi-prêchées par bon nombre d'auteurs. Ce livre sur les vers de terre est une œuvre d'amour et de souci intime du détail méticuleux. Dans les autres grandes parties du livre, Darwin passe cent pages à nous décrire ses expériences destinées à déterminer quelle extrémité des feuilles (et découpures de papier triangulaires, ou « feuilles » abstraites) les vers entraînent en premier lieu dans leurs galeries. Ici aussi, nous trouvons un thème avoué et un thème sous-jacent, en l'occurrence les feuilles et les galeries contre l'évolution de l'instinct et l'intelligence, le désir qu'avait Darwin d'élaborer une définition utilisable de l'intelligence, et sa découverte (en fonction de cette définition) du fait que l'intelligence existe aussi chez les animaux « inférieurs ». Toute grande science est l'union féconde du détail et de la généralité, de l'exaltation et de l'explication. Darwin et ses bestioles bien-aimées remuèrent ciel et terre.

J'ai dit que le dernier livre de Darwin se situe à deux niveaux, qu'il est un traité sur les vers de terre et le sol, et une analyse voilée de la façon d'en savoir plus sur le passé en étudiant le présent. Mais Darwin se souciait-il consciemment d'établir une méthodologie pour l'histoire, comme je l'ai dit, ou ne fit-il qu'aborder cette généralité dans son ultime ouvrage ? Je crois que son livre sur les vers de terre est bâti sur le même modèle que tous ses autres livres, du premier au dernier : chaque précis sur les choses infimes est également un traité sur le raisonnement historique — et chaque livre élucide un principe différent.

Prenons son premier ouvrage consacré à un sujet spécifique, *les Récifs de corail, leur structure et leur distribution* (1842). Il y proposait une théorie de la formation des atolls, « ces anneaux singuliers de corail qui s'élèvent abruptement de l'océan insondable », dont on a reconnu la pertinence après un siècle de discussions. D'après Darwin, les récifs coralliens doivent être classés en trois catégories : les récifs-lisières contigus à une île ou à un continent, les récifs-barrières séparés d'une île ou d'un continent par un lagon, et les atolls, ou anneaux de récifs, sans plateforme visible. Il reliait ces trois catégories au moyen d'une « théorie de l'affaissement », en faisant d'elles les trois étapes d'un processus unique : l'affaissement d'une île ou d'une plate-

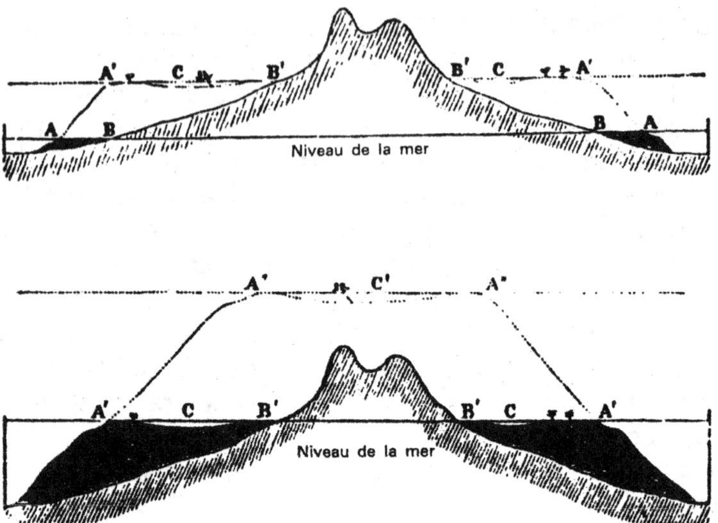



*Dessin original de Darwin illustrant sa théorie des récifs coralliens.* En haut :
*ligne inférieure continue, stade 1, un récif-lisière (AB) est contigu à la ligne du
rivage. L'île s'enfonce (le niveau de la mer monte) jusqu'à la ligne en pointillé,
stade 2, le récif-barrière (A') séparé de l'île en train de s'enfoncer par un lagon
(C).*
En bas : *ligne inférieure continue, stade 2, récif-barrière (copié sur la ligne en
pointillé de la première figure). L'île s'enfonce encore (au-dessous du niveau de
la mer) jusqu'à la ligne en pointillé supérieure, stade 3, un atoll (A''), le lagon
élargi (C') marque l'emplacement initial de l'île disparue.*

forme continentale sous les vagues tandis que le corail vivant
continue à se développer en hauteur. Au départ, les récifs apparaissent à proximité de la plate-forme (récifs-lisières). Au fur et à
mesure que la plate-forme s'enfonce, les récifs se développent en
hauteur et en largeur, tandis que se crée un espace entre la plate-
forme qui s'enfonce et le corail vivant (récif-barrière). Finalement, la plate-forme sombre complètement et seul un anneau
corallien (un atoll) en rappelle la forme initiale. Darwin trouvait
les formes des récifs modernes « inexplicables, sauf si l'on
acceptait la théorie que leurs bases rocheuses se sont enfoncées
lentement et successivement au-dessous du niveau de la mer,
tandis que les coraux continuaient à croître vers le haut ».

Même s'il traite des coraux, ce livre est aussi un ouvrage sur le raisonnement historique. L'humus se formait suffisamment vite pour qu'on puisse mesurer directement le rythme de cette formation ; nous appréhendons le passé en additionnant les effets de causes actuelles petites et observables. Mais si ces rythmes sont trop lents ou les échelles de grandeur trop vastes pour reconstituer l'histoire par l'observation directe du processus actuel ? Pour les cas de ce type, nous devons mettre au point une autre méthode. Étant donné que les processus à vaste échelle commencent à des époques différentes et progressent à un rythme lui aussi différent, les divers stades des différents exemples doivent exister simultanément dans le présent. Pour établir l'histoire, il nous faut alors construire une théorie qui expliquera une série de phénomènes actuels en tant qu'étapes d'un processus historique unique. C'est une méthode très générale. Darwin l'utilisa pour expliquer la formation des récifs coralliens. Nous y recourons aujourd'hui pour inférer l'histoire des étoiles. Darwin s'en servit également pour prouver l'évolution organique elle-même. Certaines espèces commencent tout juste à se séparer de leurs ancêtres, d'autres sont à mi-parcours du processus, d'autres encore sont sur le point de l'achever.

Mais que se passe-t-il quand le phénomène est limité à l'objet pratique proprement dit ? Si nous ne pouvons ni observer un épisode de sa formation, ni trouver les divers stades du processus dont elle résulte ? Comment inférer l'histoire à partir d'un lion ? Darwin aborda la question dans son traité sur la fécondation des orchidées par les insectes (1862), le livre qui suivit immédiatement *De l'origine des espèces*. J'ai analysé sa solution dans plusieurs essais (1, 4, 11 et *Le Pouce du panda*) et je n'y reviendrai pas ici : nous inférons l'histoire des imperfections qui rappellent les contraintes de la descendance. Les « divers mécanismes » qu'utilisent les orchidées pour attirer les insectes et les charger de pollen sont les éléments hautement modifiés de fleurs ordinaires, ayant évolué chez les ancêtres pour servir d'autres fins. Les orchidées ne se débrouillent pas trop mal, mais elles sont équipées pour ne réussir que temporairement, parce que les fleurs ne sont pas conçues au mieux pour s'adapter à ces rôles modifiés. Si Dieu avait voulu créer des leurres et des pièges à pollen à partir de zéro, il les aurait de toute évidence construits autrement.

Nous disposons donc de trois principes pour améliorer nos performances : si l'on doit travailler sur un objet unique, chercher les imperfections qui rendent compte de sa descendance historique ; si l'on dispose de plusieurs objets, essayer d'en rendre compte en tant que stades d'un processus historique unique ; si les processus peuvent être directement observés, additionner leurs effets dans le temps. On peut traiter de ces principes directement, ou bien se pencher sur les « petits problèmes » auxquels Darwin eut recours pour les illustrer : les orchidées, les récifs coralliens et les vers de terre — le livre du milieu, celui du début, et celui de la fin.

Darwin ne posait pas au philosophe. Il n'écrivit pas, comme Huxley et Lyell, des traités explicitement consacrés à la méthodologie. Pourtant, cela m'étonnerait qu'il ne se soit pas rendu compte de ce qu'il faisait en composant habilement une série de livres à deux niveaux de lecture et en exprimant ainsi son amour de la nature dans ses petites composantes, en même temps que son ardent désir de jeter les fondements de l'évolution et les principes de la science historique. Je me posais cette question il y a quinze jours, en terminant ce livre sur les vers de terre. Darwin eut-il vraiment conscience de ce qu'il avait fait en écrivant ses dernières lignes d'homme de l'art, ou bien procéda-t-il par intuition, comme le font parfois les êtres dotés de son génie ? C'est alors que j'en arrivai au dernier paragraphe, et là un frisson de joie me saisit : mon intuition se vérifiait. L'habile vieillard ! Il le savait parfaitement. En écrivant ses derniers mots, il jetait un regard en arrière, vers ses débuts ; il comparait ces vers de terre à ses premiers coraux, et il terminait l'œuvre de sa vie en accommodant sa vision :

> La charrue est une des inventions les plus anciennes et les plus précieuses de l'homme, mais longtemps avant qu'elle existât, le sol était de fait labouré régulièrement par les vers de terre, et il ne cessera jamais de l'être encore. Il est permis de douter qu'il y ait beaucoup d'autres animaux qui aient joué dans l'histoire du globe un rôle aussi important que ces créatures d'une organisation si inférieure. D'autres animaux d'une organisation encore plus imparfaite, je veux parler des coraux, ont construit d'innombra-

bles récifs et des îles dans les plus grands océans ; mais ces ouvrages qui frappent davantage la vue sont presque exclusivement confinés dans les régions tropicales.

Au risque de donner dans un humour macabre injustifié, je soulignerai un dernier paradoxe. Un an après avoir publié son traité des vers de terre, le 9 avril 1882, Darwin mourait. Il voulut être inhumé dans le sol de son village d'adoption, où il dut être un ultime présent charnel pour ses vers bien-aimés. Mais les sentiments (et les intrigues) de ses collègues et des hommes de savoir réservaient une place très protégée à sa dépouille sous les dalles solidement jointes de l'abbaye de Westminster. En dernier ressort, pourtant, les vers de terre ne seront pas lésés, car l'histoire ne connaît pas la permanence, même lorsqu'il s'agit de cathédrales. Mais les idées et les méthodes ont l'immortalité de la raison elle-même. Darwin a beau avoir disparu depuis un siècle, il est avec nous chaque fois que nous réfléchissons sur le temps.

# 10.

## Le dossier Vavilov

En 1936, Trofime Lyssenko, alors qu'il tentait de remettre sur pied l'agriculture russe à partir de principes lamarckiens discrédités, écrivait : « Je n'aime pas débattre de théorie. Je m'enflamme seulement lorsque je vois que pour mener à bien certaines tâches pratiques, je dois écarter les obstacles qui gênent mes activités scientifiques. »

Comme tâche pratique, Lyssenko s'était fixé de « modifier la nature des plantes dans le sens où nous le souhaitons, en les y préparant convenablement ». Si l'on n'avait pas encore réussi à produire des améliorations rapides et héréditaires des principaux types de récoltes, soutenait-il, la faute en revenait à la faillite de la science bourgeoise, à l'importance qu'elle accordait à des théories académiques stériles et à sa foi dans les gènes mendéliens qui, au lieu de réagir aux coups de pouce des agriculteurs, se transforment seulement par mutations accidentelles et aléatoires. Le critère d'une science remise dans le droit chemin doit être l'amélioration de la reproduction.

« Mieux nous comprendrons les lois du développement des formes végétales et animales, écrivait-il, et plus facilement et rapidement nous serons en mesure de créer les formes qui répondront à nos désirs et à nos projets. » Quelles « lois de développement » pouvaient être plus prometteuses que celles énoncées par Lamarck, à savoir que des milieux modifiés peuvent entraîner directement des changements héréditaires dans

la direction souhaitée ? Si seulement la Nature procédait ainsi !
Ce n'est malheureusement pas le cas, et toutes les données falsifiées, toutes les polémiques haineuses de Lyssenko ne la firent pas bouger d'un pouce.

Si les « obstacles » rencontrés par Lyssenko n'avaient été que des idées désincarnées, l'histoire de la génétique russe se serait épargné une part de la singulière tragédie qui la marqua. Mais les idées émanent d'individus, et les obstacles qu'il fallait écarter étaient nécessairement des obstacles humains. Nikolaï Ivanovitch Vavilov, chef de file de la génétique mendélienne russe et directeur de l'Académie Lénine pan-russe d'Agriculture, dont le siège était à Leningrad, devint en 1936 la cible des critiques de Lyssenko. Lyssenko fustigeait Vavilov pour ses opinions mendéliennes en général, mais n'importe quel généticien aurait fait l'affaire pour un tir aussi généralisé. Lyssenko choisit Vavilov en raison d'une théorie plus spécifique et personnelle (à laquelle cet essai est consacré), ce qu'on appelle la loi des séries homologues en variation.

Douze ans plus tard, après que la guerre eut perpétré ses ravages, Lyssenko avait gagné. L'infâme discours sur *« La situation de la biologie »* qu'il prononça lors de la session de 1948 de l'Académie Lénine d'Agriculture comporte dans sa déclaration préliminaire le passage peut-être le plus terrifiant de toute la littérature scientifique du XXᵉ siècle :

> La question qui m'est posée dans une des notes qu'on m'a remises est la suivante : « Quelle est l'attitude du comité central du Parti à l'égard de mon rapport ? » Je réponds : le comité central du Parti a examiné mon rapport et l'a approuvé. *[Applaudissements nourris. Ovation. Tous se lèvent.]*

Suivent dix pages de rhétorique et d'invectives, puis Lyssenko conclut :

> « Gloire au grand ami et héros de la science, notre chef et notre maître, le camarade Staline ! *[Tous se lèvent. Applaudissements prolongés.]* »

Nikolaï Vavilov ne put assister à la réunion de 1948. Il avait été arrêté en août 1940 alors qu'il collectait des échantillons en Ukraine. En juillet 1941, il fut condamné à mort pour sabotage culturel, espionnage au profit de la Grande-Bretagne, maintien de liens avec des émigrés et appartenance à une organisation de droite. La peine fut commuée en dix ans de prison et Vavilov fut transféré dans les geôles du NKVD, à Moscou. En octobre, il fut dirigé sur la prison Saratov où il passa plusieurs mois dans une basse-fosse réservée aux condamnés à mort, souffrant de malnutrition. Il mourut en janvier 1943, sans avoir recouvré la liberté.

Qu'est donc cette « loi des séries homologues en variation » de Vavilov, et comment alimenta-t-elle la rhétorique de Lyssenko ? Vavilov publia cette loi, qui fut le principe directeur d'une grande partie de ses recherches en génétique agricole, en 1920 et la révisa en 1935. Elle fut imprimée en Angleterre en 1922, dans le prestigieux *Journal of Genetics* (vol. 12, p. 48-89).

Vavilov fut peut-être le plus grand spécialiste mondial de la biogéographie du blé et d'autres céréales. Il voyagea dans le monde entier (prêtant ainsi le dos à des accusations d'espionnage forgées de toutes pièces), récoltant de nombreuses plantes dans leur habitat naturel et constituant la plus grande « banque » mondiale de variation génétique au sein des grandes espèces cultivées. En collectant des races naturelles de blé, d'orge et de millet dans un vaste échantillon d'environnements et de lieux géographiques, il constata qu'il existait des séries de variétés d'une ressemblance frappante à l'intérieur d'espèces différentes d'un même genre, souvent aussi à l'intérieur d'espèces parentes.

C'est ainsi qu'il récolta un grand nombre de races géographiques à l'intérieur de l'espèce de blé commun *(Triticum vulgare)*. Celles-ci présentaient des ensemble de traits complexes variés, dont la couleur des épis et des grains, la forme des épis (avec ou sans barbe, lisses ou velus) et la saison de maturation. Vavilov eut alors la surprise et la joie de trouver pratiquement les mêmes combinaisons de caractères dans les variétés de deux espèces étroitement parentes, le *T. compactum* et le *T. spelta*.

Il étudia ensuite le seigle *(Cecale cereale),* espèce d'un genre très proche du blé mais qu'on avait toujours considérée comme plus limitée dans ses variations géographiques. Mais tandis qu'il collectait avec ses assistants du seigle dans toute la Russie d'Europe et d'Asie, ainsi qu'en Iran et en Afghanistan, Vavilov constata que non seulement la diversité de cette céréale était aussi importante que celle du blé, mais aussi que ses races présentaient les mêmes ensembles de caractères, avec les mêmes variations de couleur, de forme et de périodicité de croissance.

Les similitudes ainsi relevées dans les séries de races étaient si précises et si complètes entre les espèces parentes que Vavilov estima qu'il pouvait prévoir l'existence de variétés encore inconnues chez une espèce après avoir découvert des formes analogues dans l'autre espèce. En 1916, par exemple, il découvrit plusieurs variétés de blé sans ligules en Afghanistan (les ligules sont les fines languettes membraneuses qui poussent à la base de l'épi de blé et entourent la tige de nombreuses herbes). Cette découverte laissait supposer qu'il devait aussi exister des variétés de seigle sans ligules, ce qu'il vérifia en cultivant des graines récoltées au Pamir en 1918. Il prédit que le blé dur *(Triticum durum)*, alors représenté exclusivement par des variétés de printemps, devait également avoir des formes d'hiver, comme les espèces voisines —, et il les découvrit en 1918 dans une région isolée du nord de l'Iran.

Les observations de Vavilov auraient éveillé moins de controverses s'il ne les avait interprétées — et même surinterprétées — d'une manière qui s'accordait mal avec la rigueur du darwinisme ou du lamarckisme. Il aurait pu dire que ses séries de variétés parallèles constituaient des adaptations similaires de systèmes spécifiques différents à des milieux communs, d'où découlait une sélection naturelle, orientée dans la même direction. Ce type d'interprétation aurait répondu à la préférence qu'affichait Darwin pour la variation aléatoire accompagnée du changement évolutif imposé par la sélection naturelle. (Elle aurait tout aussi bien pu être déformée par Lyssenko qui y aurait vu la preuve que le milieu modifiait directement l'hérédité des plantes dans un sens favorable.)

Mais Vavilov proposait une autre explication, plus conforme aux canons non darwiniens (mais pas antidarwiniens) qui prévalaient encore dans les années 1920. Selon lui, les séries de variétés parallèles étaient les réactions identiques de même systèmes génétiques, hérités *in toto* d'une espèce à une autre espèce parente. Ainsi, pour reprendre le langage évolutionniste, ses séries étaient « homologues », d'où le nom de sa loi. (Les homologies sont des similitudes fondées sur l'acquisition des mêmes gènes ou structures, à partir d'un ancêtre commun. Les similitudes qui sont formées au sein de différents systèmes génétiques par l'influence de la sélection exercée par des milieux similaires sont appelées analogies.)

Les nouvelles espèces apparaissent à partir des différences génétiques qui empêchent toute hybridation avec l'espèce parente, soutenait Vavilov. Mais l'espèce nouvelle n'est pas totalement distincte de son ancêtre sur le plan génétique. La majeure partie du système génétique de l'ancêtre reste intacte ; seul un nombre limité de gènes est modifié. Les variétés parallèles représentent donc une « expression » des mêmes capacités génétiques transmises en bloc d'une espèce à une espèce parente.

Une interprétation de ce type n'est pas antidarwinienne, car elle ne nie pas le rôle important de la sélection naturelle. Alors que chaque variété constituera une capacité latente prévisible, elle aura néanmoins impérativement besoin, pour s'exprimer dans un climat ou une région quelconques, de la sélection qui préservera la variante adaptative et éliminera les autres. Cette explication entre en revanche en conflit avec l'esprit du darwinisme orthodoxe en ce qu'elle affaiblit ou met en péril un principe essentiel, à savoir que la sélection est *la* force créatrice de l'évolution. La variation aléatoire, ou non dirigée, joue un rôle capital dans le système darwinien ; elle montre en effet comment il s'articule autour de la sélection, en garantissant que le *changement* évolutionniste ne peut être attribué à la variation elle-même. Celle-ci n'est qu'une donnée brute. Elle se manifeste dans toutes les directions, ou du moins n'est pas ordonnée d'une certaine façon plutôt que d'une autre par des mécanismes adaptatifs. La direction est donc imposée par la sélection naturelle, qui préserve et accumule lentement, génération après génération, les variations grâce auxquelles les organismes deviennent mieux adaptés au milieu local.

Mais si la variation n'est pas fortuite et non dirigée mais, au contraire, fortement canalisée et orientée sur des voies bien précises ? Dans ce cas, seul un nombre limité de changements est possible, et ces changements portent la marque des contraintes « internes » de l'hérédité autant que de l'action de la sélection. Cette dernière n'est pas en sommeil ; elle continue à déterminer quelle possibilité parvient à s'exprimer dans un climat ou une région donnés. Mais si les possibilités sont strictement limitées, et si elles figurent toutes dans les diverses variétés d'une espèce, l'étendue de ces variantes ne peut être attribuée à la seule action de la sélection sur une variation fortuite.

De plus, cette explication des variétés nouvelles bat en brèche un autre grand principe de la sélection naturelle : la créativité. Les variations sont des résultats prévisibles au sein de leur système génétique. Elles se produisent de façon presque préordonnée. Le rôle de la sélection naturelle est négatif. Elle n'est plus qu'un simple exécutant. Elle élimine les variations qui ne conviennent pas au milieu, préservant ainsi la forme favorisée qui devait de toute façon finir par apparaître.

Vavilov donnait de sa loi des séries homologues cette interprétation non darwinienne : « La variation, écrivait-il, ne se produit pas dans toutes les directions, par hasard et sans ordre, mais dans des systèmes distincts et des classes analogues à celles de la critallographie et de la chimie. Les mêmes grandes divisions [des organismes] en ordres et classes font apparaître les régularités et les répétitions des systèmes. » Il cite le cas de « plusieurs variétés de vesces qui ressemblent tant à des lentilles ordinaires par leur forme, leur couleur et la grosseur de leurs graines, qu'aucune machine ne réussit à les en trier ». Il reconnaît que l'extrême similitude sur un lieu donné est due à la sélection — la sélection machinale des trieuses agricoles. Mais l'agent sélectif n'était — au sens littéral, dans ce cas précis — qu'un tamis qui préservait une variante parmi de nombreuses autres. La bonne variante existait déjà sous la forme du produit réalisé d'un ensemble de possibilités acquises.

Dans ce cas, le rôle de la sélection naturelle est tout à fait clair. L'homme, au fil des ans et sans en avoir conscience, a isolé au moyen de ses trieuses mécaniques des variétés de vesces identiques aux lentilles par leur forme et leur grosseur, et qui parvenaient à maturité en même temps que celles-ci. Il ne fait aucun doute que ces variétés existaient bien avant la sélection proprement dite, et que leurs séries sont apparues, indépendamment de toute sélection, en fonction des lois de la variation.

Avec un enthousiasme excessif, Vavilov continua sur sa lancée. L'idée que sa loi pût représenter un principe d'organisation qui ferait de la biologie une science à la fois exacte et expérimentale, aussi « dure » que la physique et la chimie, le comblait d'aise. Peut-être les systèmes génétiques sont-ils composés d'« éléments » ? Peut-être les variétés géographiques d'espèces sont-elles des « composés » prévisibles, inévitablement produits par l'union de ces éléments dans des mélanges spécifiques ? Dans ce cas, les variations des formes biologiques à l'intérieur d'une espèce pourraient être représentées sur une table de possibilités identique à la table périodique des éléments chimiques. L'évolution pourrait être déduite de la structure génétique elle-même ; le milieu ne peut agir que pour préserver les potentialités intrinsèques.

Dans la dernière partie de sa communication de 1922, il prônait une « analogie » explicite avec la chimie et écrivait : « De nouvelles formes doivent remplir les vides d'un système. » Il essaya un nouveau style de notation exprimant les variétés d'une espèce sous la forme d'une formule chimique, et il se fit le défenseur de « l'analogie des séries homologiques des plantes et des animaux avec le système et les classes de la cristallographie [dotés de] structures chimiques définies ». « La biologie a trouvé son Mendeleïev », déclara un disciple zélé.

Vavilov tempéra ses théories au cours des années 1920 et au début des années 1930. Il apprit que certaines variétés parallèles entre les espèces ne reposent pas, tout compte fait, sur la similitude des gènes, mais représentent une même action de la sélection sur différentes sources de variations. Dans ces cas précis, les variétés sont analogues, non homologues, et l'on doit alors préférer la théorie darwinienne. Il écrivait en 1937 :

Nous avons sous-estimé la variabilité des gènes eux-mêmes... Nous pensions à l'époque que les gènes détenus par des espèces proches étaient identiques ; nous savons maintenant que c'est loin

> d'être le cas, que même des espèces étroitement parentes qui possèdent des traits externes similaires se caractérisent par de nombreux gènes différents. En concentrant notre attention sur la variabilité, nous avons négligé le rôle de la sélection.

Vavilov n'en continuait pas moins à défendre l'importance et la validité de sa loi, et il prônait toujours l'analogie avec la chimie, bien que sous une forme légèrement atténuée.

Malheureusement, et au sens le plus douloureux du mot, Vavilov prêtait le flanc aux attaques de Lyssenko. La loi des séries homologues fournissait à celui-ci d'amples munitions, et les exagérations de l'analogie chimique ainsi soutenue ne firent qu'aggraver les ennuis de Vavilov. En 1936, Lyssenko caricatura la loi de Vavilov en présentant des exemples grotesques où il était question d'espèces de parenté trop éloignée pour présenter des séries parallèles dans le système de Vavilov : « Dans la nature, nous trouvons des pommiers avec des fruits ronds ; il doit donc y avoir, ou il se peut qu'il y ait des arbres avec des poires rondes, des cerises rondes, des raisins ronds, etc. »

Sur le plan idéologique, les charges de Lyssenko étaient plus violentes. Il lança contre Vavilov deux accusations qui reprenaient l'une comme l'autre des éléments du slogan de la philosophie officielle soviétique : le matérialisme dialectique. La loi de Vavilov, prétendait-il, était non dialectique, parce qu'elle situait la source du changement organique à l'intérieur des systèmes génétiques des organismes eux-mêmes, et non dans l'interaction (ou la dialectique) entre les organismes et le milieu. Ensuite, Lyssenko accusait la loi des séries homologues d'être « idéaliste » et non « matérialiste », parce qu'elle estimait que l'histoire évolutionniste d'une espèce était préfigurée dans la capacité non réalisée (donc non matérielle) d'un système génétique acquis.

L'évolution, disait Lyssenko, est presque illusoire dans la théorie de Vavilov. Elle représente une simple expression des potentialités acquises, et non la mise en place de quoi que ce soit de nouveau. Elle manifeste le penchant bourgeois pour la stabilité, lorsqu'elle ne voit dans le changement apparent qu'une expression superficielle de la constance sous-jacente. Aux termes de la loi de Vavilov, disait Lyssenko, de nouvelles formes ne sont pas produites par l'évolution d'anciennes formes, mais par une redistribution, un réarrangement de corpuscules héréditaires pré-existants... Toutes les espèces existantes existaient par le passé, seulement sous des formes moins diverses ; mais chaque forme était plus riche de par ses potentialités, de par sa collection de gènes.

La folie use souvent d'un mode de raisonnement pervers mais logique ; et nous devons admettre que Lyssenko perçut et exploita la véritable faiblesse de l'argumentation de Vavilov. Car celui-ci minimisait de toute évidence le rôle créatif du milieu, et son analogie avec la chimie montrait que, pour lui, la source d'un changement ultérieur et, en un sens, illusoire, résidait dans une potentialité prédéfinie. Mais Lyssenko, qui était à la fois un charlatan et un polémiste cruel, négligeait tout autant la dialectique (malgré ses protestations) en estimant que les plantes étaient une pâte molle façonnée par le milieu.

Vavilov mourut au nom d'un lamarckisme de pacotille. L'Occident en fit à juste titre un martyr, mais ses théories ne s'imposèrent pas pour autant. La loi des séries homologues, thème autour duquel s'articule son livre évolutionniste, resta ignorée au nom d'un darwinisme trop orthodoxe. La loi de Vavilov ne contredisait pas directement les principes darwiniens, mais l'accent qu'elle mettait sur les contraintes de l'acquisition et de la variation orientée est difficilement conciliable avec ces thèmes favoris du darwinisme que sont la variation aléatoire et l'orientation du changement évolutionniste par la sélection naturelle. Elle fut donc négligée et reléguée au rayon des théories dépassées qui faisaient de la variation une force directrice de l'évolution. J'ai consulté tous les documents sur lesquels repose la « synthèse moderne », le mouvement qui a défini notre version actuelle du darwinisme entre la fin des années 1930 et les années 1950. Je n'y ai trouvé que deux allusions à la loi des séries homologues de Vavilov, et chacune tient en moins d'un paragraphe.

J'ai pourtant l'impression que Vavilov a entrevu quelque chose d'important qu'il a parfaitement exprimé. En termes plus modernes, nous dirions que les nouvelles espèces n'héritent pas leur forme adulte de leurs ancêtres. Elles reçoivent un système génétique complexe et un ensemble de voies évolutives pour passer, par l'embryologie et leur croissance ultérieure, des produits génétiques à des organismes adultes. Ces voies imposent bel et bien des contraintes à l'expression de la variation génétique ; elles la canalisent dans une direction déterminée. La sélection naturelle choisira un certain point sur l'axe de cette évolution, mais elle ne sera pas toujours capable d'écarter une espèce de cette lignée — la sélection ne peut agir en effet que sur la variation qui lui est présentée. En ce sens, les contraintes de la variation peuvent autant diriger les voies du changement évolutif que la sélection exerçant un rôle darwinien de force créatrice.

Les théories de Vavilov m'ont été très utiles pour réorienter ma propre réflexion dans des directions à mon avis plus fécondes que la certitude qui était mienne jusque-là et que je n'avais jamais remise en question, à savoir que la sélection est l'artisan de presque tous les changements évolutifs. En étudiant le rapport existant entre les dimensions du cerveau et celles du corps, les biologistes ont découvert que le rythme de croissance du cerveau est égal à un à deux cinquièmes de celui du corps par comparaison avec des mammifères étroitement parents qui diffèrent seulement (ou essentiellement) par leurs dimensions corporelles — adultes d'une espèce unique, races de chiens domestiques, chimpanzés par opposition aux gorilles, par exemple. Depuis quatre-vingt-dix ans, la littérature de vulgarisation a charrié maintes spéculations portant sur les raisons adaptatives de ce rapport et fondées sur le postulat (habituellement tacite) qu'il doit être un produit direct de la sélection naturelle.

Mais mon collègue Russell Lande a récemment attiré mon attention sur plusieurs expériences pratiquées sur des souris sélectionnées pendant plusieurs générations en fonction d'un critère unique : leur taille supérieure à celle de leurs congénères. Alors que la taille de ces souris se développait au fil des générations, leur cerveau grossissait en respectant le rythme caractéristique — un taux légèrement supérieur à un cinquième de celui auquel leur corps grandissait. Puisque nous savons que ces expériences ne comportaient aucune sélection fondée sur la grosseur du cerveau, ce rapport d'un cinquième doit être un effet secondaire de la croissance sélectionnée des seules dimensions du corps. Étant donné qu'on retrouve sans cesse le rapport d'un à deux cinquièmes en divers lignages d'animaux, et puisqu'il constitue peut-être l'expression d'une non-adaptation du cerveau à la sélection pour des corps plus importants à l'intérieur des systèmes d'évolution des mammifères, les ensembles parallèles de races et d'espèces déployés tout au long de cette pente d'un à deux cinquièmes chez les carnivores, les rongeurs, les ongulés et les primates, sont des séries homologues non darwiniennes dans le sens où l'entendait Vavilov.

Lors de recherches personnelles sur un escargot terrestre antillais, le *Cerion,* que nous effectuions, mon collègue David Woodruff et moi-même, nous retrouvâmes sans cesse les deux mêmes morphologies dans toutes les îles septentrionales des Bahamas. Ces coquillages striés, blancs ou de couleur unie, épais et de forme plus ou moins rectangulaire, vivent sur les côtes rocheuses au bord du rivage, là où les îles tombent abruptement dans la mer. Des coquillages lisses, tachetés, plus minces et ventrus, peuplent les côtes plus calmes et plus basses à l'intérieur de la bande de rivage, là où les îles font place à des kilomètres d'eau peu profonde. La conclusion la plus facile — et la plus banale — serait de considérer que les coquillages striés de toutes les îles sont étroitement parents et que les coquillages lisses appartiennent à un autre groupe cohérent. Mais nous estimons que l'ensemble complexe de caractères formant les morphologies striées et lisses apparaissent sans cesse et indépendamment. Sur les îles du Little Bahama Bank, les animaux striés et lisses ont une anatomie génitale qui leur est propre. Sur celles du Great Bahama Bank, les striés et les lisses ont une sorte de pénis également reconnaissable, mais différent. L'écologie des côtes rocheuses, par opposition à celle des côtes calmes, peut être l'agent de sélection des morphologies striées et lisses, qui constituent alors des adaptations, mais l'apparition coordonnée de la demi-douzaine de traits distinctifs de chaque morphologie peut représenter une orientation de la variation disponible, qui produira des séries homologues (variétés striées et variétés lisses) dans différents lignages (définis par l'anatomie génitale).

Une théorie complète de l'évolution doit tenir compte du fait qu'il existe un équilibre entre les forces « externes » du milieu, qui imposent la sélection pour l'adaptation locale, et les forces « internes », qui représentent les contraintes de l'acquis et de l'évolution. Vavilov a trop insisté sur les contraintes internes et fait passer à l'arrière-plan le pouvoir de la sélection. Mais les darwiniens occidentaux se sont tout autant trompés en ignorant sur le plan pratique (alors qu'ils les reconnaissaient sur le plan théorique) les limites imposées à la sélection par la structure et l'évolution — ce que Vavilov et les biologistes de la vieille école auraient appelé les « lois de la forme ». Bref, nous avons besoin d'une vraie dialectique entre les facteurs d'évolution externes et internes.

La tragédie personnelle de Vavilov est une réalité irréversible. Mais il a été réhabilité en Russie, où la Société pan-russe des généticiens et des spécialistes de la sélection porte aujourd'hui son nom. Nous qui le considérons comme un martyr et défendons son nom tout en ignorant ses théories, nous ferions bien de reconsidérer la tradition non darwinienne plus ancienne qu'il incarnait. Associé à nos certitudes légitimes sur le pouvoir de la sélection, le principe des séries homologues (et autres « lois de forme ») pourrait nourrir une théorie évolutionniste qui effectuerait vraiment une synthèse par son intégration de l'évolution et de la forme organique avec un ensemble de principes aujourd'hui dominés par l'écologie et les effets de la sélection sur certains gènes et traits uniques.

# III. ADAPTATION ET ÉVOLUTION

# 11.

## La hyène : mythes et réalité

Je reconnais volontiers que la hyène tachetée, ou rieuse, n'est pas le plus bel animal qu'on puisse contempler. Mais elle mérite peu la mauvaise réputation que lui ont faite nos ancêtres. Trois mythes inspirèrent en partie les commentaires dégoûtés des textes anciens à leur égard.

Tout d'abord, la hyène était considérée comme un animal nécrophage qui se repaissait de charognes. Dans son *Histoire naturelle*, Pline l'Ancien (23-79 après J.-C.) déclare que c'est le seul animal qui fouille les tombes pour en déterrer les cadavres *(ab uno animali sepulcra erui inquisitione corporum)*. Conrad Gesner, le grand taxinomiste de l'histoire naturelle du XVIe siècle, rapportait que les hyènes sont si gloutonnes que lorsqu'elles trouvent un cadavre, la peau de leur ventre est aussi tendue que celle d'un tambour. Elles cherchent ensuite un interstice entre deux arbres ou deux rochers, s'y coincent et expulsent les résidus de leur festin simultanément par les deux bouts.

Hans Kruuk, qui passa des années à étudier les hyènes tachetées sur leur gazon natal (les plaines d'Afrique orientale), s'est efforcé de dissiper ces anciens mythes (voir son ouvrage, *The Spotted Hyena,* University of Chicago Press, 1972). Il explique que les hyènes s'attaquent aux charognes quand elles en ont l'occasion. (Presque tous les carnivores, dont le noble lion, festoieront joyeusement de proies tuées par d'autres animaux.) Mais les hyènes tachetées vivent en clans de chasseurs qui peuvent comporter jusqu'à quatre-vingts individus. Chaque clan contrôle un territoire et tue la plus grande partie de sa nourriture — principalement des zèbres et des gnous — en chassant en groupe la nuit. Deuxième tare : il était admis en général que les hyènes étaient des créatures hybrides. Sir Walter Raleigh les excluait de l'arche de Noé, car il avait la ferme conviction que Dieu n'avait sauvé que les races pures. Après le déluge, les hyènes réapparurent, issues de l'union, contraire à la nature, d'un chien et d'un chat. En réalité, les trois espèces de hyènes qui existent à l'heure actuelle constituent une famille spécifique de l'ordre des Carnivores. Leurs parents les plus proches sont les mustélidés (les belettes et leurs alliés).

Tache ultime et factice sur leur blason, et d'une encre des plus perfides : beaucoup d'auteurs anciens taxaient les hyènes d'hermaphrodisme en les dotant d'organes mâle et femelle. Les bestiaires médiévaux, toujours soucieux de tirer une leçon morale de la dépravation animale, insistaient sur cette prétendue ambivalence sexuelle. Un document du XIIe siècle, traduit par T.H. White, précisait :

> Puisque [ces créatures] ne sont ni mâles ni femelles, elles ne sont ni croyantes ni païennes, mais de toute évidence de celles dont Salomon disait : « Une personne double est inconstante dans toute sa manière d'être. » De celles aussi dont le Seigneur a dit : « On ne peut servir Dieu et Mammon. »

Mais les hyènes eurent aussi quelques défenseurs de taille qui s'insurgèrent contre cette calomnie. Aristote en personne avait déclaré dans son *Historia animalium* : « On affirme que la hyène a des organes sexuels à la fois mâle et femelle ; mais c'est faux. »

Aristote — ce n'était pas la première fois — voyait juste, bien sûr. Mais la légende n'en était pas moins fondée. Chez les hyènes, la femelle est presque impossible à distinguer du mâle. Son clitoris est développé et forme un organe qui a la même dimension, forme et position que le pénis du mâle. Il peut également être en érection. Les lèvres sont repliées et soudées, et elles forment un faux scrotum dont la forme et la position ne présente extérieurement aucune différence visible avec le vrai scrotum du mâle. Il contient même des tissus adipeux formant deux renflements qu'on peut facilement prendre pour des testicules. Les auteurs de l'article le plus récent qu'on ait écrit sur la hyène tachetée estiment que le mâle et la femelle se ressemblent à tel point « qu'on ne peut déterminer le sexe avec certitude qu'en palpant le scrotum. On vérifie la présence des testicules dans le scrotum du mâle en effectuant la comparaison avec le tissu adipeux mou du faux scrotum de la femme ».

En 1939, le zoologiste britannique L. Harrison Matthews traça la description anatomique la plus complète à ce jour de l'anatomie sexuelle de la hyène. Il décrivait le clitoris péniforme, en soulignant qu'il n'est pas plus petit que le pénis mâle, qu'il se resserre également à l'extrémité pour ne plus former qu'une petite ouverture en fente, et qu'il est sujet aux érections comme son homologue mâle. Ses pages de description sèche et précise se terminaient sur une note d'émerveillement tempéré par la mesure toute britannique de sa prose scientifique : « C'est probablement une des formes les plus inhabituelles que prenne l'orifice externe du canal urogénital chez les mammifères femelles. »

Harrison Matthews se pencha églement sur une question intéressante : comment les hyènes font-elles « ça », étant donné que l'orifice femelle n'est pas plus grand que le méat du pénis mâle. « Dans la phase prépubertaire, écrit-il, ces fonctions ne peuvent manifestement exister, compte tenu de la dimension minuscule de l'ouverture. » Mais à mesure que la femelle accède à la maturité, la fente s'allonge progressivement et « contourne la surface verticale... en descendant la ligne médiane », jusqu'à former un orifice de 1,5 cm de long qui va de l'extrémité du clitoris jusqu'à sa base. Cet allongement de la fente et le gonflement des tétines qui suit la gestation et la mise bas aident à reconnaître les femelles plus âgées des mâles. Nous comprenons maintenant sur quoi se fondaient les anciens mythes selon lesquels les hyènes étaient simultanément hermaphrodites (dotées d'organe mâle et d'organe femelle) ou mâles pendant une partie de leur vie, puis femelles.

Les bizarreries de la nature réclament une explication, et c'est pourquoi nous demandons quels avantages les femelles tirent d'avoir l'air d'être des mâles. Nous butons aussitôt sur l'autre étrangeté confondante de la biologie des hyènes : non seulement les femelles ressemblent aux mâles, mais elles sont aussi plus grosses qu'eux, contrairement à ce que l'on constate d'habitude chez les mamifères, humains compris (mais se reporter au premier essai pour l'évocation du schéma inverse chez la plupart des autres animaux). Dans les clans d'Afrique orientale observés par Kruuk, les femelles pesaient en moyenne 60 kilos, et les mâles 54 kilos. De plus, elles sont les chefs de clan dans les activités de chasse et de défense du territoire, et dominent en général les mâles dans les contacts individuels. Cette position dominante n'est pas seulement due à la différence de taille, car les femelles occupent aussi un rang plus important que les plus gros mâles si la différence de taille n'est point trop grande.

Bien que l'idée que se fait la hyène du rôle tenu habituelle-

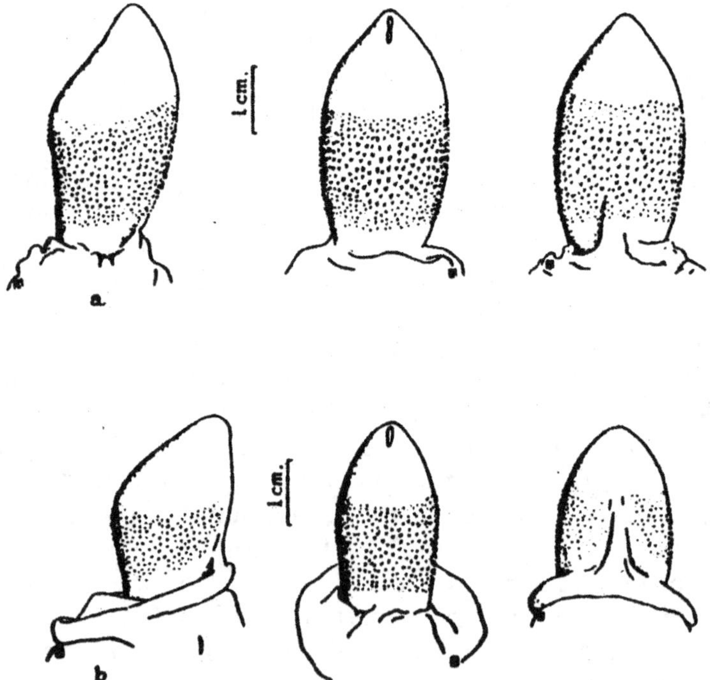

*Similitude des organes génitaux mâle et femelle chez la hyène tachetée. Rangée du haut : vues du pénis du mâle. Rangée du bas : vues, sous le même angle, du clitoris de la femelle. PLANCHE DE HARRISSON MATTHEWS, 1939.*

ment par le mâle chez les hermaphrodites soit sans doute liée à la façon dont ont évolué chez elle les structures sexuelles qui imitent les organes mâles, le lien entre ces phénomènes ne saute pas immédiatement aux yeux. Il n'a certainement pas grand'chose à voir avec l'acte sexuel proprement dit, car le « pénis » femelle est un obstacle à la copulation tant que son ouverture ne s'est pas agrandie et que sa forme ne s'est pas différenciée de celle du mâle.

Kruuk laisse entendre que l'apparition de cette imitation appuyée est liée à un comportement courant chez la hyène : le « rituel de rencontre ». Les hyènes vivent en clans qui défendent leur territoire et elles chassent en groupe. Mais les individus passent aussi une grande partie de leur temps à errer, en quête de

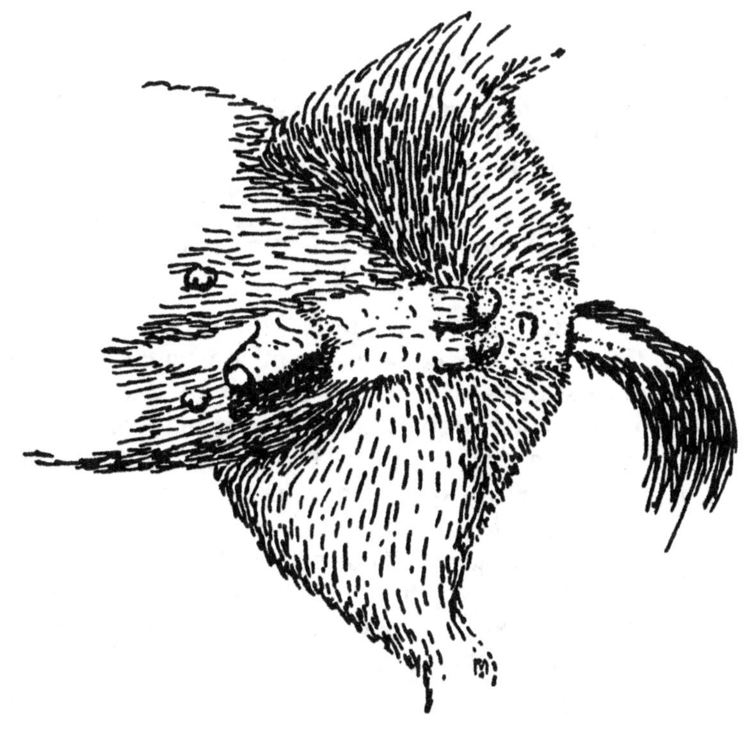

*Organes génitaux de la hyène tachetée femelle, montrant le clitoris péniforme et le faux scrotum. PLANCHE DE HARRISON MATTHEWS, 1939.*

charogne. Pour conserver la cohésion du clan et maintenir les étrangers à l'écart, les hyènes doivent élaborer un mécanisme qui leur permette de se reconnaître entre elles et de faire rentrer les chasseurs solitaires dans le clan auquel ils appartiennent.

Quand deux hyènes du même clan se rencontrent, elles se placent côte à côte, en sens opposé. Chacune lève la patte arrière intérieure, l'individu subordonné le premier, exposant un pénis ou un clitoris en érection, soit une des parties les plus vulnérables du corps aux dents de son partenaire. Puis elles se flairent et se lèchent réciproquement les organes génitaux pendant dix à quinze secondes, essentiellement la base du pénis ou du clitoris et l'avant du scrotum ou du faux scrotum.

Kruuk pense que le clitoris et le faux scrotum de la femelle ont évolué pour constituer une structure bien visible qui sert de point de reconnaissance dans le rituel de rencontre. Il écrit :

> Il est impossible d'imaginer une raison d'être de ce trait particulier de la femelle autre que le rituel de rencontre... Il se peut aussi qu'un individu doté d'une structure familière, mais relativement compliquée et visible, qui aura été flairée, ait alors un avantage sur les autres ; la structure rendrait souvent plus facile le rétablissement des liens sociaux en réunissant les partenaires pendant une longue phase de rencontre. Là pourrait résider l'avantage sélectif responsable de l'évolution de la structure génitale des femelles et des petits.

Spéculer sur la signification de l'adaptation est une vieille manie des biologistes de l'évolution, et indiscutablement une des plus divertissantes. Mais la question : « A quoi ça sert ? » détourne souvent l'attention d'un problème plus prosaïque mais souvent plus éclairant : « Comment est-ce fabriqué ? » En ce cas précis, il y a beau temps qu'on spécule, dans tout ce qui a été écrit sur le sujet, sur la signification de l'adaptation, mais, jusqu'en 1979, personne ne s'était soucié de s'aventurer sur la voie pourtant évidente des hypothèses relatives à la construction anatomique, à savoir : quelles hormones sexuelles sont produites, et en quelle quantité, par les hyènes femelles, depuis la conception jusqu'à la maturité ? (Voir Racey et Skinner, 1979, dans la bibliographie.)

Pour résumer, disons que Racey et Skinner ont découvert que

deux androgènes (les hormones produisant des mâles) présentaient de plus fortes concentrations dans les testicules que dans les ovaires des hyènes tachetées adultes (ce dont on ne saurait s'étonner). Pourtant, après avoir effectué des recherches sur les taux de ces mêmes hormones dans le plasma sanguin, ils n'ont décelé *aucune* différence entre mâles et femelles. Une femelle avait deux fœtus jumeaux mâles, et tous deux présentaient à peu près les mêmes taux de testostérone que les femelles adultes. Racey et Skinner concluent donc que « des taux élevés d'androgène fœtal sont responsables de l'apparence du faciès sexuel mâle de la femelle adulte chez la hyène tachetée ».

Racey et Skinner fondaient leur hypothèse sur l'étude de la hyène brune et de la hyène rayée, les deux autres espèces de la famille des Hyénidés. Aucune de ces deux espèces ne présente de clitoris péniforme ni de faux scrotum. Chez l'une comme chez l'autre, les taux d'androgènes dans le plasma sont beaucoup moins élevés chez les femelles que chez les mâles. (A propos, Aristote défendit les hyènes accusées d'hermaphrodisme en décrivant correctement les organes génitaux de ces deux autres espèces — ce qui était plus ou moins une façon d'esquiver le problème de la hyène tachetée, source de la légende ; mais, quoi qu'il en soit, « le maître de ceux qui savent » avait raison.)

Mais pourquoi des taux élevés d'hormones androgènes conduisent-ils à de faux pénis et à de faux scrotums ? Les animaux chez qui ceux-ci apparaissent restent, tout compte fait, des femelles sur le plan génétique. Comment des femelles réussissent-elles à produire des imitations de structures mâles, même dans un milieu à forte concentration d'hormones androgènes ? Un simple regard sur les fondements évolutifs de l'anatomie sexuelle résout le dilemme.

L'embryologie des organes sexuels suit un schéma identique chez les mammifères, ce qui nous permet de prendre les humains comme exemple. L'embryon primitif est sexuellement neutre, et il contient toutes les ébauches et structures nécessaires au développement des organes mâles et des organes femelles. Après la huitième semaine environ suivant la conception, les gonades commencent à se différencier sous la forme d'ovaires ou de testicules. Les testicules en formation secrètent les androgènes, qui sont à leur tour responsables de la formation des organes génitaux mâles. Si les androgènes sont absents, ou si leur taux est peu élevé, ce sont des organes génitaux femelles qui se forment.

Les organes génitaux internes et externes se développent différemment. Pour ce qui est des organes internes, l'embryon primitif contient des précurseurs des deux sexes : les canaux de Müller (qui forment les tubes de Fallope et les ovaires des femelles) et les canaux de Wolff (qui forment le canal déférent — le conduit par lequel le sperme passe des testicules au pénis — chez les mâles). Chez les femelles, les canaux de Wolff dégénèrent, tandis que les canaux de Müller se différencient ; le développement des mâles suit un cours inverse.

Le schéma de développement des organes génitaux externes est très différent. Au départ, les individus ne possèdent pas deux ensembles distincts d'ébauches génitales. Le pénis du mâle est le même organe que le clitoris de la femelle — tous deux se forment à partir des mêmes tissus, sont impossibles à distinguer l'un de l'autre dans l'embryon primitif et ne suivent qu'ensuite des voies différentes. Le scrotum du mâle est le même organe que les grandes lèvres de la femelle. Simplement, les deux lèvres s'allongent, se replient et se soudent le long de la ligne médiane pour former les bourses.

Le développement de la femelle est, en un sens, biologiquement intrinsèque chez tous les mammifères. C'est le schéma général qui se dessine en l'absence d'influence hormonale. Le développement du mâle est une modification due à la secrétion d'androgènes par les testicules en formation.

Le mystère de l'imitation des organes mâles chez la hyène femelle peut être en grande partie résolu si l'on admet ces faits fondamentaux de l'anatomie du développement. Nous savons, d'après les travaux de Racey et de Skinner, que la hyène femelle présente un taux élevé d'hormones androgènes. Nous pouvons donc conclure que les particularités frappantes et complexes de l'anatomie sexuelle de la hyène tachetée femelle sont simplement — et presque automatiquement — produits par un effet unique et sous-jacent : la secrétion de quantités inhabituellement importantes d'androgènes par les femelles.

Le caractère automatique des clitoris péniformes et des faux scrotums chez les mammifères femelles dotées de taux élevés d'androgènes est illustré par certains schémas de développement humain inhabituels. Les glandes surrénales sécrètent aussi des androgènes, en général en petites quantités. Chez quelques femelles génétiques, les surrénales sont anormalement développées et produisent des taux élevés d'androgènes. Les bébés filles naissent avec un pénis et un faux scrotum. Il y a quelques années, on commercialisa un médicament destiné à prévenir les avortements spontanés. Un de ses effets secondaires regrettables était qu'il reproduisait l'action d'androgènes naturels ; les bébés de sexe féminin naquirent avec un clitoris très développé et des bourses vides formées par les lèvres soudées.

Je crois que ces faits d'anatomie du développement doivent conduire à une révision de l'interprétation donnée habituellement de l'imitation du mâle par la hyène tachetée femelle. Les biologistes de l'évolution ont trop souvent cédé à une mode séduisante qui tendait à remettre en question le phénomène de l'adaptation. Nous estimons trop souvent que chaque structure est conçue en vue d'un but précis, et nous bâtissons de ce fait (en imagination) un monde parfait, pas tellement différent de celui que concoctèrent au XVIII$^e$ siècle les théologiens de la nature, qui « prouvaient » l'existence de Dieu par la parfaite architecture des organismes. Les adaptationnistes acceptaient à la rigueur l'existence d'un soupçon de souplesse lorsqu'il s'agissait de structures minuscules et apparemment sans conséquences, mais rien de gros, de complexe ni de visiblement utile ne devait être directement élaboré par la sélection naturelle. A en croire tout ce qui fut écrit sur la hyène tachetée, les organes sexuels de la femelle s'étaient directement développés afin de remplir une fonction précise — voir les spéculations de Kruuk sur les avantages présentés, du point de vue de l'adaptation, par des organes génitaux externes bien apparents, qui permettaient l'identification dans le rituel de rencontre.

Mais on peut envisager un autre scénario, beaucoup plus vraisemblable à mon sens. Je ne doute pas que la particularité fondamentale de l'organisation sociale chez les hyènes — grosseur et prédominance des femelles — soit une adaptation à quoi que ce soit. Le moyen le plus aisé de parvenir à une telle adaptation serait une augmentation marquée de la production d'hormones androgènes par les femelles (elles existent en petites quantités chez tous les mammifères femelles). Des taux élevés d'androgènes entraîneraient des effets secondaires complexes qui seraient des conséquences automatiques — parmi ceux-ci, un clitoris péniforme et un faux scrotum (il nous est malgré tout difficile de qualifier d'adaptation les caractéristiques analogues que présenteraient des bébés humains filles anormaux). Une fois que ces effets sont là, ils peuvent acquérir, en évoluant, une utilité — comme pour le rituel de rencontre. Mais leur utilité actuelle ne doit pas sous-entendre qu'ils ont été directement mis en place par la sélection naturelle dans le but qu'ils remplissent à présent. (D'accord, je sais qu'on peut inverser mon scénario : des organes génitaux femelles apparents sont nécessaires au rituel de rencontre et ils sont produits par des taux élevés d'androgènes, ce qui entraîne la taille plus importante et la prédominance de la femelle. Je soulignerai cependant que, compte tenu de notre tendance à voir partout une adaptation directe, ledit scénario ne retiendrait même pas l'attention. Il ne figure d'ailleurs pas dans les ouvrages importants consacrés à la hyène tachetée.)

Nous n'habitons pas un monde cruel où la sélection naturelle examinerait impitoyablement toutes les structures organiques et les modèlerait ensuite en vue de leur utilité optimale. Les organismes ont une forme physique et un type de développement embryonnaire acquis, qui restreignent tout changement et adaptation futurs. Dans de nombreux cas, les chemins de l'évolution reflètent des schémas acquis davantage que les exigences du milieu dans lequel ils apparaissent. Ces acquisitions créent des limites, mais elles sont également source de possibles. Un changement génétique virtuellement mineur — l'élévation du taux d'androgènes, dans le cas présent — s'accompagne d'une foule de conséquences complexes et non adaptatives. La souplesse essentielle de l'évolution peut naître de sous-produits non adaptatifs qui permettent occasionnellement aux organismes de se développer dans des directions nouvelles et imprévisibles. Quelle latitude aurait l'évolution si chaque structure était construite en vue d'un objectif limité et ne pouvait servir à rien d'autre ? Comment nous, humains, apprendrions-nous à lire si notre cerveau avait évolué pour la chasse, pour la cohésion sociale ou pour n'importe quoi du même genre, sans pouvoir transcender les limites adaptatives de sa destination originelle ?

Dans le deuxième épisode de sa série *Cosmos,* Carl Sagan nous parlait d'un crabe japonais qui porte sur le dos l'effigie d'un samouraï. Les humains, disait-il, ont élaboré cette image à leur ressemblance, car les pêcheurs locaux rejettent à l'eau depuis des siècles les crabes qui présentent des traits humains les plus ressemblants, imposant ainsi une forte pression sélective en faveur de ceux qui portent l'image du samouraï (les autres crabes sont mangés). Cet exemple lui servait d'introduction à un panégyrique enthousiaste du pouvoir envahissant de la sélection naturelle.

Je ne crois guère à cette histoire de crabes et je soupçonne l'explication classique d'être correcte — il s'agit d'une ressemblance accidentelle et, au mieux, seulement légèrement renforcée par l'intervention humaine. Mais même si Sagan avait raison, je crois qu'il avait mal choisi l'objet de son admiration (ou a, en tout cas, oublié d'accorder un temps égal à un autre aspect remarquable du même cas). Ce qui me frappe, c'est que le crabe soit capable de faire une chose si peu dans sa nature — de la même façon que je suis bien plus impressionné par le fait qu'un système de développement acquis puisse produire (et avec une telle facilité) des changements aussi accentués dans l'anatomie sexuelle de la hyène femelle, que par je ne sais quelle éventuelle signification adaptative du changement.

La capacité qu'ont les crabes de présenter un visage sur leur dos ne découle pas de la valeur sélective qu'aurait ce visage : les crabes utilisent en effet trop rarement cette faculté latente. Je dirais plutôt que cette capacité reflète plusieurs réalités plus profondes de la biologie du crabe : la symétrie bilatérale de la carapace (qui correspond par analogie à la symétrie bilatérale du visage humain) et le fait que beaucoup de crabes sont agrémentés de plis le long de la ligne médiane (là où un nez pourrait se former) et qui lui sont perpendiculaires (là où pourraient apparaître des « yeux » et une « bouche »).

La production accidentelle d'un visage humain représente un exemple étonnant de souplesse évolutive due aux conséquences d'une configuration acquise. La matière organique n'est pas une pâte molle, et la sélection naturelle n'est pas toute-puissante. Chaque modèle organique porte en lui des possibilités d'évolution, mais les voies de son changement potentiel sont limitées. Les pêcheurs pourraient rejeter à l'eau des étoiles de mer avec leur symétrie quintuple, ou des escargots avec leur architecture spiralée, des millions d'années durant, sans que jamais le visage d'un samouraï ne s'inscrive sur leurs parties rigides.

Peter Medawar disait de la science qu'elle est l'« art du soluble ». On pourrait dire de l'évolution qu'elle est l'« art de transformer le possible ».

# 12.

## Des royaumes où la roue est inconnue

La mère de Sisera songeait avec émotion au butin que son fils lui rapporterait peut-être — « une broderie, deux broderies pour mon cou » — après avoir rencontré les armées d'Israël conduites par Débora et par Baraq (*Juges,* chap. 4 et 5). Ne le voyant pas, elle commença à s'inquiéter : « Pourquoi son char tarde-t-il à venir ? » demandait-elle avec angoisse. Angoisse justifiée, car Sisera ne reviendrait jamais. Les armées de Canaan s'étaient mises en marche, tandis que Yaël enfonçait un clou (un piquet selon la version moderne) dans la tempe de Sisera — arrivant ainsi en seconde position derrière Judith au panthéon des héroïnes juives célèbres par l'atrocité de la mort infligée à l'ennemi.

Les généraux des armées d'Israël se déplaçaient sur des chars. Mais deux mille ans plus tard, vers le VIe siècle après J.-C. la question de la mère de Sisera n'aurait plus été de mise, car la roue avait pratiquement disparu comme moyen de transport, du Maroc jusqu'en Afghanistan. Elle était remplacée par le chameau (Richard W. Bulliet, *The Camel and the Wheel, 1975*).

Bulliet attribue à plusieurs causes ce changement peu perspicace. Les routes romaines avaient commencé à se détériorer alors que les chameaux pouvaient s'en passer. La fabrication de harnais et de chariots connut un brusque déclin. Mais, plus important, les chameaux (en tant qu'animaux de bât) rendaient plus de services que des chariots mûs par des animaux de trait (même des chameaux). Dans la longue liste des qualités conférant l'avantage aux chameaux sur la roue en matière de transport, Bulliet cite leur longévité, leur endurance, leur capacité de passer un gué et de traverser des étendues rocailleuses, et l'économie de main-d'œuvre qu'ils représentent (avec un chariot, il faut un homme pour deux animaux, mais un seul suffit pour s'occuper de trois à six chameaux de bât).

Notre première réaction, en lisant Bulliet, est d'étonnement ; la roue est en effet devenue, dans notre culture, le symbole obligatoire de l'usage rationnel et du progrès technologique. Une fois inventée, sa supériorité ne peut être niée ou supplantée. « Réinventer la roue » est bel et bien devenu la métaphore-type pour tourner en ridicule la répétition de vérités aussi évidentes. En des temps plus anciens où triomphait le darwinisme social, la roue représentait une étape inéluctable du progrès humain. Les cultures « inférieures » d'Afrique couraient à la défaite, tandis que leurs conquérants roulaient vers la victoire. Les cultures « avancées » du Mexique et du Pérou auraient pu repousser Cortez et Pizarro pour peu qu'un artisan un peu malin eût eu l'idée d'utiliser une pierre-calendrier comme roue de chariot. L'idée que le chariot pût un jour être remplacé par l'animal de bât ne nous semble pas seulement aller à contre-courant de l'histoire : elle est sacrilège.

Le succès du chameau met une fois de plus en relief un des thèmes fondamentaux de ces essais. L'adaptation, qu'elle soit biologique ou culturelle, équivaut à une meilleure insertion dans un milieu spécifique, local, et non à une étape inéluctable du progrès. La roue fut une formidable invention, et elle se prêtait à des usages multiples (les potiers et les meuniers lui furent toujours fidèles, même lorsque la charrette fut supplantée). Mais, en certaines circonstances, le chameau accomplira un travail plus satisfaisant. La roue, comme l'aile, la nageoire ou le cerveau, est un mécanisme subtil conçu dans un but précis ; elle n'est pas la marque d'une supériorité intrinsèque.

Le chameau hautain serait déjà ainsi fort embarrassant par un Ezéchiel moderne, mais cet essai peut sembler (à tort) vouloir porter un autre coup à la réputation de la roue. Je souhaite en effet poser une autre question, qui paraît réduire encore l'importance de la roue. La technologie humaine est née, pour une grande part, de l'imitation de modèles satisfaisants d'organismes. Si l'art copie la nature et si la roue est une invention tellement réussie, on peut se demander pourquoi les animaux marchent, volent, nagent, sautent, ondulent et rampent, mais ne roulent jamais (en tout cas, pas sur des roues) ? Il est assez regrettable que la roue, en tant qu'objet créé par l'homme, ne soit pas toujours supérieure aux réalisations de la nature. Pourquoi la nature, si variée dans ses voies, a-t-elle ignoré la roue ? Celle-ci ne serait-elle, tout compte fait, qu'une façon d'aller de l'avant peu satisfaisante ou rarement efficace ?

Dans le cas qui nous occupe, toutefois, la limite du système réside dans l'animal même, non dans l'efficacité de la roue. L'évolution, telle qu'elle est présentée dans de nombreux textes de vulgarisation, attribue à la sélection naturelle le rôle d'un principe de perfection qui opère avec tant de précision et agit avec une telle liberté que les animaux finissent par incarner un ensemble de schémas directeurs d'où émerge finalement la forme optimale (voir essai nº 11). Au lieu de remplacer l'ancienne « preuve par la conception » — l'idée que l'existence de Dieu peut être prouvée par l'harmonie de la nature et l'architecture intelligente des organismes —, la sélection naturelle se glisse dans le vieux rôle divin de principe de perfection.

Mais la preuve que les organismes ont été construits par l'évolution et non par le diktat d'un agent rationnel réside dans les imperfections qui témoignent d'une *histoire* évolutionniste et récusent la possibilité d'une création à partir de rien. Si les animaux ne peuvent mettre en place qu'un nombre réduit de formes favorables, c'est parce que des configurations structurelles acquises les en empêchent. La roue, en tant que mode de locomotion, n'a rien d'imparfait ; je suis certain que beaucoup d'animaux se trouveraient fort bien de l'avoir. (La seule créature assez maligne pour en construire est allée loin avec son invention, malgré la supériorité conjoncturelle du chameau.) Mais les animaux sont incapables de construire des roues avec les éléments que leur fournit la nature.

Du fait de son principe structurel de base, une vraie roue doit tourner librement, sans être physiquement soudée à l'objet solide qu'elle fait avancer. Si la roue et l'objet sont physiquement liés, la roue ne pourra tourner longtemps librement et elle devra effectuer un mouvement inverse, sinon les éléments qui l'unissent à l'objet en question casseront du fait de la tension accumulée. Mais les animaux doivent conserver des liaisons physiques entre les divers éléments qui les composent. Si les extrémités de nos jambes étaient des axes et nos pieds des roues, comment le sang, les agents nutritifs et les impulsions nerveuses réussiraient-ils à résoudre cette discontinuité pour aller nourrir et diriger les éléments mobiles de nos patins à roulettes naturels ? Les os de notre bras ne sont pas unis, mais nous avons obligatoirement besoin des muscles, des vaisseaux sanguins et de la peau qui les enveloppent — et encore ne pouvons-nous faire accomplir à notre bras une rotation complète autour de l'épaule.

Le principe qui l'emporte sur tous les autres serait peut-être l'équivalent que nous fournit la nature de l'axiome selon lequel, pour toute régularité chèrement acquise et rassurante, nous pouvons trouver une exception. N'en doutons pas : il existe quelque part une créature quelconque dotée de la roue. En fait, en ce moment précis, des milliers de roues sont à l'œuvre dans vos propres entrailles.

L'*Escherichia coli,* le bacille qui peuple l'intestin humain, mesure quelque deux micromètres de long (le micromètre est égal à un millième de millimètre). Mû par de longs filaments en forme de mèches de fouet appelés flagellums ou flagelles, l'*E. coli* peut parcourir environ dix fois sa longueur en une seconde. Peut-être estimera-t-on qu'il est facile, pour une créature sur laquelle la force de gravitation n'a apparemment aucun effet, de se déplacer dans un fluide porteur qui n'offre aucune résistance. Mais gardons-nous d'extrapoler lorsqu'il s'agit du monde des bactéries. La viscosité perçue d'un fluide dépend des dimensions de l'organisme qui la perçoit. Que la créature s'amenuise, et l'eau se change vite en mélasse. Howard C. Berg, le biologiste du Colorado qui a étudié le fonctionnement du flagelle, compare une bactérie se déplaçant dans l'eau à un homme s'essayant à la brasse dans du goudron. Une bactérie ne peut se déplacer en roue libre. Si son flagelle cesse de se mouvoir, elle cale net sur une distance qui équivaut environ à un millionième de sa longueur totale. Les flagelles fonctionnent remarquablement bien dans un contexte très éprouvant.

Après avoir réglé son microscope de façon à pouvoir suivre les évolutions individuelles des bactéries, Berg observa qu'une *E. coli* se déplace de deux manières. Elle peut « effectuer une longueur », c'est-à-dire nager selon un rythme régulier en suivant un itinéraire rectiligne ou légèrement incurvé. Puis elle s'arrête net et se tortille — elle « frétille », pour reprendre le terme utilisé par Berg. Après ce frétillement, elle repart dans une autre direction. Les frétillements durent environ un dixième de seconde et se produisent en moyenne une fois par seconde. La fréquence des frétillements et la direction des redéparts semblent parfaitement aléatoires, sauf s'il existe un agent chimique attractif en forte concentration quelque part dans le milieu. La bactérie remontera alors vers l'agent attractif en diminuant la probabilité de ses frétillements quand un parcours aléatoire la fera aller dans la bonne direction. Quand un parcours aléatoire la fait aller dans la mauvaise direction, la fréquence du frétillement reste à son niveau normal, soit plus élevé. Autrement dit, la bactérie dérive en direction de l'agent attractif en augmentant la longueur de ses parcours dans la direction souhaitée.

Le flagelle de la bactérie comporte trois parties : un long filament hélicoïdal, un segment court (appelé hameçon) reliant le filament à la base flagellaire, et une structure de base enchâssée dans la paroi de la cellule. Les biologistes n'ont pas toujours été d'accord sur la manière dont les bactéries se déplacent depuis que Leeuwenhoek les observa pour la première fois en 1676. D'après la plupart des descriptions, le flagelle est fixé de façon rigide à la paroi cellulaire et il propulse la bactérie par un mouvement effectué d'avant en arrière. Comme ce modèle rendait difficilement compte de la transition rapide entre les périodes de parcours et les frétillements, certains biologistes émirent l'idée que le flagelle se contentait peut-être de suivre passivement le mouvement et qu'un autre mécanisme (inconnu) était responsable du déplacement de la bactérie.

Les travaux de Berg révélèrent quelque chose d'étonnant, un point auquel la théorie avait déjà vaguement fait allusion, mais qui n'avait jamais été prouvé de manière satisfaisante : le flagelle opère comme une roue. Il a un mouvement rotatif rigide, semblable à celui d'une hélice, actionné par un « moteur » rotatif situé dans sa base qui est elle-même prise dans la paroi cellulaire. En outre, le moteur a un mouvement réversible. L'*E. coli* effectue un parcours en faisant tourner le flagelle dans un sens ; elle frétille en pilant net et en faisant tourner le flagelle dans l'autre sens !

Berg observa la rotation et put effectuer le rapprochement entre le sens de cette rotation et les parcours et frétillements en suivant les bactéries qui se déplaçaient librement dans sa machine ; mais S.H. Larsen et son équipe, qui travaillaient dans le laboratoire de Julius Adler à l'université du Wisconsin, procédèrent à des observations encore plus étonnantes. Ils isolèrent deux souches mutantes d'*E. coli* — une qui effectue des parcours en continu et ne frétille jamais, et une autre qui passe son temps à frétiller. Ils « attachèrent » ces bactéries mutantes à des plaques de verre en utilisant des anticorps qui se fixent à l'hameçon ou au filament du flagelle et aussi, par bonheur, au verre. Voilà donc nos bactéries adhérant à la plaque par leur flagelle. Larsen observa que les bactéries ainsi fixées tournent continuellement autour du flagelle immobilisé. Les mutants adeptes du parcours en continu tournent dans le sens inverse des aiguilles d'une montre (pour l'observateur extérieur), tandis que les mutants frétillants tournent dans le sens des aiguilles d'une montre. La roue flagellaire est un moteur réversible.

Le fondement biochimique de la rotation n'a pas encore été élucidé, mais sa morphologie ne présente plus de secrets. L'explication proposée par Berg est la suivante : l'extrémité inférieure du flagelle se projette vers l'extérieur de façon à former un mince anneau tournant librement dans la membrane cytoplasmique de la paroi cellulaire. Juste au-dessus, un autre anneau entoure la base du flagelle sans y être attaché. Ce second anneau est fixé de façon rigide à la paroi cellulaire. L'anneau inférieur (et tout le flagelle) tourne librement, et il est maintenu en place par l'anneau supérieur qui l'entoure ainsi que par la paroi cellulaire proprement dite.

Il est, dans la nature, des exceptions décourageantes — de

petites réalités moches et déplaisantes qui gâtent les grandes théories, comme disait Huxley. D'autres sont éclairantes et servent seulement à renforcer une régularité en précisant son champ et ses raisons d'être. Ce sont là les exceptions qui confirment (ou taquinent) la règle — et la roue flagellaire tombe dans cette heureuse catégorie.

Est-ce accidentel si la roue n'apparaît que chez les plus petites créatures de la nature ? Une roue organique exige que deux parties soient juxtaposées sans être physiquement attachées. J'ai déjà expliqué que cela ne peut exister chez les créatures qui nous sont familières, parce que la connexion entre les parties est un trait qui fait partie intégrante des systèmes vivants. Les substances et les impulsions doivent pouvoir aller d'un segment à l'autre. Toutefois, chez les organismes les plus petits — et chez eux seuls —, les substances peuvent aller d'une partie indépendante à une autre partie indépendante en traversant des membranes. C'est ainsi que les cellules indépendantes, dont toutes les nôtres bien sûr, contiennent des organites présents dans le cytoplasme et qui communiquent avec les autres parties de la cellule, non au moyen d'une liaison physique, mais par le passage des molécules au travers des membranes qui les relient. Ces structures peuvent en principe être conçues de façon à tourner comme des roues.

Le principe qui limite ce type de communication dépourvue de liaison physique à des organismes infiniment petits (ou à des parties également très petites d'organismes plus grands) incarne un thème qui est souvent revenu dans mes essais (voir certaines études de *Darwin et les grandes énigmes de la vie* et du *Pouce du panda*) : la corrélation entre la taille et la forme que permet la modification des rapports entre surfaces et volumes. Du fait que les surfaces (longueur $^2$) augmentent tellement moins vite que les volumes (longueur $^3$), à mesure qu'un objet croît, tout processus réglé par des surfaces mais essentiel aux volumes perd obligatoirement de son efficacité, sauf si l'objet en expansion modifie sa forme pour accroître sa surface. La limite externe est l'existence d'une surface suffisante qui permettra aux organites d'une cellule indépendante, avec leurs minuscules volumes, de communiquer entre eux. Mais la surface d'une roue aussi large qu'un pied humain ne pourrait jamais approvisionner en matière organique l'intérieur de la roue elle-même.

Les organismes de grande dimension doivent mettre progressivement en place des canaux — des liaisons physiques — par lesquels ils achemineront les agents nutritifs et l'oxygène qui ne peuvent plus passer au travers des surfaces externes.

La roue est un mécanisme satisfaisant que les animaux sont néanmoins incapables d'élaborer en raison de contraintes structurelles acquises au fil de l'évolution. L'adaptation ne suit pas les plans d'un parfait ingénieur. Elle doit faire avec ce qu'elle a. Pourtant, lorsque je passe en revue les animaux dans toute leur stupéfiante variété — même dépourvue de roues —, je ne peux que m'émerveiller de la diversité et des formes heureuses qu'ont produites un petit nombre de configurations organiques de base fortement limitées. Forcés que nous sommes de faire aller, nous nous débrouillons plutôt bien.

*Post-scriptum*

J'ignore combien d'artistes et d'écrivains de fiction ont ainsi compensé les limites imposées par la nature, jusqu'à ce que des lecteurs s'en soient venus leur apporter leurs histoires préférées. Pour ne citer qu'un exemple dans chaque catégorie, G.W. Chandler m'a raconté qu'un des romans de la série *Oz* mettait en scène des rouleaux dotés de quatre pattes, les *wheelers*. Ils étaient en réalité construits exactement comme j'ai dit qu'aucun animal ne pouvait l'être — avec des roues pour pieds, l'extrémité des jambes servant d'axe. D. Roper m'envoya une gravure du *curl-up* de M.C. Escher, une lithographie représentant des centaines de créatures étranges qui se promènent dans en paysage typique de cet artiste, rempli d'impossibles escaliers. Ils escaladent ces escaliers en traînant leur corps fractionné sur trois paires de jambes humanoïdes. Lorsqu'ils atteignent une surface plane, ils s'enroulent et roulent. Ce sont là, naturellement, des roues « monobloc » (comme ces touffes d'herbes folles emportées par le vent) et non l'impossible combinaison d'une roue et de son axe. Mais Escher les a créées justement pour compenser les limites imposées par la nature car, écrit-il, cette lithographie lui fut inspirée par « l'insatisfaction que lui causait l'absence de créatures vivantes ayant la forme de roue dans la nature... Le petit animal présenté ici... est donc une tentative destinée à combler un manque ressenti depuis longtemps ».

Mais, comme toujours, la nature triomphe. Robert LaPorta et Joseph Frankel m'ont écrit l'un et l'autre pour me dire que j'étais passé à côté d'une autre roue réelle de la nature. Ils me renvoyaient aux travaux de Sidney Tamm que, je l'avoue à ma grande honte, j'ignorais au moment où j'ai écrit cet article. Sidney Tamm a découvert des roues chez les créatures unicellulaires qui vivent dans l'intestin des termites. Elles tombent donc (ouf !) dans la catégorie des exceptions acceptables de petites dimensions.

Le corps de ce protiste comporte un axostyle (sorte d'axe faisant la longueur de son corps) qui tourne en permanence dans le même sens. Les organites de l'extrémité antérieure (dont le noyau) sont fixés à l'axostyle et tournent avec lui — « exactement comme lorsqu'on fait tourner une sucette par le bâton », note Tamm. Mais — et nous en venons à un phénomène plus étrange qui nous rappelle la roue — toute l'extrémité antérieure, y compris la surface de la cellule, roule avec l'axostyle qui dépend du reste du corps.

Pour montrer ce mouvement particulier, Tamm recourait à une expérience ingénieuse. Il fixait de petites bactéries sur toute la surface externe ; celles qui étaient fixées devant tournaient en permanence par rapport à celles qui adhéraient à l'arrière. Mais aucune bactérie ne se fixait sur une étroite bande intermédiaire, laquelle devait donc représenter une zone de coupure. Tamm étudia alors au microscope électronique et par congélation la structure de la membrane cellulaire et constata qu'elle était continue sur toute la longueur de cette zone. Sa conclusion est que toute la surface doit être fluide et que des zones de coupure pourraient, en théorie, se former en n'importe quel point. L'étrange créature ! « Loué soit l'univers insondable, écrivait Whitman, pour la vie et pour la joie, pour les choses et pour la curiosité du savoir. »

# 13.

## Qu'advient-il des organismes quand les gènes se mêlent d'égotisme ?

Chez les scientifiques, une prose inhabituellement bonne est en général plus dépouillée que fleurie. Pour ne citer que mon exemple favori : il fallut moins d'une page à James D. Watson et à Francis Crick pour énoncer en 1953 la structure de l'ADN. Ceux-ci commençaient par une déclaration d'une sobriété exemplaire : « Nous souhaitons proposer une structure pour le sel de l'acide désoxyribonucléique (ADN). Cette structure possède des traits originaux qui présentent un intérêt biologique considérable. » Et ils terminaient en rappelant qu'ils n'avaient pas négligé un point important, mais qu'ils avaient préféré en reporter la discussion à plus tard : « Il n'a pas échappé à notre attention que les paires spécifiques dont nous avons posé l'hypothèse laissent immédiatement supposer qu'il existe peut-être un mécanisme de reproduction du matériel génétique » (c'est-à-dire que les deux chaînes de la double hélice se dissocieraient et que chacune servirait ensuite de patron pour reconstituer l'autre).

Francis Crick, aujourd'hui professeur au Salk Institute, dans le sud de la Californie, a continué à lancer des hypothèses très discutées et provocantes (et qui se sont souvent révélées exactes). A la fin 1981, il a publié un livre, *Life Itself,* où il exposait la théorie d'une « panspermie dirigée » selon laquelle la vie est apparue sur la Terre sous la forme de micro-organismes distri-

bués par des êtres intelligents qui préféraient ne pas faire eux-
mêmes le long voyage. (Je vous parie à cinq contre un que ce
coup-ci, il se trompe — mais à cinq contre un seulement ; il a eu
trop souvent raison.)

Crick n'a pas non plus perdu la main pour les phrases bien
tournées. Dans la présentation de sa dernière hypothèse contro-
versée, qu'il publiait dans la revue *Nature* (17 avril 1980) en
collaboration avec Leslie Orgel, un de ses collègues de l'Institut,
le nom duquel apparaît d'ailleurs en premier, il reprenait la
dernière phrase de sa communication de 1953 publiée avec
Watson. « Les faits principaux sont à première vue si étranges,
concluent Orgel et Crick, que seule une théorie sortant un peu de
l'ordinaire a une chance de les expliquer. » Les faits sont d'ailleurs si intéressants, et les spéculations à leur sujet si intenses,
que le même numéro de *Nature* publiait un article d'accompa-
gnement signé par deux biologistes de l'université Dalhousie,
W. Ford Doolittle et Carmen Sapienza, qui avaient échafaudé
de leur côté la même théorie, mais avec des arguments nettement plus convaincants par bien des aspects. Quels sont
donc ces faits gênants ? Quand, en 1953, un Crick plus jeune
déterminait la structure de l'ADN et quand d'autres, quelques
années plus tard, déchiffrèrent l'énigme du code génétique,
tout parut pendant quelque temps s'ordonner. L'idée qu'on se
faisait des gènes — un rang de perles — semblait justifiée
par le modèle de Watson-Crick. Chacun des trois nucléo-
tides présents dans l'ADN code pour un acide aminé (via un
ARN messager) ; une séquence d'acides aminés donne une
protéine. Peut-être nous suffirait-il de déchiffrer un chromosome pour trouver les gènes en bon ordre, l'un derrière l'autre,
chacun étant prêt à entreprendre l'assemblage de sa partie
essentielle.

Eh bien non. Jamais ? Nous savons aujourd'hui que le matériel génétique des organismes supérieurs est considérablement
plus complexe. Beaucoup de gènes se présentent sous une forme
fragmentée, séparés dans l'ADN par des séquences de nucléoti-
des qui ne sont pas transcrits en ARN. Beaucoup de protéines
sont codées par des séquences partielles sur deux chromosomes
ou plus. Quel agent régule leur assemblage ? (La globine

humaine, la protéine qui entre dans la composition de l'hémo-
globine, comporte des chaînes alpha et bêta, et les gènes destinés
à chaque chaîne sont sur des chromosomes séparés.)

Plus gênante (et plus passionnante) encore est une découverte
faite il y a plus d'une dizaine d'années mais qui n'a jamais cessé
depuis de prendre de l'importance : seul un petit pourcentage
d'ADN code pour les protéines dans les organismes supérieurs
— et ce sont les seuls fragments d'ADN dont nous percevons
vraiment la fonction pour le moment. Chez l'homme, un peu
plus d'un pour cent mais moins de deux pour cent — d'ADN
code pour les protéines. Une grande partie du reste renferme des
séquences qui sont répétées indéfiniment — des centaines ou
des milliers de perles identiques (ou presque identiques) se suc-
cédant parfois, mais parfois aussi largement dispersées sur plusieurs chromosomes. Pourquoi autant de doubles ? A quoi ser-
vent-ils ? L'hypothèse du « gène égoïste » de Doolittle,
Sapienza, Orgel et Crick apporte une réponse insolite à l'énigme
posée par l'existence d'exemplaires répétés d'ADN (mais je
vous tiendrai un peu en haleine en commençant par examiner
les théories classiques).

Les organismes supérieurs contiennent différentes classes
d'ADN répété. L'un d'eux, appelé ADN hautement répété ou
ADN satellite, contient des séquences courtes et simples répétées des centaines de milliers ou de millions de fois ; cinq pour
cent environ de l'ADN humain appartiennent à cette catégorie.
Nous savons infiniment peu de chose sur l'origine ou la fonction
de l'ADN satellite ; ni la théorie de l'ADN égoïste ni ces théories
classiques ne peuvent l'expliquer. L'ADN satellite, c'est,
comme on dit, « une autre histoire », qui attend toujours d'être
élucidée.

Le débat actuel au sujet de l'ADN égoïste et des théories
classiques est axé sur ce qu'on appelle l'ADN intermédiaire ou
moyen-répétitif, soit quinze à trente pour cent du génome
humain et de celui de la drosophile. On compte des dizaines ou
quelques centaines d'exemplaires d'ADN répétitif par
séquence ; ces exemplaires sont souvent largement dispersés sur
plusieurs chromosomes.

Jusqu'ici, je n'ai rien dit de l'ADN d'organismes plus simples — la bactérie procaryote et l'algue bleue, qui n'ont pas de noyau et portent leur ADN dans un seul chromosome. L'ADN d'organismes procaryotes (prénucléés) se « comporte mieux », si l'on prend pour référence les premiers espoirs du modèle de Watson-Crick. Chez la plupart des bactéries, l'ADN n'existe qu'à un seul exemplaire et code pour les protéines ; à peu de chose près, il ressemble au rang de perles classique. Mais même les procaryotes ne sont pas préservés de la répétition. Récemment, la présence de procaryotes de ce qu'on appelle les transposons — des éléments transposables ou, pour reprendre une expression plus imagée, des gènes sauteurs — a soulevé les passions. Ces séquences d'ADN, comme l'indiquent leurs diverses appellations, peuvent se répéter et changer de position en toute autonomie sur le chromosome de la bactérie. On les trouve parfois en aussi grand nombre d'exemplaires que l'ADN moyen-répétitif chez les eucaryotes (des organismes supérieurs possédant un noyau et des paires de chromosomes). Ceci a conduit beaucoup de biologistes à émettre l'hypothèse que chez les organismes supérieurs, une partie au moins de l'ADN moyen-répétitif se développe au moyen d'un mécanisme de transposition identique. (D'après la théorie de l'ADN égoïste, il existerait une correspondance entre les transposons procaryotes et la source d'ADN moyen-répétitif chez les eucaryotes. Certains ADN moyens-répétitifs apparaissent sans doute selon d'autres processus dont l'ADN égoïste ne peut entièrement rendre compte.)

Les hypothèses classiques postulant l'existence d'un ADN moyen-répétitif se situent dans la perspective darwinienne habituelle. L'évolution, c'est la lutte des organismes pour assurer la survie d'un nombre accru de rejetons dans les générations futures. La bataille est livrée au moyen de la sélection naturelle, et celle-ci est un puissant compilateur. Les traits majeurs des organismes — et vingt-cinq pour cent environ du matériel génétique ne peuvent être considérés comme mineurs — doivent exister parce qu'ils avantagent les organismes dans leur lutte pour la survie. Autrement dit, nous devons trouver une fonction pour l'ADN moyen-répétitif en tenant compte des avantages qu'en retirent les organismes qui en sont porteurs.

De temps à autre, le grondement sourd des théories revendiquant un statut non adaptatif et non fonctionnel s'est fait entendre (l'ADN égoïste constituant la première détonation, la plus subtile aussi, en ce sens-là). Mais, comme l'expliquent par le menu Doolittle et Sapienza dans leur communication, les hypothèses rejoignent dans une majorité écrasante l'orthodoxie darwinienne : l'ADN moyen-répétitif ne peut exister dans une proportion aussi importante que s'il avantage directement l'adaptation des organismes. (Dorénavant et par souci d'économie, je parlerai simplement d'« ADN répétitif » chaque fois qu'il sera question d'« ADN moyen-répétitif », et uniquement de lui.)

Les hypothèses traditionnelles faisant intervenir l'adaptation se sont réparties en deux catégories : l'une, je crois, visiblement fausse sur le principe (non reconnu), l'autre indiscutablement correcte en partie (je ne crois pas que tout ADN répétitif soit un ADN égoïste). Selon les théories non acceptables, il existerait ce que j'appelle quant à moi une « signification rétrospective » de l'ADN répétitif — autrement dit, elles justifient son existence en analysant les avantages qu'il peut conférer à de lointaines structures évolutives.

Supposons que tous les gènes à l'œuvre n'aient pu exister qu'à un seul exemplaire qui codait pour une protéine essentielle. Comment, alors, un changement évolutif important pouvait-il se produire un jour ? Qui fournira la protéine essentielle tandis que l'évolution gaspille un temps précieux avec l'unique séquence codificatrice qui la produit ? Mais si un gène peut se répéter, alors un seul exemplaire pourrait continuer à coder pour la protéine essentielle, en laissant toute liberté à l'autre de se modifier. C'est pourquoi on a souvent dit que la principale raison d'être de l'ADN répétitif était son éventuelle capacité d'adaptation à un processus évolutif.

Je ne vois aucune objection à ce que la surabondance puisse fournir la souplesse exigée par l'évolution pour amorcer de grands changements. Susumu Ohno, qui fut le premier à diffuser cette théorie dans le grand public en 1970 dans un livre brillant

*(Evolution by Gene Duplication)*, expliquait que sans la surabondance « d'une bactérie, seules seraient apparues de nombreuses formes de bactéries ». La production de doubles fournit la matière brute des grands changements évolutionnistes : « La création d'un nouveau gène à partir de la copie répétée d'un vieux gène est le rôle le plus important qu'ait joué la reproduction génétique dans l'évolution. »

Mais réfléchissez une minute. L'hypothèse est solide, et elle peut réellement constituer l'effet majeur de la reproduction des gènes pour l'évolution. Pourtant, à moins que nos théories habituelles sur la causalité n'aillent dans la mauvaise direction, cette souplesse n'explique tout simplement pas pourquoi l'ADN répétitif existe. La sélection travaille pour le moment présent. Elle n'a aucune idée de ce qui sera utile dans dix millions d'années chez quelque descendant lointain. Le gène reproduit rendra possible un changement évolutif futur, mais la sélection ne le conservera que s'il est porteur d'un « sens immédiat ». En matière d'évolution, l'utilité future est une considération importante, mais elle ne saurait expliquer pourquoi certains éléments sont conservés à un moment donné. L'utilité future ne peut être que l'*effet fortuit* d'autres raisons directes motivant une préférence immédiate.

(La confusion entre *utilité présente* et *raisons expliquant une origine historique passée* est un piège logique qui, dès le départ, a joué des tours à l'évolution — voir essai 11. Les plumes donnent d'excellents résultats en matière de vol, mais elles sont probablement apparues chez les ancêtres des oiseaux pour une autre raison — sans doute une histoire de thermorégulation —, étant donné que la présence de quelques plumes sur la patte d'un reptile qui court ne le feront pas s'envoler pour autant. Notre cerveau s'est développé pour diverses raisons complexes, mais sûrement pas pour que certains d'entre nous dissertent sur ce point. Le lecteur intéressé souhaitera peut-être consulter un article technique qu'Elizabeth Vrba et moi-même avons écrit à ce sujet — voir la bibliographie. Nous aimerions réserver le mot *adaptation* aux seules structures qui se sont développées pour leur utilité présente ; celles, moins chanceuses, qui sont apparues pour d'autres raisons ou pour aucune raison classique, et qui se sont, de ce fait, trouvées par hasard disponibles pour d'autres usages, nous les appelons « exaptations ». Les gènes nouveaux et importants qui ont évolué à partir de la copie répétée d'un gène ancestral sont des exaptations partielles, car leur nouvel usage ne peut être la raison de leur reproduction originelle.)

Le second ensemble d'hypothèses invoquant l'adaptation est légitime quand il propose un avantage sélectif immédiat par l'ADN répété. Si les gènes bougent et se fixent eux-mêmes sur des chromosomes différents, par exemple, ils peuvent à l'occasion s'unir à d'autres segments d'ADN pour former de nouvelles combinaisons avantageuses. Plus important, une grande partie d'ADN, tout en ne codant pas pour la protéine proprement dite, peut jouer un rôle en régulant l'ADN qui en est responsable. Cet ADN régulateur peut régler l'intervention d'autres gènes et déterminer la séquence des gènes qui codent pour les protéines, ainsi que la place où ils s'exprimeront. Si l'ADN répétitif accomplit ces fonctions régulatoires, sa dispersion à travers tout le génome peut avoir des conséquences profondes et immédiates. Inséré dans un nouveau chromosome, il peut régler l'intervention des gènes contigus en leur donnant des formes et des séquences nouvelles. C'est ainsi qu'il unira, par exemple, les résultats de deux gènes qui ne s'étaient jamais trouvés à proximité. Cette nouvelle combinaison peut avantager un organisme (voir l'article de 1971 de Roy Britten et Eric Davidson, un classique en la matière).

Pourtant, malgré tous ces efforts, un doute obsédant subsiste : on ne peut s'empêcher de se demander si ces hypothèses qui font intervenir l'adaptation expliquent réellement et dans son intégralité l'ADN répétitif. Tout simplement parce qu'il y en a trop, qu'il est dispersé trop au hasard, qu'il est à première vue trop absurde dans sa construction pour qu'on puisse dire que chaque élément subsiste parce que la sélection naturelle a favorisé son rôle régulatoire. L'hypothèse de l'ADN égoïste propose une explication fondamentalement différente pour une grande partie de cette répétition. Elle est radicale au sens propre du terme, en cela qu'elle va à la racine, car elle exige que nous réexaminions certains postulats fondamentaux et habituellement non contestés de la thèse évolutionniste — ce que voulaient dire Orgel et Crick quand ils parlaient de faits « si étranges que seule une théorie sortant un peu de l'ordinaire a une chance de les expliquer ».

Le raisonnement est la simplicité même une fois que vous êtes dans l'état d'esprit qui vous permet de l'accepter : si l'ADN répétitif est transposable, quel besoin avons-nous d'une explication qui fasse appel à l'adaptation (au moins en termes classiques d'avantages) ? Il peut tout simplement aller à sa guise d'un chromosome à l'autre en continuant à se reproduire, tandis que d'autres gènes « sédentaires » en sont incapables. Ces doubles supplémentaires peuvent subsister non parce qu'ils confèrent un avantage aux organismes, mais précisément pour la raison inverse : parce que les organismes en question ne remarquent pas leur présence. S'ils n'ont aucun effet sur les organismes, s'ils sont (en ce sens) de la " camelote ", qui mettra un terme à leur multiplication ? Ils jouent simplement au jeu de Darwin, mais au « mauvais » niveau. Nous nous représentons habituellement la sélection naturelle comme une lutte entre des organismes destinée à assurer la survie d'un plus grand nombre de rejetons. Ici, des gènes ont trouvé le moyen grâce à leur capacité de se transposer ou de « sauter » — de laisser un plus grand nombre d'exemplaires d'eux-mêmes à l'intérieur d'un organisme. Pourquoi aller chercher une autre explication ? Le titre donné par Orgel et Crick à leur article reflétait cette perspective inversée : « *L'ADN égoïste ou le parasite ultime* » (1976).

J'entends d'ici ou presque la déception et la colère de certains lecteurs : « Foutu Gould ! Toutes ces pages pour en arriver à une explication qui n'en est pas une : ce sont des choses qui arrivent, un point c'est tout ! C'est une plaisanterie ou un constat d'impuissance ? » Permettez-moi de ne pas partager l'opinion de cet adversaire pas entièrement hypothétique (mais imaginé à partir de plusieurs réactions très réelles auxquelles je me suis heurté quand j'ai décrit oralement l'hypothèse de l'ADN égoïste). Cette explication ne paraîtra une fumisterie que si l'on adhère aux thèses traditionnelles selon lesquelles tous les traits importants représentent obligatoirement des adaptations, et les organismes sont les agents de processus darwiniens. La révolution de l'ADN égoïste réside moins dans l'hypothèse avancée que dans le changement de perspective qui doit être assimilé avant que l'explication puisse être un tant soit peu satisfaisante.

Si les organismes sont les seuls « individus » qui comptent dans l'évolution, l'ADN est alors insatisfaisant parce qu'il ne fait rien pour ceux à l'égard desquels il ne peut être jugé qu'aléatoire. Mais pourquoi les organismes devraient-ils occuper une position aussi centrale et privilégiée dans la théorie de l'évolution ? Bien sûr, la sélection ne peut s'exercer que sur des individus discrets, dotés d'une continuité acquise d'ancêtre à descendant. Mais les organismes sont-ils les seuls individus légitimes en biologie ? Ne pourrait-il exister une hiérarchie d'individus appartenant à des catégories légitimes supérieures et inférieures aux organismes : les gènes un cran au-dessous, les espèces un cran au-dessus ? (J'avoue me sentir prédisposé — préadapté, comme diraient les évolutionnistes — à accueillir favorablement l'hypothèse de l'ADN égoïste. Je répète depuis longtemps qu'on doit voir dans les espèces des unités évolutionnistes et que les courants macro-évolutionnistes sont souvent dotés d'un mécanisme de « sélection de l'espèce » analogue — mais non identique — à la sélection naturelle qui agit sur les organismes.) L'ADN égoïste ne fait peut-être rien pour les organismes, mais ce n'est pas au niveau des organismes que doit se situer l'analyse. Du point de vue du gène. les éléments transposables ont mis en place une grande innovation darwinienne : ils ont trouvé comment faire plus de doubles d'eux-mêmes capables de survivre (par le biais de la répétition et de la transposition), et cela est en soi le *summum bonum* de l'évolution. Si les corps ne remarquent pas cette répétition, et s'ils ne réussissent pas, de ce fait, à l'éliminer en mourant ou en n'arrivant pas à se reproduire, tout le profit en sera pour les gènes répétitifs.

Dans ce sens, on pouvait difficilement plus mal nommer l'ADN égoïste, car il exprime précisément le préjugé que la nouvelle structure théorique doit combattre : une tendance trop marquée à vouloir faire des organismes des agents de l'évolution. Quand nous qualifions l'ADN répétitif d'« égoïste », nous sous-entendons qu'il agit pour lui-même alors qu'il devrait s'inquiéter d'autre chose, autrement dit, aider les organismes dans leur combat évolutionniste. De plus, nous ne devrions pas dire de l'ADN répétitif qu'il est « non adaptatif », car même s'il n'aide pas les organismes, il tient le rôle de son propre agent darwinien. Je ne trouve pas de meilleur mot, dans ce langage bourré de termes anthropocentriques, mais que diriez-vous d'un ADN « égotiste », libéré de l'opprobre qui s'attache immanquablement au mot « égoïste » ?

Un autre argument s'inscrit en faux contre l'utilisation de l'ADN égoïste ; il réside dans sa source historique, l'ouvrage de Richard Dawkins, *The Selfish Gene* (1976). Les organismes, soutient Dawkins, ne sont pas le niveau auquel doit se situer l'analyse évolutionniste, et toute l'évolution n'est qu'une lutte entre gènes. Les corps ne sont que les réceptacles provisoires de leurs gènes égoïstes. A première vue, cela ressemble à de l'ADN égoïste écrit en plus gros, ce qui explique qu'Orgel et Crick aient emprunté ce terme. En réalité, rien ne saurait être plus différent que les gènes égoïstes dans les hypothèses qui les nourrissent.

Dawkins a la plume du darwinien de stricte obédience, totalement acquis à l'idée que tous les traits doivent être compris comme des adaptations et que toute l'évolution est une lutte pour l'existence entre individus, et cela au niveau le plus bas. Il décrétait simplement que les darwiniens n'étaient pas assez radicaux lorsqu'ils réduisaient des spéculations plus élevées sur « le bien de l'espèce » ou « l'harmonie de la nature » à la lutte effrénée des organismes. Les éléments en lutte se situent un cran au-dessous — celui des gènes, et non plus des organismes —, et le programme de réduction darwinien peut aller encore plus loin que les tenants modernes de cette théorie n'ont jamais osé l'espérer.

L'ADN égoïste, par ailleurs, tire sa raison d'être d'une théorie anti-évolutionniste, à savoir que l'évolution travaille sur une hiérarchie de niveaux légitimes qui ne peuvent être réduits au premier barreau de l'échelle. Les gènes égoïstes de Dawkins augmentent en fréquence parce qu'ils ont un effet sur les organismes et qu'ils les aident dans leur lutte pour la survie. L'ADN égoïste augmente en fréquence pour la raison inverse

— parce qu'il n'a initialement *aucun effet* sur les organismes et qu'il n'est donc pas éliminé à ce niveau supérieur légitime. La théorie de Dawkins est une hypothèse sortant de l'ordinaire qui se propose d'expliquer l'adaptation ordinaire des organismes (voir la critique que j'en fais dans *Le Pouce du panda*). L'ADN égoïste survit uniquement parce que les organismes sont indifférents à sa présence.

Mais pourquoi l'ADN moyen-répétitif, s'il est égotiste, n'existe-t-il qu'à quelques centaines d'exemplaires au sein du génome ? S'il peut gagner du terrain en se transposant alors que les autres gènes en sont incapables, pourquoi n'engendre-t-il pas des millions et des milliards de doubles pour finalement occuper à lui seul toute la place ? Qu'est-ce qui l'arrête ? Pourquoi se comporte-t-il en parasite « intelligent » (des doubles en nombre suffisant pour se sentir bien et puissants, mais insuffisant pour détruire l'organisme-hôte et eux-mêmes), et non en cancer vorace ?

La réponse à cette question que proposeraient les deux écoles illustre un autre point intéressant de la théorie hiérarchique qui sous-tend celle de l'ADN égotiste. Dans les modèles hiérarchiques, les niveaux ne sont pas indépendants ni isolés par des frontières totalement étanches. Il se produit des fuites et des interactions. Arthur Koestler, qu'il n'est pas dans mes habitudes de célébrer, mais dont je trouve admirable l'attachement à la hiérarchie, exprimait précisément la nature de cette hiérarchie par la métaphore du dieu Janus au double visage, situé à un niveau donné mais explorant du regard les deux directions afin d'y découvrir des liaisons.

Prenons différentes formes de sélection s'exerçant au niveau du gène, de l'organisme et de l'espèce. Un transposon pénètre dans un système génétique et commence à s'étendre en se reproduisant et en bougeant. Dans le processus de sélection chez les gènes, il se développe en fonction d'un système analogue à ce que nous appellerions une « naissance différentielle » dans la sélection naturelle chez les organismes. Au départ, cette augmentation ne produit aucune interaction avec le niveau de la sélection naturelle qui s'exerce sur les organismes, et rien ne supprime sa tendance intrinsèque à fabriquer davantage de doubles.

Mais si cette augmentation se poursuit au même rythme, les organismes vont inévitablement finir par la remarquer. Il y a un coût énergétique attaché à la reproduction, génération après génération, de centaines ou de milliers d'exemplaires de séquences d'ADN qui ne font rien pour les organismes investissant cette énergie. Ils peuvent ne pas prêter cas à quelques exemplaires, mais de grandes quantités de doubles finissent par produire un désavantage au bon vieux niveau darwinien de sélection naturelle chez les organismes. Là, une nouvelle augmentation d'ADN égotiste sera supprimée parce que les organismes porteurs d'un trop grand nombre de doubles en pâtiront du point de vue de la sélection naturelle, emportant tous leurs exemplaires avec eux quand ils mourront ou ne réussiront plus à se reproduire. Le niveau habituel — des dizaines ou des centaines de doubles — peut précisément représenter un équilibre entre un accroissement inexorable au niveau de la sélection chez les gènes et la disparition finale au niveau suivant de sélection chez les organismes. Les niveaux sont liés par des dispositifs complexes d'autocorrection. Mon plaidoyer en faveur d'une sélection qui s'exercerait à d'autres niveaux que celui des organismes n'est pas une négation de la théorie darwinienne : il cherche au contraire à l'enrichir.

Le débat est loin d'être clos. Un groupe de chercheurs a noté la similitude qui existe dans la disposition, à l'intérieur des chromosomes, de séquences répétitives chez deux créatures aussi éloignées que le crapaud *Xenopus laevis* et l'oursin *Stongylocentrotus purpuratus*. Cette similitude réfute la thèse du gène égotiste et indique l'existence d'une fonction commune, étant donné que ces transposons baladeurs, uniquement redevables à leur propre niveau, devraient se disperser de manière plus aléatoire dans les chromosomes. D'autres attirent l'attention sur le fait qu'un important élément transposable de la levure et un autre de la *Drosophila melanogaster* sont représentés dans différentes races des mêmes espèces par environ un nombre égal d'exemplaires, mais placés très différemment sur les chromosomes. Ces positions différentes représentent-elles une amplification égotiste et la similitude des quantités reflète-t-elle une disparition au niveau plus élevé de la sélection chez les organismes ?

Comme dans toute question intéressante d'histoire naturelle, la solution de la fréquence relative du phénomène ne réside pas dans un *oui* ou un *non* absolus : elle passe par l'examen. La logique de l'ADN égotiste semble solide. Reste à savoir dans quelle mesure celui-ci est important. Quelle proportion d'ADN répétitif est égotiste ? Si la réponse est « très inférieure à un pour cent », parce que la sélection classique qui s'exerce chez les organismes l'emporte presque toujours sur celle qui s'exerce chez les gènes, l'hypothèse de l'ADN égotiste vient s'ajouter aux autres hypothèses bonnes et plausibles traitées de haut par la nature. Si la réponse est une proportion « considérable », nous aurons besoin d'une théorie hiérarchique de l'évolution clairement formulée. Je tendrais, c'est évident, vers la hiérarchie. Cela fait trois cents ans que la science tire gloire du réductionnisme cartésien ; mais il me semble bien que nous en avons atteint les limites en plusieurs domaines.

Nous avons des raisons légitimes et particulières de nous en tenir à nos habitudes linguistiques, de continuer à voir des « individus » dans les organismes et de leur accorder la primauté sur les autres objets de la nature. Je suis incapable, par exemple, d'imaginer une politique acceptable qui ne soit pas centrée sur la primauté des organismes individuels — et nous déplorons l'inhumanité de celles qui ne le sont pas, mais n'en fleurissent pas moins pour un temps. La nature, toutefois, reconnaît beaucoup de genres d'individus, grands et petits.

# 14.

# Quand les poules auront des dents

Les plaques minéralogiques personnalisées sont l'expression la plus récente d'une vieille conviction : les véhicules différents de ceux des autres reflètent la position sociale ou, en tout cas, attirent l'attention. Nous pouvons construire nos machines modernes sur commande, mais la nature, elle est plus limitée. Les chevaux de dimension ou de couleur inhabituelles étaient fort prisés, mais Jules César s'aventurait au-delà des limites d'une simple accentuation de la normalité lorsqu'il choisissait ses montures préférées.

> César, écrit l'historien Suétone, montait un cheval superbe dont les sabots fendus en ongles de doigts avaient quelque chose d'humain ; il l'avait vu naître dans sa maison et les haruspices ayant promis à son maître l'empire du monde, il avait dressé avec un soin jaloux et monté le premier cet animal qui ne souffrait d'autre cavalier.

Le cheval normal représente le point-limite de l'évolution en matière de réduction des doigts. Son ancêtre, l'*Hyracotherium* (plus connu, mais de manière impropre, sous le nom d'*Eohippus*) avait quatre doigts à l'avant et trois à l'arrière, tandis que quelque autre ancêtre lointain possédait de toute évidence l'assortiment originel des mammifères : cinq doigts à chaque pied. Le cheval moderne n'a plus qu'un seul doigt, le troisième sur les cinq qu'il comptait à l'origine. Il garde également des vestiges des deuxième et quatrième doigts sous la forme de petites plaques osseuses situées nettement au-dessus du sabot et peu visibles.

Depuis l'époque de César, les chevaux anormaux dotés de doigts en surnombre on été un objet d'admiration et d'étude. O.C. Marsh, un des fondateurs de la paléontologie américaine des vertébrés, se prit d'un intérêt particulier pour ces animaux aberrants et publia en avril 1892 un long article, *« Les chevaux polydactyles récents ».* Marsh était célèbre à deux titres, l'un contestable — ses empoignades avec E.D. Cope au sujet de la collecte et de la description des vertébrés fossiles de l'Ouest de

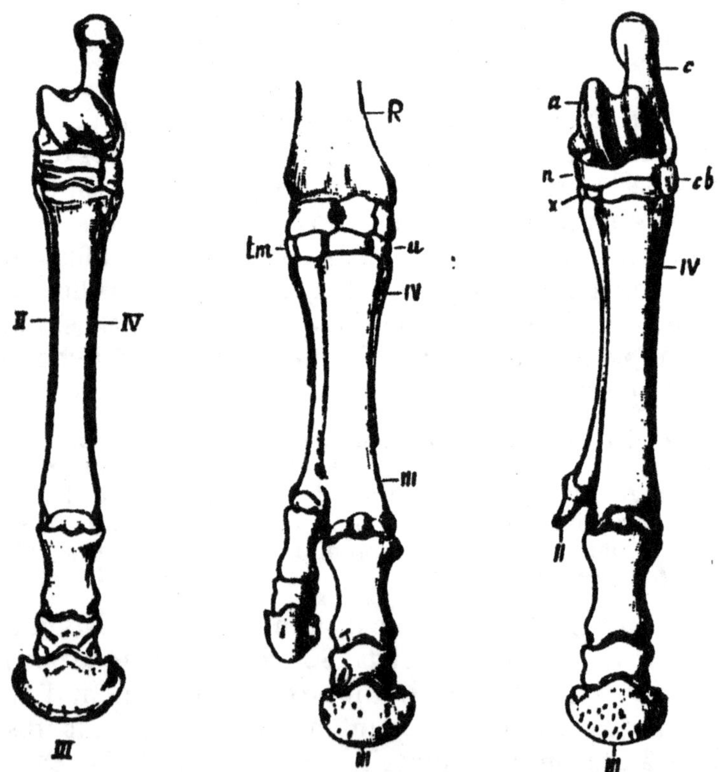

*A gauche : un cheval normal. Noter les vestiges osseux des doigts latéraux II et IV. Au centre : polydactylie par reproduction. Les plaques osseuses latérales sont toujours présentes et le doigt supplémentaire est la reproduction d'un troisième doigt. A droite : polydactylie par atavisme. Le doigt supplémentaire est une plaque osseuse latérale qui s'est développée.*

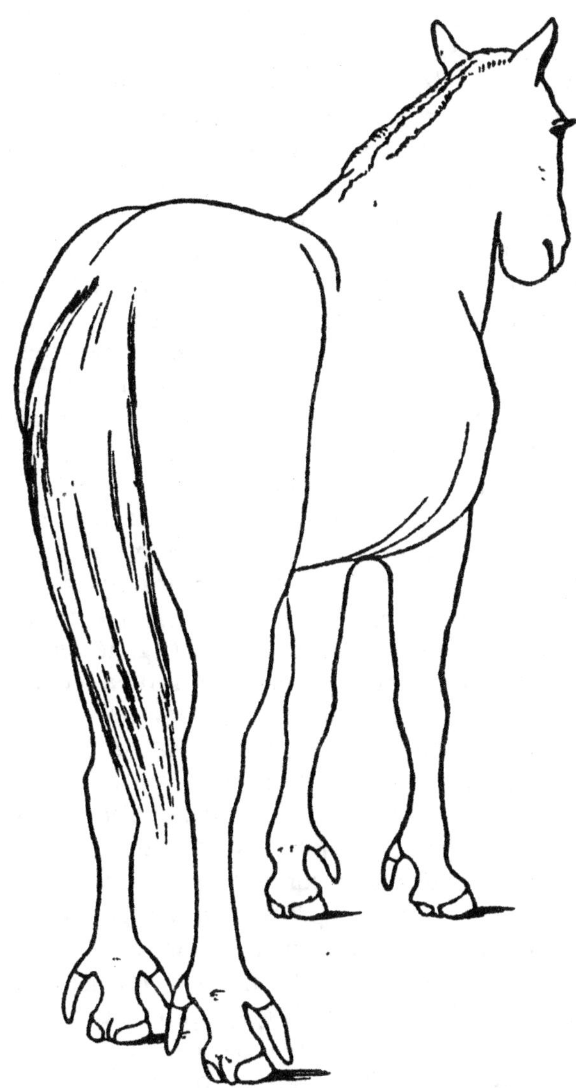

*Dessin réalisé par Marsh en 1892, montrant un cheval polydactyle, le « cheval cornu du Texas ».*

l'Amérique —, l'autre indiscutable — le décryptage de l'évolution du cheval et ses schémas de 1892 de chevaux polydactyles, soit la première démonstration satisfaisante de la descendance fournie par les fossiles des vertébrés et qui allait considérablement épauler Darwin dans ses premières batailles.

Marsh était intrigué et fasciné par ces chevaux aberrants dotés de doigts supplémentaires. En général, ce doigt en trop est simplement le double du troisième doigt fonctionnel. Mais Marsh découvrit que beaucoup de chevaux à deux ou trois doigts avaient fait marche arrière en direction de leurs ancêtres en développant une des plaques osseuses latérales ou les deux, qui étaient devenues des doigts fonctionnels (ou presque fonctionnels) terminés par un sabot. (Une monographie allemande plus tardive, et particulièrement complète, de 1918 concluait que deux-tiers environ des chevaux dotés de doigts supplémentaires avaient simplement reproduit le troisième doigt fonctionnel, tandis qu'un tiers avait fait revivre un trait ancestral en développant les plaques osseuses atrophiées de leur deuxième ou quatrième doigt en doigts complets et terminés en sabots).

Ces retours apparents à des étapes antérieures de l'évolution s'appellent des atavismes, du latin *atavus*, au sens propre arrière-arrière-arrière-grand-père et, plus généralement, simple ancêtre. La littérature biologique est émaillée d'exemples de ce genre, mais ils ont en général été traités sur le plan de l'anecdote et en simples curiosités dépourvues de message évolutionniste digne d'attention. Il en émane surtout un sentiment de léger embarras, comme si le processus de l'évolution, tout orienté qu'il est vers le progrès, supportait mal qu'on lui rappelle de façon aussi tangible ses imperfections passées. Mes collègues européens ont des mots très précis pour exprimer ce sentiment ; ils parlent de *pas-en-arrière* en français, et de *Rückschlag* en allemand. Quand on a voulu donner aux atavisme une explicatin d'ordre général, on y a vu l'expression de contraintes, l'indication que le passé d'un organisme est sur le point d'affleurer à sa surface présente et peut retarder son progrès futur.

J'émettrais quant à moi l'hypothèse inverse, à savoir que les atavismes nous enseignent une leçon importante sur les résultats potentiels des petits changements génétiques, et qu'ils indiquent une approche non traditionnelle du problème des grandes transitions dans l'évolution. Dans la théorie classique, les grandes transitions sont une addition de petits changements qui adapte encore plus finement les populations à leur environnement local. Plusieurs évolutionnistes, dont je suis, ne se contentent plus aujourd'hui de cette extrapolation en douceur. Un groupe doit-il toujours évoluer à partir d'un autre groupe en passant par une série insensiblement graduelle de formes intermédiaires ? L'évolution doit-elle procéder gène par gène à chaque changement infime de l'apparence externe ? Les fossiles portent rarement la trace d'une évolution aussi régulière, et il est même souvent difficile d'imaginer une fonction pour tous les intermédiaires hypothétiques entre les ancêtres et leurs descendants hautement modifiés.

Une solution féconde à ce dilemme consiste à reconnaître que certains types de changements génétiques peuvent avoir des effets majeurs et discontinus sur la morphologie. Nous ne pouvons faire aucune traduction univoque entre l'étendue du changement génétique et le degré de modification qui intervient dans la forme externe. Les gènes ne sont pas fixés à des sections indépendantes de l'organisme dont chacune serait chargée de construire un petit quelque chose de bien précis. Les sytstèmes génétiques sont ordonnés hiérarchiquement ; les mécanismes d'enclenchement et de contrôle mettent souvent en mouvement de vaste blocs de gènes. De petits changements, du moment où se déclenchent ces mécanismes, se traduisent souvent par des modifications importantes et discontinues des formes externes. Les plus spectaculaires sont ce qu'on appelle les mutants homéotiques, dont il sera question dans l'essai suivant.

La remise en question actuelle des théories gradualistes classiques des transitions de l'évolution ne trouvera à s'enraciner que si les système génétiques contiennent une capacité extensive et cachée d'exprimer les petits changements sous la forme de conséquences importantes. Les atavismes fournissent la preuve la plus frappante que je connaisse de ce principe. Si les systèmes génétiques étaient des lots d'articles indépendants dont chacun serait responsable de la construction d'un seul élément de l'organisme, le changement évolutionniste ne pourrait se faire que morceau par morceau. Mais les systèmes génétiques sont les produits intégrés de l'histoire d'un organisme, et ils conservent des capacités extensives et latentes qui peuvent souvent être activées par de petits changements. Les chevaux n'ont jamais perdu l'information génétique qui leur permet de produire des doigts latéraux, même si leurs ancêtres ont opté pour un doigt unique il y a plusieurs millions d'années. Que pourrait conserver d'autre leur système génétique, qui soit non exprimé en temps normal mais capable de servir, et sur quoi axer un changement évolutif majeur et rapide ? Les atavismes reflètent la capacité énorme et latente des systèmes génétiques, et non pas essentiellement les contraintes et limites imposées par le passé d'un organisme.

Mon intérêt latent pour l'atavisme fut récemment ravivé lorsque j'entendis parler de quelque chose qui n'a pas le droit d'exister, si l'une de nos comparaisons les plus vénérables exprime une vérité littérale : les dents des poules. Le 29 février 1980 (date déjà peu commune en soi), E.J. Kollar et C. Fisher décrivaient par quelle technique ingénieuse on réussissait à convaincre les poulets de révéler une surprenante capacité d'adaptation génétique, vestige d'un passé lointain.

Ces deux chercheurs prélevèrent de l'épithélium (tissu externe) du premier et deuxième arc bronchial d'un embryon de poulet de cinq jours et les combinèrent à du mésenchyme (issu embryonnaire interne) d'embryons de souris de seize à dix-huit jours, prélevé dans la région où se forme la première molaire. Cette description cache déjà une passionnante histoire d'évolution. La mâchoire s'est développée à partir des os sur lesquels s'appuyaient les branchies antérieurs des poissons ancestraux. Tous les embryons vertébrés continuent à mettre d'abord en place les arcs branchiaux antérieurs (comme le faisaient les embryons ancestraux) et les transforment en mâchoires pendant qu'ils se développent (comme ne le faisaient pas leurs ancêtres, qui conservaient leurs branchies antérieures durant toute leur vie). Donc, si les tissus embryonnaires des poulets gardent la capacité d'avoir des dents, c'est du côté de l'épithélium des arcs branchiaux antérieurs qu'il faut chercher.

Rollar et Fisher prirent leurs tissus embryonnaires de souris et de poulets et les cultivèrent dans un espace qui peut paraître bizarre et insolite aux lecteurs : les chambres antérieures des yeux d'une nude adulte (où trouver, sinon dans le corps d'un animal, un espace libre rempli d'un liquide qui ne circule pas ?) Dans une dent ordinaire, formée par un seul animal, la couche d'émail extérieure se constitue à partir de l'épithélium, la dentine et l'os à partir du mésenchyme. Mais (bien qu'il puisse produire de l'os) le mésenchyme ne formera de la dentine que s'il agit en interaction directe avec l'épithélium destiné à former l'émail. (Dans le jargon de l'embryologie, l'épithélium est le déclencheur nécessaire, bien que seul le mésenchyme soit capable de former la dentine.)

Quand Rollar et Fischer greffèrent le seul mésenchyme de souris dans les yeux des animaux sur lesquels ils expérimentaient, ce qui se forma ne fut pas de la dentine, mais seulement du tissu spongieux osseux — ce que produit normalement le mésenchyme lorsqu'il n'est pas en contact avec l'épithélium de l'émail agissant comme déclencheur. Mais sur cinquante-cinq greffes mixtes de mésenchyme de souris et d'épithélium de poulet, dix produisirent de la dentine. Ainsi, l'épithélium de poulet a conservé la capacité de déclencher dans le mésenchyme (d'une autre espèce appartenant à une autre classe de vertébrés, pourtant !) la formation de dentine. L'*Archaepteryx,* le premier oiseau, avait encore des dents, comme plusieurs fossiles de l'histoire primitive des oiseaux. Mais aucun oiseau fossile n'a produit de dents au cours de ces soixante derniers millions d'années, alors que l'absence de dents chez tous les oiseaux modernes constitue, avec les ailes et les plumes, un des caractères définissant la classe à laquelle ils appartiennent. Néanmoins, et bien que le système n'ait pas été utilisé sur son terrain d'origine depuis peut-être une centaine de millions de générations, l'épithélium du poulet peut toujours déclencher la formation de dentine lorsqu'il est associé au mésenchyme approprié (le mésenchyme du poulet a probablement perdu, quant à lui, la capacité de former de la dentine, d'où l'absence de dents chez les poules et la nécessité d'avoir recours à des souris).

Kollar et Fisher découvrirent ensuite quelque chose d'encore plus intéressant. Quatre de leurs greffes produisirent des dents complètes ! Non seulement l'épithélium de poulet avait déclenché une formation de dentine par l'épithélium de la souris, mais il avait été capable également d'engendrer des protéines matrices d'émail. (La formation de dentine doit être déclenchée par l'épithélium, mais celui-ci ne peut se différencier en émail que si, à son tour, il peut agir en interaction avec la dentine dont il a été à l'origine.) Étant donné que le mésenchyme ne peut pas former de dentine, l'épithélium de poulet n'a jamais l'occasion d'imposer ses traits persistants dans la nature.

Un dernier point me sidéra encore davantage. Kollar et Fisher écrivent au sujet de leur plus belle dent : « La structure entière de la dent était bien formée, le développement de la racine coïncidant avec celui de la couronne, mais cette dernière n'avait pas la morphologie typique de la première molaire, car il lui manquait le schéma cuspide habituellement présent dans les greffes intra-oculaires des rudiments de première molaire. » En d'autres termes, la dent semblait normale, mais elle n'avait pas la forme d'une molaire de souris. Cette forme étrange pouvait tout simplement résulter, bien sûr, de l'interaction inhabituelle de deux systèmes qui ne sont pas faits pour se rejoindre dans la nature. Mais il est possible que nous ayons sous les yeux, en partie, la forme réelle d'une dent latente d'oiseau — la structure potentielle que l'épithélium de poulet a codée depuis soixante millions d'années mais qu'il n'a pas encore exprimée du fait de l'absence de dentine pour la déclencher !

Les travaux de Kollar et Fisher évoquaient une autre expérience effectuée à l'autre extrémité du poulet, une histoire célèbre mal relatée par les biologistes de ladite histoire (et, à une occasion, je suis confus de l'avouer, par moi-même), comme je m'en suis rendu compte en remontant jusqu'à sa source. En 1959, l'embryologiste français Armand Hampé décrivait les expériences qu'il avait faites sur le développement de l'os des pattes dans l'embryon de poulet. Chez les reptiles ancestraux, le tibia et le péroné (les os situés entre votre genou et votre cheville) sont de même longueur ; la région de la cheville comporte une série de petits os. Chez l'*Archaeopteryx,* le premier oiseau, le tibia et le péroné sont toujours de longueur égale, mais les os de la cheville ne sont plus que deux, l'un s'articulant avec le tibia, l'autre avec le péroné. Chez la plupart des oiseaux modernes, cependant, le péroné n'est plus qu'une plaque osseuse. Il ne se prolonge jamais jusqu'à la cheville, tandis que les deux os de la cheville sont « happés » par le développement rapide du tibia et se soudent à celui-ci. Ainsi, les oiseaux modernes mettent en place une structure unique (le tibia avec les os de la cheville qui y sont soudés, et le péroné rudimentaire sur le côté) qui s'articule avec les os de la patte.

Hampé se dit qu'après tout, le péroné restait peut-être toujours capable d'atteindre son plein développement ancestral, mais que la compétition due au fait que le tibia devait trouver les matériaux nécessaires pour assurer sa croissance rapide l'empêchait peut-être d'exprimer cette capacité. Il se livra donc à trois séries d'expériences qui avaient toutes pour objet de soustraire le péroné à l'impérialisme habituellement victorieux de l'os voisin. Dans la première, Hampé se contenta de greffer un supplément de tissu embryonnaire dans la région des os de la patte en pleine croissance. Le tibia atteignait sa dimension caractéristique, mais la région avait maintenant suffisamment de matériau « de rebut » pour le péroné. Dans la deuxième, il modifia la direction du développement du tibia et du péroné pour empêcher que les deux os ne soient en contact intime. Dans la troisième, il inséra une lame de mica entre les deux os ; le tibia en pleine croissance ne pouvait plus « piquer » le matériau dont il avait besoin à son voisin moins costaud, et le péroné put se développer et atteindre toute sa longueur.

Hampé recréa donc un rapport ancestral entre deux os au moyen d'une série de manipulations simples. Et cette modification eut une conséquence encore plus intéressante. Chez les poulets normaux, le péroné commence sa croissance en étant en contact avec un des petits os de la cheville qui lui fait suite. Mais à mesure que le tibia grandit et devient prédominant, ce contact s'interrompt — au cinquième jour environ de son développement. Le péroné est alors relégué au statut de simple plaque osseuse, tandis que le tibia annexe sur sa lancée les deux os de la cheville pour former une structure unique. A une occasion, pendant les manipulations de Hampé, les deux os de la cheville restèrent séparés et ne se soudèrent ni au tibia, ni au péroné (tandis que les deux os de la cheville se soudaient au tibia, comme à l'ordinaire, dans l'autre patte du même embryon — mécanisme intouché et autorisé à se développer normalement). Sur l'oiseau en question, la manipulation simple de Hampé eut donc le résultat escompté (l'expression d'un rapport ancestral dans les os de la patte) ; mais elle rappela de surcroît le modèle ancestral des os de la cheville.

Hampé fut capable de produire ces atavismes impressionnants par des manipulations simples qui représentent des changements quantitatifs mineurs dans le rythme du développement ou dans la position du tissus embryonnaire. Le fait d'ajouter davantage de tissu ne fait pas simplement grossir d'autant la partie intéressée ; cette manipulation entraîne la croissance différentielle d'un os (le péroné) et un changement dans la disposition de toute la région de la cheville (deux os de la cheville qui s'articulent séparément au tibia et au péroné dans certains cas, au lieu d'un seul tibia auquel se soudent deux os de la cheville).

Les schémas du développement passé d'un organisme persistent sous une forme latente. Les poulets n'ont plus de dents parce que leur mésenchyme ne forme plus de dentine, même si leur épithélium peut toujours produire de l'émail et déclencher la formation de dentine chez d'autres animaux. Les poulets n'ont plus d'os de la cheville indépendants parce que leur péroné ne se développe plus au même rythme que le tibia pendant la période de croissance, mais les os de la cheville se développent et conservent leur identité quand on convainc les péronés d'atteindre leur dimension ancestrale. Le passé d'un organisme ne fait pas qu'imposer des contraintes à son futur ; il lègue un énorme réservoir de potentialités pour un changement morphologique rapide fondé sur de petites modification génétiques.

Charles Darwin construisit sa théorie comme un processus en deux temps : la variation qui fournissait la matière première, et la sélection naturelle qui lui donnait une direction. On dit souvent (et de manière incorrecte) qu'il parla peu de la variation, gêné qu'il était par son ignorance du mécanisme de l'hérédité. Beaucoup de gens croient qu'il se contenta de traiter la variation comme une « boîte noire », une chose qu'il fallait admettre, mentionner au passage, et oublier. Après tout, si la sélection naturelle a toujours une quantité suffisante de variation à sa disposition, pourquoi s'inquiéter de sa nature et de ses causes ?

Or, la variation obsédait Darwin. Ses ouvrages, pris dans leur ensemble, consacrent beaucoup plus d'attention à la variation qu'à la sélection naturelle ; il savait, en effet, qu'aucune théorie satisfaisante des grands changements évolutionnistes ne saurait être échafaudée tant que les causes de la variation et les lois empiriques de ses formes et de son importance ne seraient pas élucidées. Son livre le plus long est entièrement consacré aux problèmes de la variation ; il s'agit d'un ouvrage en deux tomes intitulé *La Variation des animaux et des plantes sous l'effet de la domestication* (1868). Darwin sentit que dans l'atavisme résidait la clé de bien des mystères de la variation, et il y consacra tout un chapitre ; il concluait (comme je le fais) sur ces mots :

> Le germe fécondé d'un des animaux supérieurs... est peut-être l'objet le plus admirable qui existe dans la nature... Selon ce qu'enseigne la réversion (l'atavisme)... le germe devient un objet bien plus merveilleux encore, car, outre les changements visibles qu'il subit, nous devons croire qu'il renferme une infinité de caratères invisibles... séparés par des centaines ou même des milliers de générations de l'époque actuelle : et ces caractères, tel ceux qu'on écrit sur le papier avec une encre invisible, sont prêts à évoluer chaque fois que l'organisation est perturbée par des conditions connues ou inconnues.

# 15.

## Des monstres prometteurs

Mon grand-père, qui m'apprit à jouer au poker et qui assistait toutes les semaines avec moi aux combats de boxe du vendredi soir, m'emmena un jour voir un des spectacles les plus fascinants d'une époque heureusement révolue : des rangées de gens difformes obligés (parce qu'ils ne pouvaient rien faire d'autre) de s'exhiber devant un public qui les contemplait bouche bée au parc d'attraction des Ringling Brothers.

Cette cruauté officielle trouve sa contrepartie licite et distinguée dans l'ample littérature scientifique qui traite des malformations congénitales — thème qui se prévaut de l'appelation scientifique de tératologie, soit, au sens propre, l'étude des monstres. Bien que les scientifiques éprouvent comme tout le monde ce mélange d'admiration, d'effroi et de curiosité qui attire le public à ces exhibitions, la tératologie a une raison d'être importante qui dépasse la simple fascination élémentaire.

C'est lorsque les causes des exceptions peuvent être déterminées qu'on formule et appréhende le mieux les lois du développement normal. La méthode expérimentale elle-même, pierre angulaire de la démarche scientifique, repose sur la notion que les écarts provoqués et contrôlés de ce qui est la règle révèlent parfois les lois de l'ordre. Les organismes présentant des malformations congénitales sont les expériences auxquelles se livre la nature, des expériences non contrôlées par une intervention humaine délibérée, certes, mais d'où surgit néanmoins une certaine compréhension.

Les premiers tératologistes essayèrent de comprendre les malformations en les classant. Dans les décennies qui précédèrent Darwin, les anatomistes français les répartissaient en trois catégories : les monstres par défaut, les monstres par excès et les anomalies dues à la présence de parties normales au mauvais endroit. Le folklore des monstres reconnaît depuis longtemps cette dernière catégorie dans ses histoires d'anthropophages, ou mangeurs d'hommes, dotés d'yeux aux épaules et d'une bouche sur le sein. Shakespeare fait allusion à ces deux exemples et à d'autres de leurs consorts dans *Othello,* quand il évoque les « Anthropophages et ces hommes dont les têtes / Poussent au-dessus de leurs épaules ».

Mais une classification n'est rien de plus qu'un casier utile, tant que les causes du classement ne sont pas définies. Et sur ce point la tératologie du XIXe siècle était encalminée dans sa propre ignorance de l'hérédité. La fondation, à notre siècle, de la génétique a ravivé l'intérêt pour la tératologie quand les premiers mendéliens découvrirent les mutations qui expliquaient plusieurs des malformations courantes.

Les recherches des généticiens furent particulièrement couronnées de succès dans une des catégories de l'ancienne classification : la présence de parties normales au mauvais endroit. Ils travaillèrent sur leur animal favori, la *Drosophila melanogaster,* et découvrirent toute une collection de transpositions bizarres. Dans le premier des deux exemples célèbres, les balanciers (organes assurant l'équilibre) sont transformés en ailes et restituent à cette mouche aberrante ses quatre ailes ancestrales (les mouches normales, qui appartiennent à l'ordre des Diptères, n'ont que deux ailes). Dans le second, les pattes ou des segments de pattes remplacent diverses structures de la tête — en particulier les antennes et des parties de la bouche. Les mutations de ce type sont dites homéotiques.

La mauvaise position des parties de l'organisme ne constitue pas automatiquement une homéosie, et cette restriction est une clé du message évolutif sur laquelle je m'attarderai. William Bateson, qui inventa plus tard le terme de génétique, qualifiait d'« homéotiques » seulement les parties qui remplacent un organe dont le développement ou l'évolution ont la même origine (le mot vient d'une racine grecque signifiant « semblable »). Ainsi, les balanciers ont évolué à partir des ailes, tandis que les antennes, la bouche et les pattes des insectes se différencient toutes à partir de précurseurs similaires présents dans les segments embryonnaires, et ont sans doute toutes évolué à partir d'un ancêtre pourvu d'une paire d'appendices simples et similaires sur chaque segment d'organisme adulte. Nous pourrions parler d'homéosie si un être humain présentait une seconde paire de bras là où devraient se trouver les jambes ; en revanche, une paire de bras supplémentaires sur le thorax ne relèverait pas de cette catégorie.

Il existe des mutants homéotiques sur les quatre paires de chromosomes de la *D. melanogaster.* Une étude réalisée en 1976 par W.J. Ouweneel en comporte une liste qui remplit trois bonnes pages. Mais les deux ensembles de mutations homéotiques les plus célèbres, les mieux étudiés et les plus élaborés sont localisés l'un comme l'autre sur le bras droit du troisième chromosome.

Le premier ensemble, nommé complexe bithorax et désigné sous la forme abrégée de BX-C, régule le développement normal et la différenciation des segments postérieurs du corps de la mouche. La larve de la mouche est déjà divisée en une série de segments parfaitement identiques au départ, qui se différencieront pour donner des structures adultes spécialisées. Les cinq premiers segments larvaires forment la tête adulte (le premier forme les parties antérieures de la tête, le deuxième les yeux et les antennes, et les trois autres les diverses parties de la bouche). Les trois segments suivants, T1, T2 et T3, forment le thorax. Chacun portera une paire de pattes chez la mouche adulte, ce qui donnera les six pattes normales de l'insecte. L'unique paire d'ailes se différenciera en T2.

Les huit segments suivants (de A1 à A8) forment l'abdomen de l'adulte, tandis que le segment final, ou caudal (Aq et A10) formera la partie postérieure de l'adulte. La présence de gènes du BX-C normaux semble être une condition préalable au développement normal de tous les segments situés après le deuxième thoracique. Si tous les gènes du BX-C sont effacés sur le troisième chromosome, tous les segments larvaires situés derrière le deuxième thoracique (T2) ne se différencient plus selon le processus normal et semblent devenir eux-mêmes des segments de deuxièmes thoraciques. Si l'adulte vivait, il serait une créature étrange, avec (probablement) une paire de pattes sur chacun de ses nombreux segments postérieurs. Mais cette délétion est « létale », pour utiliser le jargon des généticiens, et la mouche meurt à l'état de larve. Nous savons que les segments postérieurs de ces mouches aberrantes sont révisés afin de devenir des deuxièmes thoraciques, parce que la différenciation qui commence à se faire dans les segments larvaires règle ce qu'il adviendra d'eux par la suite.

Le complexe bithorax comporte au moins huit gènes, tous situés en séquence les uns à la suite des autres. D'après Edward B. Lewis (voir la bibliographie), ce généticien distingué de l'institut de technologie de Californie qui a passé vingt ans à explorer les complexités du BX-C, ces huit gènes furent d'abord des doubles d'un gène ancestral unique et ils évoluèrent ensuite dans des directions différentes. De même que la délétion totale du BX-C a pour résultat homéotique impressionnant de transformer tous les segments postérieurs en deuxièmes segments thoraciques, plusieurs mutations intervenant dans les huit gènes produisent également des résultats homéotiques. La mutation la plus célèbre, dite bithorax et dont le nom est générique pour tout le complexe, transforme le troisième thoracique en deuxième thoracique. Ainsi, la mouche adulte présente deux deuxièmes thoraciques et deux paires d'ailes, au lieu d'une paire d'ailes suivie d'une paire de balanciers. (Il est faux de dire que les balanciers « deviennent » des ailes. C'est tout le segment normalement destiné à être un troisième thoracique, et à produire des balanciers, qui devient un deuxième thoracique et forme des ailes.) Dans une autre mutation, appelée bithoraxoïde, le premier segment abdominal devient un troisième thoracique, forme une paire de pattes et produit une mouche pourvue d'un plus grand nombre de pattes que les six qui sont habituelles chez cet insecte.

Lewis a proposé une hypothèse intéressante pour expliquer

l'action normale des gènes du BX-C. Selon lui, ils sont réprimés (débranchés) dans la larve de la mouche. A mesure que la mouche se développe, les gènes du BX-C sont progressivement déréprimés (réactivés). Les gènes du BX-C jouent le rôle de régulateurs — autrement dit, ils ne forment pas eux-mêmes des parties du corps mais sont chargés d'activer les gènes structurels qui codent pour les éléments de construction. La forme adulte reflète la quantité de produit génétique du BX-C présente dans un segment embryonnaire : plus il y a de BX-C, plus le segment apparaît tardivement. Toujours d'après Lewis, les gènes du BX-C sont réactivés les uns après les autres, depuis le point antérieur où s'est exercée leur action (le troisième thoracique) jusqu'à l'extrémité arrière de l'animal. Quand un gène du BX-C est désinhibé, son produit s'accumule dans un segment donné et, simultanément, dans tous les segments postérieurs à celui-ci. Le BX-C est d'abord réactivé dans le troisième thoracique, et son produit s'accumule dans tous les segments allant du troisième thoracique à l'extrémité postérieure. Le gène de BX-C suivant est ensuite réactivé dans le segment suivant, le premier segment abdominal, et son produit s'accumule dans tous les segments allant du premier abdominal à l'extrémité postérieure. Le gène suivant est réactivé à son tour dans le deuxième abdominal, et ainsi de suite. Nous avons donc un gradient de produit de BX-C, la concentration la plus faible se situant dans le deuxième thoracique et augmentant au fur et à mesure dans les segments postérieurs. Plus il y a de produit génétique, plus la forme du segment résultant apparaîtra tardivement.

Cette hypothèse s'inscrit dans la logique de ce que nous connaissons des effets produits par les mutations du BX-C. Si le BX-C est totalement effacé, il ne fournit aucun produit génétique, et tous les segments situés derrière le deuxième thoracique se différencient en deuxièmes thoraciques. Dans une mutation inverse, tous les gènes BX-C sont activés en même temps dans tous les segments — et tous les segments affectés par le BX-C se différencient en huitièmes abdominaux.

Le second ensemble remarquable d'homéotiques tire également ment son nom de sa mutation la plus célèbre : le complexe de l'antennapedie, ou ANT-C. La structure délicate de ce complexe a récemment été élucidée dans une série d'expériences remarquables effectuées par Thomas C. Kaufman, Ricki Lewis, Barbara Wakimoto et Tulle Hazelrigg dans le laboratoire de Kaufman, à l'université de l'Indiana. (Je remercie Thomas Kaufman de m'avoir initié à ce qui a été écrit sur l'homéosie, et des explications patientes et claires qu'il m'a fournies sur ses propres travaux.) Les gènes BX-C régulent la morphologie de la segmentation depuis le troisième thoracique jusqu'à l'extrémité postérieure ; l'ANT-C affecte aussi le troisième thoracique, mais régule ensuite le développement des cinq segments qui lui sont antérieurs (les deux autres segments thoraciques et les trois qui produisent les parties de la bouche). Si le complexe tout entier est effacé, les trois segments thoraciques commencent à se différencier en premiers thoraciques (tandis que les abdominaux, régulés par le BX-C, se développent normalement). Il semblerait que les gènes de l'ANT-C soient normalement activés dans le deuxième thoracique et induisent le développement approprié des deuxièmes et troisièmes thoraciques.

Kaufman et ses collègues ont découvert que l'ANT-C est composé d'au moins sept gènes dont tous n'ont pas d'effets homéotiques connus, et qui sont disposés l'un à côté de l'autre sur le bras droit du troisième chromosome de la *D. melanogaster*. Les gènes ne tirent pas leur nom de leurs effets normaux (qui, après tout, aboutissent simplement à une mouche commune que rien ne distingue particulièrement des autres) mais de leurs mutations homéotiques, peu courantes quant à elles. Le premier, le gène de l'antennapedie, régule la différenciation du deuxième segment thoracique, et il est normalement activé à cet emplacement pour accomplir la fonction qui lui revient. On a relevé en ce point précis une série de mutations, dont toutes ont des effets homéotiques qui coïncident avec l'interprétation de ce qu'est, dans ce cas présent, la fonction normale.

Une mutation dominante, l'antennapedie elle-même, a pour bizarre effet (comme son nom l'indique) de produire une patte là où il devrait y avoir une antenne. Cet appendice capricieux n'est pas une patte ancienne mais, de toute évidence, un deuxième thoracique. La mutation de l'antennapedie est due, semble-t-il, à une dérépression mal localisée — dans le segment à partir duquel se développe l'antenne, et non le deuxième thoracique.

Une autre mutation dominante, dite des peignes sexuels en surnombre, entraîne l'apparition de peignes sexuels sur les trois paires de pattes de l'insecte, alors qu'ils se trouvent seulement sur la première paire chez les mouches normales. Cette morphologie n'est pas simplement le résultat du gène qui fabrique les peignes sexuels (contrairement à une croyance répandue, rares sont les gènes qui « fabriquent » des parties individuelles sans une série d'effets complexes et coordonnés). C'est une mutation homéotique. Les trois segments thoraciques se différencient en premiers thoraciques et la mouche possède, au sens propre, trois paires de premières pattes pourvues de leurs peignes sexuels. (La délétion totale de l'ANT-C fait que les trois thoraciques se différencient en premiers thoraciques, mais cette délétion est léthale et la mouche meurt à l'état larvaire. Les mouches qui présentent cette mutation du peigne sexuel supplémentaire deviennent, quant à elles, adultes.) La mutation du peigne sexuel supplémentaire semble opérer en supprimant l'action normale de son gène. Comme l'action normale du gène conduit le deuxième segment thoracique à se différencier correctement, la suppression de celui-ci fait que les trois thoraciques deviennent des premiers thoraciques.

Le deuxième gène de l'ANT-C tire son nom de sa mutation la plus marquante, la réduction du peigne sexuel. Cette mutation homéotique, à l'inverse de l'effet de son peigne sexuel supplémentaire voisin, entraîne la différenciation du premier segment thoracique en deuxième thoracique. Seules les pattes du premier thoracique sont pourvues de peignes sexuels chez la *D. melanogaster*. Les trois gènes suivants n'ont pas subi d'effets homéotiques, et leur inclusion dans l'ANT-C n'a pas encore été résolue. L'un efface plusieurs segments embryonnaires dans sa mutation la plus marquante, un autre interfère avec le développement normal du maxillaire et du mandibule de la bouche, et le troisième produit un embryon bizarrement ridé.

Le sixième gène de l'ANT-C doit son nom à l'autre mutant célèbre de ce complexe, la proboscipédie, découverte en 1933 par deux des plus célèbres généticiens du siècle, Calvin Bridges et

Theodosius Dobzansky. On a relevé six mutations localisées sur ce point précis ; la plupart, comme la proboscipédie elle-même, produisent des pattes là où devraient se développer des parties de la bouche. Le septième et dernier gène connu de l'ANT-C est dépourvu d'effets homéotiques dans sa forme mutante et produit d'importants resserrements aux limites des segments chez les larves. Il est létal.

L'homéosie n'est pas particulière à la drosophile mais semble être un phénomène général, du moins chez les anthropodes. Un ensemble de mutations analogues (ou même homologues) aux homéotiques bithorax de la *Drosophila* se produisent chez le *Bombyx* (ordre des Lépidoptères ; les mouches appartiennent à l'ordre des Diptères). Deux espèces de *Tribolium* — la blatte de la farine (ordre des Coléoptères) — présentent des mutations accompagnées d'effets qui imitent les homéotiques de l'ANT-C de la *Drosophila*. Chez le *Tribolium castaneum*, un ensemble a le même effet que l'antennapédie et produit une série de rem-

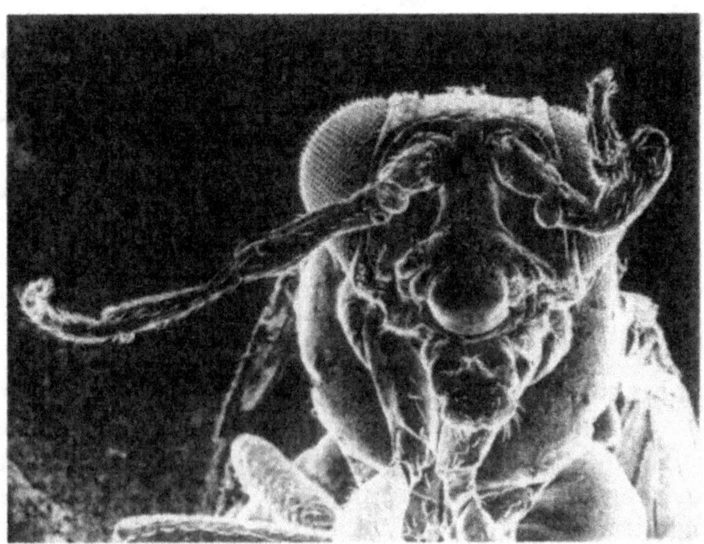

*Mouche présentant une antennapédie, dans laquelle des pattes se forment à l'emplacement des antennes. PHOTO DE F.R. TURNER PRISE AU MICROSCOPE ÉLECTRONIQUE.*

placements des antennes par des pattes, allant de l'apparition de griffes tarsales sur le onzième segment de l'antenne au remplacement de toute une antenne par une avant-patte. Un autre, chez le *T. confusum,* agit comme la proboscipédie et substitue les pattes du premier segment thoracique aux structures buccales appelées palpes labiaux. Chez la blatte *Blatella germanica,* un mutant homéotique produit des ailes rudimentaires sur les premiers segments thoraciques. Aucun insecte moderne ne présente normalement d'ailes sur son premier segment thoracique, mais les plus anciens insectes fossiles pourvus d'ailes en avaient, eux !

L'homéosie est particulièrement facile à mettre en évidence chez les anthropodes en raison de leur structure physique caractéristique, faite de segments distincts dont le développement normal connaît des sorts différents et déterminés, mais qui ont des origines embryologiques et évolutives communes. On a observé à diverses reprises, chez d'autres animaux et d'autres plantes, des phénomènes analogues localisés aux mêmes endroits. En fait, le premier exemple que donnait Bateson après avoir défini le terme mentionnait les vertèbres de l'épine dorsale humaine. Tous les mammifères (sauf les paresseux, mais girafes comprises) ont sept vertèbres cervicales ou cou (terriblement longues chez les girafes). Elles sont suivies des vertèbres dorsales ou thoraciques. Bateson observe chez les humains de nombreux exemples de côtes sur la septième vertèbre cervicale, et même quelques-uns sur la sixième.

Les mutants homéotiques sont d'une bizarrerie fascinante, mais que nous enseignent-ils sur l'évolution ? Nous devons nous garder, je crois, de l'idée tentante mais douloureusement naïve qu'ils représentent ces « monstres prometteurs » tant recherchés, capables de valider les théories par trop bondissantes qui envisagent les grandes transitions de l'évolution comme autant de grands sauts isolés (malgré ma prédilection pour les changements rapides, je vois dans cette conception un fantasme né de l'appréciation insuffisante de la complexité et de l'intégration des organismes). D'abord, la plupart des mutations homéotiques produisent des créatures impossibles. Les pattes qui jaillissent des orbites ou entourent la bouche des mouches qui en sont affligées sont des accessoires inutiles, dépourvus des relais musculaires et neuraux nécessaires. Et même s'ils fonctionnaient, que pourraient-ils accomplir en étant aussi bizarrement localisés ? Ensuite, les homéotiques viables qui imitent des formes ancestrales ne sont pas vraiment une réapparition de ces ancêtres. Une mouche bithorax est pourvue des quatre ailes ancestrales, mais elle ne les obtient que parce qu'elle a formé deux deuxièmes thorax, et non en retrouvant un schéma ancien.

Je crois que les enseignements de l'homéosie résident d'abord dans l'embryologie, et reviennent ensuite à l'évolution. Comme me le faisait remarquer Tom Kaufman, ils montrent de façon spectaculaire quel nombre infime de gènes interviennent dans la régulation de l'enchaînement de base du développement des parties dont est faite la drosophile. Les complexes de l'ANT-C et du BX-C de la *D. melanogaster* déterminent à eux deux le développement normal de tous les segments de la bouche, du thorax et de l'abdomen — seuls les deux segments antérieurs ne sont pas soumis à leur contrôle. Chaque complexe ne comporte qu'une poignée de gènes, et chacune de ces poignées peut avoir évolué à partir d'un gène ancestral unique qui s'est répété plusieurs fois. Quand ces gènes subissent une mutation ou sont effacés, on voit apparaître des effets homéotiques singuliers qui, en général, sèment la pagaïe dans le développement et entraînent la mort.

Plus important peut-être, ces complexes homéotiques mettent en évidence la hiérarchie avec laquelle les programes génétiques régulent l'immense complexité du développement embryonnaire, que l'on considérait déjà à l'époque d'Aristote comme le plus grand mystère de la biologie. Les gènes homéotiques ne construisent pas eux-mêmes les différentes structures de chaque segment de l'organisme. C'est le rôle de ce qu'on appelle les gènes structurels, qui dirigent l'assemblage des protéines. Les homéotiques sont des commutateurs ou des régulateurs ; ils produisent un signal (de nature hélas inconnue) qui active des blocs entiers de gènes structuraux.

Or, à un niveau supérieur, il doit bien exister un régulateur principal qui déclenche l'action des homéotiques au moment et à l'endroit voulus ; nous savons, en effet, que beaucoup de mutations homéotiques sont précisément des erreurs de localisation et de synchronisation. Peut-être ce régulateur principal n'est-il rien d'autre qu'un gradient d'une substance quelconque opérant de l'avant à l'arrière d'une mouche à l'état de larve ; peut-être les régulateurs homéotiques peuvent-ils « lire » ce gradient et être activés au bon endroit en vérifiant sa concentration. Quoi qu'il en soit, nous avons trois niveaux hiérarchiques de contrôle : les gènes structurels qui construisent les différentes parties de chaque segment, les régulateurs homéotiques qui activent les blocs de gènes structuraux, et les régulateurs supérieurs qui activent les régulateurs homéotiques au moment et à l'endroit voulus.

Si l'embryologie est un système hiérarchique doté de commutateurs principaux étonnamment peu nombreux à des niveaux supérieurs, voilà qui nous apprend, après tout, quelque chose sur l'évolution. Si les programmes génétiques étaient des lots de gènes indépendants, chacun étant responsable de la construction d'un élément unique de l'organisme, l'évolution serait obligée de procéder petit à petit, et tout changement majeur se produirait lentement et par séquences, tandis que les milliers d'éléments qui le composent se modifieraient les uns après les autres et indépendamment. Mais les programmes génétiques sont des hiérarchies pourvues de commutateurs principaux, et les petits changements génétiques qui affectent à l'occasion ces commutateurs peuvent engendrer des effets en cascade dans tout l'organisme. Les mutants homéotiques nous enseignent que de petits changements génétiques peuvent se répercuter sur les commutateurs et produire des changements remarquables chez la mouche adulte. Les grandes transitions évolutives peuvent être déclenchées (bien que non achevées dans la même foulée, comme le veulent les inconditionnels du monstre prometteur) par de petits changements génétiques qui se transfèrent dans des organismes profondément modifiés. Si le gradualisme darwinien classique est aujourd'hui l'objet de critiques de la part des milieux évolutionnistes, la structure hiérarchique des programmes génétiques fournit un argument puissant pour répondre à leurs objections.

Dans ce contexte, si nous envisageons les grands pas hypothétiques de l'évolution des insectes, nous admettons que les mutants homéotiques peuvent contribuer à les élucider. Les insectes, avec leurs segments différenciés relativement peu nombreux, ont probablement évolué à partir d'un ancêtre pourvu de segments plus nombreux et moins différenciés. Au départ, ces segments moins différenciés étaient pourvus chacun d'une paire de pattes (les antennes et les pièces buccales des insectes modernes sont des pattes modifiées). Au fil de l'évolution, les pattes des segments postérieurs ont disparu et sur les segments antérieurs, elles sont devenues les antennes et les pièces buccales. Les grands complexes homéotiques de la *Drosophila* semblent réguler uniquement ces changements — et cela, avec un minimum d'information génétique. Le BX-C contrôle les appendices postérieurs avec leurs pattes disparues, et sa délétion amorce un commencement de différenciation de ces segments en deuxièmes thoraciques avec un début de pattes. Les principaux mutants de l'ANT-C remplacent par des pattes des structures qui étaient naguère des pattes. Loin d'être capricieuse, la nature des changements homéotiques suit des sentiers tracés par l'évolution.

Même les homéotiques bizarres peuvent contenir une information évolutive. Lorsque Bridges et Dobzansky décrivirent la proboscipédie en 1933, ils observèrent que tout un ensemble de changements coordonnés — qui n'avaient rien à voir avec l'apparition spectaculaire de pattes — rapprochaient les pièces buccales de la forme normale des ailes des insectes piqueurs à partir desquels les mouches ont probablement évolué. (Dobzansky, mort il y a quelques années seulement, fut le plus grand généticien évolutionniste de notre époque. Les travaux quantitatifs de laboratoire récoltent souvent tous les lauriers, tandis que les naturalistes de terrain, avec leurs connaissances détaillées et spécifiques, sont injustement relégués au rang de collectionneurs de timbres. La vie de Dobzansky prouve à quel point ce préjugé est mal fondé. Cela faisait des années que les généticiens décrivaient des mutants homéotiques, mais aucun n'avait les connaissances voulues pour identifier des effets morphologiques subtils qui ne peuvent être perçus que par l'œil exercé du taxinomiste. Dobzansky, le meilleur de tous, était un taxinomiste chevronné et un biologiste de terrain qui commença par se spécialiser dans la systématique des *Coccinellidæ,* ou bêtes à bon Dieu. Rien ne remplace la connaissance détaillée de l'histoire naturelle et de la taxinomie.

Au cas où l'on se demanderait si les mutants homéotiques n'ont de signification que dans le champ prétentieux des spéculations sur l'évolution, je terminerai sur un fait particulièrement étonnant. On a découvert une mutation homéotique chez un moustique piqueur, l'*Aedes albopictus*. Oui, vous brûlez ! Cette mutation transforme des pièces de l'appareil piqueur en une paire de pattes ! Les six stylets qui nous percent réellement la peau ne sont pas modifiés, mais les labelles — les structures qui entourent les stylets et comportent des poils tactiles et chimio-sensoriels — sont transformés en pattes pourvues de griffes tarsales à leur extrémité. Ces moustiques ne peuvent pas percer la peau, parce qu'ils n'ont pas de poils tactiles et chimiosensoriels leur permettant de localiser l'endroit où piquer, et parce que les stylets sont bloqués par les pattes situées au mauvais emplacement.

Quelle merveilleuse et délectable idée dans ce monde inondé de mauvaises nouvelles : des moustiques indolores dotés de deux pattes supplémentaires ! Oh, inutile de se laisser aller à un fol espoir : ils ne remplaceront pas les moustiques normaux. D'abord, ils meurent, parce qu'ils sont incapables de se nourrir (encore qu'on puisse les maintenir artificiellement en vie sur des tampons d'ouate imprégnés de sang). Même s'ils avaient appris à se nourrir en léchant et non en piquant, ils ne feraient pas le poids par rapport à l'espèce normale, parce qu'ils ont des vies larvaires plus longues, une mortalité plus grande à l'état pupal et une diminution importante de leur longévité à l'état adulte. Pourtant, en des temps précaires, l'espoir se nourrit de ces faits étranges — et, dans le cas qui nous intéresse, avec seulement un minimum de licence poétique, de l'énorme avantage (ne serait-ce que pour une autre créature dotée d'une patience à toute épreuve) que représente la possibilité de se mettre le pied dans la bouche.

# IV. TEILHARD ET PILTDOWN

# 16.

# La conspiration de Piltdown [1]

INTRODUCTION ET TOILE DE FOND

*A propos de conspiration*

Dans son grand air de « La calomnie », dom Basile, le maître de musique du *Barbier de Séville* de Rossini, décrit de façon imagée comment une rumeur, convenablement alimentée, s'enfle et se transforme en une calomnie aussi impressionnante qu'infâmante. Les plus honnêtes d'entre nous liront la même leçon dans le sens inverse : sois sobre dans l'adversité. Le désir de charger de tous les maux un individu unique, œuvrant en solitaire, reflète cette stratégie ; les accusations de conspiration ont tellement tendance à se ramifier, telle la rumeur de Basile,

1. Cet essai a fait l'objet d'un nombre considérable de commentaires, positifs pour la plupart, mais dont quelques-uns furent aussi extrêmement blessants, pour ne pas dire plus (les plus sauvages, vous me pardonnerez cette association, émanant des inconditionnels du « culte de Teilhard »). Moyennant quoi, j'ai décidé de reproduire l'essai en question (qui parut initialement dans *National History Magazine* d'août 1980) sans y apporter la moindre retouche. Il serait peu honnête, en effet, de l'améliorer en corrigeant ses erreurs et ses ambiguïtés pour me retourner ensuite contre mes détracteurs (voir l'essai suivant) avec un meilleur produit que l'original sur lequel portaient leurs attaques. Mais comme il est parfaitement contraire à la morale de publier en toute connaissance de cause quelque chose de faux, je rectifierai quelques inexactitudes par des notes en bas de page : ainsi, tout le monde pourra voir où j'ai erré la première fois. Je ne toucherai à aucune interprétation, réservant mes revirements (mineurs et sans conséquence) pour l'essai suivant.

jusqu'au moment où il ne s'agit plus de chercher « l'auteur du crime », mais d'imputer à tous le forfait. Pourtant, les conspirations existent. Même les « *pros* et les politiciens » doutent aujourd'hui que Lee Harvey Oswald ait agi seul ; et dans l'Orient-Express, tout le monde était coupable [2].

L'affaire de Piltdown, qui est à coup sûr la plus célèbre et la plus spectaculaire supecherie du XXe siècle, en a apporté l'illustration depuis qu'elle fut dévoilée en 1953. La version semi-officielle — et sobre — veut que Charles Dawson, le juriste et archéologue amateur qui « découvrit » les premiers spécimens, ait été l'auteur et l'artisan de tout le complot. Étant donné que la démonstration élégante de J.S. Weiner exclut virtuellement l'innocence de Dawson (*The Piltdown Forgery,* Oxford University Press, 1955), la conspiration devient la seule hypothèse acceptable pour les contestataires. Et les noms avancés pour les conjurés abondent, allant du grand anatomiste Grafton Elliot Smith à W.J. Sollas, professeur de géologie à Oxford. J'estime que ces allégations sont tirées par les cheveux et sans fondement. Mais je n'en suis pas moins persuadé qu'il y eut conspiration à Piltdown et qu'une fois n'est pas coutume, l'hypothèse la plus intéressante est la bonne. Je suis convaincu qu'un homme, qui devait devenir un des plus célèbres théologiens du monde entier et faire l'objet d'un culte pendant de nombreuses années après sa mort survenue en 1955, savait ce que Dawson faisait et lui apporta un concours sans doute appréciable. Cet homme était le jésuite et paléontologiste français Pierre Teilhard de Chardin.

### *Teilhard et Piltdown*

Né en Auvergne en 1881, Teilhard appartenait à une vieille famille conservatrice et aisée. Entré chez les jésuites en 1902, il poursuivit ses études sur l'île anglo-normande de Jersey de 1902

---

2. Je pense qu'on devrait écrire aujourd'hui : « Bon nombre de « *pros* et de politiciens », compte tenu du rythme accéléré de la roue de la fortune. Pourtant, la fiction a paradoxalement cette permanence du roc dont sont dépourvus les faits, et, aujourd'hui et plus encore demain, tout le monde est coupable sur l'Orient-Express.

à 1905, puis enseigna pendant trois ans la physique et la chimie dans une institution des Jésuites au Caire. En 1908, il revint terminer sa formation théologique au séminaire jésuite d'Ore Place à Hastings, providentiellement situé à proximité de Piltdown, sur la côte sud-est de l'Angleterre. Il y passa quatre ans et fut ordonné prêtre en 1912 [3]. En théologie, Teilhard se montrait un étudiant assez doué, mais moyennement motivé. Ce qui le passionnait et l'avait toujours passionné à Hastings, c'était l'histoire naturelle. Il parcourait la campagne à la recherche de papillons, d'oiseaux et de fossiles. Et, en 1909, il fit la connaissance de Charles Dawson sur le lieu géographique de leur passion commune — une sablière où ils cherchaient des fossiles. Au cours de leurs recherches, les deux hommes devinrent bons amis et bons collègues. Dans ses lettres à ses parents, Teilhard parlait de Dawson en l'appelant « mon correspondant en théologie ».

Dawson affirmait avoir trouvé le premier fragment du crâne de Piltdown en 1908, après que des ouvriers travaillant dans une sablière lui eurent parlé d'une « noix de coco » (le crâne entier) qu'ils avaient déterrée sur ce site et brisée. Dawson continua de fouiller l'endroit et recueillit quelques autres morceaux de crâne et des fragments de mammifères fossiles. Il n'apporta ses spécimens à Arthur Smith Woodward, conservateur du département de paléontologie au British Museum, que vers le milieu de l'année 1912. Ainsi, trois ans avant qu'un spécialiste eût jamais entendu parler des matériaux collectés à Piltdown, Dawson et Teilhard faisaient ensemble de l'histoire naturelle aux environs de Piltdown.

Smith Woodward n'avait pas spécialement le goût du secret, mais il connaissait la valeur de ce qu'avait apporté Dawson et la jalousie que ces matériaux pouvaient inspirer. Il ne laissa filtrer aucune information tant que Dawson n'eut pas rendue publique sa découverte. Il refusa la présence d'amis profanes de Dawson sur le site, et seul un naturaliste accompagna Dawson et Smith Woodward dans leurs premières fouilles à Piltdown :

---

3. Je remercie le père Thomas M. King, s.j., de l'université de Georgetown, qui a relevé deux erreurs anodines mais fort embarrassantes dans ce paragraphe. Teilhard fut admis chez les jésuites en 1899 et non en 1902, et ordonné prêtre en 1911 et non en 1912.

Teilhard de Chardin, que Dawson lui avait dit être « tout à fait sûr ». D'autres spécimens furent mis au jour en 1912, dont la célèbre mâchoire avec ses deux molaires qu'on avait limées pour imiter l'usure de dents humaines. En décembre, Smith Woodward fit sa communication, et ce fut le début de la controverse.

Les fragments de crâne, bien que très épais, ne pouvaient être distingués de fragments humains modernes. La mâchoire, en revanche, exception faite de l'usure des dents, avait indiscutablement appartenu à un « chimpanzé » aux yeux de bon nombre d'experts (à un orang-outan, en réalité). Personne ne subodora la supercherie, mais beaucoup de spécialistes eurent l'impression que des éléments appartenant à deux créatures s'étaient trouvé mélangés sur le site de Piltdown. Smith Woodward défendit énergiquement l'intégrité de sa créature en affirmant avec une logique discutable que le rôle capital du cerveau dans notre maîtrise actuelle de la Terre impliquait également que de gros cerveaux aient joué un rôle précoce dans l'histoire de l'évolution. Une boîte crânienne entière, fixée à une mâchoire simienne, justifiait cette conception de l'évolution centrée sur le cerveau.

Teilhard quitta l'Angleterre à la fin de 1912 [4] afin de commencer ses études de troisième cycle avec Marcellin Boule, le plus grand anthropologue physique français. Mais en août 1913, il était de retour à Ore Place pour une retraite. Il passa également plusieurs jours à prospecter sur le terrain avec Dawson, et, le 30 août, il fit lui-même une découverte importante — une canine de la mâchoire inférieure, simienne en apparence, mais qui portait les mêmes traces d'usure qu'une dent humaine. Smith Woodward continua à publier sur le nouveau matériau, malgré ses détracteurs qui s'obstinaient à voir dans l'homme de Piltdown deux animaux assemblés par erreur.

L'énigme fut résolue en faveur de Smith Woodward, en 1915. Depuis plusieurs années, Dawson prospectait un autre site, éloi-

---

4. Je remercie de nouveau le père King d'avoir attiré mon attention sur une erreur qui aurait pu, cette fois, avoir des conséquences et n'en est que plus gênante. Plus Teilhard resta en Angleterre, plus il eut la possibilité de travailler avec Dawson. Il partit non « à la fin de 1912 », comme je l'écrivais, mais le 16 juillet.

gné de trois kilomètres de Piltdown. Il y emmena sans doute Teilhard en 1913 ; nous savons qu'il fouilla cette zone à diverses reprises en 1914 en compagnie de Smith Woodward. L'exploration du deuxième site, qu'on baptisa plus tard Piltdown 2, avait été couronnée de succès : « Je crois que nous jouons de nouveau de chance. J'ai trouvé un fragment du côté gauche [il s'agissait en fait du côté droit] d'un os frontal avec une portion d'orbite et la base du nez. » En juillet de la même année, il annonçait la découverte d'une nouvelle molaire inférieure, de nouveau d'apparence simienne, mais usée comme une molaire humaine. Il était possible que les os d'un humain et ceux d'un singe aient abouti une fois dans la même sablière, mais la deuxième conjugaison, identique, d'une voûte crânienne et d'une mâchoire de singe prouvait à n'en pas douter que leur possesseur n'était qu'une seule et même créature, malgré l'incongruité anatomique apparente. H.F. Osborn, le chef de file de la paléontologie américaine qui avait attaqué la première découverte de Piltdown, fit part avec sa grandiloquence habituelle de sa conversion. Même le maître de Teilhard, Marcellin Boule, chef de file des sceptiques, admit de mauvaise grâce que les nouvelles découvertes avaient fait pencher, bien que légèrement, la balance en faveur de Smith Woodward. Dawson ne vécut pas assez longtemps pour jouir de son triomphe ; il mourut en effet en 1916. Smith Woodward fit vigoureusement campagne pour Piltdown pendant le restant de sa longue existence et consacra son dernier livre (*The Earliest Englishman,* 1948) à sa défense. Il mourut, grâce à Dieu, avant que le scandale auquel il avait donné naissance n'éclatât.

Entre-temps, Teilhard poursuivait sa vocation avec une gloire, une frustration et une exaltation croissantes. Il se distingua pendant la Première Guerre mondiale comme brancardier, puis fut nommé professeur de géologie à l'Institut Catholique de Paris. Mais sa pensée non orthodoxe (bien que toujours pieuse) l'opposa bientôt irrévocablement à l'autorité ecclésiastique. Il reçut l'ordre d'abandonner son poste d'enseignant et de quitter la France ; en 1926, il partait pour la Chine. Il y resta la plus grande partie de sa vie, poursuivant des recherches de premier ordre en géologie et en paléontologie et écrivant les traités de philosophie sur l'histoire cosmique et sur la réconciliation de la science et de la religion qui devaient le rendre si célèbre par la suite. (Ils demeurèrent tous inédits jusqu'à sa mort, de par la volonté de l'Église.) Teilhard mourut en 1955, mais sa disparition marquait seulement le début d'une ascension météorique vers la gloire. Ses traités, longtemps interdits, furent publiés et rapidement traduits dans les principales langues. *Le Phénomène humain* devint un best-seller dans le monde entier. La Widener Library de Harvard abrite aujourd'hui un étage entier de livres consacrés aux écrits et à la pensée de Teilhard. Deux revues créées pour débattre de ses idées sont encore florissantes.

Du trio d'origine — Dawson, Teilhard et Smith Woodward — seul Teilhard vivant encore lorsque Kenneth Oakley, J.S. Weiner et W.E. le Gros Clark prouvèrent que les ossements de Piltdown avaient été chimiquement teintés pour reproduire la coloration due au grand âge, les dents artificiellement limées pour imiter l'usure des dents humaines, les restes de mammifères qui y étaient associés apportés tous d'ailleur, et les « outils » en silex récemment taillés. Les détracteurs de Piltdown avaient eu raison sur toute la ligne, plus encore qu'ils n'auraient jamais osé l'imaginer. Les os du crâne appartenaient bien à un être humain moderne, la mâchoire à un orang-outan. Le choc de la révélation céda le pas à la fascination exercée par la question de savoir qui était « l'auteur du crime », et deux membres du trio furent rapidement mis hors de cause. Smith Woodward avait été trop absorbé par sa passion, et trop crédule ; qui plus est, il ignorait tout du site avant que Dawson ne lui eût apporté les ossements originaux en 1912. (Je n'ai pas le moindre doute sur la totale innocence de Smith Woodward.) Teilhard était trop célèbre et trop présent pour qu'on se risquât à aller au-delà d'une enquête des plus discrètes. On attribua son erreur à sa naïveté de jeune étudiant qui, quarante ans plus tôt, avait été trompé et utilisé par l'habile Dawson. La théorie officielle fut que Dawson avait agi seul ; quant aux experts, ils furent gênés mais absous.

*Soupçons*

J'avais juste l'âge des passions primales — douze ans— et j'étais un paléontologiste en herbe lorsque le *New York Times* révéla la supercherie à la « une », un beau matin, au petit déjeuner. Mon intérêt pour cette affaire n'est jamais retombé depuis lors, et j'ai interrogé au fil des ans de nombreux paléontologistes blanchis sous le harnois au sujet de Piltdown. J'ai aussi remarqué, avec amusement et étonnement, que rares étaient ceux qui croyaient la version officielle selon laquelle Dawson aurait monté seul toute cette affaire. J'ai noté en particulier que plusieurs des hommes que j'admire le plus soupçonnent Teilhard, moins en raison des faits (leurs doutes s'appuient sur ce que je considère, quant à moi, comme les faiblesses de l'argumentation), mais en raison de leur sentiment intuitif à l'égard d'un homme qu'ils ont bien connu, aimé et respecté, mais dont la piété semblait cacher une passion, un mystère et un certain goût pour la plaisanterie. A.S. Romer et Bryan Patterson, deux des principaux spécialistes américains de la paléontologie des vertébrés, et qui furent mes collègues à Harvard, m'ont souvent fait part de leurs soupçons. Louis Leakey me les a exprimés dans ses écrits, sans citer de nom, mais on ne peut plus clairement pour un lecteur averti (voir son autobiographie, *By the Evidence* [5]).

Après avoir écrit un article sur Piltdown, mais pour d'autres raisons (*Natural history,* mars 1979), je finis par décider d'ajouter moi aussi mon grain de sel à l'affaire et d'aller voir un peu de quoi il retournait. Je lus donc tous les documents officiels et en arrivai à la conclusion que rien n'excluait Teilhard de cette affaire, mas que rien non plus, hormis sa présence à Piltdown dès le départ, ne le mettait particulièrement en cause. Mon intention était de laisser tomber le sujet ou de passer le flambeau à quelqu'un de plus motivé que moi pour les enquêtes. Mais, à une conférence qui se tenait en France en septembre dernier, je

5. J'ai appris, depuis lors, que Louis Leakey était beaucoup plus sérieux dans son examen crtique que je ne m'en étais aperçu. Il était convaincu de la culpabilité de Teilhard et était en train d'écrire un livre à ce sujet au moment où la mort le surprit.

rencontrai par hasard deux des plus proches collègues de Teilhard, l'éminent paléontologiste J. Piveteau et le grand zoologiste P.P. Grassé. « *Incroyable* * », fulminèrent-ils que je leur fis part de mes soupçons. Puis le père François Russo, ami de Teilhard et jésuite lui-même, eut vent de mon enquête et promit de m'envoyer un document qui prouverait l'innocence de Teilhard : la copie d'une lettre écrite par Teilhard à Kenneth Oakley le 28 novembre 1953. Je reçus, cette lettre dans sa version française imprimée (Teilhard l'écrivit en anglais) en octobre 1979 et m'aperçus aussitôt qu'elle comportait une contradiction (une gaffe de Teilhard), qui était très facilement résolue, toutefois, si l'on admettait qu'il avait été complice. Quand je rendis visite à Oakley à Oxford, en avril 1980, il me montra l'original de cette lettre en même temps que d'autres lettres que lui avait adressées Teilhard. Nous étudiâmes les documents et passâmes la plus grande partie de la journée à parler de Piltdown ; je repartis convaincu que Romer, Patterson et Leakey avaient eu raison. Oakley, qui avait remarqué cette contradiction mais en l'interprétant différemment, se rangea à mon avis et déclara au moment où nous nous séparâmes : « Je crois en effet que Teilhard était dans le coup. » (Permettez-moi de dire ici combien j'ai apprécié l'hospitalité de Kenneth Oakley, sa franchise, et la simplicité de sa gentillesse et de sa coopération apparemment inépuisables. Je me sens toujours revigoré quand je découvre — et c'est moins rare que beaucoup de gens ne l'imaginent — qu'un grand penseur est aussi un être humain exemplaire.) A dater de ce jour, j'ai affiné les arguments fondamentaux et lu les écrits publiés de Teilhard, où j'ai découvert un schéma d'ensemble qui paraît difficilement conciliable avec son innocence. Certes, mes preuves sont indirectes (comme le sont celles du cas Dawson ou d'autres), mais j'estime qu'il incombe à ceux qui tiendraient le Père Teilhard pour irréprochable de le prouver.

* En français dans le texte. (NdT.)

CONTRE TEILHARD

## *Les lettres à Kenneth Oakley*

Mise à part sa valeur éthique (considérable, à mon sens), la vérité a pour vertu principale de constituer un guide infaillible qui vous permet de ne pas perdre le fil de votre histoire. Le problème de la prévarication est que, lorsque la route se complique ou que le souvenir s'embrume, il devient très difficile de se rappeler tous les détails de l'histoire qu'on a inventée. Richard Nixon s'est finalement laissé piéger par un détail mineur et Sir Walter Scott parlait d'or quand il écrivit ses vers célèbres : *« Oh, what a tangle web we weave, / When first we practice to deceive ! »* (Cette toile embrouillée que nous tissons / Quand nous cherchons d'abord à tromper !)

Teilhard chuta de la même façon sur un point très secondaire de sa lettre à Oakley. Il n'évoquait aucun souvenir spontané de Piltdown et se contentait de répondre aux questions directes d'Oakley qui lui demandait de l'aider à établir l'identité du falsificateur. Il commence par féliciter « très sincèrement » Oakley pour la « solution » qu'il propose au problème de Piltdown. « Anatomiquement parlant, l'*Eoanthropus* [comme Smith Woodward avait baptisé l'animal de Piltdown] était une sorte de monstre... C'est pourquoi je suis fondamentalement satisfait de vos conclusions, en dépit du fait que, sentimentalement parlant, ils gâchent l'un de mes paléontologiques les plus lumineux et les plus anciens. »

Teilhard donne ensuite des réponses évasives au sujet de la supercherie. Il refuse d'en croire le moindre mot, affirmant que Smith Woodward et Dawson (ce qui sous-entend lui-même) n'étaient pas le genre d'individus capables de faire une chose pareille. Est-il impossible, demande-t-il, qu'un collectionneur ait jeté les os d'un singe dans une carrière qui contenait légitimement un crâne humain provenant d'une inhumation récente ? Les taches ne pouvaient-elles être naturelles, puisque l'eau de l'endroit « peut très vite provoquer des taches (par oxydation) » ? Mais la thèse de Teilhard n'explique ni le limage artificiel de la dent destiné à simuler l'usure humaine, ni la découverte capitale d'une seconde combinaison de singe et d'homme sur le site de Piltdown 2. « Cette hypothèse paraît invraisemblable, reconnaît en fait Teilhard. Mais, ce n'est pas plus invraisemblable, à mon sens, que de faire de Dawson l'auteur d'une contrefaçon. »

Teilhard poursuit sur Piltdown 2 et, essayant de blanchir Dawson, commet son erreur fatale. Il écrit :

> Il [Dawson] se borna à me conduire sur l'emplacement du deuxième et m'expliqua [*sic*] qu'il avait trouvé la molaire isolée et les petits morceaux de crâne dans les tas de graviers et de cailloutis qui avaient été ratissés à la surface du champ.

Or c'est impossible. Teilhard se rendit bien sur le second site avec Dawson en 1913, mais ils ne trouvèrent rien. Dawson « découvrit » les os crâniens à Piltdown 2 en janvier 1915, et la dent en juillet 1915 seulement. Et maintenant, le point capital : Teilhard fut rappelé dans les rangs de l'armée française en décembre 1914 et expédié aussitôt sur le front, où il resta jusqu'à la fin de la guerre. Il ne pouvait donc avoir vu les vestiges de Piltdown 2 avec Dawson, sauf s'ils les avaient fabriqués ensemble avant son départ (Dawson mourut en 1916).

Oakley vit immédiatement la contradicton lorsqu'il reçut la lettre de Teilhard en 1953, mais il l'interpréta différemment, et il avait de bonnes raisons pour cela. A l'époque, Oakley et ses collègues entamaient tout juste leur enquête pour trouver « l'auteur du crime ». Ils soupçonnaient à juste titre Dawson et avaient écrit à Teilhard pour obtenir son témoignage. Oakley lut la déclaration de Teilhard au moment où il essayait simplement d'établir la culpabilité de Dawson. Dans ce contexte, il supposa que Dawson avait montré les spécimens à Teilhard en 1913, mais les avait cachés à Smith Woodward jusqu'en 1915 — preuve supplémentaire de la duplicité de Dawson.

Oakley répondit sur le champ et Teilhard, s'apercevant qu'il s'était coupé, chercha à gagner du temps. Dans sa deuxième lettre, datée du 29 janvier 1954, il essaie de se rattraper :

Au sujet du point d' « histoire » que vous me demandez, mes « souvenirs » sont un peu vagues. Mais, en procédant par élimination (et puisque Dawson mourut *pendant* la Première Guerre mondiale, si je ne me trompe pas), ma visite au *deuxième* site avec Dawson (où deux petits fragments de crâne et une molaire isolée furent trouvés dans les graviers) dut se produire à la fin de juillet 1913 [ce fut sans doute au début d'août].

Visiblement embarrassé, il terminait par le post-scriptum suivant :

Quand je me rendis sur le site n° 2 (en 1913 ?), les deux petits fragments de crâne et la dent avaient déjà été trouvés, je crois. Mais votre question même me fait douter ! Oui, je crois vraiment qu'ils avaient été trouvés : et c'est la raison pour laquelle Dawson me montra les petits tas de cailloux râtissés à l'endroit de la « découverte ».

Dans une dernière lettre adressée à Mable Kenward, fille du propriétaire de Barkham Manor, le site de la première découverte de Piltdown, Teilhard reculait encore d'un pas : « Dawson me montra le champ où fut trouvé le second [fragment de] crâne. Mais, comme je l'ai écrit à Oakley, je suis incapable de me rappeler si ce fut après ou avant la découverte » (2 mars 1954).

Je ne vois que quatre interprétations possibles de ce faux-pas de Teilhard.

1. Ma première idée, alors que je n'avais lu que la première lettre, fut qu'on pouvait interpréter la déclaration de Teilhard de la façon suivante : Dawson m'a conduit sur le suite en 1913 et m'a dit par la suite, dans une lettre écrite pendant la guerre, avoir trouvé les fragments dans les graviers. Mais la deuxième lettre de Teilhard dit explicitement que Dawson. en chair et en os, avait fait allusion au site de Piltdown 2 où il avait trouvé les spécimens.

2. L'hypothèse primitive d'Oakley : Dawson a montré les spécimens à un Teilhard innocent en 1913, mais les a cachés à Smith Woodward jusqu'en 1915. Mais Dawson emmena Smith Woodward sur le second site à l'occasion de plusieurs expéditions de fouilles en 1914, sans jamais rien trouver. Or Teilhard et Smith Woodward étaient aussi très proches. Dawson les

avait présentés l'un à l'autre en 1909, en envoyant à Londres plusieurs spécimens de mammifères importants (qui n'avaient rien à voir avec Piltdown) collectés par Teilhard. Smith Woodward fut enchanté du travail effectué par Teilhard et le loua profusément dans une publication. Il n'accepta que Teilhard comme membre de leurs premières expéditions à Piltdown. Qui plus est, Teilhard logea chez Smith Woodward quand il se rendit à Londres en septembre 1913, à la suite de sa découverte de la canine. Si Dawson avait montré à Teilhard en 1913 les découvertes faites à Piltdown 2, puis dûment trompé Smith Woodwad pendant plusieurs expéditions sur le terrain en 1914, et si un Teilhard innocent avait parlé des spécimens à Smith Woodward (et je ne vois vraiment pas pourquoi il ne l'aurait pas fait), alors la supercherie de Dawson aurait été révélée.

3. Teilhard n'entendit jamais parler des spécimens de Piltdown 2 par Dawson lui-même, mais oublia purement et simplement, quarante ans plus tard, qu'il n'avait en réalité jamais vu les fossiles dont il avait entendu parler plus tard. C'est la seule alternative (à la complicité de Teilhard) que j'estime un tant soit peu plausible. Si les lettres n'étaient pas remplies d'autres indications négatives, et si le dossier contre Teilhard ne s'appuyait pas sur d'autres éléments, c'est une éventualité que j'envisagerais plus sérieusement.

4. Teilhard et Dawson mirent au point la découverte de Piltdown 2 avant que Teilhard ne quitte l'Angleterre. Quarante ans plus tard, Teilhard fit une erreur en reconstituant la chronologie exacte, oublia qu'il ne pouvait avoir vu les spécimens au moment où on les « découvrit » officiellement, et se « coupa » en écrivant à Oakley.

Les lettres de Teilhard à Oakley contiennent d'autres déclarations curieuses, chacune insignifiante en soi (ou sujette à d'autres interprétations), mais qui tentent dans leur ensemble de détourner subtilement de lui les soupçons :

1. Dans sa lettre du 28 novembre 1953, Teilhard dit qu'il a rencontré pour la première fois Dawson en 1911. En réalité, ils lièrent connaissance en mai 1909, car Teilhard décrit leur rencontre dans une lettre pleine de détails à ses parents. De plus,

cette rencontre constitua un événement important dans la carrière de Teilhard ; Dawson se prit en effet d'amitié pour le jeune prêtre et lui valut notoriété et respect dans sa profession en lui envoyant des spécimens importants que lui-même avait collectés pour Smith Woodward. Quand Smith Woodward décrivit ces matériaux devant la Geological Society de Londres en 1911, Dawson, dans la discussion qui suivit la communication de Smith Woodward, rendit hommage à l' « aide patiente et avisée » que lui apportait Teilhard depuis 1909. Je ne vois pas là une circonstance accablante en soi. Une première rencontre en 1911 suffirait à prouver la complicité de Teilhard (Dawson « découvrit » son premier morceau de crâne de Piltdown en 1911, bien qu'il affirme qu'un ouvrier lui en avait donné un fragment « plusieurs années auparavant »), et je ne retiendrai jamais une erreur de deux années contre cet homme qui s'évertuait à se remémorer les faits quarante ans plus tard. Pourtant, il ne fait aucun doute que la seconde date (inexacte), immédiatement dans la foulée de la première « découverte » de Dawson, détourne les soupçons de Teilhard.

2. Oakley écrivit de nouveau en 1954 ; il explorait plus en détail le premier contact de Dawson avec le matériau de Piltdown et s'interrogeait en particulier sur ce qui s'était passé en 1908. Teilhard se contenta de répondre (1er mars 1954) : « En 1908, je ne connaissais pas Dawson. » Tout à fait exact, mais ils se rencontrèrent quelques mois plus tard, ce que Teilhard aurait pu mentionner. D'accord, ce n'est qu'un détail.

3. Dans la même lettre, Teilhard essaie de détourner encore davantage les soupçons en évoquant les années qu'il avait passées à Hastings : « Vous savez, à l'époque j'étais un jeune étudiant en théologie, et on ne m'autorisait guère à sortir de ma cellule à Ore Place (Hastings). » Mais cette description du jeune homme pieux, limité dans ses déplacements, contraste vivement avec le portrait que traçait lui-même Teilhard à la même époque dans une remarquable série de lettres à ses parents (*Lettres d'Hastings et de Paris, 1908-1914*, Paris, Aubier, 1965). Ces lettres parlent peu de théologie, mais elles abondent en récits détaillés et pleins de charme des fréquentes excursions de Teilhard dans tout le sud de l'Angleterre. Onze lettres mentionnent

des excursions avec Dawson [6], et aucun autre naturaliste n'est mentionné aussi souvent. S'il passa une grande partie de son temps à Ore Place, il décida de n'en rien dire. Le 13 août 1910, par exemple, il s'écrie : « J'ai beaucoup circulé sur la côte, à gauche et à droite de Hastings ; grâce aux *cheap-trains* multipliés à cette époque de l'année, il est facile d'aller assez loin avec des frais minimes. »

Peut-être suis-je maintenant trop aveuglé par le fait que j'incline pour l'hypothèse de la complicité de Teilhard. Peut-être tous ces points sont-ils mineurs et sans aucun rapport, et attestent-ils seulement de la mémoire défaillante d'un homme vieillissant. Mais ils n'en constituent pas moins un schéma indéniable. Toutefois, je m'en tiendrais là s'il n'existait un second argument, plus accessoire certes, mais en un certain sens plus irrésistible du fait de ses quarante années d'immuabilité : les lettres et les publications de Teilhard.

*Piltdown dans les écrits de Teilhard*

Je me souviens d'un livre d'histoires drôles de quand j'étais enfant. On trouvait à l'index : « *mule,* vie sexuelle de », mais la page indiquée était blanche (et, de toute façon, c'était idiot, car les mules ne vivent pas dans l'abstinence sous prétexte que la bizarre combinaison de leurs chromosomes hybrides les empêche d'avoir une progéniture). Le dossier des écrits de Teilhard sur Piltdown est tout aussi vide. En 1920, il écrivit un bref article en français pour une revue de vulgarisation sur *Le cas de l'homme de Piltdown*. Après quoi, c'est pratiquement le silence. Jamais une phrase entière ne sera consacrée à Piltdown dans ses écrits publiés (exception faite d'une note de bas de page). Teilhard ne faisait allusion à Piltdown que lorsqu'il pouvait difficilement faire autrement : dans des articles critiques généraux qui recensent tous les fossiles humains importants. Je

6. Plusieurs critiques ont souligné qu'il est question, dans quelques-unes des lettres, de visites faites à Dawson au séminaire d'Ore Place, plutôt que d'expéditions sur le terrain ou d' « excursions » au sens propre. Je me suis trompé, je le reconnais, mais je ne vois pas en quoi cela affaiblit mon argumentation.

trouve moins d'une demi-douzaine de références à Piltdown dans les vingt-trois volumes de ses œuvres complètes. Dans chaque cas, Piltdown est cité soit comme l'élément d'une énumération, indiqué sans autre commentaire dans une note de bas de page, soit comme un point (également sans commentaire) sur un schéma de l'arbre de l'évolution, soit comme l'élément d'une phrase sur l'homme de Néanderthal [7].

Voyez un peu comme tout ceci est étrange. Dans sa première lettre à Oakley. Teilhard qualifie le travail qu'il effectua à Piltdown d' « un de mes souvenirs paléontologiques les plus lumineux et les plus anciens ». Alors, pourquoi ce silence ? Teilhard était-il simplement trop timide ou trop saint homme pour chanter ses propres louanges ? C'est peu probable, car aucun autre thème ne suscite un intérêt aussi massif — à en juger par le nombre d'articles qu'il écrivit postérieurement — que le rôle qu'il joua dans la mise au jour, en Chine, de l'homme de Pékin.

7. (Cette note, et seulement celle-ci, faisait partie de l'essai original.) Les œuvres complètes de Teilhard se répartissent en deux éditions — un compendium de treize volumes de ses articles d'ordre général (Paris, Éd. du Seuil) et une réimpression en fac-similé de ses publications professionnelles (Olten, Walter-Verlag). A mon grand déplaisir, j'ai constaté qu'aucune référence à Piltdown ne subsiste dans l'édition française, qui ne mentionne pas ces coupures et ne les indique pas davantage par un signe typographique. En essayant de « blanchir » Teilhard, les éditeurs ne le font apparaître que plus complice, car ils accentuent cette impression de silence coupable. J'ai donc consulté les originaux chaque fois que j'ai pu les trouver. Un volume d'essais posthumes, *Le Cœur de la matière* (Le Seuil, 1976), reproduit la candidature de Teilhard à la chaire de paléontologie du Collège de France en 1948 (que les autorités ecclésiastiques l'empêchèrent d'accepter). Dans cet essai autobiographique, Teilhard analyse son rôle dans la paléontologie humaine : « ... ma première chance fut, en 1923, de pouvoir établir, avec Émile Licent, l'existence, jusqu'alors contestée, d'un Homme paléolithique en Chine du Nord ». Si vraiment Teilhard a omis de mentionner Piltdown en présentant ses travaux, que pouvons-nous en déduire sinon qu'il fut complice de la supercherie ? Par pure chance, j'ai trouvé un exemplaire de ce document non publié et polycopié dans la collection de *reprints* de mon collègue A.S. Romer, aujourd'hui disparu. On y lit : « ... Ma première chance, dans ce domaine de la paléontologie humaine ancienne, fut de participer, quand j'étais encore jeune, aux fouilles de l'*Eoanthropus dawsoni* en Angleterre. Ma seconde fut, en 1923, de pouvoir établir, avec Émile Licent... » Je ne pense pas qu'il existe en Amérique une demi-douzaine de copies de l'original et j'aurais pu facilement voir à tort, dans la version publiée et expurgée, une indication encore plus marquante de la complicité de Teilhard du fait même de son silence. (J'ai bien sûr songé que le parti-pris de silence que je relève dans les écrits de Teilhard pouvait être également dû à une censure posthume venant du compilateur, plutôt qu'à la volonté délibérée de Teilhard. Mais les dix volumes de l'honnête édition en fac-similé comportent plus d'éléments qu'il n'en faut pour confirmer ce schéma, et j'ai vérifié un nombre suffisant de versions originales de textes pouvant avoir été expurgés pour être sûr que les références à Piltdown sont fugitives et excessivement rares dans tous les écrits de Teilhard.)

En entamant mon enquête sur ce silence peu ordinaire, et en essayant d'être aussi charitable que possible, je commençai par bâtir deux hypothèses pouvant expliquer le mutisme de Teilhard sur le grand événement de sa jeunesse et l'en disculper. Puis Kenneth Oakley me parla de l'article de 1920, la seule analyse de Piltdown que Teilhard ait publiée. Je le trouvai reproduit dans l'*Œuvre scientifique* de Teilhard en dix volumes et me rendis compte que son contenu invalidait toutes les excuses que je pouvais imaginer.

*Argument n° 1 :* Marcellin Boule, le maître révéré de Teilhard, fut l'un des principaux adversaires de Piltdown. Il y voyait un mélange (involontaire) de deux créatures, même s'il modéra sa position après avoir appris la seconde découverte faite à Piltdown 2. Peut-être Boule tança-t-il son jeune élève pour sa crédulité, et Teilhard, mortellement vexé, ne reparla jamais plus de l'infernale créature ni de son propre rôle dans sa découverte.

L'article de 1920 invalide cette hypothèse, car dans ce texte, Teilhard se range carrément dans le bon camp. Il mentionne que ses compagnons anglais, convaincus par la proximité des fragments de crâne et de la mâchoire, ne doutèrent pas une seconde de l'intégrité de leur fossile. Teilhard note ensuite avec une perspicacité aiguë que les experts qui n'avaient pas vu les spécimens *in situ* seraient essentiellement influencés par l'anatomie formelle des os eux-mêmes, et que ces os proclamaient sans ambiguïté : crâne humain, mâchoire simienne. Qui parlerait le plus haut, dès lors, de la géologie ou de l'anatomie ? Bien qu'il eût la géologie sous les yeux, Teilhard optait pour l'anatomie :

> ... pour admettre de semblables combinaisons de formes [un crâne humain et une mâchoire simienne chez la même créature], il faut que nous y soyons *forcés*. Or ce n'est pas le cas ici... L'attitude raisonnable est de faire primer la vraisemblance morphologique intrinsèque sur la vraisemblance extrinsèque des conditions de gisement... Nous devons raisonner... comme si le crâne de Piltdown et la mandibule appartenaient à deux sujets différents.

Teilhard avait jugé une fois pour toutes, et bien jugé. Il n'avait aucune raison d'être embarrassé.

*Argument n° 2 :* Peut-être Teilhard s'était-il délecté du rôle qu'il avait joué à Piltdown et en chérissait-il le souvenir, mais trouvait simplement que l'homme qu'il avait aidé à exhumer ne lui était d'aucun secours pour sa carrière future et lui était même totalement étranger. D'une façon générale, cet argument n'est pas plausible, ne serait-ce que parce que Teilhard écrivit plusieurs articles généraux sur les fossiles humains ; aussi douteux et discutable qu'il fût, celui de Piltdown aurait dû y être évoqué. Même ses principaux détracteurs ne manquèrent jamais d'exposer leurs soupçons. Boule écrivit des chapitres sur Piltdown. Teilhard le mentionna plusieurs fois dans ses listes, mais sans commentaire, et seulement quand il ne put faire autrement.

Dans un domaine plus spécifique, le silence de Teilhard sur Piltdown devient inexplicable et à la limite de la perversité (sauf si la culpabilité et la connaissance de la supercherie en furent à l'origine). En effet, Piltdown offrait le meilleur appui que pouvaient apporter des fossiles à l'argument le plus important de la théorie cosmique et mystique de Teilhard sur l'évolution, thème dominant de sa carrière et de sa gloire future. Or Teilhard n'utilisa jamais sa meilleure arme, forgée en partie de ses propres mains.

La conclusion selon laquelle le crâne et la mâchoire appartenaient à des créatures différentes n'annulait pas la valeur scientifique de Piltdown, du moment que les deux animaux reposaient bien dans les couches de terrain où on les prétendait enfouis. Car ces couches étaient plus anciennes que toutes celles qui auraient pu abriter l'homme de Néanderthal, le grand titre de gloire de l'anthropologie européenne. Néanderthal, bien qu'estimé en général aujourd'hui comme une race appartenant à notre espèce, était une créature au front bas et proéminent, de facture indiscutablement « primitive ». Piltdown, malgré l'épaisseur des os de son crâne, semblait plus moderne du fait de la forme de celui-ci. L'attribution de la mâchoire à un singe fossile renforçait le caractère récent du crâne. Des humains présentant une morphologie moderne durent vivre en Angleterre avant même que l'homme de Néanderthal n'ait évolué sur le continent. Donc, Néanderthal ne peut constituer une forme ancestrale ; il représente certainement une branche latérale de l'arbre humain. L'évolution de l'homme n'est pas une échelle, mais une série de lignages évoluant sur des voies indépendantes.

Dans l'article de 1920, Teilhard présentait le crâne de Piltdown, séparé de sa mâchoire, précisément sous cet éclairage en tant que preuve que les hominidés évoluèrent comme un faisceau de lignage allant dans la même direction. Il écrivait :

> Mais, surtout, il est désormais prouvé qu'à cette même époque [celle de Piltdown], il existait, déjà constituée dans notre ligne humaine actuelle, une race d'Hommes, très différents de ceux qui devaient être l'Homme de Néanderthal... Grâce à la découverte de M. Dawson, la race humaine nous apparaît encore plus distinctement, dans ces temps reculés, comme formée de faisceaux fortement différenciés et déjà éloignés de leur point de divergence. Pour quiconque a une idée des réalités paléontologiques, cette lueur, si ténue qu'elle paraisse, éclaire de bien grandes profondeurs.

Dans quelle mesure, alors, Teilhard faisait-il allusion à Piltdown comme à une preuve ? Il croyait que l'évolution allait dans une direction intrinsèque représentant la domination croissante de l'esprit sur la matière. Esclaves de la matière, les lignages divergeraient pour se différencier, mais tous le feraient selon une ligne ascendante et dans la même direction générale. Avec l'homme, l'évolution atteignait son point culminant. L'esprit avait commencé à dominer la matière, ajoutant une nouvelle strate de pensée — la noosphère — au-dessus de la biosphère plus ancienne. La divergence serait endiguée ; la convergence était déjà bel et bien à l'œuvre dans le processus de socialisation humaine. Cette convergence se poursuivra, car l'esprit prévaut. Quand on se sera débarrassé des ultimes vestiges de matière, l'esprit s'involuera sur lui-même en un point unique appelé Oméga et identifié à Dieu — l'apocalypse mystique qui valut à Teilhard sa célébrité [8].

Mais la convergence se situe dans l'avenir. Les scientifiques qui cherchent la preuve de ce projet doivent repérer dans le

---

8. L'essai 18 donne une description plus détaillée de la philosophie évolutive de Teilhard.

passé des signes d'une divergence accompagnée d'une même orientation vers le haut — en d'autres termes, des *lignages multiples et parallèles* au sein de groupes plus vastes.

J'ai lu tous les articles écrits par Teilhard depuis le début des années 1920. Aucun thème ne revient avec plus d'insistance que cette recherche de lignages multiples et parallèles. Dans un article sur les tarsiers fossiles, écrit en 1921, il déclare que trois lignages séparés de primates remontent à l'aube de l'âge des mammifères, chacun évoluant dans la même direction et présentant des cerveaux plus gros et des visages plus petits. Dans une critique publiée en 1922 de l'ouvrage de Marcellin Boule, Teilhard écrit : « L'évolution ne doit pas être représentée par de simples traits, pas plus pour nous que pour les autres choses vivantes ; mais elle se résout elle-même à d'innombrables lignes parallèles. » Dans un essai général sur l'évolution, imprimé en 1921, il ne cesse de parler d'évolution orientée selon des lignes multiples et parallèles chez les mammifères.

Mais où était Piltdown dans ce long péan à la gloire des lignages multiples et parallèles ? Piltdown apportait une preuve, la seule dont on disposât, de lignages multiples et parallèles au sein de l'évolution humaine elle-même — car son crâne appartenait à un humain avancé plus vieux que le primitif Néanderthal. Piltdown était l'argument le plus sublime que possédât Teilhard ; or, jamais il n'en ressouffla mot après cet article de 1920.

Ces deux arguments sont restés dans l'abstrait. Une troisième indication de l'article de 1920 frappe par son caractère direct. Car je suis convaincu que Teilhard essaya un instant de dire à ses collègues — trop subtilement peut-être — que Piltdown était un faux. Abordant la question de savoir si Piltdown représente un ou deux animaux, Teilhard déplore que l'on ne puisse avoir recours à une vérification immédiate et infaillible. Un fragment de crâne comportait une cavité parfaite glénoïde, soit le point où le maxillaire supérieur s'articule au maxillaire inférieur. Or le point correspondant du maxillaire inférieur, le condyle, manquait sur l'un des spécimens dont l'extrémité postérieure était par ailleurs magnifiquement conservée. Teilhard écrit : « Puisque, sur le temporal, la fosse glénoïde existe en parfait état, il eût suffi, *si le maxillaire avait conservé son condyle,* d'essayer de l'articuler : on aurait vu, sans hésitation possible, si l'une et l'autre se convenaient. » Je lus cette phrase vers les deux heures du matin, dans un état de demi-sommeil, mais la phrase suivante — qui forme un paragraphe que Teilhard terminait par un point d'exclamation — chassa d'un coup toute idée de dormir : « Comme par exprès, le condyle s'est trouvé manquer ! »

« *Comme par exprès.* » Pendant deux jours, je fus incapable de me sortir ces mots de la pensée. Évidemment, ce n'est peut-être là qu'un effet de style, une figure permettant de mieux souligner la chose. Mais je crois que Teilhard essayait de nous dire quelque chose qu'il n'osait révéler directement.

*Arguments supplémentaires*

1. L'embarras de Teilhard devant la révélation d'Oakley. Kenneth Oakley me dit que, même s'il ne lui serait pas venu à l'idée d'impliquer Teilhard, un aspect de son attitude l'avait toujours beaucoup étonné. Tous les autres scientifiques, y compris ceux qui avaient toutes les raisons de se sentir terriblement gênés (comme le vieux Sir Arthur Keith, qui avait utilisé pendant quarante ans Piltdown comme fondement de ses théories) témoignèrent un vif intérêt en dépit de leur affliction. Ils félicitèrent tous spontanément Oakley et le remercièrent d'avoir résolu un problème qui les avait toujours intrigués, même si la solution les atteignait très profondément. Teilhard ne dit rien. Ses félicitations n'arrivèrent que lorsqu'il ne put faire autrement — dans le préambule à une lettre qui répondait aux questions directes d'Oakley. Quand Teilhard se rendit à Londres, Oakley essaya d'amener la conversation sur Piltdown, mais Teilhard esquiva toujours le sujet. Il emmena Teilhard à une exposition spéciale du British Museum qui montrait comment la supercherie avait été découverte. Teilhard la traversa au pas de course, l'air sinistre, le regard ailleurs, muet. (Il y a quelques années, A.S. Romer m'a dit qu'il avait lui aussi essayé de faire voir cette exposition à Teilhard, et que celui-ci avait eu la même étrange réaction.) Finalement, le secrétaire de Teilhard prit Oakley à

l'écart et lui expliqua que Piltdown était un sujet délicat pour le père Teilhard.

Mais pourquoi ? S'il avait été berné par Dawson sur le site, il s'était certainement remis de cette blessure d'amour-propre. Smith Woodward avait consacré sa vie à la concoction de Dawson. Teilhard n'avait écrit qu'un texte à son sujet, il l'avait examinée aussi correctement qu'il le pouvait, et puis il n'en avait plus soufflé mot. Pourquoi être si embarrassé ? A moins, bien sûr, que cet embarras ne résultât du fait qu'il se sentait coupable d'un autre aspect de son silence — l'incapacité où il était de garder une réputation intacte tandis qu'il voyait des hommes qu'il aimait et respectait se ridiculiser, en partie à cause de lui. Marcellin Boule, son maître bien-aimé, par exemple, qualifia à juste titre l'*Eoanthropus* de Smith Woodward d'être artificiel et composite dans la première édition des *Hommes fossiles* (1921). Le crâne, disait-il, pouvait être celui d'*« un bourgeois de Londres * »* ; la mâchoire appartenait à un singe. Mais Piltdown 2 le rendit plus perplexe et il revint sur son idée dans la deuxième édition, en 1923 : « A la lumière de ces faits nouveaux, je ne suis plus aussi sûr qu'avant. Je reconnais que la balance penche maintenant légèrement en faveur de l'hypothèse de Smith Woodward, et je me réjouis pour cet homme de science dont j'estime autant le savoir que la personnalité. » Que ressentait Teilhard en voyant son maître bien-aimé, Boule, tomber dans l'abîme — alors que lui-même disposait des instruments voulus pour l'en sortir ?

2. L'éléphant et l'hippopotame. On avait parsemé les graviers de Piltdown de miettes et de morceaux de mammifères fossiles pour fabriquer une matrice géologique aux fragments humains. Tous ces vestiges, sauf deux, pouvaient avoir été recueillis en Angleterre. Mais la dent d'hippopotame, qui appartenait à une espèce naine distincte, provenait sans doute de l'île de Malte. La dent d'éléphant, elle, provenait presque sûrement d'un endroit bien précis, Ichkeul, en Tunisie ; elle présente en effet un fort taux de radioactivité dû aux déperditions des sédiments voisins riches en oxyde d'uranium. Qui plus est, le

---

* En français dans le texte. (NdT.)

site d'Ichkeul ne fut découvert par les scientifiques qu'en 1947 ; le spécimen trafiqué de Piltdown ne pouvait donc provenir d'une collection d'histoire naturelle dûment répertoriée.

Teilhard avait enseigné la physique et la chimie dans une école de jésuites, du Caire de 1905 à 1908, juste avant de venir à Piltdown. Ses *Lettres d'Égypte* sont très discrètes, une fois de plus, sur la théologie et l'enseignement, mais nous en disent beaucoup plus sur les voyages, l'histoire naturelle et la récolte de spécimens. Teilhard n'était pas passé par la Tunisie ou par Malte à l'aller, mais je n'y trouve pas trace non plus de son passage au retour ; or, ces deux points sont situés exactement sur son trajet entre Le Caire et la France. Quoi qu'il en soit, les lettres que Teilhard écrivit du Caire parlent abondamment d'échanges avec des spécialistes d'histoire naturelle de plusieurs pays nord-africains. Il était branché sur un réseau d'informations et d'échanges constitué par des amateurs, et il aurait fort bien pu recevoir une dent de quelque collègue.

C'est sur cet argument que se fondaient mes confrères plus âgés qui soupçonnaient Teilhard — A.S. Romer, Bryan Patterson et Louis Leakey (Leakey mentionnait aussi les talents de chimiste de Teilhard et l'habile maquillage des ossements de Piltdown). A ce qu'on disait, le Gros Clark lui-même, membre du trio qui avait dévoilé la supercherie, suspectait également Teilhard pour cette raison. L'argument me paraît séduisant, mais guère probant. Dawson aussi travaillait avec un réseau d'amateurs qui procédaient à des échanges.

3. La bonne fortune de Teilhard à Piltdown. Bien que les indications à ce sujet soient désespérantes d'imprécision, je suis convaincu que tous les morceaux de Piltdown furent découverts par le trio original — Dawson, Smith Woodward et Teilhard. (Dans la version officielle, un ouvrier aurait donné le premier fragment à Dawson en 1908.) Dawson, naturellement, déterra lui-même la plus grande partie du matériel. Smith Woodward, pour autant que je puisse en juger, ne trouva qu'un fragment de crâne. Mais la chance sourit à Teilhard, qui passa moins de temps à Piltdown que ses deux collègues. Il trouva un fragment de la dent d'éléphant, un silex taillé et la fameuse canine.

Les gens qui n'ont jamais travaillé sur le terrain ne se rendent sans doute pas compte à quel point la collecte est une opération difficile et hasardeuse quand les fossiles sont clairsemés. Il n'y a rien de magique là-dedans, juste un travail de forçat. Une dent dans une carrière est à peu près aussi visible que la proverbiale aiguille dans le tas de foin. L'auteur du canular se donna un mal fou. Il lima la canine et la peignit pour simuler sa vétusté. On ne tombe pas facilement sur des dents de singe. Si j'avais un seul de ces précieux objets. je n'irais pas le planter dans un grand tas de gravier en espérant que quelque compagnon naïf le trouverait. La dent ne serait sans doute pas triomphalement découverte, mais bel et bien immédiatement perdue. Je doute que je parviendrais même à la retrouver après que quelqu'un d'autre eut retourné en tous sens le tas en question.

Teilhard décrivit ainsi sa découverte dans sa première lettre à Oakley : « Quand je trouvai la canine, elle était si peu visible au milieu de tous les graviers qu'on avait étalés sur le sol pour les examiner, qu'il me semble très improbable que la dent ait pu être mise là. Je me rappelle même que Sir Arthur me félicita pour ma bonne vue. » Les souvenirs de Smith Woodward (extrait de son dernier ouvrage de 1948) sont plus pittoresques :

> Nous étions en train de creuser une tranchée assez profonde ; il faisait chaud et le père Teilhard. tout habillé de noir, ne ménageait pas son énergie ; comme nous lui trouvions l'air assez fatigué, nous lui proposâmes de nous laisser faire le travail le plus pénible pendant un moment, tandis qu'il se reposerait, comparativement, en examinant les cailloux trempés par la pluie. Très vite il s'écria qu'il avait découvert la canine manquante, mais nous ne le crûmes pas et nous lui dîmes que nous avions déjà ramassé plusieurs morceaux de sidérite qui ressemblaient à des dents à l'endroit où il se trouvait. Mais il affirma qu'il ne se trompait pas, si bien que nous laissâmes notre tranchée pour aller vérifier sa découverte. Il n'y avait pas de doute possible, et nous passâmes le reste de la journée, jusqu'au crépuscule, à quatre pattes dans les cailloux, à chercher en vain d'autres vestiges.

J'éprouve aussi quelques doutes sur le silex de Teilhard, car c'est le seul objet de Piltdown qui ait été indiscutablement trouvé *in situ.* Tous les autres spécimens venaient des tas de cailloux qu'on avait retirés des tranchées et étalés sur le sol, ou avaient une origine incertaine. *In situ* peut signifier deux choses (et les éléments du dossier ne permettent pas de savoir laquelle). Cela peut vouloir dire que la couche de pierraille était exposée dans un fossé, sur un talus ou dans un chemin de terre — auquel cas n'importe qui aurait pu y mettre le silex. Mais cela peut signifier aussi que Teilhard creusa la couche de terre de surface qui n'avait pas été remuée — auquel cas il ne pouvait qu'y avoir mis lui-même le silex.

Une fois encore, je considère que l'argument est séduisant, mais guère probant. Comme c'est l'élément le plus faible de l'ensemble, je le place en fin de liste. Teilhard avait une vue perçante.

### CONCLUSIONS

A quoi aboutissons-nous ? Je ne vois pour ma part que trois conclusions possibles. D'abord, peut-être que Piltdown a simplement fait une autre dupe, moi en l'occurrence. Peut-être que je suis simplement tombé sur une incroyable série de coïncidences. Tous ces faux-pas épistolaires pourraient-ils constituer les erreurs innocentes d'un homme vieillissant ; le *comme par exprès,* simplement un artifice littéraire ; la non-utilisation de son meilleur argument, une simple négligence ; son science manifeste, exception faite de quelques allusions passagères et inévitables, seulement un aspect de sa personnalité complexe dont personne n'a su prendre la juste mesure ; son profond embarras, juste une autre facette de ladite personnalité ; l'éléphant et l'hippopotame, des biens de Dawson... ? Je n'arrive tout bonnement pas à y croire. Les coïncidences deviennent de moins en moins probables à mesure qu'un nombre croissant d'objets isolés se rejoignent pour former un schéma reconnaissable. La caractéristique d'une bonne théorie est qu'elle intègre tout une série d'observations qui seraient autrement isolées et inexplicables, et leur donner un sens. Supposons donc que Teilhard savait que Piltdown était un canular, en tout cas à partir de 1920.

Nous nous retrouvons alors devant deux possibilités. Teilhard était-il innocent sur le terrain, à Piltdown ? S'aperçut-il de la supercherie plus tard (peut-être quand il releva des incohérences dans Piltdown 2) ? Garda-t-il le silence par loyauté envers Dawson qui était devenu son ami, ou parce qu'il ne souhaitait pas mettre le feu aux poudres tant que sa conviction n'était pas totalement faite ? Mais alors, pourquoi se donna-t-il tant de mal pour essayer de blanchir Dawson dans ses lettres à Oakley ? Dawson, en effet, l'avait utilisé et s'était joué de sa jeune naïveté aussi cruellement qu'il avait trompé Smith Woodward. Et pourquoi cette série de gaffes et de semi-vérités dans les lettres qu'il écrivit à Oakley et qui semblent n'avoir eu d'autre objectif que de le mettre hors de cause ? Et pourquoi cet embarras intense et ce silence si ostensible s'il avait deviné juste mais avait été trop peu sûr de lui-même pour le dire ?

Alan Ternes, rédacteur en chef de *Natural History*, a émis une hypothèse intéressante : Teilhard, en sa qualité de prêtre, aurait pu être averti du canular par Dawson qui s'en serait confessé à lui, et il aurait donc été tenu par le secret de la confession. Je n'ai pas pu vérifier si Dawson était catholique ; je ne le pense pas. Mais on me dit que les prêtres considèrent parfois les déclarations de contrition d'autres chrétiens baptisés comme une information réservée. C'est la version la plus sensée que je connaisse de l'hypothèse selon laquelle Teilhard était au courant de la supercherie mais n'y participa point. Cela expliquerait son silence et son embarras, et même le « *comme par exprès* ». Mais, dans ce cas, pourquoi Teilhard aurait-il essayé d'échafauder une théorie aussi compliquée et tirée par les cheveux de l'innocence de Dawson dans sa première lettre à Oakley ? La confession peut avoir exigé le silence, mais certainement pas le mensonge. Et pourquoi ces faux pas et ces semi-vérités pour se disculper dans les lettres qui suivent ?

Il reste une troisième explication : Teilhard participa activement avec Dawson à la conspiration de Piltdown. C'est la seule façon dont je comprends les lettres de Teilhard à Oakley, l'article de 1920, le silence qui suivit et l'intense embarras.

Cette conclusion soulève deux derniers problèmes. D'abord, pour fermer la boucle et revenir à mon introduction, les conspirations ont tendance à faire tache d'huile. Dès lors que nous admettons Teilhard dans le complot, ne devrions-nous pas nous poser des questions sur le rôle d'autres comparses ? A vrai dire, plusieurs personnes bien informées soupçonnent fortement quelques jeunes subordonnés du British Museum. Je m'en suis strictement tenu, dans mon enquête, au rôle de Teilhard ; je pense qu'il y eut peut-être d'autres participants.

Ensuite, le mobile. Aussi accablante soient-elles, les preuves ne peuvent nous satisfaire s'il nous manque une explication raisonnable des mobiles qui incitèrent Teilhard à agir de la sorte. A mon avis, ce n'est pas un gros problème, encore que nous devions bien restituer Piltdown (du moins du point de vue de Teilhard) et y voir une plaisanterie qui est allée trop loin, non une tentative d'escroquerie délictueuse.

Teilhard n'était pas l'ascète austère ni le mystique exalté que laisseraient parfois croire ses écrits. C'était un homme passionné — un vrai héros pendant la guerre, un authentique aventurier sur le terrain, un homme qui aimait la vie et les gens, qui s'efforça de connaître le monde avec toutes ses joies et toutes ses peines. Je suppose que Piltdown représenta simplement pour lui un délectable canular — au début. A Hastings, il était un amateur d'histoire naturelle qui ne songeait nullement à se spécialiser ni à faire carrière en paléontologie. Il partageait sans doute à l'égard des spécialistes une attitude très courante parmi ses collègues : moi, ce qui m'intéresse, ce sont les caprices de la vie. Pourquoi ont-ils la célébrité, la réputation et l'argent ? Pourquoi restent-ils assis à leurs bureaux et glanent-ils les lauriers tandis que nous, avec nos connaissances plus profondes, nées de l'expérience brute, nous nous amusons ? Pourquoi ne pas monter une blague pour voir jusqu'où un homme de l'art crédule pouvait être berné ? Et quel magnifique canular pour un Français, car l'Angleterre à l'époque ne pouvait se targuer de posséder le moindre fossile, tandis que la France, avec Néanderthal et Cro-Magnon, se posait fièrement en reine de l'anthropologie. Quelle idée irrésistible : semer sur le sol anglais cette combinaison osée de crâne humain et de mâchoire de singe pour voir ce que les professionnels pourraient en faire.

Mais la farce tourna vite à l'aigre. Smith Woodward trébucha trop vite et trop loin. Teilhard était en poste à Paris pour devenir, après tout, un *professionnel* de la paléontologie. La guerre éclata et il dut partir au moment précis où le dernier acte destiné à couper l'herbe sous le pied des sceptiques, Piltdown 2, allait être mis en scène. Et puis Dawson mourut en 1916, la guerre traîna jusqu'en 1918 et la paléontologie professionnelle anglaise s'enlisa de plus en plus profond dans le bourbier de l'approbation de ses pairs. Que pouvait dire Teilhard quand la guerre se fut terminée ? Dawson n'était plus là pour corroborer ses dires. Les postes et les carrières des autres conspirateurs auraient été en jeu. Tout aveu de Teilhard aurait de toute évidence irrémédiablement compromis la carrière professionnelle à laquelle il avait tellement aspiré, qu'il avait si peu osé espérer, au seuil de laquelle il se tenait maintenant et qui s'annonçait sous de si brillants auspices. Que pouvait-il dire, hormis : *Comme par exprès.*

Condamnerons-nous Teilhard ou lui pardonnerons-nous ? Nous ne pouvons pas nous contenter de rire et d'oublier. Piltdown retint l'attention de nombreux scientifiques de premier ordre. Ce canular égara des millions de personnes pendant quarante ans. Il jetait un faux éclairage sur les processus fondamentaux de l'évolution humaine. Les carrières sont trop brèves et le temps trop précieux pour que l'on considère d'un œil égal un tel gaspillage.

Mais qui parmi nous aurait voulu ou pu se disculper dans la position de Teilhard ? Les intentions ne rejoignent malheureusement, pas toujours, les effets dans notre monde complexe — mais je suis convaincu que nous devons juger un homme essentiellement à ses intentions. Si Teilhard avait agi de façon malintentionnée ou dans l'espoir d'une récompense, il ne m'inspirerait aucune sympathie. Mais je ne puis considérer sa participation comme autre chose qu'une plaisanterie délibérée qui prit de manière imprévue un ton grinçant exaspérant, dépassant presque tout ce qu'on pouvait imaginer. Je pense que Piltdown affligea Teilhard sa vie durant ? Je suis sûr qu'il gémit en son for intérieur en voyant Smith Woodward et même Boule se ridiculiser — ceux-là mêmes qui l'avaient pris en amitié et l'avaient formé.

Teilhard paya son dû et sa vie fut largement remplie ; puissions-nous tous aussi bien réussir.

# 17.

## Réponse à mes détracteurs

Je ne feindrai pas la surprise attristée de l'érudit ou l'indignation blessée du critique amical qu'on qualifie de mécréant malhonnête. En publiant le précédent essai, je savais ce qui allait arriver. Je n'ai jamais été aussi sûr que la riposte serait prompte depuis le splendide *triple* que je réussis un après-midi ensoleillé de 1950 (sur le terrain où je jouais à la crosse, le point passait au-dessus du bâtiment d'en face, mais les *triples* atterrissaient droit dans les fenêtres du second étage). Si la fureur de l'enfer n'excède pas la colère d'une femme méprisée, les vrais croyants ne connaissent pas de désillusion plus grande que de voir leur Dieu humanisé. Teilhard fit l'objet d'un culte international à la fin des années 1950 et durant les années 1960. Son étoile a pâli aujourd'hui, l'inconstance étant la norme en matière de modes, mais un noyau de fidèles continue à brandir son étendard et se tient prêt à piétiner tout ce qui laisserait entendre que le comportement de Teilhard fut peut-être moins digne d'éloges (ou plus humain) que la notion de sainteté éthérée la plus délicate. Rien de ce que je dirai ne rappellera la meute déchaînée, mais je répéterai à l'intention de ceux qui seront mieux disposés à m'écouter : parole d'honneur, mon intention n'est pas de déboulonner Teilhard. Je pense qu'il fut un homme complexe et passionnant — bien plus stimulant en tant qu'être humain que ce personnage de carton-pâte céleste tant vanté par ses disciples. Et, même si ce n'est visiblement pas à moi de le faire, je l'absous du fond du cœur s'il est coupable de ce dont je le soupçonne. Il était jeune ; il n'a pas agi par intérêt — financier ou personnel ; il souffrit ; il fut d'une loyauté admirable et jamais démentie à l'égard de tous ceux qui furent impliqués dans l'affaire ; il ne s'excusa pas.

M'étant ainsi épanché, j'entends bien, en composant cette réponse, ignorer la plupart des remarques personnelles et injurieuses formulées à mon encontre. J'éviterai aussi tout commentaire sur les lettres encourageantes et amicales, plus nombreuses, que j'ai reçues ; je dirai seulement : « Merci infiniment d'avoir compris ce que j'essayais de faire. »

Les critiques de fond négatives arrivèrent en deux vagues. Pendant les six à neuf mois suivant la parution, en août 1980, de mon article, j'ai reçu des réponses qui ne m'apportaient aucune information nouvelle mais interprétaient différemment (en confirmant que Teilhard était innocent) les données que je présentais — en général, avec des arguments que j'avais prévus et auxquels j'avais répondu (de façon satisfaisante, à mon avis du moins) dans l'article originel. Les trois contributions les plus intéressantes — celles des professeurs Dodson, Washburn et von Kœnigswald — furent publiées en même temps que ma réponse dans *Natural History* de juin 1981. Je ne les ai pas reproduites ici parce que je ne veux pas alourdir ce volume avec mes sentiments personnels, et parce que je ne crois pas non plus que ces commentaires ou mes réponses puissent apporter quelque élément important au débat. Mais les gens qui s'intéressent plus particulièrement au sujet, notamment ceux qui partagent mon opinion, doivent se repoorter à cet échange et ne pas me croire sur parole.

Dans la seconde vague, des réfutations fondées sur de nouvelles informations apparurent enfin. J'analyserai ici tous les points importants que j'ai notés. Je suis sûr que l'intense attention accordée à mon dossier n'a pas réussi jusqu'ici à l'affaiblir — encore que les lecteurs doivent juger par eux-mêmes si cette affirmation reflète simplement mon propre égoïsme aveugle ou si elle rend judicieusement compte de la situation.

*Autres interprétations des lettres de Teilhard à Oakley*

Au nombre de mes principaux arguments, j'ai cité le fait que Teilhard avait commis une erreur capitale dans les dates en affirmant que Dawson avait parlé du site où il avait découvert les fossiles de Piltdown 2. Mais, dans la chronologie « officielle », cette deuxième découverte se produisit en 1915, alors que Teilhard avait rejoint les rangs de l'armée française en 1914 et ne devait plus revoir Dawson. J'ai analysé trois interprétations « innocentes » de ce faux-pas dans mon article et j'ai donné les raisons qui me font préférer une quatrième lecture, à savoir que Teilhard connaissait l'existence de Piltdown 2 parce qu'il avait préparé ce futur épisode ou en avait discuté avec Dawson avant son départ.

Mary Lukas, biographe de Teilhard et une de mes adversaires les plus opiniâtres, présenta une première réfutation substantielle en riposte immédiate à mon article. Elle nous accusa, Kenneth Oakley et moi, ainsi que tous ceux qui lurent les lettres de Teilhard à Oakley, de les avoir uniformément mal interprétées. D'après elle, Teilhard ne parlait pas du second site de Piltdown — celui sur lequel on trouva théoriquement des fossiles en 1915 — mais d'un deuxième puits sur le premier site (qui fut peut-être fouillé en 1913). Or c'est impossible, car chaque fois qu'il mentionne cette seconde découverte, Teilhard dit explicitement qu'il s'agit de l'endroit « où les deux petits fragments de crâne et la molaire isolée furent, suppose-t-on, trouvés dans les graviers ». Un seul emplacement produisit deux fragments de crâne et une molaire : le *second* site, « découvert » par Dawson en 1915. Comme Mary Lukas a écrit depuis lors plusieurs articles attaquant mon hypothèse, mais sans jamais avoir de nouveau soulevé ce point, je suppose qu'elle reconnaît aujourd'hui que cette accusation n'était pas fondée.

Le principal article de Mary Lukas parut dans la revue des jésuites *America* du 23 mai 1981. Il s'agit essentiellement d'une argumentation détaillée — et tout à fait correcte — portant sur un autre point important. Disons brièvement que Mary Lukas consacre la plus grande partie de son article à démontrer que Dawson conduisit probablement Teilhard sur le site de Piltdown 2 en 1913. Elle présente ainsi mon hypothèse :

> Étant donné que, dans sa lettre à Oakley, Teilhard semblait prouver qu'il connaissait déjà les projets de Dawson en admettant qu'il avait vu le second site de Piltdown avant quiconque, Teilhard, poursuit M. Gould, fut sans doute coupable au même titre que Dawson à Piltdown.

Après avoir ainsi présenté ma position et démontré ensuite que Dawson avait bel et bien conduit Teilhard sur le second site, Mary Lukas conclut ainsi sa réfutation :

> Teilhard a parfaitement pu voir le site n° 2, le champ de Sheffield Park, exactement à l'époque à laquelle il dirait plus tard l'avoir vu à Oakley : à l'été 1913.

Je suis sûr que les lecteurs attentifs de l'essai originel s'apercevront que Mary Lukas donne une idée complètement fausse de mon attitude, et que je n'ai pas douté une seconde que Dawson montra à Teilhard le site de Piltdown 2 en 1913. J'écrivais explicitement dans cet article : « *Teilhard se rendit bien sur le second site avec Dawson en 1913, mais ils ne trouvèrent rien. Dawson " découvrit " les os crâniens à Piltdown 2 en janvier 1915, et la dent en juillet 1915 seulement* ».

Il est absolument établi que Dawson amena plusieurs personnes sur le site avant 1915, non seulement Teilhard en 1913, mais aussi Smith Woodward à plusieurs reprises en 1914 (comme je le mentionne également dans mon article). Mais ces expéditions ne furent à l'origine d'*aucune autre découverte de fossiles*. Les ossements de Piltdown 2 furent « officiellement » déterrés en 1915, après que Teilhard eut quitté l'Angleterre pour rejoindre l'armée française. Or Teilhard affirme avoir eu connaissance des découvertes avant son départ. Mary Lukas a consacré beaucoup de temps à prouver quelque chose que tout le monde sait et admet — et qui n'a aucun rapport.

Si ces deux réfutations ne m'inquiétèrent guère, une troisième, présentée en avril 1981, me parut, au début, beaucoup plus grave. J'étais même à deux doigts de renoncer à cette partie de mon argumentation (et, ce faisant, de compromettre tout mon dossier) si cette affirmation venait à être vérifiée. Disons simplement que J.S. Wiener, un des premiers détracteurs de Piltdown et qui avait écrit un excellent petit livre exposant la complicité de Dawson (*The Piltdown Forgery*, Oxford University Press, 1955), fit une conférence à l'université de Georgetown à l'occasion du centenaire de la naissance de Teilhard. Il prit avec lui une lettre encore non publiée que Dawson avait adressée à Smith Woodward en date du 13 juillet 1913. D'après les comptes-rendus de la conférence (je n'étais pas invité et n'y assistai pas), la lettre parlait de découverte de fossiles, et pas seulement de visites infructueuses — sur le second site en 1913. En fait, la lettre de 1913 relatait, paraît-il, la découverte d'un fragment de crâne qui fit partie, par la suite, du matériel de Piltdown 2. En admettant que Dawson eût réellement « trouvé » ce matériau à Piltdown 2 en 1913, il aurait parfaitement pu en parler à Teilhard (pourquoi pas lorsqu'il avait déjà écrit à Smith Woodward), et mon dossier n'existerait plus. (Je ne pouvais, après tout, accuser Teilhard d'avoir affirmé qu'il avait vu les trois fossiles de Piltdown 2 alors que Dawson n'avait fait allusion qu'au seul fragment de crâne. Le souvenir précis d'un fossile *quelconque* trouvé à Piltdown 2 pouvait aisément se confondre, quarante ans après, avec la découverte ultérieure de tous les fossiles.)

Je m'en fus donc consulter les archives du British Museum (où se trouve l'original de la lettre) en février 1982, partagé entre l'excitation et l'humilité. Mais je découvris vite que la lettre du 3 juillet ne souffle mot de Piltdown 2 ; ce coup de feu en l'air n'était qu'une diversion. On y lisait :

Mon cher Woodward,
   J'ai ramassé la partie frontale d'un cerveau humain ce soir dans un champ couvert de graviers. C'est un nouvel endroit, assez éloigné de Piltdown, et les graviers se trouvent à cinquante pieds au-dessous du niveau de Piltdown, et de quarante à cinquante pieds au-dessus du lit actuel du fleuve. *Ce n'est pas* un crâne *épais*, mais il peut être un descendant de l'Eoanthropus. L'arcade sourcillière est insignifiante sur les bords mais pleine et proéminente au-dessus du nez. La nuit tombait et il commençait à pleuvoir quand je suis parti, mais j'ai signalé l'endroit... [Les italiques sont de Dawson.]

Le matériau de Piltdown 2 comporte deux fragments de crâne, dont un frontal — considérablement plus minces que les ossements crâniens très reconnaissables et remarquablement épais de Piltdown 1. Mais le fragment moins épais de Piltdown 2 est un occipital, non un frontal (c'est-à-dire un morceau de l'arrière, et non du devant du crâne). (Il est aussi habilement taillé pour imiter la portion la moins épaisse du crâne de Piltdown 1, et pour ne pas éveiller les soupçons par ses différences.) Le fragment frontal de Piltdown 2 est aussi épais que les fragments de crâne provenant de Piltdown 1 — en fait (après coup), il s'agit bien d'une partie du crâne utilisé pour construire le faux originel. Ainsi, le fragment *frontal* peu épais décrit par Dawson en 1913 n'appartient pas au matériau de Piltdown 2. D'ailleurs, Dawson lui-même reconnaissait les différences dans sa lettre de 1913 et se demandait si le fragment frontal n'était pas un « descendant de l'*Eoanthropus* » (*Eoanthropus* était le nom de l'homme de Piltdown dans la taxinomie officielle).

Cette solution me plaisait, car l'histoire de la lettre de 1913 n'a jamais été très probante. Si Dawson avait réellement trouvé un fragment de crâne à Piltdown 2 en 1913, pourquoi n'en parlait-il que dans la première lettre où il fait explicitement allusion à Piltdown 2, celle du 9 janvier 1915 ? Je sais bien que cette réponse ne résout pas un autre mystère intéressant : qu'est-il donc advenu du fragment frontal plus mince décrit dans la lettre de 1913 ? Car, pour autant que je sache, il n'en est plus jamais question par la suite, et il ne fait pas partie du filon de Piltdown. Je n'en ai aucune idée et je ne connais aucune source qui puisse le dire. J'imaginerais cependant que Dawson le montra à Smith Woodward et que tous deux estimèrent qu'ils avaient sous les yeux exactement ce qu'avait suggéré Dawson — un descendant de Piltdown, en réalité un fragment provenant d'un crâne moderne — et qu'on n'en parla plus. Peut-être que, pour une fois, Smith Woodward ne fut pas dupe et que Dawson préféra ne pas tenter le sort.

Je sais bien qu'on pourrait construire, à partir de la lettre de 1913 correctement interprétée, un scénario innocentant Teilhard : Dawson parla à Teilhard du fragment de 1913 ; Teilhard savait à ce moment-là que le fossile n'avait rien à voir avec un site ancien de l'âge de Piltdown 1 ; il savait aussi qu'il ne provenait pas du site de Piltdown 2 qu'il avait visité avec Dawson en 1913 ; il oublia tout ceci par la suite, se rappela que quelque chose d'autre avait été trouvé quelque part en 1913 et confondit cette information avec la découverte ultérieure de Piltdown 2. Mais une plaidoirie de ce type, et aussi poussée, affaiblit le dossier et le rend par trop hypothétique. Elle n'est sûrement pas plus convaincante que la thèse plus simple et assez voisine que j'ai analysée et réfutée dans mon article, à savoir que Teilhard ne fit que se rendre sur le site de Piltdown 2 mais s'embrouilla, quarante ans plus tard, dans ses souvenirs et crut que Dawson lui avait parlé de fossiles.

### La vie de Teilhard à Ore Place

Estimant que seule l'occasion fait le larron, plusieurs de mes détracteurs, très au fait du mode de vie des jésuites, ont soutenu que la règle du séminaire était trop stricte pour que Teilhard ait eu le loisir de mijoter et d'exécuter avec Dawson un plan aussi compliqué.

Karl Schmitz-Moorman, qui réalisa l'excellente édition en fac-similé des œuvres scientifiques de Teilhard, invoquait deux arguments à l'appui de cette thèse (*Teilhard Newsletter*, vol. 14, juillet 1981 ; Mlle Lukas les reprend dans un article qu'elle consacre au même thème, comme l'avait déjà fait le père Thomas M. King, de l'université de Georgetown, dans un entretien qu'il eut en privé avec moi). D'abord, avance Schmitz-Moorman, la rigueur de la règle jésuite empêchait pratiquement Teilhard de sortir, et s'il le faisait, c'était chaperonné par d'autres pères. Autrement dit, toute machination était impossible :

> Teilhard était trop surveillé quand il travaillait sur le terrain pendant ses années de séminaire. Il en allait de même pour sa vie à l'intérieur du séminaire. On pouvait ouvrir les portes n'importe quand et les supérieurs entraient pour voir où en étaient les étudiants dans leur travail. Le règlement était très strict [p. 3].

Ensuite, Schmitz-Moorman nous rappelle que Teilhard ne fréquenta guère le site de Piltdown 1 : « Quand il quitta l'Angleterre à l'été 1912 pour commencer ses études à Paris, il n'était allé qu'une fois à Piltdown » (p. 3). Il y effectua des fouilles également en août 1913, avec Dawson et Smith Woodward. Ore Place, le séminaire où résidait Teilhard, se trouvait à une soixantaine de kilomètres de Piltdown 1.

Je dois rejeter la prémisse du second argument et la conclusion du premier. « Pour participer à la supercherie de Piltdown, soutient Schmitz-Moorman, Teilhard aurait dû aller souvent à Uckfield, dans l'East Sussex (p. 3) — site de Piltdown 1. Mais pourquoi ? Tous les conspirateurs appuient-ils sur le détonateur ? Je n'ai jamais accusé Teilhard d'avoir placé lui-même les fragments dans le sol ; j'ai toujours pensé que Dawson s'en était chargé. Il y avait tant d'autres choses à faire : ne serait-ce, pour commencer, qu'acquérir, casser et maquiller les spécimens.

Le premier argument de Schmitz-Moorman me rappelle l'immortelle distinction que faisait Casey Stengel * entre les catégories générales et les cas spécifiques. Quand on lui demanda pourquoi il refusait le projet de composition d'une équipe du Met à cause d'un *catcher* particulièrement nul, Stengel déclara : « Si vous n'avez pas de *catcher*, il y a des chances que vous ratiez pas mal de balles. » C'est le même problème (inversé) avec Schmitz-Moorman. Je ne mets pas en doute ses informations sur la vie dans les séminaires jésuites en général. Mais les données spécifiques concernant Ore Place montrent que Teilhard eut plus que largement la liberté de travailler avec Dawson. Tout d'abord, ses propres lettres (voir la bibliographie) parlent d'excursions d'une fréquence et à l'intérieur d'un périmètre qui excèdent de beaucoup ce qu'autoriserait la règle générale. Ensuite, la biographie autorisée de Teilhard (*Teilhard de Chardin*, par Claude Cuénot, p. 12), précise :

> Grâce à l'attitude libérale du Recteur, à Hastings, Teilhard fut autorisé à faire plus souvent des promenades ou des excursions scientifiques, au cours desquelles il découvrit des spécimens qu'il donna au British Museum ou au muséum de Hastings. Il avait dépassé le stade de simple amateur et s'orientait nettement vers la paléontologie des vertébrés.

---

* Célèbre joueur de base-ball. (NdT.)

*Les rapports de Teilhard avec Dawson*

Peter Costello, chercheur indépendant de Dublin et auteur d'un livre qui doit être prochainement publié, a trouvé des lettres encore inédites de Teilhard à Dawson dans les archives du British Museum (département d'Histoire naturelle). Costello (1981, voir la bibliographie) a publié une de ces lettres en suggérant que son ton réfutait mon hypothèse. Je la cite intégralement, ainsi que l'interprétation de Costello. Teilhard écrivait à Dawson le 10 juillet 1912 :

> Cher M. Dawson,
> Je suis au regret de vous dire qu'il m'est impossible d'aller à Lewes la semaine prochaine, car je dois quitter Hastings mardi ! J'espère, toutefois, que nous fouillerons de nouveau les graviers d'Uckfield : l'année prochaine, j'étudierai probablement l'histoire naturelle en France et passerai mes vacances en Angleterre. Dans ce cas, je ferai sûrement de mon mieux pour vous voir. En attendant que je vous donne mon adresse définitive, vous pouvez m'écrire à : « Château de Sarcenat, par Oreines, Puy-de-Dôme. »
> Je vous remercie infiniment pour la bonté dont vous avez fait preuve à mon égard au cours de ces quatre dernières années. Lewes sera certainement un de mes meilleurs souvenirs de l'Angleterre, et vous pouvez être assuré que je prierai souvent Dieu de bénir Castle Lodge [la résidence de Dawson].
> Bien à vous,
> P. Teilhard

Costello conclut (1981, p. 58-59) :

> Je suggère que cette lettre d'adieu, si touchante dans l'expression de sa gratitude, prouve (comme les autres lettres de cette série) que les rapports entre Dawson et Teilhard étaient ceux du mentor et de l'élève, et qu'il n'existait aucune conspiration entre eux.

Je ne vois pas en quoi cette lettre confirme ou infirme mon hypothèse. Si l'on voit trop de vieux films de gangsters et que l'on se fait une idée particulièrement stéréotypée des conspirations, je suppose que tous les protagonistes doivent être sveltes, irrécupérables et dépourvus de la moindre qualité. Mais je soupçonnerais fort les conspirateurs de ne guère se différencier du commun des mortels. Je ne vois pas pourquoi ils ne feraient pas preuve de loyauté envers les autres, ne remercieraient pas pour les bontés reçues ni ne manifesteraient même du respect pour la différence d'âge et d'expérience. Faut-il vraiment que les conspirateurs soient égaux ? N'a-t-on jamais vu « mentor et élève » conspirer de concert ? Devons-nous innocenter Teilhard parce que Dawson et lui ne s'appelaient pas par leur petit nom dans une Angleterre qui émergeait à peine de l'ère edwardienne ? La lettre est touchante et elle restitue sous un jour remarquable l'homme que fut Teilhard. Les gens sont complexes, avec une foule de vertus et de failles. J'ai toujours soutenu que les vertus de Teilhard l'emportaient sur la grande faille que j'ai tenté d'identifier.

Costello laisse entendre (dans les lignes citées plus haut) qu'il possède plusieurs preuves et que « d'autres de la même série » confirment le ton de la lettre qu'il cite. Peut-être n'ai-je pas exploré assez activement les archives du British Museum, mais je n'ai réussi à trouver qu'une seule autre lettre de Teilhard à Dawson, un petit mot ne comportant aucun renseignement précis et daté du 21 juin 1912, dans lequel il avertit simplement Dawson de son départ imminent et lui demande de venir le voir sans tarder pour choisir dans sa collection de fossiles des spécimens pour le British Museum. Autrement dit, je crois que Costello a cité le seul matériel en sa possession.

Mais j'ai également fait quelques découvertes personnelles sur les rapports de Dawson et de Teilhard tels qu'ils se dégagent des lettres conservées dans les archives du British Museum. Si elles contiennent peu de lettres de Teilhard, ces archives abritent en revanche de nombreuses lettres de Dawson — des lettres qui démentent la principale affirmation de Costello, à savoir que Dawson et Teilhard n'eurent que des rapports éphémères et de circonstance. Le nombre élevé d'allusions à Teilhard dans les lettres de Dawson (adressées pour la plupart à Smith Woodward) montrent l'amitié solide qui était née entre les deux hommes, et plus particulièrement la sollicitude de Dawson à l'égard de Teilhard.

Prenons par exemple une série de lettres que Dawson écrivit à Smith Woodward en 1915, après que Teilhard fut parti au front.

Le 9 mars, Dawson écrit : « Je joins une carte que Teilhard m'a envoyé du front français. Il accueillerait certainement avec joie tous les petits morceaux de littérature que vous pourriez lui envoyer. » Le 3 avril : « Teilhard a été déplacé et s'est rapproché de l'arrière des lignes anglaises en Flandre. Il dit qu'il est en bonne santé *" de corps et d'esprit "*. Et le 3 juillet, dans la lettre qui relatait la « découverte » de la molaire de Piltdown 2, Dawson annonçait : « Teilhard m'a écrit hier — il va très bien et se trouve maintenant dans un endroit plus calme. » (Malheureusement, personne n'a découvert de trace de ces lettres entre Dawson et Teilhard. Je donnerais beaucoup, quant à moi, pour savoir ce qu'elles contenaient.) Ma thèse est qu'un tel degré de contacts est l'indication d'une amitié et d'un intérêt réciproque bien plus grands que ne veulent bien l'admettre mes adversaires. Des contacts limités sont aussi essentiels pour leur thèse que ces liens avérés le sont pour la mienne.

La correspondance qu'échangèrent Dawson et Smith Woodward avant la guerre présente les mêmes caractéristiques. Six lettres, échelonnées entre octobre 1909 et octobre 1911, font allusion à Teilhard et à ses recherches de fossiles. Cela continue ensuite avec la première mention du crâne trouvé à Piltdown faite par Dawson à Smith Woodward, le 14 février 1912. Et il est de nouveau question de Teilhard dans six lettres entre cette date et le 21 novembre 1912.

Je crois que, sur ce point précis comme sur d'autres, tous mes critiques ont eu recours à un type d'argument bien particulier : ils ont refusé *a priori* de prendre au sérieux ma thèse ; Costello, Lukas et Schmitz-Moorman affirment tous que, de toute évidence, je me trompe parce que les données écrites n'apportent aucune preuve directe qu'il y eut conspiration. Costello m'écrivait (le 4 septembre 1981) : « On ne trouve aucune trace écrite, où que ce soit, indiquant qu'ils aient comploté. », Lukas écrit (1981, voir bibliographie, p. 426) : « A en juger par ses lettres, publiées et inédites, à sa famille et à ses amis, Teilhard n'eut pas de liens étroits avec Dawson. » Et plus loin : « Avant que ne commence l'aventure de Piltdown, Teilhard et Dawson semblent ne s'être rencontrés que quatre fois. »

Mais, pour autant que les conspirations obéissent à des règles, nous pouvons certainement affirmer que les conjurés ne décrivent pas en long et en large leurs exploits au moment où ils les accomplissent (quitte à écrire des confessions sur le tard pour en tirer des bénéfices ou pour expier). Si Teilhard et Dawson complotaient, ils n'auraient certainement pas fait allusion à leurs machinations dans leurs lettres à leurs parents ou à leurs amis, ni dans les lettres qu'ils s'adressaient mutuellement et qu'ils auraient conservées. Pour établir qu'il y eut conspiration, on doit rechercher le schéma d'ensemble implicite qui se cache derrière les affirmations officielles, et non des confessions explicites et concommittantes.

Je dirai donc, en conclusion, que je ne crois pas que l'on puisse opposer à ma thèse des arguments solides et que, dans un domaine précis, j'ai étayé ma propre version des faits en vérifiant l'étendue de l'intérêt éprouvé par Dawson pour Teilhard et qu'il exprime dans ses lettres à Smith Woodward. De plus, malgré l'abondance de leurs attaques contre mon argument majeur (les lettres à Oakley), mes détracteurs ont fait preuve d'un silence manifeste en ce qui concerne mon second argument (le silence de Teilhard au sujet de Piltdown dans ses nombreuses publications sur l'évolution humaine). Plus j'y pense et plus je trouve cela — pour reprendre les mots immortels d'Alice — curieux et encore plus curieux.

Depuis que j'ai écrit mon article, un autre petit point, qui rend encore plus intrigant le silence de Teilhard, a attiré mon attention. Lorsque l'homme de Pékin fut découvert, son crâne fut incorrectement reconstitué, ce qui permettait, comme dans le cas Piltdown, de le classer dans la catégorie de l'homme moderne. Ce qui déchaîna un torrent de commentaires sur les rapports existant entre Piltdown et Pékin. Teilhard se trouvait en Chine où il travaillait (en qualité de géologue) aux premières fouilles. Il était seul là-bas à connaître personnellement Piltdown. Or, à ma connaissance, il n'y fit pas une seule allusion. Son propre maître à penser, Marcellin Boule, publia un article dans lequel il comparait le crâne de Pékin et celui de Piltdown. Cet article comportait de longues citations de Teilhard sur la géologie du site de Pékin, mais pas un mot de l'intéressé sur les crânes.

Là encore, je répète : si Teilhard estimait que le matériau de Piltdown était autentique, le crâne [1] lui fournissait la preuve directe la plus solide dont il pût disposer pour postuler ce qui lui tenait le plus à cœur et qui motivait toutes ses recherches sur l'évolution spirituelle de l'homme, à savoir des lignages multiples et parallèles allant vers une domination de l'esprit sur la matière. Et, en tout et pour tout, il ne fit même pas une demi-douzaine d'allusions rapides, obligées et presque gênées à Piltdown. Pourquoi ?

Au cas où les lecteurs penseraient que toutes les spéculations sur Piltdown excluent la possibilité d'une participation tardive de Teilhard, j'ajoute que L. Harrison Matthews, un des grands hommes de la zoologie britannique (voir essai 11) et qui a connu personnellement — presque — tous ceux qui furent impliqués à l'origine dans cette affaire, a publié une reconstitution des faits aussi longue qu'un roman dans le *New Scientist* (voir bibliographie). Pour lui, Teilhard y participa nécessairement, mais il imagine un scénario terriblement compliqué : Dawson monte seul la supercherie, Teilhard se rend compte ensuite de ce qui se passe et, pour le faire savoir à Dawson et le dissuader de poursuivre dans la même voie, il confectionne, place et découvre lui-même la canine. La guerre éclate ; Dawson meurt et Teilhard est acculé au silence. J'applaudis à la perspicacité de Harrison Matthews, à savoir que Teilhard ne peut être écarté, mais sa théorie me paraît trop complexe et rechercher les explications les plus difficiles — pour qu'elle soit juste, il faudrait que deux douzaines d'événements non prouvés se produisent exactement comme Harrison Matthews l'imagine. Je persiste à prôner une explication plus simple : Teilhard commença à travailler avec Dawson au moins en 1912 et continua jusqu'au moment où il partit pour le front.

Dans sa dernière allusion publique à l'affaire de Piltdown, Kenneth Oakley, qui mourut le 2 novembre 1981, écrivit une lettre au *New Scientist* (publiée à titre posthume le 12 novembre

1. Même s'il estimait que la mâchoire appartenait à un singe et avait été mélangée accidentellement sur les deux sites de Piltdown, le crâne n'en demeurait pas moins un fossile humain authentique — épais, donc « primitif », mais ayant appartenu à un homme moderne. C'est la double conclusion vers laquelle il penchait dans son article de 1920.

1981), dans laquelle il faisait part de son désaccord avec Harrison Matthews. J'ignore ce qu'il pensait de ma théorie personnelle à l'époque de sa disparition. Après mon premier article, on l'invita à écrire au *Times* (édition londonienne) une lettre où il déclarait qu'en l'absence de preuve absolue, il fallait accorder à Teilhard le bénéfice du doute. (Si j'avais à juger de l'affaire, et s'il s'agissait d'une procédure légale conduite en fonction de critères si différents, par nécessité, de l'enquête historique, je ne pourrais que m'incliner. A propos de mon article, un de mes proches amis me faisait remarquer que j'avais établi les bases d'une mise en accusation, mais non d'une condamnation.) J'ai eu également sous les yeux des affirmations provenant d'une lettre privée dans laquelle Oakley, se fondant sur la lettre adressée en 1913 par Dawson à Smith Woodward, rejette le premier élément de mon argumentation fondé sur la correspondance entre Teilhard et Oakley, mais n'affirme pas explicitement sa conviction de l'innocence de Teilhard. (J'ai déjà dit pourquoi je pense que la lettre de 1913 n'a rien à voir avec ma thèse.) Plusieurs amis proches d'Oakley peuvent témoigner qu'il s'interrogea longtemps en privé sur la participation active de Teilhard à un stade ou à un autre au moins de cette affaire.

Si j'ai soulevé ce problème, c'est que plusieurs critiques m'ont accusé de malhonnêteté dans la mesure où j'attribuais à Oakley une opinion plus favorable qu'elle ne l'était en réalité. Tout ce que je puis dire, c'est que j'ai envoyé un double de mon article à Oakley avant sa publication, en lui demandant sans détours si j'avais fidèlement présenté sa position et s'il approuvait ma théorie. Il m'écrivit (le 6 juin 1980) : « J'ai lu d'un bout à l'autre votre article sans rien trouver — d'important — que je souhaiterais vous voir modifier. »

Pour terminer, je tiens à exprimer les sentiments mitigés qui m'agitent deux ans après la parution de cet article. Je suis ravi que mon hypothèse garde toute sa force et qu'elle n'ait pas été entamée (du moins à mon avis partial) par une série de critiques rigoureuses et intensément négatives. Par ailleurs, j'avoue avoir abrité un espoir secret, nourri peut-être par ma vision romanesque de la vie. J'espérais qu'un vieillard descendrait de sa montagne ou de son monastère, brandissant une confession jaunie de Teilhard. Ou qu'un ami éprouvé ouvrirait un coffre dans une banque et rendrait publique une « lettre à lire pour le centenaire de ma mort ou si quelqu'un résout l'énigme du rôle que j'ai joué à Piltdown ». Mais non, rien. Aucun argument valable ne m'a été opposé, mais je dois reconnaître qu'aucun élément vraiment important non plus n'est venu étayer ma théorie. J'avais commencé le premier essai que j'ai consacré à Piltdown (repris dans *Le Pouce du panda*), avant de m'être particulièrement intéressé au rôle de Teilhard, par les mots suivants : « Rien n'est aussi fascinant qu'un mystère qui a pris de l'âge. » Et c'est bien ce qu'est toujours Piltdown, encore que je puisse ajouter que rien ne serait plus satisfaisant qu'un mystère définitivement résolu.

# 18.

## Notre place dans la nature

Lorsqu'il entreprit, en 1758, de classifier tout ce qui vivait, Linné intitula son ouvrage monumental *Systema Naturae,* le « Système de la Nature ». Les biologistes de toutes les générations suivantes ont inondé la littérature scientifique de systèmes autrement conçus mais tout aussi exhaustifs. Si le contenu change, l'amour des systèmes demeure. Notre besoin urgent de comprendre la complexité qui nous entoure, de *tout* mettre ensemble, l'emporte sur notre prudence naturelle devant l'énormité de la tâche.

Un paradoxe étrange s'attache à cette tradition en biologie. Les biologistes présentent les systèmes qu'ils construisent soit comme des vérités nécessaires appartenant à un niveau logique supérieur, soit comme des conclusions nécessaires obtenues à partir de moyens d'observation d'une puissance inégalée — bref, comme une restitution objective de la nature, jusqu'ici méconnue. Ces systèmes n'ont à vrai dire qu'un point commun — et il ne s'agit ni d'objectivité ni de sagesse supérieure. Ils essaient essentiellement de résoudre une question cardinale (peut-être *la* question) de l'histoire intellectuelle : quels sont le rôle et le statut de notre espèce, l'*Homo sapiens,* dans la nature et dans le cosmos ?

Les systèmes s'en tiennent à deux stratégies visant à tenter de comprendre « la place de l'homme dans la nature », pour reprendre l'expression utilisée par T.H. Huxley. La première, la « stratégie de la barrière », comme je l'ai appelée (voir l'essai 12 du *Pouce du panda*), imagine un ordre généralisé pour le reste de la nature mais isole l'homme, qu'elle qualifie de supérieur. Charles Lyell, par exemple, envisage un monde en perpétuels chamboulement et transformation, mais qui reste toujours le même — on remplace, on n'améliore pas. Seul l'homme, apport récent de perfection morale surimposé à un monde stable, a modifié ce schéma de changement sans progression. A.R. Wallace attribuait tous les traits des organismes au modelage exercé par la sélection naturelle — sauf pour un produit unique d'inspiration divine : le cerveau humain.

La seconde stratégie part d'une tactique inverse pour atteindre le même objectif, à savoir l'attribution d'une place dans la nature qui donnera un sens à notre vie. Aux termes de cette stratégie, il n'existe aucune démarcation entre l'homme et la nature. Ces théories de la continuité peuvent aller dans l'une ou l'autre direction et je n'analyserai ici qu'un seul exemple de chacune, représentatif d'une longue tradition de raisonnements imparfaits. La première — que j'appellerai zoocentrique — élabore des principes généraux à partir du comportement des autres animaux et subsume complètement l'homme sous cette unique rubrique, sous prétexte que nous sommes, après tout et indéniablement, des animaux nous aussi. La seconde — que j'appellerai anthropocentrique — essaie d'envisager ce qu'il y a de naturel en nous en considérant que, d'emblée, dans nos particularités réside le but de la vie.

La théorie de l'évolution elle-même possède à juste titre un fondement zoocentrique. Des principes généraux ne surgiront pas à partir du comportement d'une espèce unique, même si toutes les espèces doivent se conformer à des principes. Le rôle que joua cette relative zoocentricité pour abattre les épaisses barrières qui existaient avant l'époque de Darwin compte parmi les grands événements de l'histoire de la pensée humaine. Mais la théorie zoocentrique peut parfois être poussée trop loin et tomber dans la catégorie bien connue du « ne que » (l'homme *n'est qu'*un animal).

Les analyses simplistes de la sociologie humaine qui se déversent à l'heure actuelle dans la littérature de vulgarisation scientifique sont l'expression de cette version exagérée du zoocentrisme. La sociobiologie ne se contente pas d'affirmer que la biologie, la génétique et la théorie de l'évolution ont un rapport avec le comportement humain. La sociobiologie est une théorie spécifique de la nature des composantes génétiques et évolutives du comportement humain. Elle repose sur l'idée que la sélection naturelle est un architecte virtuellement tout-puissant, qui construit les organismes morceau par morceau, ceux-ci représentant les meilleures solutions apportées au problème de la vie dans les environnements locaux. Elle fragmente les organismes en « traits », explique leur existence en tant qu'ensemble des meilleures solutions, et affirme que chaque trait est un produit de la sélection naturelle opérant « pour » la forme ou le comportement en question. Appliquée à l'homme, elle voit obligatoirement dans les comportements *spécifiques* (et non pas seulement dans les potentialités générales du comportement) des adaptations mises en place par la sélection naturelle et qui plongent leurs racines dans des déterminants génétiques, car la sélection naturelle serait une théorie de transformation génétique. Ainsi, ce qu'on nous présente. ce sont des spéculations non prouvées et impossibles à prouver sur les fondements adaptatifs et génétiques des comportements humains spécifiques : pourquoi certains individus (ou tous les individus) sont-ils agressifs, xénophobes, religieux, cupides ou homosexuels ?

Le zoocentrisme est la première erreur de raisonnement de la sociobiologie humaine. Cette conception du comportement humain repose en effet sur l'argument suivant : si les faits et gestes des animaux « inférieurs ». possédant un système nerveux simple. sont le résultat génétique de la sélection naturelle, le comportement humain a obligatoirement la même origine. Car nous sommes bien des animaux. n'est-ce pas ? Oui, mais à une différence près. Une différence qui tient en partie à l'énorme souplesse que nous vaut la complexité d'un cerveau démesuré et la capacité — peut-être culturelle et non génétique — de faire preuve de comportement d'adaptation. Ce sont là des composantes de l'être humain qui coupent court à toute extrapolation zoocentrique expliquant le meurtre dans les familles humaines par le fait que certains insectes dévorent leur compagnon.

Par un curieux paradoxe, le zoocentrisme de la sociobiologie humaine est souvent une illusion qui cache précisément un mode de raisonnement inverse. Comme je l'ai dit plus haut, les systèmes « objectifs » sont souvent des camouflages inconscients qui reflètent les préjugés et les espoirs que nous imposons à la nature. Une grande part de la sociobiologie humaine joue sur l'idée que si l'on peut observer des comportements spécifiquement humains, bien que sous une forme rudimentaire, chez les animaux « inférieurs », ces comportements sont nécessairement « naturels » chez l'homme également, et résultent de l'évolution biologique. Les sociobiologistes sont souvent trompés par des ressemblances externes et superficielles entre les comportements de l'homme et celui d'autres animaux. Ils appliquent une terminologie humaine à ce que font les autres créatures et parlent d'esclavage chez les fourmis, de viol chez les cols-verts et d'adultère chez les oiseaux bleus. Puisqu'ils existent chez les animaux « inférieurs », ces traits peuvent représenter chez l'homme des caractéristiques naturelles, génétiques et adaptatives. Mais ils n'ont jamais existé hors d'un contexte humain. Si les cols-verts mâles semblent contraindre des femelles plus faibles à copuler, quel rapport autre qu'une ressemblance superficielle et insignifiante peut avoir cet acte avec le viol ? Personne n'ira soutenir que ces deux comportements sont réellement homologues — c'est-à-dire fondés sur des gènes identiques hérités d'un ancêtre commun. S'il faut que cette ressemblance ait un sens, elle ne peut être qu'une analogie — c'est-à-dire refléter des origines évolutives différentes tout en accomplissant la même fonction biologique. Or le comportement du col-vert fait partie du répertoire normal et semble être de toute évidence destiné à augmenter la capacité reproductive du mâle ; tandis que chez l'homme, le viol est une pathologie sociale qui plonge ses racines dans le pouvoir ou l'absence de pouvoir, non dans le sexe et la reproduction.

Doit-on voir là un simple accès de mauvaise humeur de pédant ? La terminologie humaine ne constitue-t-elle pas un langage sténographique amusant, imagé et acceptable pour décrire ce que nous savons tous être une réalité plus complexe ? Pas lorsqu'un collègue décrit les réactions agressives de l'oiseau bleu mâle envers les autres mâles qui se trouvent à proximité de son nid dans les termes suivants : « Le mot « adultère » est utilisé sans rougir... sans guillemets, car j'estime qu'il reflète une analogie identique avec le contenu du concept chez l'homme... On peut également prophétiser qu'une approche évolutionniste similaire et constante finira par éclairer considérablement les diverses petites manies humaines. »

Ce n'est pas nouveau. Nous présentons un miroir à la nature et nous nous voyons, avec nos préjugés, dans la glace. Les exemples historiques ne manquent pas. Pour décrire la grosse abeille qui conduit l'essaim, Aristote parlait de « roi », et cette erreur sur la seule femelle à part entière du groupe persista pendant près de deux mille ans, au moins jusqu'à ce madrigal élisabéthain que je fredonnais la semaine dernière : « *Je t'aime comme j'aime le printemps/Ou les abeilles leur roi attentif.* » La faillite des systèmes zoocentriques tient essentiellement au fait qu'ils ne sont jamais ce qu'ils prétendent être. Le comportement animal « objectif » sous lequel ils subsument les actes humains n'est d'emblée qu'un plaquage des préférences de l'homme.

Les plus vénérables systèmes anthropocentriques ont au moins la vertu de ne pas tomber dans la fausse modestie. Ils prennent au sérieux l'affirmation de Protagoras, à savoir que « l'homme est la mesure des choses », et sont seulement assez fous pour soutenir que l'évolution se lança dans une entreprise complexe qui devait durer quelque trois milliards et demi d'années uniquement pour donner naissance à ce mince rameau que nous appelons *Homo sapiens*. Les systèmes anthropocentriques sont passés de mode chez les scientifiques, au moins en Angleterre et en Amérique, depuis l'époque de Darwin, mais, il y a quelques années, il y en eut un qui jouit d'une vogue spectaculaire. Il s'agissait, en l'occurrence, du système conçu par un homme dont il a été question dans un contexte très différent dans cette partie de mon livre, le jésuite et distingué paléontologiste Pierre Teilhard de Chardin.

Lorsque Teilhard mourut en 1955, ses spéculations sur l'évolution, longtemps tenues secrètes par les autorités ecclésiastiques, furent enfin publiées et son best-seller, *Le Phénomène humain,* devint le bréviaire des années 1960. La prose fleurie et mystique de Teilhard est souvent plus difficile à déchiffrer que son rôle à Piltdown, mais je pense que la ligne générale de son raisonnement peut être exposée simplement. (Un teilhardien convaincu me traitera de scientifique superficiel au cœur sec, incapable de comprendre la profondeur de la vision de Teilhard. Mais une écriture difficile et contournée peut être tout bonnement brouillonne, et non profonde. La vision de Teilhard est riche par son ampleur et la tradition à laquelle elle se rattache — c'est en effet une vieille théorie remise à neuf par une nouvelle terminologie —, mais l'essence de la position qu'il adopte peut toujours être rendue avec des mots de tous les jours.)

Teilhard pensait que l'évolution s'effectue dans une direction bien définie et irréversible. Pour comprendre de quelle nature est ce mouvement, nous ne regardons pas en arrière, vers l'origine de la vie et ses propriétés physiques, mais vers son dernier produit : l'*Homo sapiens* en personne. Car c'est vers nous que, dès le départ, la vie a évolué. La progression du vivant montre une domination très croissante de l'esprit sur la matière. Cette augmentation inéluctable de la conscience peut être appréhendée par l'étude de deux de ses produits matériels : chez les animaux inférieurs, les systèmes nerveux simples et diffus donnent en évoluant un organe centralisé (le cerveau), accompagné de parties annexes ; chez les animaux supérieurs, le cerveau se développe en taille et en complexité au fil de l'évolution. Dans un essai autobiographique, Teilhard écrivait :

> Je ne m'arrêtai pas sérieusement un seul instant à l'idée que la Spiritualisation progressive de la matière, à laquelle me faisait si clairement assister la Paléontologie, pût être autre et moindre chose qu'un processus *irréversible.* L'Univers en gravitation tombait vers l'Esprit comme sur sa forme stable, en avant. Autrement dit, prolongée, approfondie, pénétrée jusqu'au fond, *suivant son vrai sens,* la Matière, au lieu de s'ultramatérialiser comme je l'aurais d'abord cru, se métamorphosait au contraire irrésistiblement en Psyché.

L'évolution humaine est le point culminant de ce problème psychique. Dans la vision anthropocentrique, la vie n'a de sens que parce qu'elle va vers l'homme. Nous faisons inextricablement partie de la nature parce que la nature n'a tendu qu'à nous depuis le départ.

Comme l'évolution suit une voie dotée d'une orientation, l'arbre de la vie ne se ramifie pas au hasard ; il est un faisceau de branches attachées à leur base par la généalogie, qui divergent durant leur histoire mais dans un mouvement toujours orienté dans la même direction fondamentale. L'énergie de la matière entraîne obligatoirement la divergence ; la force de la conscience toujours croissante impose une progression commune vers le haut. Les espèces parentes doivent former un ensemble de lignées *multiples et parallèles* dont chacune diverge et s'adapte à un environnement local, mais dont chacune aussi progresse continuellement dans le rapport esprit/matière. Teilhard écrivait en 1922 que « l'évolution... se résout en des lignes innombrables qui divergent de si loin qu'elles paraissent presque parallèles ».

Avec l'apparition de l'homme, l'évolution est arrivée à un point crucial. L'esprit a suffisamment progressé et s'est suffisamment accumulé pour parvenir à la conscience de soi. Une nouvelle couche est bel et bien apparue sur la structure concentrique de la Terre. Teilhard félicitait le géologue autrichien Eduard Suess d'avoir créé le terme de « biosphère », qui s'ajoutait aux couches concentriques traditionnelles que sont la lithosphère et l'atmosphère. Mais la conscience, soutenait Teilhard, avait ajouté une « nappe » supplémentaire, « la surface humaine psychiquement pensante... la noosphère ».

Teilhard décrit la noosphère comme une réalité physique, une couche fine et ténue qui enveloppe maintenant toute la Terre, faisant suite à l'apparition des ancêtres de l'homme en Afrique et à leur migration ultérieure sur tous les continents. Il écrivait dans un manuscrit de 1952 : « Au-dessus de la vieille Biosphère s'étale maintenant une " Noosphère ". Personne ne contestera la réalité de cet énorme phénomène. »

L'apparition d'une noosphère, aujourd'hui si mince et si fragile, constitue un tournant dans l'évolution universelle. Teilhard écrivait en 1930 :

Le Phénomène humain ne représente rien moins qu'une transformation générale de la Terre, par établissement, à la surface de celle-ci, d'une enveloppe nouvelle, l'enveloppe pensante — plus vibrante et plus conductrice, en un sens, que tout métal ; plus mobile que tout fluide ; plus expansive que toute vapeur... Et ce qui donne à cette métamorphose sa pleine grandeur, c'est qu'elle ne s'est pas produite comme un événement secondaire ou un accident fortuit, mais à la manière d'une crise essentiellement préparée, depuis toujours, par le jeu même de l'évolution générale du monde.

L'évolution est aujourd'hui à mi-chemin. Jusqu'à maintenant, malgré la progression de l'esprit, la matière a dominé et les lignées évolutives, tout en allant dans la même direction générale, ont constamment divergé. Mais la noosphère marque le début de la domination de l'esprit sur la matière. L'esprit prenant l'avantage, la convergence s'amorcera. La fragile noosphère s'épaissira. L'orientation d'un milliard d'années sera inversée et des lignées conscientes (au moins chez l'*Homo sapiens*) commenceront à converger à mesure que progressera rapidement l'emprise de l'esprit sur la matière.

La convergence est déjà à l'œuvre dans le processus de socialisation chez l'homme. En termes de mécanique ordinaire, l'évolution culturelle de l'homme est peut-être un processus différent de l'évolution biologique darwinienne, mais l'une comme l'autre font partie d'une unité plus haute en tant qu'éléments séquentiels de l'orientation universelle.

Cet élan vers la convergence doit se concentrer et s'accélérer jusqu'à ce que tout l'esprit, de plus en plus libéré de la matière qui l'encombre, s'amalgame en un point unique que Teilhard appelait l'Oméga, identifié à Dieu, et, pour autant que je puisse en juger, conçu comme une réalité, non comme une métaphore ou un symbole. Il décrit cette apothéose d'une façon sinon claire, du moins très imagée, dans *Le Phénomène humain* :

...ce mouvement de nature essentiellement convergente aura atteint une telle intensité et une telle quantité que... l'humanité, *prise dans son ensemble*, devra... se réfléchir à son tour « ponctuellement » sur elle-même (c'est-à-dire, dans ce cas, abandonner son support organo-planétaire pour s'excentrer sur le Centre transcendant de sa concentration grandissante), alors, pour l'Esprit de la Terre, ce sera la fin et le couronnement.

La fin du Monde : retournement interne en bloc, sur elle-même, de la Noosphère, parvenue simultanément à l'extrême de sa complexité et de sa centration.

La fin du Monde : renversement d'équilibre, détachant l'Esprit, enfin achevé, de sa matrice matérielle pour le faire reposer désormais, de tout son poids, sur Dieu-Oméga.

Autrement dit, l'évolution a travaillé pendant des milliards d'années, a produit au passage peut-être une centaine de millions d'espèces de plantes, d'insectes et de vers, tout cela pour réaliser, par l'entremise d'une seule espèce dotée de conscience, l'union de l'esprit avec Dieu en une concentration superbe au point Oméga. Toute la vie qui nous a précédé n'a existé que pour nous et pour ce que *nous* deviendrions. Comme le fœtus en suspension qui incarne la promesse du futur à la fin de *2001 : L'Odyssée de l'espace,* nous (ou plutôt notre couche spirituelle de plus en plus épaisse et en plein mouvement ascendant) sommes les héritiers en même temps que le but de toute la vie qui nous a précédés. C'est bien de l'anthropocentrisme forcené s'il en est.

Que dire devant pareil système ? Serait-ce trop littéral et mesquin d'objecter qu'il semble pécher à ses seuls points de contact vérifiables avec les fossiles ? Peu de paléontologistes peuvent discerner dans l'histoire de la vie une orientation générale, et encore moins nécessaire, vers une cérébralité croissante. La plupart des espèces animales sont des insectes, des mites, des copépodes, des nématodes, des mollusques et leurs cousins, et je n'arrive à distinguer chez eux aucune tendance généralisée vers une domination de l'esprit sur la matière. Et l'arbre de l'évolution m'apparaît plus comme un buisson touffu, aux ramifications complexes, que comme un faisceau de rameaux parallèles qui se développeraient vers le haut dans une direction définie. Je sais, bien sûr, que Teilhard utilisait le mot « évolution » au sens métaphysique pour définir les lois du progrès, et non au sens où nous l'employons habituellement pour spécifier les mécanismes du changement organique (que Teilhard reconnaissait et qu'il étudia, mais en parlant de *transformisme*). Les travaux scientifiques de Teilhard en paléontologie sont valables et solides, mais ils traitent du *transformisme* et se situent dans un discours totalement différent de sa vision anthropocentrique de l'évolution cosmique.

Peut-être le problème de ces visions — zoocentrique et anthropocentrique — réside-t-il dans la tendance que nous avons à construire des systèmes globaux qui rendent compte de tout. Peut-être que cela ne marche pas. Que ces systèmes sont obligatoirement tenus en échec par la complexité et l'ambiguïté inhérentes à la place que nous occupons dans la nature. Comment ériger une barrière alors que l'homme est aussi indissociablement lié à la nature ? Mais comment opter pour une continuité totale, soit en allant vers le haut à partir des autres animaux (approche zoocentrique), soit en allant vers le bas à partir de l'homme (approche anthropocentrique), alors que l'homme est si spécial, pour le meilleur et pour le pire ? Nous ne sommes qu'un mince rameau sur un arbre qui comporte au moins un million d'espèces animales, mais la seule grande chose que nous ayons inventée au fil de l'évolution, la conscience — résultat naturel de l'évolution intégré dans une structure physique sans mérite particulier — a transformé la surface de notre planète. Regardez-la par le hublot d'un avion. Existe-t-il une seule autre espèce qui ait laissé des signes aussi visibles de sa présence permanente ?

Nous sommes essentiellement et insolublement pris entre notre unité avec la nature et notre redoutable unicité. Les systèmes qui tentent de nous situer et de nous donner un sens en mettant exclusivement l'accent sur l'unicité ou l'unité sont voués à l'échec. Mais nous devons continuer de poser des questions et d'enquêter, parce que les réponses sont complexes et ambiguës. Nous ne saurions mieux faire que de suivre le conseil que nous donnait Linné dans la description qu'il brossait de l'*Homo sapiens* dans son système. Il décrivait les autres espèces en fonction du nombre de leurs doigts et de leurs orteils, de leur taille et de leur couleur. Mais en ce qui nous concerne, là où il aurait dû décrire notre anatomie, il écrivit seulement l'injonction socratique : « Connais-toi toi-même. »

# V. SCIENCE ET POLITIQUE

# 19.

## L'évolution : fait et théorie *

Kirtley Mather, qui mourut l'année dernière à l'âge de quatre-vingt-dix ans, fut un pilier de la science et de la religion chrétienne en même temps qu'un de mes amis les plus chers. Le demi-siècle qui nous séparait s'évanouissait devant les intérêts que nous partagions. Le plus étrange de ces points communs fut un combat que nous livrâmes tous deux au même âge. Kirtley avait en effet accompagné Clarence Darrow dans le Tennessee pour témoigner en faveur de l'évolution au procès Scopes, en 1925. Quand je pense que nous nous retrouvons pris dans la même lutte pour défendre un des concepts les plus irrésistibles et les plus passionnants qui soient, je ne sais si je dois rire ou pleurer.

Selon les principes idéalisés du discours scientifique, la réapparition de problèmes en sommeil doit refléter des données neuves qui confèrent une nouvelle vigueur à des notions abandonnées. Ceux qui ne suivent pas de l'intérieur le débat actuel sont donc tout excusés s'ils croient que les créationnistes apportent des éléments nouveaux ou que les évolutionnistes sont à l'origine de quelque grave remise en cause interne. Mais rien n'a changé ; les créationnistes n'ont pas présenté un seul fait ou argument nouveau. Darrow et Bryan avaient au moins le mérite d'être plus drôles que les adversaires aujourd'hui en présence.

* Paru initialement dans *Discover Magazine,* mai 1981.

La montée du créationnisme relève de la politique, purement et simplement ; elle constitue un des problèmes (mais absolument pas *le* problème) de la droite évangélique qui refait surface. Des arguments qu'on aurait jugés, il y a seulement dix ans, complètement idiots, sont de nouveau largement acceptés.

La critique essentielle formulée par les créationnistes modernes bute déjà sur deux points, avant même que nous en venions aux données de fait supposées de leurs attaques contre l'évolution. D'abord, ils jouent sur une mauvaise acception, dans la langue courante, du mot « théorie » pour faire croire, à tort, que les partisans de l'évolution — dont je suis — camouflent les bases pourries de leur édifice. Ensuite, ils détournent une philosophie de la science largement répandue pour dire qu'ils se comportent en scientifiques dans leur critique de l'évolution. Or, la même philosophie fait apparaître que leur propre conviction n'est pas de la science et que le « créationnisme scientifique » est une expression qui ne veut rien dire et une contradiction dans les termes, un exemple de ce qu'Orwell appelait la « nouvelle langue ».

En américain courant, « théorie » signifie souvent « fait imparfait » — c'est un stade dans la hiérarchie de confiance qui va, par importance dégressive, du fait à la théorie, à l'hypothèse puis à la simple supposition. Ainsi, peuvent affirmer les créationnistes (et ils ne s'en privent pas), l'évolution est « seulement » une théorie, et un intense débat fait rage aujourd'hui au sujet de maints aspects de cette théorie. Si l'évolution est quelque chose de moins qu'un fait, et si les scientifiques n'arrivent même pas à s'entendre sur la théorie, dans quelle mesure pouvons-nous y ajouter foi ? C'est d'ailleurs l'argument que reprenait le Président Reagan devant un groupe évangélique de Dallas lorsqu'il déclarait (dans ce qui, je l'espère avec ferveur, n'était que de la rhétorique pré-électorale) : « Eh bien, c'est une théorie. C'est seulement une théorie scientifique, et elle a été contestée au cours de ces dernières années dans le monde de la science, — autrement dit, la communauté scientifique ne la croit plus aussi infaillible qu'autrefois. »

Eh bien oui, l'évolution *est* une théorie. Mais elle est aussi un fait. Et les faits et les théories sont des choses différentes, non les échelons d'une hiérarchie de certitude. Les faits sont les données de l'univers. Les théories sont des structures d'idées qui expliquent et interprètent les faits. Les faits ne disparaissent pas quand les scientifiques débattent de théories antagonistes qui prétendent les expliquer. La théorie de la gravitation d'Einstein a remplacé celle de Newton, mais les pommes ne s'immobilisent pas au beau milieu de leur chute en attendant que le débat soit tranché. Et les êtres humains ont évolué à partir d'ancêtres qui ressemblaient à des singes, qu'ils l'aient fait en fonction de l'explication proposée par Darwin ou d'un autre mécanisme qui reste encore à découvrir.

Qui plus est, « fait » ne signifie pas « certitude absolue ». En mathématiques et en logique, la preuve finale découle par déduction des prémisses posées et n'est sûre que parce qu'elle ne concerne pas le monde empirique. Les évolutionnistes n'affirment pas détenir la vérité perpétuelle, alors que c'est souvent le cas des créationnistes (et ils nous reprochent un style d'argumentation qu'eux-mêmes affectionnent). En science, « fait » ne peut signifier que « confirmé à un degré tel qu'il serait pervers de refuser d'y souscrire provisoirement ». Je suppose que les pommes pourraient commencer à remonter demain dans l'arbre, mais cette possibilité ne mérite pas qu'on y consacre autant de temps dans les classes de physique.

Dès le départ, les évolutionnistes ont été très clairs au sujet de cette distinction entre fait et théorie, ne serait-ce que parce qu'ils ont toujours reconnu qu'ils étaient loin de comprendre pleinement les mécanismes (la théorie) responsable de l'évolution (le fait). Darwin insista toujours sur la différence entre ses deux grandes réalisations indépendantes : établir la réalité de l'évolution, et proposer une théorie — la sélection naturelle — pour expliquer le mécanisme de l'évolution. Il écrivait dans *La Descendance de l'homme* : « J'avais deux objets distincts en vue ; d'abord, montrer que les espèces n'avaient pas été créées séparément ; ensuite, que la sélection naturelle a été le principal agent de changement... Donc, si je me suis trompé en... ayant exagéré son pouvoir [de la sélection naturelle]... j'ai au moins l'espoir d'avoir été utile en aidant à abattre le dogme des créations séparées. »

Darwin reconnaissait donc la nature provisoire de la sélection naturelle, tout en affirmant la réalité de l'évolution. Le débat fécond qu'il amorçait ne s'est jamais interrompu. Des années 1940 jusque tard dans les années 1960, la théorie darwinienne de la sélection naturelle est bel et bien parvenue à une hégémonie que son auteur ne connut jamais de son vivant. Mais le fait que le débat ait été relancé caractérise notre décennie et, alors qu'aucun biologiste ne remet en cause l'importance de la sélection naturelle, beaucoup doutent aujourd'hui de son ubiquité. Un grand nombre d'évolutionnistes, en particulier, soutiennent qu'une quantité importante génétique n'est peut-être pas soumise à la sélection naturelle et peut se répandre dans les populations de manière aléatoire. D'autres contestent le fait que Darwin ait lié la sélection naturelle à un changement graduel, imperceptible, passant par tous les degrés intermédiaires ; la plupart des événements évolutifs, soutiennent-ils, se produisent peut-être beaucoup plus rapidement que ne l'envisageait Darwin.

Les scientifiques voient dans les débats sur les problèmes fondamentaux de théorie une marque de santé intellectuelle et une source de stimulation. La science est — je ne vois pas comment le dire autrement — bien plus drôle quand elle joue avec des idées intéressantes, qu'elle en examine les implications et qu'elle reconnaît que l'information ancienne peut recevoir des explications étonnamment nouvelles. La théorie de l'évolution jouit aujourd'hui d'une vigueur inhabituelle. Or, malgré toute cette agitation, aucun biologiste n'a remis en cause la réalité de l'évolution ; l'objet du débat est de savoir comment elle s'est produite. Nous essayons tous d'expliquer la même chose : l'arbre de l'évolution qui lie tous les organismes par la généalogie. Les créationnistes détournent et caricaturent ce débat en négligeant, pour servir leurs objectifs, la certitude commune sur laquelle il repose et en laissant faussement entendre que nous doutons aujourd'hui du phénomène que nous cherchons à comprendre.

Ensuite, les créationnistes affirment que « le dogme des créations séparées », comme l'appelait Darwin il y a un siècle, est une théorie scientifique qui mérite qu'on lui accorde autant de temps qu'à l'évolution dans le programme de biologie de fin d'études secondaires. Mais une attitude très répandue chez les épistémologues dément cet argument des créationnistes. Le philosophe Karl Popper soutient depuis des dizaines d'années que le critère essentiel de la science est la nature réfutable de ses théories. Nous ne pouvons jamais prouver absolument, mais nous pouvons réfuter. Un ensemble d'idées qui ne peut pas être, en principe, réfuté, n'est pas de la science.

Le programme créationniste n'est rien de plus, dans sa totalité, qu'un discours cherchant à réfuter l'évolution en exposant les prétendues contradictions de ses partisans. Leur créationnisme, affirment-ils, est « scientifique » parce qu'il suit le modèle de Popper en s'évertuant à démolir l'évolution. Or l'argument de Popper doit s'appliquer dans les deux sens. On ne devient pas un scientifique du seul fait qu'on essaie de réfuter un système rival et authentiquement scientifique ; on est tenu de présenter un système de rechange qui réponde également au critère de Popper — lui aussi doit être, en principe, réfutable.

L'expression « créationnisme scientifique » est une absurdité qui recèle une contradiction dans les termes, du fait même que ce système ne peut être réfuté. Je peux imaginer des observations et des expériences qui battraient en brèche toutes les théories de l'évolution que je connais, mais je ne vois absolument pas quelles données pourraient amener les créationnistes à renoncer à leurs certitudes. Les systèmes imbattables sont des dogmes, pas de la science. De peur de paraître sévère ou pédant, je citerai la tête pensante du créationnisme, Duane Gish (docteur ès sciences) ; il écrit dans un livre récent (1978), *Evolution ? The Fossiles Say No !* : « Par création, nous entendons l'apparition due à un Créateur surnaturel des espèces élémentaires de plantes et d'animaux, au moyen d'une création soudaine, d'un *fiat*. Nous ne savons pas comment le Créateur a créé, quelles méthodes Il a utilisées, *car Il a utilisé des méthodes qui n'opèrent pas à l'heure actuelle quelque part dans l'univers naturel* [les italiques sont de Gish]. C'est pourquoi nous disons de la création qu'elle est spéciale. Nous ne pouvons découvrir par la recherche scientifique les méthodes créatrices qu'a utilisées le Créateur. » Pouvez-vous me dire, M. Gish, à la lumière de votre dernière phrase, ce qu'est alors un créationnisme « scientifique » ?

Notre certitude qu'il y a bien eu évolution s'articule autour de trois grands arguments. D'abord, nous avons des preuves abondantes, directes et observables d'une évolution à l'œuvre, à la fois sur le terrain et dans nos laboratoires. Ces preuves vont depuis les innombrables expériences sur les modifications qui se produisent dans presque tout ce qui touche aux drosophiles lorsqu'on les soumet à la sélection artificielle en laboratoire, jusqu'aux célèbres populations de phalènes britanniques qui virèrent au noir quand la suie industrielle vint obscurcir les arbres sur lesquels elles se posaient. (Les phalènes se protègent de la vue perçante des oiseaux de proie en se confondant avec ce qui les entoure.) Les créationnistes ne nient pas ces observations : ils ne le peuvent pas. Mais ils ont resserré leur argumentation. Ils affirment maintenant que Dieu a seulement créé des « genres élémentaires » et qu'il a laissé une latitude relative à l'évolution à l'intérieur de ces genres. C'est ainsi que les caniches nains et les danois viennent du genre « chien » et que les phalènes peuvent changer de couleur, mais la nature ne peut pas changer un chien en chat ni un singe en homme.

Le deuxième et le troisième argument en faveur de l'évolution — les grands changements — ne font pas intervenir l'évolution en action. Ils se fondent sur la déduction, mais n'en sont pas moins sûrs pour autant. Un grand changement évolutif prend trop de temps pour qu'on puisse l'observer directement, à l'échelle de l'histoire humaine. Toutes les sciences historiques s'appuient sur la déduction, et l'évolution n'est pas différente à cet égard de la géologie, de la cosmologie ou de l'histoire humaine. En principe, nous sommes dans l'impossibilité d'observer les processus qui ont opéré dans le passé. Nous devons les déduire des résultats qui continuent à nous entourer : les organismes vivants et fossiles pour l'évolution, les documents et les artefacts pour l'histoire humaine, les strates et la topographie pour la géologie.

Le deuxième argument — l'imperfection de la nature révèle l'évolution — semble paradoxal à beaucoup de gens, car ils ont l'impression que l'évolution est tenue de se manifester avec un maximum d'élégance dans l'adaptation presque parfaite qu'expriment certains organismes — dans la cambrure d'une aile de mouette ou dans des papillons invisibles parmi les débris végétaux en raison de la précision avec laquelle ils imitent les feuilles. Mais la perfection pourrait être imposée par un créateur avisé aussi bien qu'avoir été mise en place par la sélection naturelle. La perfection camoufle les traces de l'histoire du passé. Et l'histoire du passé — la preuve de l'ascendance — est le témoignage de l'évolution.

L'évolution se manifeste dans les *imperfections* qui témoignent de cette ascendance. Si un rat court, une chauve-souris vole, un marsouin nage et si moi, je dactylographie cet essai avec des structures formées à partir des mêmes os, c'est que nous ne les avons pas tous héritées d'un ancêtre commun. Un ingénieur, partant de zéro, pourrait dans chacun des cas concevoir des membres mieux adaptés. Si tous les grands mammifères d'Australie sont des marsupiaux, c'est qu'ils descendent d'un ancêtre commun isolé sur cette île-continent. Les marsupiaux ne sont pas « mieux », ou idéalement adaptés à l'Australie ; beaucoup ont été éliminés par des mammifères à placenta importés des autres continents par l'homme. Ce principe d'imperfection s'étend à toutes les sciences historiques. Quand nous réfléchissons à l'étymologie de septembre, octobre, novembre et décembre (septième, huitième, neuvième et dixième), nous savons que l'année commençait en mars, ou que deux mois supplémentaires furent certainement ajoutés à un calendrier initial qui n'en comptait que dix.

Le troisième argument est plus direct : on constate souvent des transitions chez les fossiles. Les transitions préservées ne sont pas chose courante — et ne doivent pas l'être, compte tenu de ce que nous comprenons de l'évolution (voir la partie suivante) —, mais elles ne sont pas totalement absentes, comme le prétendent souvent les créationnistes. La mâchoire inférieure des reptiles comporte plusieurs os, celle des mammifères un seulement. Les os de la mâchoire des mammifères ont peu à peu rapetissé chez les ancêtres des mammifères jusqu'à ne plus constituer que de minuscules fragments situés à l'arrière de la mâchoire. Le « marteau » et l'« enclume » de l'oreille des mammifères sont des descendants de ces fragments. Comment une transition de cet ordre a-t-elle pu s'accomplir, demandent les créationnistes. Un os ne peut être qu'entièrement dans la mâchoire ou entièrement dans l'oreille. Or les paléontologistes ont découvert deux lignées de transition chez les thérapsides (ce qu'on appelle les reptiles mammifères) dotés d'une double articulation de la mâchoire — l'une composée des anciens os carré et articulaire (qui devaient bientôt donner le marteau et l'enclume), l'autre des os squameux et dentaire (comme chez les mammifères modernes). Aussi, quelle meilleure forme de transition pourrions-nous espérer trouver que l'homme le plus ancien, l'*Australopithecus afarensis*, avec son palais simien, sa position debout humaine, et sa capacité crânienne plus grande que celle d'un singe de même gabarit mais de 1 000 bons centimètres cubes inférieure à la nôtre ? Si Dieu a créé chacune de la demi-douzaine d'espèces humaines découvertes dans les roches anciennes, pourquoi a-t-il créé, dans une séquence temporelle ininterrompue de traits progressivement plus modernes, une capacité crânienne croissante, un visage et des dents plus petites, un corps plus développé ? L'a-t-il fait pour imiter l'évolution et mettre ainsi notre foi à l'épreuve ?

Devant ces faits de l'évolution et la faillite philosophique de leur position, les créationnistes comptent sur la déformation et les insinuations pour étayer des affirmations de pure rhétorique. Je semble peut-être incisif ou amer — et je le suis —, car je suis devenu une des cibles principales de ce genre de procédé.

Je me range personnellement parmi les évolutionnistes qui optent pour un rythme de changement heurté ou épisodique, et non uni et progressif. En 1972, mon collègue Nils Eldredge et moi-même conçûmes la théorie de l'équilibre ponctué. Nous affirmions que deux faits remarquables de l'histoire des fossiles — l'origine géologiquement « soudaine » d'espèces nouvelles et le fait qu'elles n'avaient pu changer par la suite (stase) — reflètent ce que prévoyait la théorie de l'évolution, et non les imperfections de l'histoire des fossiles. Dans la plupart des théories, de petites populations isolées donnent naissance à des espèces nouvelles, et le processus de spéciation s'étale sur des milliers ou des dizaines de milliers d'années. Cette quantité de temps, si longue mesurée à l'aune de notre existence, n'est qu'une microseconde en géologie. Elle représente bien moins d'un pour cent de la vie moyenne d'une espèce d'invertébrés fossile — plus de dix millions d'années. Il ne faut pas s'attendre, par ailleurs, à de grands changements chez les espèces largement répandues et bien établies. Nous pensons que l'inertie de vastes populations explique la stase de la plupart des espèces fossiles pendant des millions d'années.

Si nous proposâmes cette théorie d'un équilibre ponctué, ce fut surtout pour fournir une explication différente aux tendances générales relevées dans l'histoire des fossiles. Ces tendances, disions-nous, ne peuvent être attribuées à une transformation graduelle au sein des lignées, mais doivent découler de la réussite distincte de certains types d'espèces. Pour nous, une tendance ressemble plus à la grimpée d'une volée de marches (ponctuations et stases) qu'à rouler d'en haut d'un plan incliné.

Puisque nous proposions des équilibres ponctués pour expliquer les tendances, il est irritant d'être sans cesse cités par les créationnistes — à dessein ou par stupidité, je l'ignore — comme affirmant que les fossiles ne comportent pas de formes transitoires. Les formes transitoires manquent habituellement au niveau des espèces, mais elles abondent entre groupes plus vastes. Or on peut lire dans une brochure intitulée « Des scientifiques de Harvard reconnaissent que l'évolution est un canular » : « Les faits de l'équilibre ponctué que Gould et Eldredge... obligent Darwin à avaler concordent avec la description mise en évidence par Bryan et avec ce que Dieu nous a révélé dans la Bible. »

Poursuivant leur entreprise de déformation, plusieurs créationnistes ont assimilé la théorie de l'équilibre ponctué à une caricature des idées de Richard Goldschmidt, grand généticien de la première heure. Goldschmidt soutenait, dans un livre célèbre publié en 1940, que de grandes mutations peuvent faire soudainement apparaître de nouveaux groupes. Il appelait ces créatures subitement transformées des « monstres prometteurs ». (Je ne suis pas hostile à certains aspects de la version non caricaturale de cette théorie de Goldschmidt, mais elle n'a de toute façon rien à voir avec l'équilibre ponctué — voir les essais de la troisième partie, ainsi que mon essai explicitement consacré à Goldschmidt dans *Le Pouce du panda*.) Le créationniste Luther Sunderland parle de la « théorie du monstre prometteur en équilibre ponctué » et promet à ses lecteurs que « cela revient à admettre tacitement que les adversaires de l'évolution ont raison quand ils affirment qu'aucune preuve fossile ne vient étayer la théorie selon laquelle tout ce qui vit est rattaché à un ancêtre commun ». Duane Gish écrit : « Selon Goldschmidt, et à ce qu'on dirait maintenant selon Gould, un reptile pondit un œuf qui donna naissance au premier oiseau, avec ses ailes et tout. » L'évolutionniste qui croirait une telle absurdité ne résisterait pas au ridicule et disparaîtrait de la scène intellectuelle ; or la seule théorie capable d'envisager un tel scénario pour expliquer l'origine des oiseaux est le créationnisme — Dieu jouant le rôle de l'œuf.

Les créationnistes m'irritent et m'amusent ; mais, surtout, ils m'attristent profondément. Et cela pour de nombreuses raisons. Cela m'attriste que tant de gens séduits par cette théorie soient, à juste titre, troublés mais dirigent leur colère sur la mauvaise cible. Il est exact que les scientifiques ont souvent fait preuve de dogmatisme et d'élitisme. Il est exact que nous avons souvent autorisé cette image d'hommes en blouses blanches, un peu racoleuse, qu'on donnait de nous — « les scientifiques déclarent que le produit X guérit les oignons cent fois plus vite que... » Nous ne l'avons pas combattue comme nous aurions dû le faire, parce que ce nouveau corps de prêtres que nous paraissons former nous vaut quelques avantages. Il est exact aussi que le pouvoir de l'État anonyme et bureaucratique s'insinue de plus en plus dans nos vies et s'approprie des choix qui devraient revenir aux individus et aux communautés. Je comprends parfaitement que des programmes scolaires, imposés d'en haut et sans apport local, soient considérés dans ce contexte comme un affront supplémentaire. Mais le coupable n'est pas et ne peut être l'évolution ou quelque autre fait du monde naturel. Identifiez et combattez par tous les moyens vos vrais ennemis, mais dites-vous bien que nous n'en sommes pas.

Cela m'attriste, parce que tout ce brouhaha n'aboutira pas,

dans la pratique, à une extension des programmes qui inclurait le créationnisme (cela aussi m'attristerait), mais à la réduction ou à l'excision de l'évolution. L'évolution est une des cinq ou six « grandes idées » émises par la science. Elle traite de profonds problèmes de généalogie qui nous passionnent tous — de nos « racines » considérées dans leur plus vaste acception. D'où venons-nous ? Où la vie est-elle apparue ? Comment s'est-elle développée ? Comment les organismes sont-ils liés entre eux ? Elle nous oblige à penser, à réfléchir, à nous interroger. Priverons-nous des millions d'individus de ces connaissances et recommencerons-nous à enseigner la biologie comme un ensemble de faits ternes et isolés, sans le fil qui relie tous ces divers matériaux pour en faire un tout plein de souplesse ?

Mais ce qui m'attriste encore plus que tout, c'est le courant que je commence tout juste à discerner chez mes collègues. J'ai l'impression que certains d'entre eux souhaitent aujourd'hui imposer silence à ce débat sain sur la théorie qui a redonné vie à la biologie évolutive. Il apporte de l'eau au moulin des créationnistes, disent-ils, même s'il ne s'agit que de déformation. Peut-être devrions-nous rester cachés et nous regrouper, au moins pour l'instant, autour de la bannière du darwinisme orthodoxe — qui est un peu notre religion des temps anciens.

Mais nous devrions emprunter une autre métaphore et reconnaître que nous sommes nous aussi sur un sentier étroit, entouré par les voies plus larges qui mènent à la perdition. Car si nous commençons un jour à refouler notre désir de comprendre la nature, à étouffer notre élan intellectuel pour essayer à tort de présenter un front unifié là où il ne peut ni ne doit en exister, alors oui, c'en est vraiment fait de nous.

# 20.

## Une visite à Dayton

Clarence Darrow plaida trois jours durant pour sauver les vies de Nathan Leopold et de Richard Loeb. Coupables, ils l'étaient à l'évidence, et de ce qui fut peut-être le meurtre le plus sauvage et le plus absurde des années 1920. En soutenant qu'ils étaient victimes de leur éducation, Darrow chercha seulement à atténuer leur responsabilité personnelle et à leur remplacer la pendaison par la détention perpétuelle. Et, comme d'habitude, il gagna.

John Thomas Scopes, accusé dans la célèbre affaire que Darrow eut à plaider ensuite, rappela la théorie de son avocat sur le comportement humain dans les premières lignes d'une autobiographie publiée longtemps après le fameux « procès des singes » (voir bibliographie) : « Clarence Darrow passa sa vie à affirmer, à enseigner en fait, que l'homme est le résultat de son hérédité et de son milieu. » Le monde peut bien paraître capricieux, mais les événements ont leurs raisons, aussi complexes soient-elles. Ces raisons conspirent à faire avancer les événements ; Leopold et Loeb n'étaient pas des individus agissant librement lorsqu'il assommèrent Bobby Franks et laissèrent son corps dans un caniveau, tout ça pour contribuer à prouver qu'un crime parfait ne pouvait être commis que par des gens suffisamment intelligents.

Nous voulons expliquer l'absurdité manifeste qui nous entoure. Mais les théories déterministes, comme celle de Darrow, excluent de notre monde le vrai hasard, l'élément aléatoire qui donne un sens au vieux concept du libre-arbitre de l'homme. Bien des événements, tout en progressant inexorablement et à un rythme accéléré dès lors qu'ils ont été déclenchés, ne sont au départ qu'un enchaînement d'improbabilités stupéfiantes. C'est d'ailleurs ainsi que nous avons tous commencé, sous la forme d'un spermatozoïde parmi des milliards d'autres spermatozoïdes rivalisant pour obtenir un droit d'entrée ; à une microseconde près, j'aurais pu être la Stéphanie que souhaitait ma mère.

Le procès Scopes, qui eut pour décor Dayton, dans le Tennessee, fut le résultat d'une accumulation d'improbabilités. La loi Butler, votée par le parlement du Tennessee et signée par le gouverneur Austin Peay le 21 mars 1925, déclarait qu'il était « illégal pour un professeur d'université, d'école normale et autres établissements publics de l'État financés entièrement ou en partie par les fonds de l'État affectés, d'enseigner une théorie qui nie le récit de la Création divine de l'homme telle qu'elle est révélée dans la Bible et enseigne au contraire que l'homme descendrait d'un ordre animal inférieur ». Le projet de loi aurait pu être rejeté sans grande difficulté si ses adversaires avaient pris la peine de s'organiser et de constituer un groupe de pression (comme ils l'avaient fait l'année précédente dans le Kentucky où un projet de loi du même genre avait été, aisément et dans des circonstances analogues, rejeté. Le parlement du Tennessee avait voté cette loi sans grand enthousiasme, en comptant que le gouverneur exercerait son droit de veto. Un de ses membres déclara à propos de M. Butler : « Ce gentleman de Macon voulait qu'un projet de loi fût voté ; le parlement n'avait pas eu grand'chose à se mettre sous la dent pendant la session, et c'était ici une bagatelle : on pouvait bien lui accorder ça. » Mais Peay, qui était conscient de l'absurdité de la chose et estimait que le parlement aurait vraiment pu lui épargner cet embarras en rejetant le projet, le parapha en n'y voyant qu'une inoffensive profession de foi de principes chrétiens. « Après examen attentif, écrivit Peay, je ne vois rien qui tire conséquence dans les manuels actuellement utilisés dans nos écoles, ni qui puisse tomber sous le coup de cette loi. Elle ne constituera donc aucun risque pour nos professeurs. Il est probable que la loi ne sera jamais appliquée... Nul ne croit à l'efficacité de cette loi. » (Voir Ray Ginger, *Six Days or Forever ?*, pour un excellent compte rendu du débat au parlement.)

Si le projet de loi semblait quelque peu invraisemblable, l'expérience qu'en fit Scopes le fut encore davantage. L'Union américaine pour les droits civiques (ACLU) offrit de fournir une assistance judiciaire et d'assumer les dépens de toute action qu'entreprendrait un professeur contre la loi en se faisant arrêter pour avoir enseigné l'évolution. Cette contestation ouverte aurait dû se produire dans la ville de Chattanooga, qui y était favorable, mais le projet tomba à l'eau. Scopes n'enseignait même pas la biologie à Dayton, petite ville fondamentaliste et peu indiquée pour ce genre d'entreprise, située à une soixantaine de kilomètres au nord de Chattanooga. Il avait été engagé en tant qu'entraîneur sportif et que professeur de physique, mais avait remplacé le professeur de biologie en titre quand ce dernier qui était également directeur de l'école, était malade. Il n'avait pas le moins du monde enseigné activement l'évolution, mais simplement donné aux élèves quelques pages du manuel offensant à résumer en vue d'un examen. Si, du jour où une poignée de citoyens énergiques pensèrent qu'une mise à l'épreuve de la loi Butler pourrait attirer les feux de la rampe sur Dayton — nul ne se souciait beaucoup des problèmes intellectuels —, le sort tomba sur Scopes, ce fut simplement un autre tour du destin. (Ils n'auraient pas songé au directeur, père de famille plus âgé et conservateur, mais il se dirent que Scopes, célibataire et libre penseur, n'y verrait pas d'objections.) L'année scolaire était achevée et Scopes avait d'abord pensé partir immédiatement passer l'été dans sa famille. Mais il resta, parce qu'il devait escorter « une jolie blonde » à quelque fête paroissiale.

Scopes jouait au tennis par un tiède après-midi de mai quand un gamin lui apporta un mot de « Doc » Robinson, le pharmacien local, propriétaire de l'endroit où convergeait toute la vie mondaine de Dayton : le Robinson's Drug Store. Scopes termina d'abord sa partie, car rien ne presse jamais à Dayton, puis se rendit sans hâte excessive au Robinson's où il trouva les élites locales réunies autour d'une table, en train de boire un Coca et de discuter de la loi Butler. Quelques minutes plus tard, Scopes proposait lui-même de jouer les boucs émissaires. A partir de quoi les événements se précipitèrent et commencèrent à prendre le tour prévu. Willian Jennings Bryan, dont le prêche sur la « Croix d'or » avait bouleversé des millions d'auditeurs et qui avait failli s'en trouver porté à la présidence — « le pape de la *Coke belt* », comme le baptisait H.L. Mencken —, consacrait ses forces déclinantes à faire campagne pour le transcendantalisme. Il s'offrit à tenir le rôle du ministère public et Clarence Darrow celui d'avocat de la défense. Le reste, comme on dit, appartient à l'histoire. Depuis peu, hélas, cela appartient aussi à l'actualité.

Le Robinson's Drug Store est toujours le haut-lieu de Dayton, bien qu'il se soit déplacé en 1928 pour venir occuper son emplacement actuel, à l'ombre du *courthouse* * du comté de Rhea, où Scopes affronta le courroux du Dieu de Bryan. « Sonny » Robinson, le jeune fils de Doc, tient le magasin depuis plusieurs dizaines d'années et dispense aux citoyens de l'endroit des pilules en tout genre, en même temps que ses réflexions sur l'heure de gloire de Dayton, aux pèlerins et badauds qui s'arrêtent là pour voir où « ça » a commencé. La petite table ronde, avec ses chaises en fer forgé, occupe le milieu de la salle, comme à l'époque où Scopes, Doc Robinson et George Rappelyea (qui prononça l'« inculpation » officielle) échafaudèrent leur plan en mai 1925. Les murs sont couverts de photos et autres souvenirs du procès, dont le seul que possède personnellement Sonny Robinson : la photographie d'un petit garçon de cinq ans assis dans une poussette et au bord des larmes, parce qu'on avait donné à un chimpanzé le Coca-Cola qu'il voulait. (L'animal était un membre éminent du groupe hétéroclite de chauds partisans, dont beaucoup avaient un degré d'intelligence comparable, qui s'abattirent sur Dayton durant le procès, plus intéressés par des bénéfices immédiats que par l'illumination éternelle.)

Je me trouvais au Robinson's Drug Store en juin 1981 ; un journal de San Francisco avait besoin de photos actuelles de

* *Courthouse* : non seulement tribunal, mais aussi lieu où siège une sorte de commission administrative du comté. (NdT.)

*Le Robinson's Drug Store, l'endroit où tout a commencé, occupe son emplace-*
*ment actuel depuis 1920.* PHOTO DEBORAH GOULD.

Dayton. Trop heureux de l'aubaine, Sonny Robinson, homme timide à l'en croire, se lança dans une débauche de coups de téléphone. Là-haut, dans les grandes villes du Nord, il n'est pas pensable de faire attendre quelqu'un, en tout cas jamais sans y mettre les formes. « Excusez-moi, je sais que vous devez être pressé, mais ce ne sera pas long, juste quelques minutes... » Seulement, dehors il faisait 35° à l'ombre, et le magasin de Sonny Robinson était frais. D'ailleurs, où aurait-on bien pu aller ? Une demi-heure plus tard, tout le monde étant là, Sonny Robinson tira la fameuse table et apporta trois Cocas dans de vieux verres tout ce qu'il y a de communs. Je m'assis au milieu (« un professeur de biologie de Harvard qui passait par hasard », ainsi que m'avait présenté Robinson à ses interlocuteurs). D'un côté prit place Ted Mercer, président de Bryan College, l'établissement fondamentaliste créé à la suite de l'ultime bataille du « Grand Commoner * », de l'autre M. Robinson, fils de celui qui avait déclenché toute l'affaire à la même table, cinquant-six ans plus tôt. Le rédacteur en chef

---

* *The Great Commoner :* surnom donné à William Jennings Bryan. (NdT.)

*L'intérieur du drug-store est tapissé de photos et de souvenirs du procès Scopes.*
*PHOTO DEBORAH GOULD.*

fondementaliste du *Herald* de Dayton nous prit en photo et nous avalâmes nos Cocas.

Dayton est resté une ville modeste et discrète. Si vous arrivez de Knoxville en passant par Decatur, il vous faut encore traverser le Tennessee sur un bac qui ne peut embarquer plus de six voitures. Les vieilles maisons sont bien entretenues, avec leur quatre piliers sur le devant, imitation locale du « style plantation ». (Caractéristiques du Sud, ces piliers sont en architecture l'équivalent d'un infaillible ingrédient gastronomique : quand la boisson figure dans un menu sous l'appellation « thé », il s'agit invariablement de thé glacé.) H.L. Mencken, plutôt avare de louanges, avouait aimer (à sa grande surprise) Dayton :

> Je m'attendais à trouver un sordide village du Sud... avec des cochons fouillant de leur groin sous les maisons et des habitants ravagés par l'ankylostome et la malaria. Or j'ai découvert une petit ville de province pleine de charme et même de beauté... Les maisons sont entourées de ravissants jardins, avec des pelouses vertes et des arbres majestueux... Les boutiques sont bien achalandées et ont un petit air citadin, surtout le vaste magasin de l'estimable Robinson où l'on trouve médicaments, livres, journaux et articles de sport.

*La bonne façon d'aborder les problèmes qui nous divisent. Trois hommes d'opinions totalement opposées boivent un Coca, assis à la « table d'origine » du Robinson's Drug Store. A gauche, Ted Mercer, président du* college *fondamentaliste Bryan ; au centre, votre serviteur ; à droite, Sonny Robinson.* PHOTO DEBORAH GOULD.

Bien entendu, il y a eu quelques changements. Les caravanes ancrées dans leur carré d'herbe et les immeubles en béton brut reflètent le fait que la population de Dayton a doublé et compte aujourd'hui près de quatre mille âmes. Les vieilles certitudes se sont peut-être un tant soit peu émoussées. Le *Herald* de Dayton titrait en manchette, cette semaine-là, qu'on avait confisqué et détruit pour deux cents millions de dollars de marijuana sur pied dans le comté de Rhea et dans le comté voisin de Bledsoe. Et que pour vingt-cinq *cents,* vous pouvez avoir un préservatif — « vendu seulement à titre prophylactique », naturellement — aux distributeurs des toilettes des stations-service locales. Au moins, on ne peut pas mettre cela sur le dos de l'évolution,

*Le* courthouse *du comté de Rhea, Tennessee, où se déroula le procès Scopes.*
*PHOTO DEBORAH GOULD*

comme le faisait, il y a quelques mois, un pasteur évangélique qui citait Darwin comme pilier des quatre « p » : prostitution, perversion, pornographie et permissivité. On enseignait le créationnisme à Dayton avant la venue de Scopes, on continue de l'enseigner aujourd'hui.

Malgré tous ces changements intervenus sans bruit, Dayton reste une ville écrasée au carrefour de ses deux rues principales par le *courthouse* du comté de Rhea, un bâtiment de style « Renaissance Revival » des années 1890 apparemment deux fois trop grand pour le petit chef-lieu d'un petit comté. Pourtant, même la salle où siégeait le tribunal ne fut pas à la hauteur de son heure de gloire ; le juge Raulston remarqua en effet que le plafond de l'étage inférieur se fendillait sous le poids de l'humanité présente et transporta la Cour sur la pelouse voisine, où Darrow cuisina de plus belle Bryan. (C'est de l'humour gratuit et quelque peu hors sujet, mais je m'étais dit que je le mentionnerais. Rhea était la fille d'Uranus et la mère de Zeus. C'est aussi le nom qu'on donne à l'« autruche » sud-américaine. Pendant le voyage du *Beagle,* Darwin redécouvrit une deuxième espèce, la petite rhéa ou rhéa de Darwin, qui vit dans une région différente de l'Amérique du Sud. Dans une de ses premières spéculations sur l'évolution, Darwin émettait l'hypothèse que la différence qui existait chez cette espèce entre les deux rhéas pouvait être analogue à la différence qui existe dans le temps entre les espèces éteintes et les espèces parentes encore en vie.)

Il court beaucoup d'idées fausses au sujet du procès Scopes, et leur dénonciation fournit une occasion qui en vaut une autre de faire le point. Dans la version héroïque, on persécuta John Scopes, Darrow vola à sa défense et châtia l'antédiluvien Bryan, et le mouvement antiévolutionniste tomba en décrépitude ou, en tout cas, fut momentanément enrayé. Ces trois propositions sont fausses.

En ce qui concerne la première, nous avons déjà fait observer qu'Austin Peay et les législateurs du Tennessee n'avaient pas l'intention d'appliquer la loi qu'ils avaient votée. En réalité, Bryan lui-même avait fait pression (sans succès) sur les parlementaires en leur conseillant de ne prévoir aucune peine en cas d'infraction. Il ne s'agissait, après tout, que d'une déclaration de principe ; si l'on appliquait la loi, on risquait de rencontrer des problèmes d'ordre constitutionnel. L'ACLU fit paraître une annonce dans la presse du Tennessee : elle cherchait quelqu'un qui accepterait de se prêter à un test. George Rappelyea la lut dans le *Times* de Chatanooga et s'en fut sans se presser jusqu'au Robinson's avec son plan. « C'est juste une discussion de bistrot qui a ensuite échappé à notre contrôle », rappela John Scopes par la suite. Pour une fois, ce que racontent les agitateurs étrangers au comté (même les yankees) est au moins à moitié vrai.

Bryan fut battu et mis dans l'embarras pendant le procès, mais Darrow ne fut pas le principal artisan de sa défaite. Le procès lui-même, avec sa conclusion réglée d'avance, fut passablement ennuyeux. (Scopes avait effectivement enfreint la loi et la défense voulait une condamnation rapide qui permît de porter avantageusement l'affaire devant une juridiction plus haute.) Les débats traînèrent sur d'interminables points de procédure et il n'y eut que deux temps forts. Le premier se produisit lors d'une discussion de droit sur la validité du témoignage des

experts. La défense avait convoqué à Dayton une impressionnante brochette d'éminentes personnalités de la biologie de
l'évolution et de la foi chrétienne. L'accusation demanda avec
insistance que leurs dépositions ne fussent pas prises en considération. La loi interdisait clairement qu'on enseignât l'évolution humaine, et Scopes avait tout aussi clairement violé la loi.
Exacte ou non, la théorie de l'évolution n'était pas en cause. Le
juge Raulston reconnut le bien-fondé de l'objection et les
experts se rabattirent sur leurs machines à écrire. Profitant du
week-end pour fourbir leurs arguments, les experts produisirent
une masse impressionnante de documents. Ceux-ci furent
reproduits dans les journaux d'un bout à l'autre du pays, et le
juge Raulston finit par accepter qu'ils figurent au dossier du
procès.

Bryan, qui avait gardé un silence inhabituel pendant plusieurs
jours, se servit d'un argument de procédure comme de tremplin
pour pourfendre, comme il s'y était préparé, l'évolution. Dans
une harangue grandiloquente visiblement dirigée contre les
membres de sa circonscritpion (les témoins remarquèrent qu'il
tournait le dos au juge tout en parlant), Bryan nia pratiquement
que l'homme fût un mammifère et déclara que le cas des sieurs
Leopold et Loeb prouvait amplement qu'il est dangereux de
trop apprendre. La réfutation opposée par la défense fut la première humiliation de Bryan ; dans ces zones rurales, en effet,
avant l'avènement de la télévision, aucun art ne forçait plus
l'admiration que celui du discours. Or Bryan fut submergé par le
discours, par les effets de manches, par la vigueur de la voix —
non de Darrow, mais d'un autre avocat de la défense, Dudley
Field Malone, éminent spécialiste ès divorces new-yorkais et
ancien subordonné de Bryan au département d'État (où Bryan
avait été secrétaire sous la présidence de Woodrow Wilson).
H.L. Mencken écrit :

> Je doute fort que plaidoirie plus sonore ait retenti dans un tribunal
> depuis l'ère de Gog et Magog. Son roulement s'échappa par les
> fenêtres ouvertes avec la violence d'un tir d'artillerie en manœu-
> vre et jeta l'alarme chez les contrebandiers et les chats sauvages
> des sommets éloignés... Bref, Malone était en voix. Ce fut un
> grand jour pour l'Irlande. Et pour la défense. Car Malone ne se

contenta pas de hurler plus fort que Bryan : il l'écrasa sur le plan tactique et fit voler en éclats son argumentation... Il conquit même les fondamentalistes. Quand il se tut enfin, ils lui firent une ovation formidable — au moins quatre fois plus chaleureuse que celle accordée à Bryan. Car ces âmes frustes raffolent de l'art oratoire et savent le reconnaître là où il est. Insensibles à la logique du diable, elles ne refusent pas le voluptueux plaisir que leur procure ses phrases enveloppantes.

Toutefois, le juge Raulston statua contre la défense et refusa que les experts vinssent témoigner le lendemain. On était vendredi et tout semblait fini, y compris les effets de manches. Scopes serait condamné sommairement le lundi suivant ; il avait violé la loi, et l'interprétation étroite donnée de l'affaire par Raulston avait exclu tous les autres problèmes. Presque tous les journalistes, H.L. Mencken compris, quittèrent la ville pour fuir cette chute de tension que constituait l'interruption du week-end et la retombée des passions qui ne manquerait pas de s'ensuivre. Aussi, lorsque il amena Bryan à disposer au titre d'expert de la Bible, Darrow ne s'adressa-t-il qu'à une poignée d'habitants du cru et à un quarteron de journalistes. Le récit qu'en font *Inherit the Wind* et autres comptes rendus montent en épingle ce qui ne fut qu'une idée après coup.

On ne sait même pas exactement pourquoi Raulston permit à Bryan de témoigner (puisqu'il avait exclu les experts du camp advers). Les autres avocats de l'accusation essayèrent de dissuader Bryan, et Raulston supprima du dossier la totalité de ses interventions. Pour Bryan, c'était l'occasion ou jamais d'essayer de reprendre du poil de la bête après la râclée que lui avait administrée Malone, mais Darrow le traita d'imbécile pontifiant. Pourtant, le moment le plus célèbre de l'algarade — quand Bryan renonça au credo du strict fondamentalisme en admettant que les jours de la Genèse pouvaient avoir été de plus de vingt-quatre heures — ne fut pas, comme le veut la légende l'aveu à contrecœur que lui aurait arraché la logique impitoyable de Darrow. Bryan fit sa déclaration en toute liberté, sous la forme d'une réponse préalable à toute une série de questions. Il ne parut pas se rendre compte que les fondamentalistes locaux y verraient une trahison, et le monde environnant une contradiction fatale.

La condamnation de Scopes fut finalement annulée à cause d'un détail technique. Le juge Raulston avait fixé lui-même l'amende à cent dollars, mais la loi du Tennessee exigeait que toutes les amendes supérieures à cinquante dollars fussent stipulées par le jury. Bryan humilié, et la condamnation annulée, la légende d'une victoire de la défense put se mettre en place et venir compléter la version héroïque. En fait, le procès Scopes fut une défaite (ou une victoire à la Pyrrhus telle qu'elle n'en mérite guère le nom), et cela pour diverses raisons. D'abord, Bryan se rattrapa en prenant involontairement la seule option qui lui restait pour restaurer aussitôt son prestige : une semaine après la fin du procès, il mourut à Dayton. Il léguait à l'endroit le Bryan College de Ted Mercer, un institution fondamentaliste florissante de la petit bourgade. Ensuite, l'annulation de la condamnation de Scopes fut une pilule amère pour la défense : toute possibilité de faire appel disparaissait soudain. Tous ces efforts réduits en poussière parce qu'un juge s'était trompé de cinquante dollars !

La loi Butler resta dans les codes jusqu'à son abrogation prononcée en 1967. Elle ne fut pas appliquée, mais qui peut dire combien de professeurs turent ou refoulèrent leur façon de penser, et combien d'enfants n'entendirent jamais parler de l'une des théories les plus passionnantes et les plus vastes jamais conçues par les scientifiques ? En 1973, le sénat du Tennessee vota un « projet de loi sur la Genèse » par soixante-neuf voix contre seize. Celui-ci instituait un temps d'enseignement égal pour l'évolution et la création et demandait qu'on fasse figurer dans les manuels un démenti précisant qu'aucune théorie sur « l'origine et la création de l'homme et du monde... n'est présentée comme étant un fait scientifique ». On déclarait néanmoins que la Bible était un ouvrage de référence, et non un manuel, ce qui l'exemptait de la nécessité de comporter un démenti imprimé. Ce projet de loi fut déclaré inconstitutionnel quelques années plus tard.

Enfin, et c'est bien regrettable, l'espoir que les questions soulevées lors du procès Scopes avaient été définitivement rangées dans le domaine d'une Americana en proie à la nostalgie s'est trouvé balayé par la résurgence actuelle aux États-Unis du créationnisme — climat qui a inspiré mon détour sur l'autre rive du Tennessee.

J'ai eu l'occasion de faire la connaissance, vers la fin de sa vie, de Kirtley Mather, professeur émérite de géologie à Harvard, pilier de la confession baptiste et champion solitaire des libertés universitaires aux pires jours du maccarthysme, peut-être l'homme le plus remarquable que j'aie rencontré. Kirtley fut aussi témoin de la défense à Dayton. Chaque année, depuis la fin des années 1960 et jusqu'au milieu des années 1970, Kirtley fit une conférence à mes élèves dans laquelle il rappelait ce qu'avait été pour lui Dayton. On aurait dit l'écho merveilleux de temps révolus, car Kirtley, presque nonagénaire, était encore capable d'en remontrer aux meilleurs orateurs de Harvard. Sa conférence ne variait guère d'une année sur l'autre. J'y vis d'abord une évocation pleine de charme, plus tard j'estimai qu'elle n'avait qu'un rapport assez vague avec les affaires courantes, puis j'en vins enfin à penser qu'elle constituait une affirmation vitale de réalités on ne peut plus actuelles. Cette année, j'envisage de nettoyer ma bande vidéo et de la passer à mes étudiants en guise de méditation sur certains périls immidiats.

En 1965, John Scopes se laissait aller après coup à des espoirs tardifs :

> Je crois que le procès de Dayton a amorcé le déclin du fondamentalisme... J'ai l'impression que les lois limitant la liberté des enseignants appartiennent définitivement au passé, que la religion et la science peuvent dialoguer aujourd'hui dans un climat de respect mutuel et de recherche commune de la vérité. Je me plais à penser que le procès de Dayton a eu son rôle à jouer dans l'avènement de cette ère nouvelle.

(A propos, Scopes fréquenta par la suite l'université de Chicago et devint géologue. Il passa la plus grande partie d'une vie sans histoire à Shrevenport, en Louisiane, travaillant comme le font tant de géologues dans l'industrie du pétrole. Cet homme tranquille, à la splendide probité, refusa de tirer le moindre avantage matériel de sa gloire passagère et accidentelle. Son silence ne traduisait aucune crise de confiance, aucune renonciation aux principes qui l'avaient conduit à cette renommée momentanée. Il choisit simplement de se faire reconnaître pour ses mérites personnels.)

Aujourd'hui, Jerry Falwell a repris le flambeau de Bryan, et les espoirs de Scopes en une « ère nouvelle » ont été déçus. Bien sûr, nous ne rejouerons pas l'affaire Scopes exactement de la même façon ; nous avons un peu avancé en cinquante-six ans. L'évolution est trop solide à l'heure qu'il est pour être totalement écartée, et les propositions de lois actuelles se bornent à réclamer qu'un « temps égal » soit accordé à l'évolution et à une religion passéiste qui se camoufle sous le titre contradictoire de « créationnisme scientifique ». Mais les points de ressemblance entre 1925 et 1981 nous déconcertent plus que les différences ne nous réconfortent.

Comme en 1925, les créationnistes ne croisent pas le fer pour la religion. Ils ont été désavoués par des ecclésiastiques marquants de tous bord, car ils déprécient encore plus la religion qu'ils n'interprètent mal la science. Ils constituent un groupe hétéroclite, certes, mais ils s'appuient essentiellement sur la droite évangélique, et le créationnisme n'est là qu'un prétexte, ou un point annexe d'un programme politique qui voudrait interdire l'avortement, gommer les acquis politiques et sociaux des femmes en réduisant la conception vitale de la famille à un paternalisme dépassé, et remettre en vigueur tout le chauvinisme et la méfiance à l'égard de l'enseignement qui préparent un pays au règne des démagogues.

Comme en 1925, ils utilisent les mêmes méthodes, des citations délibérément fausses destinées à conférer un vernis « scientifique » au créationnisme. Je suis aujourd'hui une des principales victimes de leurs agissements parce que ma théorie sur les accélérations de l'évolution, suivies de longues périodes de stase, peut être déformée et présentée comme un argument en faveur d'une création par un *fiat* et de la persistance inchangée de types immuables (voir mon précédent essai). Cela m'amusa donc (ou me tranquillisa) de lire qu'en 1925, Bryan et consorts avaient eu recours à la même stratégie pour exploiter le discours très explicite que Willian Bateson avait prononcé devant l'Américan Association for the Advancement of Science en 1922. Bateson avait exprimé sa confiance dans la réalité de l'évolution, mais il avait admis en toute honnêteté que, malgré la solennité ambiante et l'appui des manuels, nous en savions assez peu sur les mécanismes de l'évolution. Le ministère public, dans son accusation, avait cité Bateson comme « preuve » que les scientifiques eux-mêmes avaient reconnu le peu de consistance de l'évolution proprement dite. Dans la disposition qu'il adressa au juge Raulston, W.C. Curtis, un zoologiste de l'université du Missouri, lui soumettait une lettre de Bateson :

> J'ai de nouveau examiné mon discours de Toronto. Je n'y vois rien qui puisse être interprété comme l'expression d'un doute sur le grand fait de l'évolution... J'ai profité de l'occasion pour attirer l'attention de mes collègues sur les raisonnements confus et les hypothèses non prouvées qui prévalent au sujet du processus réel de l'évolution. Nous savons sans doute possible que les plantes et les animaux, et parmi ceux-ci l'homme très certainement, ont évolué à partir de formes de vie autres et très différentes. Quant à la nature de ce processus évolutif, nous avons de nombreuses hypothèses, mais peu de connaissances concrètes.

Curtis citait également une lettre du vieux patron de Bryan, Woodrow Wilson : « Naturellement, comme tout homme intelligent, je crois bel et bien à l'évolution organique. Je suis surpris qu'on doive encore soulever ces questions aujourd'hui. » Ronald Reagan, lui, les a soulevées du haut de sa tribune à Dallas, devant un rassemblement de fondamentalistes.

J'ai appris quelque chose à Dayton, ou plutôt je me suis rappelé ce que je n'aurais jamais dû oublier tandis que je buvais mon Coca sans prétention à la « table d'origine » du Robinson's Drug Store. L'ennemi n'est pas le fondamentalisme, mais l'intolérance. Dans ce cas précis, l'intolérance est perverse, puisqu'elle se dissimule sous le discours « libéral » du « temps égal ». Mais qu'on ne s'y trompe pas. Les créationnistes essaient d'imposer une optique religieuse spécifique par le biais d'un diktat législatif imposé aux enseignants qui la refusent de par leur conscience et leur formation. Malgré tous leurs beaux discours sur l'égalité accordée aux deux camps (simple question d'opportunisme politique), ils remplaceraient aussi la libre recherche scientifique par l'autorité de la Bible comme source de savoir empirique.

A Dayton, tous les commentateurs, y compris le caustique H.L. Mencken en personne, notèrent que les habitants du cru, tout en s'accrochant à leurs convictions créationnistes, ne manifestèrent aucune intolérance ni même absence de courtoisie à l'égard de leurs adversaires. Ils fêtèrent Bryan lorsqu'il arriva en ville, et ils réservèrent un accueil égal à Darrow. Ils applaudirent Malone pour ses talents d'orateur. Mencken écrivit :

> On ne voit pas trace non plus en ville de cet esprit pernicieux qui se manifeste habituellement quand des chrétiens se rassemblent pour défendre la grande doctrine de leur foi. Je n'ai entendu strictement aucun ragot sur Scopes, à savoir qu'il serait à la solde des jésuites, ou que le trust du whisky est derrière lui, ou qu'il est poussé par ces juifs qui fabriquent des films osés. Au contraire, partisans et adversaires de l'évolution semblent dans les meilleurs termes, et il est difficile de les distinguer les uns des autres à l'intérieur d'un même groupe.

Dayton ne s'est pas départie de sa cordialité. J'ai rencontré de vifs opposants à ma théorie sur l'évolution, mais je n'ai perçu aucun mépris pour mes opinions, ni aucune tendance à m'estimer moins, en tant que personne, parce que je n'étais pas d'accord avec une idée à laquelle ils tenaient. Ces marques de cordialité sont largement répandues mais, hélas, si fragiles. Quelques graines de laideur et d'intolérance suffisent bientôt à envahir tout un champ. Nous n'avons rien à craindre de la vaste majorité des fondamentalistes qui, comme beaucoup de citoyens de Dayton, vit en fonction d'une doctrine parfaitement indigène à la région. Nous devons plutôt combattre les quelques butors qui exploitent les effets d'une instruction insuffisante pour obtenir des profits immédiats et réaliser des visées politiques plus amples.

Bryan, qui se comportait déjà comme un idiot dans son gâtisme politique, était une proie facile pour le ridicule. Mencken écrivit de sa plume la plus acérée :

> Il avait eu jadis un pied à la Maison-Blanche, et le pays tremblait sous ses rugissements. Maintenant, il est le pape de pacotille de la *Coca-Cola belt* et le frère des pasteurs qui s'en prennent aux faibles d'esprit devant des tabernacles en fer-blanc, derrière les gares de triage... Il est vraiment tragique de démarrer dans la vie en héros et de finir en clown.

Nombre de créationnistes actuels semblent tout aussi pitoyables dans leurs déclarations. Comment prendre au sérieux ce lien entre le darwinisme et les quatre « p » du diable ?

Mais Mencken était également conscient du danger ; il écrivait dans les dernières lignes de son livre :

> Que personne n'aille voir là une comédie, aussi burlesque soit-elle dans ses menus détails. Elle fait savoir au pays que l'homme de Néanderthal est en train de s'organiser dans ces coins de terre oubliés, conduit par un fanatique absurde et dénué de conscience. Le Tennesse, qui leur a jeté le gant trop craintivement et trop tard, voit aujourd'hui ses tribunaux transformés en assemblées religieuses et sa Déclaration des droits bafouée par des représentants de la loi assermentés.

Les mouvements d'intolérance commencent-ils jamais autrement, compte tenu de notre proportion envahissante à la cordialité ? Ne débutent-ils pas toujours comme une comédie et ne s'chèvent-ils pas, quand ils réussissent, en carnage ? Qui n'a pas considéré Hitler comme un pitoyable objet de dérision après le putsch de la taverne ? Et qui peut lire les célèbres phrases du théologien protestant Martin Niemöller sans frissonner :

> D'abord les nazis s'en prirent aux juifs, mais comme je n'étais pas juif, je n'ai pas réagi. Ensuite ils s'en sont pris aux catholiques, mais comme je n'étais pas catholique, je n'ai rien dit. Et puis ils s'en sont pris aux ouvriers, si bien que je n'ai pas bougé. Et puis ils s'en sont pris au clergé protestant, et alors là il était trop tard pour que quiconque puisse bouger.

Clarence Darrow ne comprenait que trop bien où s'enracinait l'intolérance, quand il déclarait à Dayton :

> Si, aujourd'hui, vous pouvez prendre une chose comme l'évolution et faire de son enseignement dans les écoles publiques un délit, demain vous pourrez décréter que c'est un délit que de l'enseigner dans les écoles privées, et l'année suivante vous pourrez décréter que c'est un délit que de l'enseigner au cours des campagnes électorales ou dans les églises. La prochaine session, vous interdirez peut-être les livres et les journaux... L'ignorance et le fanatisme ne sont jamais inactifs et ils ont besion d'être nourris. Toujours affamés et toujours insatiables et jubilants. Aujourd'hui, ce sont les professeurs des écoles publiques ; demain, ceux des écoles privées. Après-demain, les prédicateurs et les conférenciers, les magazines, les livres, les journaux. Au

bout d'un moment, Votre Honneur, c'est l'homme qui se dresse contre l'homme, les croyances contre les croyances, jusqu'au jour où, drapeaux au vent et tambours roulant, nous régresserons vers cette glorieuse époque que fut le seizième siècle, où les bigots allumaient des fagots pour brûler ceux qui osaient apporter l'intelligence, les lumières et la culture à l'esprit humain.

Sarcastique par principe, H.L. Mencken prit la juste mesure de cette diatribe passionnée : « Le grand discours qu'a prononcé hier Clarence Darrow semble avoir eu exactement le même effet que s'il l'avait beuglé dans quelque défilé montagneux en plein cœur de l'Afghanistan. » Nous ferions mieux de clamer le même message aujourd'hui dans un porte-voix, afin qu'il retentisse d'un bout à l'autre du pays.

# 21.

## Moon, Mann et Otto

Little Rock, Arkansas,
       10 décembre 1981

L'*Arkansas Gazette* de ce matin publie un dessin humoristique où l'on voit des projecteurs braqués sur une carte de l'État. Cette carte n'indique ni la topograhie ni les frontières politiques, simplement, en caractères noirs allant de l'Oklahoma au Mississippi : « Procès Scopes n° 2. La célébrité. » J'ai passé la plus grande partie de la journée d'hier — avec des degrés variés de plaisir, de vertu offensée, de malaise et d'incrédulité — dans le box des témoins, à essayer de convaincre le juge fédéral William R. Overton que les strates géologiques de la Terre ne se formèrent pas à la suite d'un unique Déluge. Nous vivons aujourd'hui la première affaire mettant à l'épreuve la nouvelle vague de projets de lois créationnistes qui octroient un temps égal ou un « traitement équilibré » à l'enseignement de l'évolution et à celui d'une version à peine déguisée du livre de la Genèse interprété littéralement mais camouflée en « science de la création », ce qui ne veut strictement rien dire. Le juge semble, c'est le moins qu'on puisse dire, réceptif à ce que je lui explique et aussi stupéfait que moi qu'un procès de ce genre puisse se dérouler quelques mois à peine avant le centenaire de la mort de Darwin.

L'ombre du procès de John Scopes en 1925 s'est projetée si

avant dans notre époque que la procédure de Little Rock incite inévitablement à une comparaison (voir le précédent essai). Mais si je suis sensible à la continuité historique, je suis encore replus impressionné par les différences. Je me trouve dans un bâtiment massif en albâtre, un mélange de *courthouse* et de poste, un édifice strict, sans fioritures, cerné par le bruit de la circulation dans le centre ville de Little Rock. Le Rhea County Courthouse de Dayton, Tennessee — l'édifice qui accueillit Scopes, Darrow et Bryan en 1925 — est une construction de style « Renaissance Revival », élégante, aux coloris fondus et joliment décorée, qui surplombe l'intersection des deux rues principales de cette bourgade. Le procès Scopes avait directement été déclenché par des citoyens énergiques de Dayton qui souhaitaient inscrire leur ville sur la carte, nombre de citoyens de l'Arkansas, la plupart sans doute, sont gênés par l'anachronisme qui est à leur porte. John Scopes fut condamné pour avoir au moins mentionné que l'homme descendait d'un « ordre inférieur d'animaux » ; nous avons progressé en un demi-siècle, et les créationnistes modernes réclament à cor et à cri qu'on reconnaisse officiellement leur science, et non (en tout cas pour l'instant) qu'on frappe d'interdit nos conclusions solidement étayées.

J'ai décidé d'être paléontologiste quand j'avais cinq ans, après une rencontre avec le *Tyrannosaurus* au Muséum d'Histoire naturelle de New York, qui me plongea dans une crainte respectueuse. La phénoménologie des gros animaux aurait peut-être suffi à maintenir en éveil mon intérêt, mais ma carrière se confirma six ans plus tard quand je lus, bien trop tôt et en n'y comprenant goutte, *Meaning of Evolution,* de G.G. Simpson, et que je découvris qu'un corpus de théories passionnantes expliquaient tous les squelettes. Trois ans plus tard, j'abordais donc mon premier cours de sciences naturelles à la *high school* avec une impatience aiguë. En une année de biologie, l'évolution n'aurait sûrement plus de secret pour moi. Imaginez ma déception quand le professeur, en s'excusant, accorda deux jours à M. Darwin et à tout ce qu'il nous a légué, exactement à la toute fin d'une année exténuante. Cette façon de faire me plongea dans un abîme de perlexité, mais j'étais bien trop timide pour en demander la raison. Et puis j'oubliai ma question et continuai à étudier de mon côté.

Il y a six mois, dans une librairie de livres d'occasion, je tombai par hasard sur un de mes vieux manuels de fin d'études, *Modern Biology*, de T.J. Moon, P.B. Mann et J.H. Otto. Nous savons tous quelle puissance peuvent revêtir un spectacle ou une odeur inattendus en déclenchant quelque lointain « souvenir des choses passées ». Je sus immédiatement ce que j'avais sous la main à la minute même où je vis la reliure rouge familière, avec son microscope argenté en relief et son frontispice criard représentant un castor au travail. Le livre, qui avait précédemment appartenu à un certain « Lefty », devint rapidement ma propriété pour quatre-vingt-quinze *cents*.

Aujourd'hui, après plus de la moitié d'une vie (j'étais en première année de biologie en 1956), je comprends enfin pourquoi Mme Blenderman avait négligé le sujet qui me passionnait tant. J'avais été victime des mânes de Scopes (ou plutôt de celles de son adversaire, Bryan). Pour la plupart des gens, le procès Scopes représenta une victoire pour l'évolution, ne serait-ce que parce que Paul Muni et Spencer Tracy servirent magnifiquement Clarence Darrow dans l'adaptation au théâtre et au cinéma de *Inherit the Wind*, et parce que le procès fut à l'origine d'une avalanche d'ouvrages de vulgarisation dus à des évolutionnistes affligés et ulcérés. La condamnation de Scopes (annulée par la suite pour un détail de procédure n'avait été qu'une simple formalité ; la bataille pour l'évolution avait été remportée devant le tribunal de l'opinion publique. Or, ce n'était là qu'une illusion. Comme l'ont montré plusieurs historiens, le procès Scopes fut en réalité une défaite cuisante. Il encouragea le mouvement fondamentaliste qui se développait et conduisit immédiatement à la dilution de l'évolution ou à son élimination de tous les manuels en usage dans les *high schools* des États-Unis (voir en bibliographie l'ouvrage de Grabiner et Miller, et celui de Nelkin). Aucun secteur de l'industrie n'est plus timoré ni plus conservateur que celui des éditeurs de manuels scolaires officiels — il est difficile d'ignorer des marchés qui portent sur des millions de ventes. La situation demeura inchangée jusqu'en 1957, soit un an trop tard pour moi, époque à laquelle le Spoutnik soviétique déclencha une enquête rigoureuse sur l'état lamentable de l'enseignement scientifique dans les *high schools* américaines.

Moon, Mann et Otto se taillaient la part du lion sur le marché au milieu des années 1950 ; les lecteurs de ma génération éprouveront à n'en pas douter cet agréable sentiment de *déjà vu* avec moi. Comme beaucoup de livres à fort tirage, ce manuel était la version revue et corrigée de plusieurs éditions antérieures. La première, *Biology for Beginners,* de Truman J. Moon avait été publiée en 1921, avant le procès Scopes. Sur son frontispice, l'industrieux castor était remplacé par M. Darwin, et le texte reflétait une fascination profonde pour l'évolution sur laquelle était braquées les sciences de la vie. « Le cours met l'accent sur le fait que la biologie est une science totale qui repose sur la notion fondamentale d'évolution, et non une combinaison artificielle de bribes de botanique, de zoologie et d'hygiène », annonçait la préface. Le texte comporte plusieurs chapitres sur l'évolution et met continuellement en relief l'affirmation centrale de Darwin : l'évolution est un *fait* établi dont on ne peut raisonnablement douter, bien que les scientifiques aient encore énormément de choses à apprendre sur le *mécanisme* des changements évolutifs (voir mon essai 19). Le chapitre 35, « La méthode de l'évolution », commence ainsi : « La ressemblance entre les diverses formes des organismes vivants et l'évidence de leurs rapports est un *fait* prouvé, qui pose une question à laquelle il est plus difficile de répondre. *Comment* se sont effectuées cette descendance et ces modifications, par quels moyens la nature a-t-elle fait apparaître une forme à partir d'une autre forme ? [Les italiques sont de Moon.] »

J'examinai ensuite ma nouvelle acquisition avec un sentiment croissant d'amusement mêlé de révolte. On trouvait dans l'index des entrées comme « *chiures de mouches,* germes pathologiques dans les », mais rien sur l'évolution. Pour être exact, le mot évolution n'apparaît pas une seule fois dans le livre. Mais le thème n'en est pas tout à fait absent, cependant. Dix-huit pages lui sont accordées dans ce livre qui en compte six cent soixante-deux, soit le chapitre 58 des soixante qu'il comporte (p. 618-636). Dans ce survol hâtif et expurgé, elle est baptisé : « L'hypothèse du développement des races. » Moon, Mann et Otto ont emboîté le pas à tous les textes rentables postérieurs au procès de Scopes : éliminer et ne pas courir le risque de contrevenir à la loi. (Ceux qui gardent souvenir des cours de la *high school* se rappellent aussi que beaucoup de professeurs omettaient d'aborder ces derniers chapitres.)

Ménageant la chèvre et le chou, ce chapitre est aussi scandaleux par son contenu que par sa brièveté. Les deux premiers paragraphes, comparés à la franchise de Moon en 1921, sont une révélation involontaire et une imposture intellectuelle. On trouve dans le premier paragraphe une belle déclaration sur la continuité historique et les changements intervenus dans les traits *physiques* de notre planète :

> Notre monde est un monde qui se transforme. Il change d'un jour sur l'autre, d'une année sur l'autre, d'un siècle sur l'autre. Les fleuves creusent leurs lits tout en draînant plus de terre vers la mer. Les montagnes s'élèvent, uniquement pour être peu à peu nivelées par les vents et la pluie. Les continents se soulèvent et s'enfoncent dans la mer. Tels sont les changements graduels de la terre physique à mesure que les jours s'additionnent et deviennent des années, et que les années accumulent pour devenir des siècles.

Qu'y aurait-il de plus naturel et de plus logique que d'étendre le même mode de raisonnement et le même style de langage à la vie ? Le paragraphe semble vouloir amorcer la transition. Mais notez comme le ton du second dévie subtilement pour éviter de reconnaître une continuité historique au changement organique :

> Au fil des âges, des espèces végétales et animales sont apparues, ont fleuri un temps, puis ont disparu tandis que de nouvelles espèces les remplacaient... Quand une race était vaincue dans la lutte pour la survie, une autre race apparaissait pour prendre sa place.

Quatre pages plus loin, on nous suggère enfin, vaguement, que la généalogie est peut-être derrière ces transitions organiques au fil de temps : « Cette histoire géologique des roches, montrant des gradations fossiles allant d'organismes simples à des organismes complexes, est ce que nous devrions nous attendre à trouver si les races s'étaient développées tout au long du passé. » Un peu plus loin sur la même page, Moon, Mann et Otto posent la question redoutée et se risquent même à prononcer le mot le plus proche du mot évolution qu'ils puissent trouver : « Ces créatures préhistoriques sont-elles les ancêtres des animaux modernes ? » Si on lit soigneusement toutes les conditions qu'ils posent, on constate qu'ils répondent un « oui » très réservé à leur propre question — mais il faut vraiment lire avec une attention extrême.

Des millions d'enfants ont ainsi été privés de la chance d'étudier une des théories les plus passionnantes de la science, une de celles qui eurent le plus d'influence, et qui est le thème central de toute la biologie. Quelques centaines d'entre eux, dont je fus, se sentirent assez motivés intérieurement pour passer outre cette caricature d'enseignement ; mais nous citer paraît aussi idiot et cruel que le vieil argument raciste « et George Washington Carver, et Willie Mays * » ? utilisé pour contredire le fait que de piètres résultats sont parfois liés à l'inégalité matérielle et aux préjugés sociaux.

Je mentionnerai maintenant tous les arguments grandiloquents contre une telle dilution de l'enseignement : nous allons former une génération incapable de penser par elle-même, nous allons affaiblir le tissu économique et social du pays si nous éduquons une génération d'analphabètes en sciences, et ainsi de suite. Je vais jusqu'à ajouter foi à tous ces arguments. Mais ce n'est pas ce qui me gênait le plus, à la lecture du chapitre 58 de Moon, Mann et Otto. Je n'étais pas même irrité, simplement amusé en les voyant ainsi au supplice et en constatant leurs omissions flagrantes. De petites choses assorties de grandes conséquences, tel est mon pain quotidien, comme s'en sera vite aperçu vite n'importe quel lecteur de ces essais. Les généralités me laissent froid. Je suis capable d'ignorer une généralité déplaisante, mais je ne supporte pas qu'on falsifie et qu'on déprécie

---

* George Washington Carver (1864-1943) : chimiste noir dont les recherches permirent le développement de l'agriculture du Sud. Willie Mays : célèbre joueur noir de base-ball. (NdT.)

quelque chose de petit et de noble. Je ne fus pas vraiment ému, avant d'en arriver au dernier paragraphe du chapitre 58 ; mais là, une voix s'éleva en moi et se mit à composer cet essai. Car pour avancer au moins un argument valable au milieu de toute leur couardise, Moon, Mann et Otto avaient détourné (peut-être à leur insu) une de mes citations préférées. Si la lâcheté peut avilir à ce point, il faut l'éliminer.

Le dernier paragraphe s'intitule : « Science et religion. » Je suis tout à fait d'accord avec ses deux premières phrases : « Rien dans la science ne s'oppose à la croyance en Dieu ni à la religion. Ceux qui le croient se trompent dans leur science ou dans leur théologie, ou dans les deux. » Et puis il citent (avec quelques erreurs mineures corrigées ici) une affirmation célèbre de T.H. Huxley, pour montrer qu'on peut être et darwiniste et bon chrétien :

> La science me paraît enseigner, de la manière la plus haute et la plus forte, la grande vérité qui est incarnée par la conception chrétienne du total abandon à la volonté de Dieu. Regardez le fait avec les yeux d'un jeune enfant, soyez prêt à renoncer à toute idée préconçue, suivez humblement la nature où qu'elle vous mène, même si c'est à l'abîme, sinon vous n'apprendrez rien ; je n'ai commencé à connaître le contentement et la paix de l'esprit que du jour où je me suis résolu, contre vents et marées, à le faire.

D'accord, on peut être à la fois évolutionniste et bon chrétien. Des millions d'individus parviennent à juxtaposer les deux points de vue différents, mais pas Thomas Henry Huxley. Cette citation, replacée dans son vrai contexte, exprime en réalité l'agnosticisme courageux de Huxley. Elle figure également dans ce que j'estime être la lettre la plus belle et la plus émouvante jamais écrite par un scientifique.

Les circonstances tragiques dans lesquelles fut rédigée cette lettre expliquent pourquoi Huxley citait, mais dans une analogie que Moon, Mann et Otto ne comprirent pas, « la conception chrétienne du total abandon à la volonté de Dieu ». Le jeune fils de Huxley, son préféré, venait de mourir. Son ami, le révérend Charles Kingsley (qui est surtout resté dans les mémoires pour avoir écrit *The Water-Babies* et *Westward Ho!* *), lui avait adressé une lettre de condoléance longue et chaleureuse qui se terminait sur une note très anglicane : vous voyez, Huxley, si seulement vous renonciez à votre fichu agnosticisme et acceptiez le concept chrétien d'immortalité de l'âme, vous seriez consolé.

Huxley répondit avec des accents qui rappellent le chef de la police des *Pirates of Penzance,* de Gilbert et Sullivan **, qui, lorsque les filles du général Stanley célèbrent la bravoure qu'il ne manquera pas de montrer dans la bataille prochaine qui le conduira à n'en pas douter à une mort violente, remarquait :

> *Peut-être serait-il avisé*
> *De ne blâmer ni critiquer*
> *Car à n'en pas douter*
> *Ces attentions sont bien intentionnées*

Huxley remercie Kingsley des consolations qu'il lui offre en toute sincérité, mais il explique ensuite, en plusieurs pages vibrantes, pourquoi il lui est impossible de modifier des principes établis après mûre réflexion et délibération, simplement pour tempérer le chagrin qu'il éprouve à ce moment précis.

Il s'en est remis à la science, maintient-il, comme guide unique et sûr qui le conduira à la vérité des choses. Étant donné que Dieu et l'âme ne relèvent pas du domaine du fait concret, il ne peut connaître la réponse à ce qui est affirmé en la matière et doit rester agnostique. « Je ne nie ni n'affirme l'immortalité de l'homme, écrit-il. Je ne vois aucune raison d'y croire, mais, par ailleurs, rien ne me permet de démontrer que c'est faux. » Aussi, continue-t-il, je ne peux certifier, pour adoucir mon deuil, que l'immortalité existe. Les certitudes inconfortables, aussi fondées soient-elles, exigent d'être sans cesse réaffirmées, comme il le déclare juste avant le passage cité par Moon, Mann et Otto : « Je dois enseigner à mes aspirations à se conformer aux faits, et ne pas essayer d'harmoniser les faits avec mes aspirations. »

Plus loin, dans l'aveu le plus émouvant de cette lettre, il parle

---

* Auteur d'ouvrages pour la jeunesse. Ces deux livres ont été publiés en France sous les titres de *Les bébés d'eau* et *Cap sur l'Ouest.* (NdT.)
** Célèbres auteurs d'opérettes. (NdT.)

du réconfort plus grand que lui a apporté son engagement envers la science — réconfort plus profond et plus durable que le chagrin que lui inspire pour l'heure son incertitude au sujet de l'immortalité. Parmi les trois facteurs qui ont modelé ses convictions les plus profondes, note-t-il, « la science et ses méthodes m'ont procuré un lieu de sérénité indépendant de l'autorité et de la tradition ». (Les deux autres facteurs, ajoute Huxley, sont « l'amour, qui m'a donné à voir le caractère sacré de la nature humaine », et le fait d'avoir reconnu qu' « une perception profonde de la religion était compatible avec une absence totale de théologie ».) Il poursuit :

> Si, à l'heure qu'il est, je ne suis pas une carcasse humaine usée, débauchée, inutile, si mon destin fut ou sera de faire progresser la cause de la science, si je sens que j'ai eu le moins du monde droit à l'amour de ceux qui m'entourent, si, au moment suprême où j'ai abaissé mon regard sur la tombe de mon fils, mon chagrin a été plein de soumission et dénué d'amertume, c'est parce que ces facteurs ont été à l'œuvre en moi-même, et non parce que je me suis soucié un jour de savoir si ma pauvre personnalité devrait rester à jamais distincte du Tout d'où elle est venue et où elle va.
>
> Et c'est pourquoi, mon cher Kingsley, vous comprendrez quelle est ma position. Elle est peut-être entièrement fausse, et dans ce cas je sais que je paierai le prix d'avoir eu tort. Mais je puis seulement dire avec Luther : « *Gott helfe mir, ich kann nichts anders* » [Que Dieu me vienne en aide, je ne peux agir autrement].

Nous comprenons donc ce que voulait dire Huxley quand il parlait de « la conception chrétienne du total abandon à la volonté de Dieu » dans le passage cité par Moon, Mann et Otto. De toute évidence, il ne s'agit pas, comme ils le laissent entendre, d'une profession de foi, mais d'une analogie passionnée : de la même façon que le chrétien s'en remet à Dieu, je m'en remets à la science. Je ne peux pas faire autrement, malgré la consolation immédiate que le christianisme classique apporterait à la détresse qui est aujourd'hui la mienne.

Aujourd'hui, je me trouvais au tribunal de Little Rock et j'écoutais le témoignage de quatre hommes et femmes admirables qui enseignent les sciences dans les écoles primaires et secondaires de l'Arkansas. Leur déposition recélait des moments d'humour, par exemple quand l'un d'eux décrivit un exercice qu'il faisait faire en classe de sixième. Il tend une ficelle en travers de la salle de classe pour représenter l'âge de la Terre. Il demande ensuite à ses élèves de se placer en divers points qui représentent des événements comme l'origine de la vie, l'extinction des dinosaures, l'évolution de l'homme. Que feriez-vous, demanda le substitut en procédant au contre-interrogatoire, pour assurer un « traitement équilibré » à la terre âgée de dix mille ans telle qu'elle est prônée par les partisans du créationnisme ? « Je suppose que je prendrais une ficelle plus courte », répondit le professeur. L'image d'une vingtaine de gosses turbulents de sixième agglutinés autour d'un millimètre de ficelle déchaîna une houle de joie dans tout le tribunal.

Mais le témoignage de ces professeurs comporta aussi de grands moments. En les écoutant exposer pourquoi ils s'opposaient à la « science de la création », je pensai à T.H. Huxley et au courage dont doivent faire preuve ceux qui, pour paraphraser Lillian Hellman, ne remanieront pas des convictions qui sont toute leur vie pour satisfaire aux modes du moment. De la même façon qu'Huxley ne voulait rien simplifier ni dévaloriser pour trouver quelque réconfort immédiat, ces professeurs déclarèrent au tribunal que le respect mécanique de la loi du « traitement équilibré », bien qu'assez facile à appliquer, porterait atteinte à leur intégrité d'enseignants et anéantirait leur responsabilité à l'égard de leurs élèves.

Un témoin cita un passage de son manuel de chimie qui attribuait un âge considérable aux combustibles fossiles. Parmi les définitions de la science de la création qui doivent recevoir un « traitement équilibré », la loi de l'Arkansas comprend notamment « un âge de la Terre relativement récent », et ce passage devrait donc être modifié. Le témoin disait ne pas savoir comment procéder. C'était pourtant simple, s'étonna le substitut dans son contre-interrogatoire. Il suffisait d'ajouter une petite phrase : « Quelques scientifiques, cependant, croient que les combustibles fossiles sont relativement récents. » Le professeur fit alors la déclaration la plus remarquable de tout le procès. Je pourrais, dit-il, insérer une phrase de ce genre pour obéir mécaniquement à la loi. Mais si je suis un professeur consciencieux, je ne peux pas le faire. « Traitement équilibré » doit en effet signifier « dignité égale », et je devrais donc justifier cette insertion. Or cela m'est impossible, car je ne connais aucun argument valable en faveur de cette position.

Un autre professeur dit se trouver devant le même dilemme pour garantir cette égalité de traitement équilibré de manière consciencieuse et non mécanique. Dans ce cas, lui demanda-t-on, que ferait-il si la loi était confirmée ? Il leva les yeux et déclara d'un ton calme mais digne : « J'aurais tendance à ne pas la respecter. Je ne suis ni un révolutionnaire, ni un martyr, mais je me sens responsable à l'égard de mes élèves et je ne puis manquer à mes devoirs envers eux. »

Dieu bénisse les professeurs consciencieux de ce monde ! Nous qui travaillons dans des universités privées que rien ne menace, nous ne comprenons pas toujours la triste situation qui est celle de nos collègues — ni le courage qu'ils montrent en défendant ce qui devrait être notre objectif commun. Ce que firent Moon, Mann et Otto à Huxley symbolise le principal danger de l'antirationalisme imposé dans les cours : le fait qu'on en soit réduit à simplifier en déformant et à éliminer la profondeur et la beauté pour être en règle avec la loi.

En témoignage de reconnaissance aux professeurs de l'Arkansas, donc, et à notre intention à tous, un dernier extrait de la lettre d'Huxley à Kingsley me servira de conclusion :

> Si j'avais vécu deux siècles plus tôt, j'aurais pu m'imaginer quelque diable ricanant... qui m'aurait demandé quel avantage j'avais gagné à me dépouiller des espoirs et des consolations de la grande masse de l'humanité. A quoi j'aurais seulement répondu et répondrai seulement : Démon ! la vérité vaut mieux que beaucoup d'avantages. J'ai exploré les fondements de ma conviction, et quand bien même je devrais perdre femme, nom et renommée pour ma punition, je refuserai encore de mentir.

## Post-scriptum

Le 5 janvier 1982, le juge de district fédéral William R. Overton déclara non constitutionnelle la loi de l'Arkansas, parce qu'elle obligeait les professeurs de biologie à dispenser un enseignement religieux pendant les cours de science.

## 22.

# La science et l'immigration juive

En 1925, C.B. Davenport, un des chefs de file de la génétique américaine, écrivit à Madison Grant, auteur de *The Passing of the Great Race* et raciste des plus notoires appartenant à la tradition de l'élite yankee : « Nos ancêtres déplacèrent les baptistes de Massachusetts Bay à Rhode Island, mais nous n'avons pas d'endroit où mettre les Juifs. » Si l'Amérique était trop bondée pour qu'on sût où entasser les indésirables, il ne lui restait plus qu'à fermer ses ports. Davenport écrivait à Grant pour discuter d'un problème politique pressant à l'époque : l'établissement de quotas d'immigration en Amérique.

Les Juifs représentaient un problème latent aux yeux des farouches partisans des restrictions à l'immigration. Après 1890, l'immigration en Amérique avait très nettement changé de visage. Les sympathiques Anglais, Allemands et Scandinaves qui jusque-là constituaient la majeure partie des immigrants avaient été remplacés par des hordes de gens plus pauvres, à la peau plus sombre, et qu'on connaissait moins bien, qui arrivaient du sud et de l'est de l'Europe. D'après le catalogue des stéréotypes nationaux, tous ces individus — essentiellement des Italiens, des Grecs, des Turcs et des Slaves — étaient congénitalement dépourvus d'intelligence et de moralité. Leur exclusion pouvait se justifier par le fait qu'il était nécessaire de préserver, sur le plan eugénique, la race américaine en péril. Mais les Juifs posaient un dilemme. Le même catalogue raciste leur attribuait plusieurs traits indésirables, dont l'avarice et l'incapacité de s'assimiler, mais il ne les taxait pas de stupidité. Si la lourdeur d'esprit devait constituer le critère scientifique officiel permettant de refouler les immigrants du sud et de l'est de l'Europe, quelle raison invoquerait-on dans le cas des Juifs ?

La solution la plus séduisante consistait à décréter que le catalogue avait été bien trop généreux et que, contrairement au stéréotype admis, les Juifs, tout compte fait, étaient eux aussi des idiots. Plusieurs études « scientifiques » réalisées entre 1910 et 1930, période pendant laquelle culmina ce grand débat sur l'immigration, aboutirent à la conclusion vivement désirée. Elles constituent des exemples inégalés d'une déformation des faits destinée à vérifier ce qu'on compte bien trouver, et de cécité devant des solutions de rechange évidentes. Cet essai retrace l'histoire de deux études célèbres effectuées dans des pays différents et qui ont eu des répercussions également différentes.

H.H. Goddard était directeur de recherche au Vineland Institute for Feebleminded Girls and Boys du New Jersey. Il se targuait d'être un taxinomiste des déficiences mentales. Ce qui l'intéressait surtout, c'étaient les « déficients mentaux de degré supérieur », qui posaient un problème particulier du fait qu'ils se situaient à la limite de la normalité et étaient par conséquent d'autant plus difficiles à identifier. Il inventa le terme *moron,* d'un mot grec signifiant « stupide », pour décrire ces débiles légers. Il croyait à l'époque — il reviendra sur cette opinion en 1928 — que la plupart de ces faibles d'esprit devaient être internés à vie dans des institutions où on ferait leur bonheur en leur confiant des tâches à la mesure de leurs capacités, et surtout qu'il fallait les empêcher de se reproduire.

La méthode de Goddard pour repérer ces faibles d'esprit était la simplicité même. Une fois que vous étiez assez familiarisé avec ces brutes, il vous suffisait d'en regarder un, de lui poser quelques questions et de tirer la conclusion qui s'imposait. S'il ne réagissait pas, vous interrogiez les gens de son entourage. Si ceux-ci ne réagissaient pas, ou n'existaient pas, vous vous contentiez de regarder. Goddard s'en prit un jour à Edwin

Markham parce qu'il pensait que « L'homme à la houe » de son poème (inspiré par le célèbre tableau de Millet représentant un paysan) « devait sa situation aux conditions sociales qui le maintenaient dans cet état et le rendaient semblable aux mottes de terre qu'il retournait ». Markham ne voyait-il donc pas que l'homme de Millet était un déficient mental ? « Ce tableau est un parfait portrait d'imbécile », déclarait Goddard. Lui-même estimait avoir l'œil pour repérer les *morons,* mais c'était une tâche qu'il fallait confier à des femmes. parce que la nature avait doté le beau sexe d'une intuition plus grande :

> Lorsqu'une personne possède une large expérience de ce travail, elle acquiert presque un sens spécial qui lui permet de repérer de loin les faibles d'esprit. Les personnes qui réussissent le mieux dans cet exercice sont les femmes. Elles semblent avoir un sens de l'observation plus aigu que les hommes.

En 1912, Goddard fut convié par les services de santé américains à essayer ses talents sur les immigrants fraîchement débarqués à Ellis Island. Peut-être pourrait-on effectuer un tri parmi les arrivants et les renvoyer d'où ils venaient, ce qui réduirait « la menace que représentaient les faibles d'esprit » ? Mais, cette fois, Goddard avait dans ses bagages une méthode nouvelle qui s'ajoutait à ses observations *de visu :* les tests de Binet mesurant l'intelligence et qui devaient devenir (aux mains de Lewis M. Terman, de l'université Stanford) l'échelle Stanford-Binet, soit l'évaluation classique du QI. Binet venait de mourir, et il ne verrait pas comment on allait déformer sa méthode, conçue pour aider les enfants présentant des difficultés à l'école, pour en faire un instrument marquant définitivement les gens du sceau de l'infériorité.

Goddard fut si encouragé par le succès de ses essais préliminaires qu'il réunit des fonds et renvoya deux de ses collaboratrices à Ellis Island en 1913 avec mission d'effectuer une étude plus approfondie. En deux mois et demi, elles testèrent quatre grands groupes : trente-cinq Juifs, vingt-deux Hongrois, cinquante Italiens et quarante-cinq Russes. Les tests de Binet aboutirent à des résultats surprenants : quatre-vingt-trois pour cent des Juifs, quatre-vingt-sept pour cent des Russes, quatre-vingt pour cent des Hongrois et soixante-dix-neuf pour cent des Italiens étaient faibles d'esprit — c'est-à-dire d'un âge mental inférieur à douze ans (la limite supérieure de la stupidité selon la définition qu'en donnait Goddard). Goddard lui-même était légèrement embarrassé par ce succès. Ses résultats n'étaient-ils pas trop beaux pour être vrais ? Comment réussirait-on à convaincre l'opinion que les quatre-cinquièmes de la population d'un pays étaient des faibles d'esprit ? Goddard trafiqua un peu ces chiffres et les ramena à quarante et cinquante pour cent, mais il n'en demeurait pas moins perplexe.

L'échantillon juif l'intéressait tout particulièrement, et cela pour deux raisons. D'abord, il pouvait résoudre le dilemme posé par la prétendue intelligence des Juifs et fournir le motif qui permettrait de refouler ce groupe indésirable. Ensuite, Goddard pensait que cet échantillon le mettait à l'abri de toute accusation de partialité. Les autres groupes avaient été testés avec l'aide d'interprètes, mais, pour les Juifs, il avait eu recours aux services d'un psychologue parlant le yiddish.

Après coup, les chiffres de Goddard étaient encore plus absurdes qu'il ne l'aurait même imaginé à ses heures de doute. Il apparut quelques années plus tard que Goddard avait donné une interprétation particulièrement sévère des tests de Binet. Ses notes se situaient très au-dessous de celles obtenues par toutes les autres variantes. Une bonne moitié des gens qui avaient une intelligence faible mais normale sur l'échelle Stanford-Binet étaient classés débiles sur l'échelle de Goddard.

Mais le plus absurde venait de l'extraordinaire indifférence de Goddard aux effets du milieu, immédiats et à long terme, sur les résultats des tests. D'après lui, les tests de Binet mesuraient l'intelligence innée par définition, étant donné qu'ils ne faisaient appel ni à la lecture ni à l'écriture, et ne se référaient pas explicitement aux aspects particuliers d'une culture donnée. Coincé dans les cercles vicieux de son raisonnement, Goddard ne vit pas le contexte essentiel dans lequel travaillaient ses collaboratrices à Ellis Island. La redoutable Miss Kite s'approche d'un groupe d'hommes et de femmes apeurés — illettrés pour la plupart, quelques-uns possédant quelques rudiments d'anglais, tous débarquant à peine d'un voyage éprouvant dans l'entrepont d'un bateau —, les prend à part et leur demande de nommer en trois minutes le plus grand nombre d'objets possibles dans leur propre langue. Les piètres résultats enregistrés ne reflétaient-ils pas la peur, l'état de confusion ou la faiblesse physique plutôt que la stupidité ? Goddard envisagea cette possibilité mais l'écarta.

> Et que dire du fait que quarante-cinq pour cent seulement peuvent donner soixante mots en trois minutes, alors que des enfants normaux de onze ans donnent parfois deux cents mots dans le même temps ! Il est difficile de trouver une autre explication que le manque d'intelligence... Comment une personne peut-elle vivre ne serait-ce que quinze ans dans un milieu donné sans apprendre des centaines de noms et en restituer à coup sûr soixante en trois minutes ?

L'incapacité de ces immigrants à donner la date, voire même l'année, pouvait-elle être attribuée à autre chose qu'à la stupidité ?

> Devons-nous de nouveau conclure que le paysan européen du type de celui qui immigre en Amérique n'accorde aucune attention au passage du temps ? Que ses conditions de vie sont si dures qu'il ne se soucie guère de savoir si on est en janvier ou en juillet, en 1912 ou en 1906 ? Est-il possible qu'une personne possède une grande intelligence, mais qu'en raison des particularités de son milieu, elle n'ait pas acquis cette connaissance ordinaire, même si le calendrier n'est pas d'un usage courant sur le continent, ou s'il est assez compliqué, comme en Russie ? Et si tel est le cas, quel n'a pas dû être ce milieu !

Goddard ne savait pas comment résoudre le problème que posait ce déferlement de stupidité. D'un autre côté, il relevait certains avantages :

> Ils accomplissent un grand nombre de travaux que personne d'autre ne veut faire... Il y a énormément de besognes ingrates à accomplir, énormément de tâches pour lesquelles nous ne voulons pas payer ce qu'il faut pour obtenir la collaboration de travailleurs plus intelligents... Il se peut que le *moron* ait sa place, après tout.

Mais il redoutait encore plus une détérioration du patrimoine génétique et finit par se réjouir de la sévérité accrue des critères d'immigration dont son programme était en partie responsable. En 1917, il notait avec satisfaction que le nombre des immigrants refoulés pour déficience mentale s'était accru de trente-cinq pour cent en 1913 et de cinquante-sept pour cent en 1914 par rapport à la moyenne des cinq années précédentes. On pouvait toujours repérer les *morons* dans les ports d'immigration et les réexpédier là d'où ils venaient, mais il était impossible de généraliser une procédure aussi inefficace et coûteuse. Ne serait-il pas préférable de restreindre tout simplement le nombre d'immigrants en provenance de pays grouillant d'idiots ? Dans ses conclusions, Goddard suggérait que l'on « considérât avec la plus grande attention les possibilités d'une action future sur le plan scientifique et social comme sur le plan législatif ». En moins de dix ans, des restrictions à l'immigration fondées sur des quotas nationaux devinrent réalité.

Pendant ce temps, en Angleterre, Karl Pearson avait lui aussi décidé d'étudier l'anomalie apparente que représentait l'intelligence des Juifs. L'étude réalisée par Pearson était tout aussi ridicule que celle de Goddard, mais nous ne saurions en imputer les erreurs (comme nous pourrions le faire, en faisant preuve d'une charité peu raisonnable, dans le cas de Goddard) à quelque naïveté mathématique, car Pearson a pratiquement été l'inventeur des sciences statistiques. Premier professeur Galton d'eugénique à l'University College de Londres, Pearson fonda les *Annals of Eugenics* en 1925. Il décida de placer en tête du premier numéro de cette publication l'étude qu'il avait réalisée sur l'immigration juive, étude qu'il considérait, semble-t-il, comme un modèle de sobriété scientifique et de planification sociale rationnelle. Il exposait sans détours son objectif dès les premières lignes :

> Ce mémoire se propose d'examiner s'il est souhaitable, dans un pays déjà surpeuplé comme la Grande-Bretagne, d'autoriser une immigration aveugle ou, si l'on conclut par la négative, de définir les critères sur lesquels doit se fonder la discrimination.

Si un groupe que l'on jugeait habituellement doté de capacités intellectuelles pouvait être défini comme inférieur, l'argument fondamental en faveur de la discrimination serait considérablement renforcé. Qui, en effet, prendrait alors la défense de groupes dont la stupidité serait unanimement reconnue ? Pearson, toutefois, se récriait hautement quand on voulait voir dans son étude quelque intention ou préjugé. Qu'il suffise de rappeler le vers de Shakespeare : « La dame proteste trop, ce me semble. »

> Il n'existe qu'une solution à un problème de ce genre, et elle réside dans l'éclairage froid de l'enquête statistique... Nous n'avons pas de théorie à défendre, nous n'avons pas d'autorité en place à nous concilier par des découvertes dûment publiées ; nous ne sommes payés par personne pour obtenir des résultats infléchis dans un sens ou dans l'autre. Nous n'avons pas d'électeurs, pas de souscripteurs à voir sur la place du marché. Nous sommes fermement convaincus que nous n'avons aucun préjugé politique, religieux ou social... Nous trouvons notre plaisir dans les nombres et les chiffres pour eux-mêmes et, sujet à la faillibilité humaine, nous collectons nos données — comme tous les scientifiques doivent le faire — pour découvrir la vérité qu'elles renferment.

Pearson avait inventé une statistique si souvent utilisée aujourd'hui que beaucoup de gens croient sûrement qu'elle existe depuis l'aube des mathématiques : le coefficient de corrélation. Cette statistique mesure le rapport existant entre deux caractéristiques d'un ensemble d'objets : la hauteur par rapport au poids, ou le tour de tête par rapport à la longueur de la jambe chez un groupe d'humains par exemple. Les coefficients de corrélation vont de 1 (si les individus plus grands sont invariablement plus lourds dans la même proportion) à 0 s'il n'existe aucune corrélation (si une augmentation de la taille ne fournit aucune indication sur le poids — une personne plus grande peut avoir un poids supérieur, égal ou inférieur, et aucune prévision ne peut être faite à partir de la seule augmentation de la taille). Les coefficients de corrélation peuvent aussi être négatifs si l'augmentation d'une des variables entraîne la diminution de l'autre (si les individus plus grands pèsent en général moins lourds, par exemple). L'étude de Pearson sur l'immigration juive faisait intervenir la mesure des corrélations existant entre tout un assortiment, aussi vaste que varié, de caractères physiques et mentaux chez les enfants d'immigrants juifs vivant à Londres.

Pearson mesura tout ce qu'il estimait être important pour garantir la « valeur ». Il établit quatre catégories en matière de propreté des cheveux : très propres et bien coiffés, propres dans l'ensemble, sales et décoiffés, emmêlés ou infestés de poux. Il attribua aux vêtements et au linge de corps la même échelle : propre, un peu sale, sale, dégoûtant. Il calcula ensuite les coefficients de corrélation entre toutes ces évaluations et fut en gros déçu par les faibles résultats obtenus. Il n'arrivait pas à comprendre, par exemple, pourquoi la propreté du corps et des cheveux donnait un rapport de 0,2615 chez les garçons et de 0,2119 chez les filles, et il s'interrogeait :

> Nous aurions naturellement supposé que la propreté du corps et l'ordre des cheveux résulteraient d'un milieu maternel et qu'il y aurait donc une forte corrélation. Il est singulier de constater que non. Il existe peut-être des mères qui font principalement attention à l'aspect extérieur et insistent de ce fait pour que la chevelure soit nette, mais on imagine mal que celles qui mettent l'accent sur la propreté du corps négligent la propreté des cheveux.

Pearson conclut son étude des évaluations physiques en déclarant que les enfants juifs étaient inférieurs à la souche indigène en taille, poids, vulnérabilité aux maladies, nutrition, acuité visuelle et propreté :

> Les enfants juifs étrangers ne sont pas supérieurs aux non juifs indigènes. Tout bien considéré, il ne serait pas exagéré d'affirmer qu'ils étaient inférieurs dans la majeure partie des catégories traitées.

Le seul élément qui aurait pu justifier leur admission dans le pays était une intelligence potentiellement supérieure capable de contrebalancer leurs défauts physiques.

Pearson étudia donc l'intelligence à partir d'une échelle aussi peu détaillée et subjective que celle qui rendait compte des traits physiques. Pour l'intelligence, il se fiait aux appréciations des professeurs, qui allaient de A à G. Calculant la moyenne brute, il constata que les enfants juifs n'étaient pas supérieurs aux non juifs indigènes. Les garçons juifs obtenaient des résultats légèrement supérieurs, mais les filles se situaient nettement au-dessous de leurs condisciples anglaises. Et Pearson de conclure, avec une comparaison pour le moins frappante :

> En moyenne, et les deux sexes étant considérés, cette population juive est assez inférieure, physiquement et mentalement, à la

population indigène... Nous savons et nous admettons que certains enfants de ces Juifs étrangers ont obtenu des résultats scolaires brillants ; quant à savoir s'ils auront la puissance de persévérance de la race indigène, c'est une autre question. Aucun éleveur de bétail, toutefois, n'irait acheter un troupeau tout entier parce qu'il s'attendrait à y trouver un ou deux spécimens remarquables ; il le ferait encore moins si ses étables et ses pâturages étaient déjà pleins.

Mais Pearson se rendait compte qu'il lui manquait un argument décisif. Il avait déjà reconnu que les Juifs vivaient dans une pauvreté relative. Supposons que l'intelligence soit davantage un produit du milieu qu'une qualité innée. Les résultats moyens obtenus par les Juifs ne pourraient-ils pas refléter des conditions de vie plus défavorisées ? Ne seraient-ils pas supérieurs, après tout, s'ils vivaient tous aussi bien que la population de souche anglaise ? Pearson admettait qu'il lui fallait encore prouver le caractère inné de l'intelligence pour faire triompher sa théorie d'une restriction de l'immigration fondée sur une irrémédiable médiocrité.

Une fois de plus, il fait appel à ses coefficients de corrélation. Si on relevait une corrélation entre une faible intelligence et le degré de misère (maladie, vie en taudis et revenus bas, par exemple), on pourrait alors invoquer le milieu. Mais si on n'observait que peu de corrélation, ou pas du tout, c'est que l'intelligence n'est pas affectée par le milieu et qu'elle est donc innée. Pearson calcula ses coefficients de corrélation et, comme pour les évaluations physiques, trouva fort peu de résultats élevés. Mais, cette fois, il était satisfait. Les corrélations permettaient tout au plus de constater que les enfants intelligents dorment moins et ont tendance à respirer par le nez ! Il concluait triomphalement :

Il n'existe, dans le matériel dont nous disposons, aucune corrélation ayant la moindre conséquence entre l'intelligence de l'enfant et son physique, sa santé et la façon dont ses parents s'occupent de lui ou les conditions économiques et sanitaires du foyer dans lequel il vit... L'intelligence, en tant qu'élément distinct de la simple connaissance, constitue donc un caractère congénital. Admettons enfin que l'esprit de l'homme est pour sa plus grande part un produit congénital, et que les facteurs qui le déterminent sont raciaux et familiaux... Notre matériel ne nous apporte aucune preuve qu'une diminution de la pauvreté des étrangers, une amélioration de leur nourriture ou un progrès dans leur propreté modifiera substantiellement leur degré moyen d'intelligence... Il convient de juger l'immigrant en fonction de ce qu'il est quand il arrive, et de le refouler ou de l'accepter.

Mais les conclusions fondées sur des preuves négatives sont toujours suspectes. Le fait que Pearson n'ait pas réussi à relever de corrélation entre l' « intelligence » et le milieu pourrait certes indiquer qu'il n'existe réellement aucun rapport. Mais cela pourrait aussi signifier tout bonnement que les évaluations de Pearson étaient aussi répugnantes que les cheveux de sa quatrième catégorie. Peut-être que l'appréciation d'un professeur ne fournit aucun renseignement précis sur quoi que ce soit, et que le fait qu'elle ne permette pas d'établir des corrélations avec le milieu prouve simplement qu'elle ne saurait mesurer convenablement l'intelligence. Après tout, Pearson avait déjà admis que les corrélations relevées entre les évaluations physiques avaient été décevantes, parce que trop ténues. Il était trop bon statisticien pour ignorer cette éventualité. C'est pourquoi il s'y attaqua et l'écarta avec un des pires arguments qu'il me soit jamais arrivé de lire.

Pearson invoquait trois raisons pour ne pas revenir sur son idée que l'intelligence est innée. Les deux premières sont hors sujet : les appréciations des professeurs sont en corrélation avec des résultats du test de Binet, et un taux de corrélation élevé entre frères et sœurs et entre parents et enfants prouve également que l'intelligence est innée. Mais Pearson n'avait pas soumis les enfants juifs aux tests de Binet ni en aucune façon mesuré l'intelligence des parents. Ces deux affirmations se référaient à d'autres études et ne pouvaient pas être appliquées aux cas en question. Conscient de la faiblesse de ces deux arguments, Pearson en avança un troisième, fondé celui-ci sur une preuve intrinsèque : on ne relevait aucune corrélation entre l'intelligence (l'appréciation des professeurs) et le milieu, mais, en revanche, il en existait entre cette intelligence et d'autres mesures « indépendantes » de la valeur mentale.

Mais quelles sont ces autres mesures indépendantes ? Croyez-le ou non, Pearson choisissait la « conscience » (également fondée sur les appréciations des professeurs et répartie en « vive », « moyenne » et « terne ») et le rang dans la classe. Comment un professeur peut-il apprécier l' « intelligence » autrement que (pour une large part) l'éveil et le rang dans la classe ? Les trois mesures de Pearson — intelligence, éveil et rang dans la classe — n'étaient que la redondance d'un même élément : l'opinion qu'avait le professeur de la valeur de ses élèves. Mais nous ne pouvons pas dire si ces opinions expriment des capacités innées, des avantages dus au milieu ou les préjugés du professeur. Quoi qu'il en soit, Pearson concluait en préconisant de refouler tous les Juifs étrangers, sauf les plus intelligents :

> Pour des individus qui ne possèdent pas de capacités particulières — surtout pour ceux que la religion, les mœurs ou le langage maintiennent dans une caste à part —, il ne doit pas y avoir de place. Ils ne seront pas absorbés par la population existante, et, en même temps, ils ne la renforceront pas ; ils deviendront une race parasite.

Les études de Goddard et de Pearson avaient en commun leurs contradictions internes et un degré d'apriorisme suffisant pour annuler tout ce qu'elles affirmaient. Mais elles différaient sur un point important : leur impact social. La Grande-Bretagne ne vota aucune législation limitant l'immigration en fonction de l'origine nationale ou raciale. Mais en Amérique, Goddard et ses collègues triomphèrent. Le travail réalisé par Goddard à Ellis Island avait déjà encouragé les services d'immigration à refouler les gens pour présomption d'idiotie. Cinq ans plus tard, l'armée soumit 1 750 000 recrues de la Première Guerre mondiale à une batterie de tests que Goddard aida à rédiger et qui furent composés par un comité réuni à sa Vineland Training School. Les classifications n'identifiaient pas les Juifs *per se,* mais calculaient l' « intelligence innée » en fonction de moyennes nationales. Ces tests absurdes, qui mesuraient la bonne connaissance linguistique et culturelle des mœurs américaines (voir mon livre, *La Mal-mesure de l'homme,* Éd. Ramsay, 1983), classaient les immigrants récemment arrivés du sud et de l'est de l'Europe bien au-dessous des Anglais, des Allemands et des Scandinaves, arrivés longtemps avant eux. Le soldat moyen de la plupart des pays du sud et de l'est de l'Europe obtenait, dans les tests de l'armée, des résultats qui le rangeaient dans la catégorie des *morons*. Comme la majorité des immigrants juifs arrivaient des pays de l'est de l'Europe, les quotas fondés sur le pays d'origine éliminaient les Juifs aussi sûrement que les quotas universitaires fondés sur la répartition géographique leur fermaient l'entrée des campus réservés aux élites.

Lorsqu'on les fixa par la Loi de restriction à l'immigration de 1924, les quotas représentèrent d'abord deux pour cent des individus de chaque nation présente en Amérique au recensement de 1890 (et non au dernier dénombrement en date, celui de 1920). Étant donné que peu d'immigrants du sud et de l'est de l'Europe étaient arrivés en 1890, ces quotas eurent en effet pour résultat de réduire considérablement l'afflux de Slaves, d'Italiens et de Juifs. La restriction était dans l'air et elle serait intervenue de toute façon. Mais le caractère très particulier et les visées des quotas instaurés en 1924 résultaient en grande partie de l'action menée par Goddard et ses collègues en eugénique.

Quelles furent, rétrospectivement, les répercussions de ces quotas ? Allan Chase, auteur de *The Legacy of Malthus,* le livre le plus remarquable qu'on ait écrit sur l'histoire du racisme scientifique en Amérique, a estimé à six millions le nombre d'individus en provenance du sud, de l'est et du centre de l'Europe que ces quotas empêchèrent d'immigrer en Amérique entre 1924 et le début de la Seconde Guerre mondiale (en admettant que l'immigration se soit poursuivie à son rythme d'avant 1924). Nous connaissons ce qui est arrivé à beaucoup de ceux qui voulurent partir mais ne surent où aller. Les voies de l'anéantissement sont souvent indirectes, mais les idées peuvent être des agents de destruction aussi efficaces que les fusils et les bombes.

# 23.

# La politique de recensement

Dans la Constitution des États-Unis, on trouve à l'alinéa qui prescrit un recensement tous les dix ans l'affirmation infâme selon laquelle les esclaves doivent être comptés pour les trois-cinquièmes d'une personne. Paradoxalement, et indépendamment du contexte et des motifs, les recensements américains continuent à sous-estimer les Noirs dans leurs évaluations, car la population pauvre du centre des villes est systématiquement passée sous silence.

Le recensement a toujours été à l'origine de controverses, parce qu'il fut créé en tant qu'instrument politique et non comme enjolivement coûteux destiné à satisfaire la curiosité et à donner aux universitaires quelque chose à se mettre sous la dent. Le passage de la Constitution ordonnant le recensement débute ainsi : « Les Représentants et les impôts directs seront répartis entre les États qui pourront faire partie de cette Union, proportionnellement à leur population respective. »

L'usage politique qu'on fait du recensement a souvent dépassé la simple détermination de l'impôt et de la représentation. Le sixième recensement, effectué en 1840, fut à l'origine d'un débat passionné car, une fois n'est pas coutume, certains Noirs avaient été comptés par erreur *en trop*. Cette curieuse histoire illustre le principe selon lequel l'abondance des chiffres ne garantit pas l'objectivité, et que même les enquêtes les plus méticuleuses et les plus rigoureuses n'ont d'autre valeur que celle de leurs méthodes et de leurs hypothèses. (William Stanton relate cet épisode dans *The Leopard Spots,* son excellent ouvrage sur l'histoire des attitudes scientifiques à l'égard de la race en Amérique pendant la première moitié du XIXᵉ siècle. J'ai également lu les articles originaux du principal protagoniste, Edward Jarvis.)

Le recensement de 1840 fut le premier à faire entrer en ligne de compte les malades et les déficients mentaux, dénombrés par race et par État. Edward Jarvis, jeune médecin qui devait faire plus tard autorité en matière de statistiques médicales, se félicitait à l'idée que les frustrations occasionnées par l'imperfection des données disparaîtraient dans un proche avenir. Il écrivait en 1844 :

> Les statistiques de l'aliénation mentale intéressent de plus en plus les philanthropes, les spécialistes de l'économie politique et les hommes de science. Mais toutes les enquêtes, conduites par des individus isolés ou par des associations, ont été jusqu'ici partielles, incomplètes et très peu satisfaisantes... [Les enquêteurs] ne pouvaient donner l'effectif total d'individus ou de la classe à laquelle ils appartenaient, chez qui ils relevaient un nombre déterminé de personnes souffrant d'aliénation mentale. Étant donné que ces fonctionnaires avaient pour mission d'enquêter maison après maison et de visiter et examiner toutes les habitations — les manoirs comme les cabanes, les tentes comme les bateaux —, on pouvait raisonnablement supposer qu'on obtiendrait un rapport complet et précis de la fréquence de l'aliénation chez dix-sept millions d'individus. Jamais encore sur cette terre, et depuis que le monde existe, on n'avait pratiqué une étude sur un terrain d'une telle ampleur et à de telles fins... Jamais le philanthrope n'avait pu mieux escompter découvrir une vérité jusque-là cachée... Beaucoup entreprirent aussitôt d'analyser les tables afin de faire apparaître les taux d'aliénation dans les divers États et chez les deux races qui constituent notre population.

A mesure que les spécialistes et idéologues de tout poil passaient ces tables au crible, une évidence s'imposa peu à peu en ces temps troublés. Chez les Noirs, l'aliénation frappait bien plus souvent les individus libres des États du Nord que les esclaves du Sud. Un Noir sur cent-soixante-deux était fou dans les États libres, contre un sur mille cinq cent cinquante huit dans les États où sévissait encore l'esclavage. Mais la liberté et le Nord n'avaient pas à inquiéter les Blancs, car leurs propres taux d'aliénation étaient les mêmes au Nord et au Sud.

De plus, les taux d'aliénation chez les Noirs semblaient diminuer de façon régulière à mesure qu'on passait du Nord impitoyable au Sud où il faisait bon vivre. Un Noir sur quatorze dans le Maine était fou ou idiot ; dans le New Hampshire, un sur vingt-huit ; dans le Massachusetts, un sur quarante-trois ; dans le New Jersey, un sur deux cent soixante-dix-neuf. Dans le Delaware, pourtant, la fréquence de l'aliénation chez les Noirs chutait soudain brutalement. Comme l'écrivait Stanton : « Il semblait que Mason et Dixon eussent tracé une ligne * non seulement entre le Maryland et la Pennsylvanie, mais aussi, et bien involontairement, à n'en pas douter, entre la santé mentale et l'asile. »

Dans son premier article sur le recensement de 1840, Jarvis tirait les conclusions que tant d'autres Blancs devaient formuler : l'esclavage, s'il n'est pas l'état naturel de la population noire, a certainement un remarquable effet bienfaisant sur elle. Il doit exercer « une magnifique influence sur le développement des facultés morales et les pouvoirs intellectuels ». Un esclave acquiert l'égalité d'âme en « refusant beaucoup des espérances et des responsabilités qu'apprécient et alimentent les individus libres, pensant par eux-mêmes et agissant d'eux-mêmes », car la servitude « lui épargne certaines des obligations et des dangers de l'autonomie ».

Le « fait » essentiel, à savoir qu'il y avait dix fois plus de fous chez les individus libres que chez les esclaves, fut amplement repris dans la presse de l'époque, souvent de manière terrifiante. Stanton cite un collaborateur du *Southern Literary Messenger* (1843) qui, concluant que les Noirs deviennent « plus pervers quand ils sont libres », traçait un tableau effroyable de la Virginie au cas où cet État déciderait un jour d'abolir l'esclavage, où « toute la sympathie témoignée par le maître à l'esclave disparaissait ». Il demandait :

---

* Allusion à la *Mason-Dixon line*, ligne historique qui sépare le Nord et le Sud. (NdT.)

> Où trouverons-nous des pénitenciers pour ces milliers de crimi-
> nels ? Où trouverons-nous des asiles pour les dizaines de milliers
> de fous ? Sera-t-il possible de vivre dans un pays où fous et cri-
> minels attendront le voyageur à chaque croisée des chemins ?

Mais Jarvis était perplexe. La disparité entre le Nord et le Sud
ne le troublait pas, mais il était intrigué par son importance.
L'esclavage était-il vraiment responsable d'une différence aussi
énorme ? Si cette information n'avait pas reçu l'imprimatur
officiel, qui y aurait cru ? Jarvis écrivait :

> C'était si improbable, si contraire à ce qu'on connaissait habituel-
> lement, il y avait là à première vue une telle présomption d'erreur,
> que seul un document présenté avec toute l'autorité du gouverne-
> ment fédéral et « corroboré par le département d'État » pouvait
> avoir la moindre crédibilité chez les habitants des États libres, où
> l'on disait les cas d'aliénation si abondants.

Jarvis entreprit donc d'examiner les tables et fut bouleversé
par ce qu'il découvrit. D'une façon quelconque, et où l'on pouvait difficilement voir l'effet d'une série d'accidents dus au
hasard, le nombre de Noirs souffrant d'aliénation avait été gonflé de façon absurde dans les chiffres fournis par les États du
Nord. Jarvis constata que vingt-cinq villes, dans les douze États
libres, ne comptaient pas un seul Noir sain d'esprit. Le chiffre
correspondant au « total des Noirs » avait visiblement été reco-
pié ou placé au mauvais endroit dans la colonne réservée aux
« Noirs aliénés ». Mais les données relatives à cent trente-cinq
villes supplémentaires (dont trente-neuf dans l'Ohio et vingt
dans l'État de New York) ne pouvaient être expliquées aussi
facilement : ces villes présentaient en effet un nombre d'aliénés
noirs plus important que le chiffre total des Noirs, sains d'esprit
et cinglés dans le même sac !

Dans quelques cas, Jarvis put remonter jusqu'à la source
d'erreur. La ville de Worcester, dans le Massachusetts, faisait par
exemple état de cent trente-trois cas de démence pour une population noire totale de cent cinquante et un individus. Jarvis
procéda à une enquête personnelle et découvrit que ces cent
trente-trois personnes étaient des patients blancs internés à
l'asile local. Avec cette seule correction, la première d'une lon-

gue liste, le taux d'aliénation chez les Noirs du Massachusetts passa d'un pour quarante-trois à un pour cent vingt-neuf. Jarvis, démoralisé et furieux, se lança dans une campagne infructueuse — qui devait durer dix années — pour obtenir un désaveu ou une correction officielle du recensement de 1840. Il commençait ainsi :

> Le document que nous avons décrit, entaché d'erreurs et d'affirmations fausses, au lieu d'être un message de vérité pour le monde et d'éclairer ses connaissances et guider ses opinions, est, pour ce qui touche aux souffrances humaines, porteur de mensonges propres à troubler les esprits et à les égarer.

Ce débat était appelé à connaître un destin beaucoup plus important que les incessantes querelles dont les revues littéraires et spécialisées se faisaient l'écho. Les révélations de Jarvis vinrent en effet aux oreilles d'un homme redoutable, John Quincy Adams, presque octogénaire à l'époque, et qui terminait une carrière illustre en tant que leader des abolitionnistes à la Chambre des Représentants. Mais l'adversaire d'Adams était tout aussi à la hauteur. A l'époque, le recensement dépendait du département d'État, dont le secrétaire récemment entré en fonction n'était autre que John C. Calhoun, l'avocat le plus habile et le plus acharné de l'esclavage en Amérique.

Calhoun, dans une des premières mesures qu'il prit en entrant en fonctions, utilisa les chiffres incorrects mais officiels du recensement pour répondre au ministre des Affaires étrangères britanniques, lord Aberdeen, qui exprimait l'espoir que l'esclavage serait interdit dans la nouvelle république (bientôt État) du Texas. Le recensement prouvait, écrivit Calhoun à Aberdeen, que les Noirs des États du Nord avaient « invariablement sombré dans le vice et le paupérisme, assortis des maux physiques et mentaux qui y sont inhérents », tandis que les États qui avaient conservé ce que Calhoun appelait, par un euphémisme distingué, « l'ancien rapport » entre les races, comptaient une population qui s'était « grandement améliorée à tous égards — en nombre, en confort, en intelligence et en moralité ».

Calhoun entreprit d'éluder la requête officielle de la Chambre des Représentants, votée sur une motion d'Adams, où l'on demandait que le secrétaire d'État fît un rapport sur les erreurs du recensement et sur les mesures qui seraient prises pour les rectifier. Adams coinça un jour Calhoun dans son bureau et consigna dans son journal la réponse que lui fit le secrétaire d'État :

> Il se tortilla comme un serpent à sonnettes que l'on piétine quand je lui parlai du faux rapport qu'il avait produit devant la Chambre des Représentants, établissant qu'aucune erreur matérielle n'avait été relevée dans le recensement publié de 1840, et il finit par dire qu'il y avait tellement d'erreurs qu'elles s'annulaient et qu'on aboutissait à la même conclusion que si tout avait été exact.

Jarvis, entre-temps, avait obtenu le soutien de la Medical Society du Massachusetts et de l'American Statistical Association. Fort de nouvelles données et de nouveaux appuis, Adams persuada de nouveau la Chambre de réclamer à Calhoun une explication officielle. Et une fois de plus, Calhoun tergiversa et finit par produire un rapport verbeux qui rendait les choses encore plus confuses, persistant à citer les chiffres de 1840 sur l'aliénation pour prouver que la liberté serait « une malédiction et non une bénédiction » pour les esclaves noirs. Jarvis vécut jusqu'en 1884 et fut le témoin des recensements de 1850, 1860 et 1870. Mais il n'obtint jamais la rectification officielle des erreurs qu'il avait relevées dans le recensement de 1840 ; les données trafiquées, sinon carrément frauduleuses, sur le taux d'aliénation chez les Noirs continuèrent à être citées comme argument en faveur de l'esclavage tandis que la guerre de Sécession approchait.

Il y a certes un abîme entre les chiffres gonflés de l'aliénation mentale de la population noire en 1840 et les évaluations sous-estimées des Noirs (et autres groupes) défavorisés dans le centre des villes en 1980. D'abord, bien qu'on n'ait jamais déterminé la source d'erreur dans le recensement de 1840, nous pouvons fortement soupçonner qu'il y avait eu manipulation systématique, peut-être consciente, de la part des personnes chargées de tabuler les données brutes. Je crois que nous pouvons raisonnablement croire que, compte tenu de l'automatisation et de l'attention apportée à ce genre de procédures, les erreurs systématiques du recensement de 1980 ont au moins le mérite d'être honnêtes. Ensuite, la politique de 1840 laissait peu de champ aux critiques, et l'obstination évasive de Calhoun finit par triompher. Aujourd'hui, tous les recensements sont pratiquement soumis à l'examen légal et peuvent être contestés.

Mais derrière ces batailles juridiques, un fait demeure : nous ne savons toujours pas dénombrer la population avec précision. L'abondance des chiffres et une tabulation extensive ne sont pas une garantie d'objectivité. Si vous ne trouvez pas les gens, vous ne pouvez pas les compter — et le recensement américain constitue, aux termes de la loi, une tentative de dénombrement exhaustif, non une opération statistique fondée sur l'échantillonnage.

S'il était possible (indépendamment du coût de l'opération) de dénombrer tout le monde à coup sûr, on ne pourrait élever aucune objection valide. Or ce n'est pas le cas, et cette tentative même est à l'origine d'une erreur systématique qui garantie son échec. Car il y a des gens plus difficiles à trouver que d'autres, soit parce qu'ils répugnent à être recensés (les étrangers en situation illégale, par exemple), soit parce qu'un ensemble de circonstances malheureuses font que les pauvres sont plus anonymes que les autres Américains.

Les zones présentant des concentrations de population pauvre seront systématiquement sous-évaluées par le recensement, et ces régions ne sont pas disséminées au hasard dans le pays. Elles sont situées dans le cœur de nos grandes villes. Un recensement qui rend compte de la population en la dénombrant directement sera d'ailleurs à l'origine de contestations sans fin tant que la manne fédérale et la représentation au Congrès récompenseront, pour les villes, l'accroissement du nombre de leur population.

La notion de recensement a toujours fait l'objet de controverses, surtout depuis que son objectif historique a fait habituellement entrer en ligne de compte l'imposition ou la conscription. Quand David, abusé par Satan en personne, eut le culot de « dénombrer » Israël (Chroniques I, 21), le Seigneur le châtia en le plaçant devant un choix inconfortable : trois ans de famine, trois mois de dévastations opérées par les armées ennemies, ou trois jours de peste (autant de possibilités qui pouvaient ramener la population à un niveau possible à recenser). Il semble qu'en Amérique, chaque recensement se soit soldé par dix ans de contestations.

# VI. L'EXTINCTION

# 24.

# La réduction phylétique des Hershey Bars

La consolation de ma jeunesse était une pauvre concoction de quelque chose de sucré et de collant, abondamment fourré de cacahuètes et enrobé de chocolat — au moins, de vrai chocolat. Ça s'appelait « Whizz » et ça coûtait un *cent*. Sur le papier qui l'enveloppait s'étalait son orgueilleuse devise — elle rimait — : « *the best candy bar there izz* » (la meilleure barre au chocolat qui soit). J'étais loin de soupçonner qu'un processus évolutif, constant dans son orientation et qui ne cesserait de s'accélérer, avait commencé.

Je suis paléontologiste — un de ces êtres bizarres qui font, d'une fascination éprouvée dès l'enfance pour les dinosaures, une carrière. Nous explorons l'histoire de la vie en recherchant des configurations générales répétées, en général sans succès. Il est une généralité, plus souvent vérifiée qu'infirmée, qui porte le nom de « loi de Cope sur le développement phylétique ». Pour des raisons encore mal définies, la taille d'un organisme tend à augmenter régulièrement à l'intérieur des lignées. Certains ont cité les avantages que présentent des dimensions plus importantes — un champ d'exploration plus étendu, une puissance de reproduction plus élevée, une intelligence plus grande associée à un cerveau plus développé. D'autres estiment que les fondateurs de longues lignées sont habituellement petits, et l'augmentation de la taille est plus une démarcation par rapport à cette taille initiale que l'acquisition (réussie) d'un volume plus imposant.

Le phénomène opposé, soit une diminution progressive de la taille, est incomparablement plus rare. Il y a le célèbre foram (une créature marine unicellulaire) qui est devenu de plus en plus petit avant de disparaître complètement. Un groupe aujourd'hui éteint, mais qui fut très important, les graptolites (des organismes marins, coloniaux et flottants, peut-être rattachés aux vertébrés), possédait au départ un grand nombre de stipes (des tiges portant une rangée d'individus). Le nombre de stipes a ensuite décliné progressivement dans plusieurs lignées, passant à huit, puis à quatre et à deux, jusqu'à ce que tous les graptolites survivants ne possèdent plus qu'un seul stipe. Et puis ils ont disparu. Sont-ils, comme *L'homme qui rétrécissait,* simplement devenus invisibles — notre homme, ayant suffisamment rapetissé pour effectuer sa sortie finale à travers la toile d'un écran lors de ses débuts cinématographiques, doit avoir atteint aujourd'hui la dimension d'un muon, mais je le soupçonne malgré tout de traîner encore dans les parages. A moins qu'ils ne se soient totalement éteints, comme le légendaire Oiseau-Foo qui tournait en décrivant des cercles de plus en plus petits jusqu'au moment où il finit par voler autour de son vous-devinez-quoi et disparut. A quoi pourraient bien ressembler des graptolites sans stipe ? Toujours est-il qu'ils ne sont plus de ce monde.

Ce qui est rare dans la nature est souvent banal dans la culture ; et nous sommes cernés par la réduction phylétique qui se manifeste dans tous les produits fabriqués par l'homme. Rappelez-vous la publicité qui s'étalait autrefois sur la couverture des *comics :* « Cinquante-deux pages, rien qu'en bandes dessinées ». Et ils ne coûtaient que 10 *cents.* Rappelez-vous aussi l'époque où le mot « grand » voulait vraiment dire grand, et non le plus petit format dans une série de paquets de lessives ou de boîtes de céréales qui vont de grand à géant et à super-géant.

Et puis notre Hershey Bar — exemple-type de ce phénomène généralisé qu'est la réduction phylétique des produits manufacturés. Elle est le symbole discret de la qualité américaine. Elle partage avec Band-Aids, Kleenex, Jell-o et « Fridge » la qualité rare d'attacher le nom de la marque déposée à celui du produit générique. Elle aussi a diminué à toute allure.

Voilà plus de dix ans que j'observe officieusement, et avec chagrin, ce processus. De toute évidence, d'autres barres ont suivi la même évolution. Le sujet est devenu suffisamment sensible pour justifier la diffusion d'un mémo officiel daté de décembre 1978, émanant du siège de la société, 19 East Chocolate Avenue — à Hershey (Pennsylvanie), bien sûr. Hershey choisit ce repaire inviolé et se mit à table, pour utiliser une métaphore appropriée. Ce document long de trois pages s'intitule : « Tu te souviens de la barre à un *cent* ? » (Et comment ! Et même avec beaucoup de tendresse, car je commençai à en sucer goulûment à un âge innocent, et bien avant d'avoir entendu parler du sac à un cent.) Hershey justifie ainsi le rétrécissement de ses barres et l'augmentation de leur prix : c'est une réponse, qui se situe strictement dans la moyenne (ou peut-être légèrement au-dessus), à l'inflation générale. Je ne conteste pas cette affirmation étant donné que j'utilise cette barre comme anecdote d'un malaise générale — comme un exemple moyen, et non super.

J'ai construit le graphique ci-après à partir des données du mémo Hershey, qui donne tous les chiffres depuis le milieu de l'année 1965 jusqu'à aujourd'hui. En ma qualité de paléontologiste habitué à interpréter l'enchaînement de l'évolution, je remarque deux phénomènes généraux : une réduction phylétique graduelle à l'intérieur de chaque lignée de prix, et une mutation occasionnelle soudaine se traduisant par une augmentation du format (et du prix) et faisant suite à la chute précédemment amorcée qui menaçait d'atteindre un seuil dangereux. Je suis un vrai béotien en matière économique, science sans joie s'il en est. Pour moi, les taureaux et les ours * ont quatre pattes et s'appellent *Bos taurus* et *Ursus arctos*. Mais je crois avoir finalement compris ce qu'un évolutionniste appellerait la « portée adaptative », autrement dit l'inflation. L'inflation est un dérivé ou un sous-produit nécessaire de la lutte victorieuse pour la survie d'une lignée. Pour cette explication radicale de l'inflation, je vous demande de m'accorder seulement une prémisse, à savoir que les produits manufacturés de la culture, parce qu'ils sont

---

* *Bulls and bears :* haussiers et baissiers à la Bourse. (NdT.)

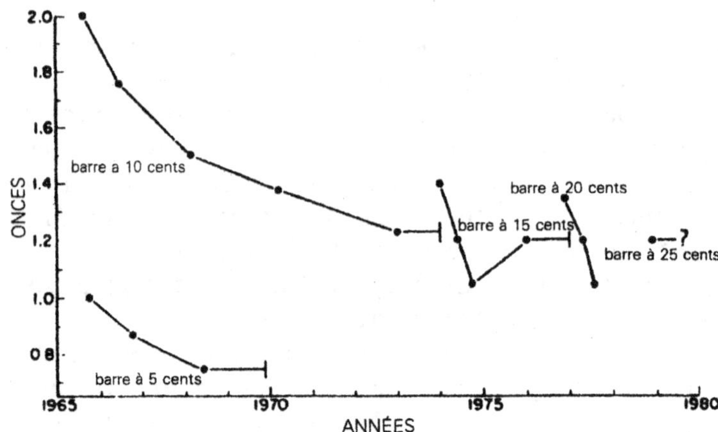


*Les Hershey Bars en chute libre ; estimation quantitative.* COURBE ÉTABLIE PAR *L MESZOLY.*

fondamentalement non naturels, tendent à aller dans le sens inverse du cours de la vie. Si les lignées organiques obéissent à la loi de Cope et grandissent — les lignées manufacturées ont une tendance tout aussi marquée à rapetisser. Si bien qu'elles connaissent le sort de l'Oiseau-Foo et que nous n'entendons plus jamais parler d'elles, à moins qu'elles ne se refassent périodiquement une santé par voie de mutation et passent au format supérieur — et, incidemment, à un prix extravagant.

Nous pouvons soutenir cette thèse en extrapolant les tendances de chaque lignée de prix sur la courbe. La barre à cinq *cents* pesait une once (28,35 g) en 1949. Elle pesait toujours une once (après des chutes occasionnelles à 7/8 d'once) quand notre histoire a commencé, en septembre 1965. Mais il lui était impossible de réfréner plus longtemps sa tendance naturelle et elle amorça son déclin, de 7/8 d'once en septembre 1966 et de 3/4 d'once en mai 1968, jusqu'à son interruption le 24 novembre 1969, jour qui restera entaché d'infâmie. Mais cela ne changeait pas grand'chose, car si on extrapole le taux moyen de ce déclin (1/4 d'once en trente-deux mois), elle se serait éteinte naturellement en mai 1976. La barre à dix *cents* suivit un cours identique mais, plus grande au départ, elle tint plus longtemps. Elle rétrécit progressivement, passant de 2 onces en août 1965 à

1,26 en janvier 1973. Sa production fut officiellement arrêtée le 1er janvier 1974, mais j'ai calculé qu'elle aurait de toute façon disparu le 17 août 1986. La barre à quinze *cents* effectua un démarrage prometteur à 1,4 once en janvier 1974, puis déclina ensuite à un rythme inquiétant, laissant loin derrière elle celles qui l'avaient précédée. Et puis, contre toute attente, la tendance s'inversa, affichant l'unique (quoique mineur) retour depuis 1965 à un format plus imposant à l'intérieur d'une même lignée de prix. Pourtant, elle disparut définitivement le 31 décembre 1976 — et pourquoi pas, car elle ne serait pas allée au-delà du 31 décembre 1988, et d'ailleurs, qui irait payer, une fois retombé en enfance, quinze *cents* pour une miette de Hershey Bar ? La barre à vingt *cents* (je ne vous ennuie pas, j'espère) passa à 1,35 once en décembre 1976 et connut aussitôt le déclin le plus rapide et le plus irréversible de toutes les lignées de prix. Elle s'éteindra le 15 juillet 1979. La barre à vingt-cinq *cents,* vieille seulement de quelques mois, a démarré à 1,2 once en décembre 1978. *Ave atque vale.*

Le graphique met en évidence une autre tendance inquiétante. Chaque fois que la Hershey Bar opère une mutation et passe à une nouvelle lignée de prix, elle grandit mais n'atteint jamais le même format que le membre fondateur de la lignée de prix précédente. La loi de la réduction phylétique pour les produits manufacturés doit opérer d'une lignée parente à l'autre, en même temps qu'à l'intérieur de ces lignées — déjouant ainsi la stratégie qui consiste à revenir dans le circuit grâce à une mutation. La barre à dix *cents* a commencé à 2 onces et elle se maintenait toujours solidement quand notre histoire commença, à la fin de 1965. La barre à quinze *cents* passa à 1,4 once, celle de vingt *cents* à 1,35 et la barre de vingt-cinq *cents* à 1,2 once. Nous pouvons également extrapoler ce taux de réduction d'une lignée à l'autre jusqu'à son point d'aboutissement final. Nous avons vu une diminution de 0,8 once en trois étapes réparties sur treize ans et quatre mois. A ce rythme, les quatre étapes et demie qui restent demanderont vingt années supplémentaires. Et, merveille des merveilles, la barre qui ne pèsera plus rien sera introduite en décembre 1998. Elle coûtera quarante-sept *cents* et demi.

L'équipe de publicité de Hershey a fait une allusion à un échantillon gratuit de dix livres. Mais j'ai bien peur d'avoir tout fait foirer. Néanmoins, je rappellerai à tout un chacun la phrase de Mark Twain : il y a « les mensonges, les foutus mensonges, et les statistiques ». Et je la répéterai pour nos bons ami de Hershey (Pennsylvanie). C'est toujours ce même chocolat sacrément bon, en tout cas ce qu'il en reste. Le remplacement de la garniture intérieure par des amandes pilées est la seule atteinte à la qualité que j'aie remarquée, alors que je frissonne à l'idée de ce dont est faite la « crème » dont est fourré de nos jours le Devil Dog.

Et pourtant, j'ai bien peur d'avoir mangé le morceau. Tant pis. L'idée d'une barre de dix livres titille mes rêves les plus fous. Ce serait aussi délectable que la vignette de 1949 de Joe Dimaggio que je n'ai jamais réussi à avoir (à mon avis, elle ne figurait dans aucune des séries). Et je ne me suis jamais retrouvé, pour la peine, avec une pile de plaques de bubble gum. Mais c'est une autre histoire, une de celles qu'on racontera plus tard en luttant avec son dentier.

### Post-scriptum

J'ai écrit cet article (comme n'importe qui s'en rend compte par une évidence intrinsèque) au début de 1979. Depuis lors, deux événements intéressants se sont produits. Le premier confirma mes prévisions avec une précision gênante. Quant au second, ce spectre qui hante toutes sciences, la Grande Exception (avec un G et un E majuscules), est venu mettre son grain de sel et m'a infligé une défaite provisoire. Et, masticateur goulu de Hershey Bars que je suis, je lui voue une éternelle reconnaissance.

La barre à vingt-cinq *cents* s'est comportée exactement comme je l'avais prévu. Elle démarra à 1,2 once en décembre 1978, là où je l'avais laissée, et chuta à 1,05 once en mars 1980 avant de s'éteindre en mars 1982. Mais Hershey donna alors un coup de pouce à la nécessité en remplaçant sa regrettée barre à vingt-cinq *cents* par l'inévitable produit à trente *cents*. Jusque-là, toutes les nouvelles créations avaient été introduites (malgré l'augmentation de prix) à un poids inférieur à celui de l'orgueil-leux article de tête de la lignée de prix précédente. (J'ai fondé mes extrapolations jusqu'à la barre sans poids sur ce modèle). Mais, merveille des merveilles, et grâces soient rendues à la Grande Exception, la barre à trente *cents* démarra au poids affolant de 1,45 once, autrement dit avec un format qui dépassait tout ce que nous avons vu depuis la barre à dix *cents* de mon enfance, disparue depuis belle lurette.

Comme pourraient s'y attendre des lecteurs sceptiques, cette initiative n'était pas gratuite. Dans le *Washington Post* du 11 juillet 1982 (et je remercie Ellis Yochelson de m'avoir envoyé cet article), Randolph E. Bucklin donne la clé du mystère sous le titre « La guerre des bonbons : Hershey contré par la tactique des prix ».

Il semble que ces braves gens de (et non sur) Mars, la société qui fabrique Three Musketeers, Snickers et M. & M.'s, princi-pale concurrente de Hershey, aient effectué une manœuvre sans précédent et augmenté le format de leurs barres à vingt-cinq *cents* sans en modifier le prix. Au bout d'un moment, ils les firent passer en douce à trente *cents*, mais sans modifier le nou-veau format. Hershey essaya de tenir bon avec ses barres à vingt-cinq *cents* qui rétrécissaient. Mais des milliers de confise-ries n'allaient pas s'esquinter à demander vingt-cinq *cents* pour d'autres (elles étaient de toute façon incapables de se rappeler qui valait quoi, de Hershey ou de Mars) — et mirent donc d'office les grandes barres de Mars et les minuscules produc-tions de Hershey à trente *cents*. Les ventes de Hershey chutè-rent ; finalement, la société capitula devant la tactique de Mars, monta ses prix à trente *cents* et aligna le format de ses barres sur celui des Mars, soit au-dessus du niveau de la tendance natu-relle.

Scientifique rompu aux plaidoyers, j'ai une explication toute prête pour la Grande Exception. Les tendances générales ont un caractère intrinsèque ; elles se poursuivent quand les conditions externes restent constantes. Une catastrophe imprévue et imprévisible, comme l'astéroïde de la fin du Crétacé de l'essai suivant, ou les tactiques de vente insidieuses de Mars and C°, remontent le système et annulent tous les paris. Pourtant, l'inévitable l'emporte. La barre à trente *cents* diminuera, et ce qui aura été réintroduit dans le circuit à un prix plus élevé rétrécira à son tour. La barre immatérielle apparaîtra peut-être un peu plus tard que je l'ai prévu (même un tout petit peu après ce millénaire) — mais je mets ma main au feu qu'elle vous coûtera douze *cents*.

# 25.

# La ceinture d'un astéroïde

Les dix plaies d'Égypte sont les archétypes des catastrophes dans la pensée occidentale. Aussi ne suis-je pas étonné que les explications couramment avancées pour expliquer les grandes catastrophes de l'histoire du vivant se soient en général inspirées de ces scénarios. L'extinction massive la plus célèbre (mais pas la plus profonde, cependant) s'est produite il y a quelque soixante-cinq millions d'années, à la fin du Crétacé. Tous les dinosaures qui avaient survécu jusque-là disparurent brutalement, en même temps que leurs cousins géants des airs (les ptérosaures) et des eaux (les ichthyosaures, les plésiosaures et les mosasaures). Le plancton océanique s'éteignit pratiquement, avec une soudaineté spectaculaire, à une limite que les spécialistes nomment la ligne du plancton. Plusieurs grands groupes d'invertébrés marins périrent, dont les ammonites et les étranges rudistes des bivalves ressemblant à des coraux et qui formaient des récifs.

Les éléments pouvant élucider ce trépas massif sont si peu nombreux que les spéculations ont tout loisir de s'exercer (et qu'elles ne s'en privent pas). Les scénarios primordiaux de Moïse s'imposent à notre imagination. Les théories qui font intervenir un déchaînement de pandémies évoquent la « peste très meurtrière » qui occit le bétail de Pharaon, ainsi que cette « poussière impalpable » qui provoqua, « sur les gens et sur les bêtes, des éruptions bourgeonnant en pustules ». L'empoisonnement des océans dû au cuivre provenant d'un sol dégradé ou par une pellicule d'eau douce s'échappant de quelque lac arctique fissuré nous rappellent l'eau du Nil changée en sang : « Les poissons du Fleuve crevèrent et le Fleuve fut empuanti... » Les modifications spectaculaires du climat renvoient à l'énorme chute de grêle qui s'abattit « sur les hommes et les bêtes... [et] hacha toutes les herbes des champs... » Prédateurs voraces et épizooties ont leur contrepartie dans les déluges de grenouilles, poux, taons et sauterelles qui s'abattirent successivement sur Pharaon. Même le massacre des enfants rappelle les spéculations courantes (quoique assez idiotes) sur ces mammifères primitifs qui se gavèrent d'œufs de dinosaures. Le seul fléau mosaïque qui n'ait pas figuré en bonne et due place dans le catalogue des désastres ayant marqué la fin du Crétacé est la nappe de ténèbres qui recouvrit l'Égypte trois jours durant — des ténèbres « qu'on palpe », précise le texte biblique.

Je suis heureux de préciser que cette grave omission est maintenant réparée. Et encore plus ravi d'ajouter que cette entrée très récente est fondée sur une preuve d'un type absolument nouveau. Elle valide, pour la première fois, toute une catégorie d'explications qui se caractérisaient jusqu'ici par leur plausibilité théorique, mais qui manquaient terriblement d'éléments propres à les confirmer : des événements extraterrestres. Croiriez-vous qu'il y eut un astéroïde si gros qu'il entra en collision avec la Terre, ce qui projeta dans le ciel un nuage de poussière suffisamment épais pour empêcher toute photosynthèse pendant dix ans ? Pharaon, lui, faillit crier « pouce » au bout de trois jours seulement. Mais permettez-moi de contourner les astéroïdes, le temps de quelques paragraphes, pour analyser une ou deux règles de base et principes de l'extinction massive.

Les grandes théories de l'extinction massive peuvent être réparties en deux groupes selon la position qu'elles adoptent vis-à-vis de chacun de ces deux problèmes : l'*origine* (intérieure ou extérieure à la Terre) et le *rythme* (franchement brutal ou seulement rapide). La Terre proprement dite est source de certaines des causes avancées, qu'il s'agisse de mécanismes physiques comme des changements de climat dus à la dérive des continents, ou de facteurs biologiques tels que la maladie, la compétition et l'effondrement des chaînes alimentaires. Les hypothèses extraterrestres sont allées de la variation du rayonnement solaire aux radiations cosmiques émanant des supernovæ voisines et au choc de corps divers. Pour ce qui est du rythme, certaines théories ne se contentent pas de postuler un « *blip* » relativement rapide dans l'immensité du temps : elles imaginent aussi de vrais cataclysmes, des désastres à l'échelle réduite d'une vie humaine — l'impact de corps extraterrestres, par exemple. D'autres théories invoquent des processus qui sont trop lents pour qu'on les remarque pendant une durée de vie humaine, mais qui effectuent leur travail sur des milliers, voire des millions d'années, avec, en toile de fond, d'autres milliards d'années. La plupart des théories où la catastrophe n'a pas sa place font entrer en ligne de compte des changements climatiques, dont la baisse du niveau des mers et la progression des glaciers.

Les géologues, comme tout un chacun, ont leurs préjugés. Ils préfèrent des causes qui relèvent de leur domaine, la Terre. Depuis l'époque de Lyell, ils ont appris à considérer qu'un grand changement est une accumulation de petits apports fondés sur des processus qui peuvent être observés dan une actualité géologique relativement calme. Ces préférences ont eu pour corollaire de minimiser les théories-catastrophes extraterrestres. Il me semble au demeurant que peu de géologues estimeraient possible en soi — et jugeraient même plausible — que la terre ait gravement pâti des agressions très occasionnelles du cosmos durant sa vaste histoire.

Mais une autre raison, qui l'emporte sur les préjugés classiques, explique la piètre estime dans laquelle sont tenues les catastrophes extraterrestres. Les géologues ne savent pas, même en principe, comment en avoir la preuve directe. Quelles traces une supernova ou une variation accentuée de l'intensité du rayonnement solaire laisseraient-elles sur la Terre ? En réalité, l'argument traditionnel d'une attaque aux rayons cosmiques lancée à partir de supernovæ repose sur une absence totale de preuves — autrement dit, on serait en face d'une extinction massive que n'accompagnerait aucun agent géologique reconnu capable de l'avoir causée ! C'est pourquoi de nombreux géologues (dont je suis), se sont longtemps trouvés dans une situation inconfortable, estimant que les catastrophes extraterrestres étaient possibles en soi, mais s'employant avec acharnement à démolir cette hypothèse. Car à quoi sert une théorie, même correcte, qu'aucune preuve ne vient confirmer ? Or la théorie astéroïdale a tout remis en question.

L'extinction telle qu'elle s'est produite au Crétacé impose des limites aux types de théories que nous pouvons avancer pour l'expliquer. Nous savons par exemple qu'il y a eu des extinctions sur toute la surface du globe et dans tous les grands environnements — terre, air et mer. Ce seul fait annule pratiquement toute la panoplie des théories les plus vulgarisées, qui attribuent l'extinction des dinosaures à une cause seulement liée à la lourdeur et à l'inefficacité qu'on leur impute — les mammifères consommant leurs œufs, les plantes à fleurs absorbant une trop grande quantité de l'oxygène présent dans l'atmosphère, le fonctionnement exagéré de l'hypophyse dû à leurs dimensions imposantes étant responsable de leur stérilité. N'importe quelle théorie farfelue peut occuper le devant de la scène quand le public est à ce point fasciné. Quelqu'un émit très sérieusement un jour l'idée que les dinosaures mâles étaient devenus tout bonnement trop lourds pour s'accoupler, encore que je n'aie jamais pu comprendre ce qu'il a pris au petit *Velociraptor* de s'éteindre en même temps que ses géants de cousins (sans même parler de ce que purent bien fabriquer les brontosaures durant leurs centaines de millions d'années d'existence). Le fait essentiel de l'extinction des dinosaures est le moment où elle s'est imposée en tant qu'élément d'une extinction massive généralisée.

Nous savons aussi que l'extinction qui s'est produite au Crétacé a comporté des morts géologiques subtiles en même temps que des trépas moins expéditifs. Il semble que, pour certains groupes, la fin du Crétacé ait ressemblé davantage à un *coup de grâce* qu'à l'action de l'ange exterminateur. Les dinosaures et les ammonites déclinaient déjà depuis des millions d'années. Les dinosauriens de la fin du Crétacé ne regroupaient pas un spécimen de chaque type autour d'un même point d'eau (comme le montre la carte bariolée qui est accrochée dans la chambre de mon fils) ; ils étaient un échantillonnage terriblement réduit consistant principalement en *Tyrannosaurus* et *Triceratops,* plus une poignée de créatures de moindre format. Nous pouvons aussi mettre en corrélation ces déclins plus lents avec quelques événements géologiques souvent présents quand il y a extinction (mais de grâce, rappelez-vous que corrélation ne veut dire en aucun cas cause). Le niveau des mers baissa régulièrement pendant toute la dernière période du Crétacé ; la voie maritime qui avait coupé en deux l'Amérique du Nord, de l'Alaska au golfe du Mexique, se retira progressivement de part et d'autre. A mesure que le niveau des mers baissait et que les continents s'élevaient et gagnaient en étendue, les températures amorçaient une chute généralisée qui se poursuivit tout au long des soixante-dix millions d'années suivantes, culminant dans notre cycle récent (et encore inachevé) d'âges glaciaires.

Presque toutes les extinctions massives qu'a connues la Terre se sont accompagnées d'un abaissement du niveau des mers ; cette corrélation est pratiquement le seul point, en matière d'extinction massive, sur lequel les géologues soient d'accord. Ses répercussions négatives sur la diversité biologique s'expliquent elles aussi. Les mers, en baissant, entraînèrent les plaques continentales, très étendues mais peu épaisses, retirant ainsi une grande portion d'espace vital au domaine des invertébrés qui vivent en eau peu profonde et constituent la faune dominante de nos fossiles. Des conditions plus rudes se créèrent à l'intérieur des terres, tandis que le climat changeant et en général plus froid d'une terre plus « continentale » prédominait. Je doute qu'un dinosaure ait jamais dévoré une ammonite (à la différence des mosasaures géants, des lézards varanidés aux proportions démesurées), mais le déclin conjugué des deux groupes peut avoir été causé par l'abaissement du niveau des mers.

Nous ne pouvons toutefois attribuer totalement l'extinction intervenue au Crétacé à une détérioration progressive du climat. Il dut se produire quelque chose de plus spectaculaire, comme l'atteste la ligne du plancton. Peut-être cette cause spectaculaire vit-elle son effet considérablement renforcé du fait qu'un nombre de groupes plus grand que d'ordinaire avaient déjà amorcé leur déclin et étaient donc vulnérables à quelque *coup de grâce.*

Dans ce sens, il est probable qu'une description de l'extinction intervenue au Crétacé devra faire entrer en ligne de compte une combinaison complexe, aboutissant à une issue spectaculaire, et qui se sera ajoutée à la détérioration générale.

Quoi qu'il en soit, le dossier géologique nous oblige à chercher une cause annexe de cette extinction, dont les effets se soient exercés à l'échelle mondiale, qui ait été capable d'exterminer des groupes dans tous les grands habitats, et dont la soudaineté explique au moins certains de ses résultats. Ce qui me ramène aux astéroïdes.

La théorie des astéroïdes, comme tant d'hypothèses scientifiques intéressantes, a pour point de départ une étude qui visait un objectif tout à fait différent (on ne se décarcasse pas pour trouver quelque chose de parfaitement inattendu). Une équipe de chercheurs dirigée par Luis et Walter Alvarez à Berkeley, en Californie, eut l'idée d'utiliser la quantité d'iridium présente dans les sédiments comme indicateur de leur vitesse de sédimentation. L'iridium, métal appartenant au groupe du platine, est d'une à dix fois plus abondant dans les astéroïdes et les météorites que dans la croûte terrestre et le manteau supérieur. (La Terre et les météorites s'étant congelés à partir de la même source, nous devons poser comme hypothèse que la Terre renferme dans son ensemble un pourcentage d'iridium aussi élevé que les météorites. Mais la terre a fondu et s'est différenciée, et des éléments aussi lourds et inertes que l'iridium se sont enfoncés dans son inaccessible noyau interne. Les corps plus petits que forment les météorites et les astéroïdes ne se sont jamais différenciés, et ils conservent donc leur iridium dans toute sa densité initiale.) Donc, la plus grande partie de l'iridium que renferment les sédiments terrestres provient de sources extraterrestres. Partant de l'hypothèse courante selon laquelle la Terre est soumise à une pluie assez constante de météorites et de poussière cosmique, les Alvarez pensèrent que des sédiments à forte teneur en iridium avaient dû se former lentement, puisque des débris terrestres relativement moins nombreux s'étaient accumulés pour diluer l'influx cosmique.

Mais ils ne s'attendaient pas aux concentrations d'iridium anormalement élevées qu'ils découvrirent en deux endroits :

dans l'Apennin ombrien, en Italie, et près de Copenhague. Les taux d'iridium étaient trente fois plus élevés que la moyenne en Italie et cent soixante fois supérieurs au Danemark. De plus, une analyse de vingt-sept autres éléments de l'échantillon italien faisait apparaître qu'aucun ne s'éloignait de plus d'un facteur 2 du « dosage moyen » relevé dans les sédiments ordinaires. L'anomalie portait uniquement sur l'iridium.

Les Alvarez se demandaient s'ils pouvaient appliquer à ce phénomène le type d'explication auquel ils avaient d'abord accordé la préférence — la sédimentation pouvait-elle avoir été suffisamment longue en ces deux endroits pour qu'une concentration aussi élevée d'iridium puisse s'accumuler à partir des seules pluies cosmiques normales ? Mais ils ne découvrirent aucun indice leur permettant même de penser que ces sédiments s'étaient formés pendant une interruption du processus normal de sédimentation dans l'océan. Ils furent au contraire obligés d'inverser leur façon de voir : la sédimentation s'était effectuée plus ou moins normalement, l'iridium représentait un influx cosmique authentique, mais inhabituellement élevé, et non une petite pluie non diluée. Les Alvarez avaient une autre excellente raison d'opter pour ce renversement d'optique : les deux échantillons provenaient de minces couches argileuses qui s'étaient déposées précisément au-dessus du Crétacé — l'époque de la grande extinction.

Mais quelle source extraterrestre aurait pu à la fois produire l'iridium et constituer la cause de la grande extinction ? Les Alvarez cherchèrent d'abord du côté des bonnes vieilles théories cosmiques toujours utiles — la supernova qui explosa à proximité de la Terre et soumit notre planète à une si forte quantité de radiations cosmiques que beaucoup de créatures, par voie de mutation, se rayèrent elles-mêmes de l'existence. Pourtant, après avoir flirté (en partie publiquement) avec cette théorie, ils l'abandonnèrent — à ma grande joie, car je la trouve personnellement absurde sur le plan biologique, malgré les transes qu'elle suscite assez régulièrement dans la « littérature-catastrophe ».

Les radiations augmentent le taux des mutations et produisent une population présentant une variation accrue. Mais une variation accrue en soi ne conduit ni à une extinction due à la

prédominance de monstruosités, ni à des rythmes inhabituellement rapides d'évolution ; les rythmes évolutifs semblent en
effet être contrôlés par une force différente : la sélection naturelle. Les populations ordinaires varient suffisamment (et sans
coup de pouce de l'extérieur) pour permettre des rythmes évolutifs si rapides qu'ils se manifestent de façon instantanée si l'on
se place dans une perspective géologique. Des rythmes de mutation si élevés qu'ils pourraient tuer directement les animaux (et
non par la transmission de gènes défectueux à leur progéniture)
impliqueraient qu'il ait existé une supernova proche de notre
Soleil — mais trop pour être plausible, compte tenu des distances entre les étoiles de notre partie de la galaxie.

Les Alvarez citent trois raisons justifiant l'élimination de
cette hypothèse :

1. Une supernova aurait aussi produit une forte concentration
d'un ion de plutonium (Pu $^{244}$) ; or les quantités de cet ion présentes dans l'argile italienne et danoise sont dix fois plus petites que
la valeur estimée pour une supernova.
2. L'iridium se présente sous la forme de deux isotopes courants
(Ir$^{191}$ et Ir$^{193}$). Étant donné que tous les objets de notre système
solaire ont une origine commune, le pourcentage de ces deux isotopes devrait être identique dans les météorites et dans la petite
quantité d'iridium indigène de la croûte terrestre. L'iridium
formé dans les autres étoiles pourrait présenter un pourcentage
différent. Celui relevé dans les échantillons italien et danois coïncide avec celui de l'iridium indigène de la Terre, et il provient sans
doute de notre système solaire.
3. Pour attaquer la Terre avec une quantité d'iridium aussi
importante que celle présente dans les échantillons italien et
danois, l'étoile ayant explosé aurait dû être si proche de notre
Soleil que la probabilité d'une telle explosion devient trop infime
pour qu'on y croie.

Comme le pourcentage d'ions d'iridium les amenait à en
rechercher la source dans notre système solaire, les Alvarez se
tournèrent vers des objets pouvant heurter la Terre avec une
probabilité raisonnable et causer suffisamment de dégâts. La
plupart des astéroïdes se déplacent en orbite autour du Soleil
dans un vaste espace compris entre Mars et Jupiter ; quelques-
uns cependant suivent des itinéraires plus désordonnés et certains d'entre eux, appelés « objets Apollon », coupent l'orbite de

la Terre au cours de leurs pérégrinations. Depuis la découverte de l'astéroïde Apollon en 1933, vingt-sept autres astéroïdes coupant l'orbite de la Terre ont été observés. Les astronomes en découvrent quatre nouveaux chaque année en moyenne ; et deux estimations indépendantes évaluent à sept cents environ le nombre probable d'astéroïdes Apollon faisant plus d'un kilomètre de diamètre. Les Alvarez concluent que des collisions occasionnelles entre des astéroïdes Apollon et la Terre sont inévitables.

Autrement dit, le scénario qu'ils proposent pour l'extinction qui s'est produite au Crétacé s'articule autour du choc provoqué par un astéroïde d'une dizaine de kilomètres de diamètre. D'après leurs calculs, un objet de ce genre aurait creusé un cratère de plus de cinquante kilomètres de diamètre et projeté tellement de poussière dans l'atmosphère, en raison de sa propre désintégration et de celle du terrain où il se serait écrasé, que toute notre planète aurait été plongée dans des ténèbres aussi obscures que l'Égypte lors des tribulations de Pharaon. La photosynthèse se serait interrompue pendant une bonne dizaine d'années, ce qui aurait provoqué la mort instantanée du plancton photosynthétique (à cause de son court temps de reproduction mesuré en semaines), suivie de la disparition de la chaîne alimentaire océanique qui en vivait. La plupart des espèces de grands végétaux terrestres auraient peut-être survécu grâce à leurs graines subsistant à l'état latent, mais les plantes parentes seraient mortes, entraînant dans leur sort les dinosaures herbivores. Toujours d'après les calculs des Alvarez, des astéroïdes Apollon de cette dimension pourraient avoir heurté la Terre avec une fréquence suffisante pour être à l'origine des cinq grandes extinctions qui ont ponctué l'histoire de la vie depuis son apparition, comme le laisse supposer le dossier des fossiles, il y a environ six cents millions d'années.

Ce scénario pose deux grands problèmes. Je suis extrêmement gêné par le type d'argument auquel on doit recourir pour que ce schéma d'extinctions tienne debout. J'accepte à la rigueur l'hypothèse océanique, mais je refuse celle par laquelle les Alvarez essaient d'expliquer pourquoi trois groupes terrestres, à savoir les plantes, les petits vertébrés (mammifères et oiseaux) et les vertébrés vivant à proximité des rivages sont sortis relativement indemnes de l'épreuve des ténèbres. Voulant, de façon classique, ménager la chèvre et le chou, ils acceptent que les mammifères aient survécu en se nourrissant de graines, tout en déclarant dans le même temps que ces mêmes graines ont sauvé les espèces végétales qui les avaient engendrées. Quant à leur explication concernant les vertébrés vivant à proximité des rivages, elle relève davantage de l'espoir que de la logique : leur survie « est peut-être due à leur capacité d'utiliser des chaînes alimentaires fondées sur des aliments dérivés des plantes terrestres pourrissantes que charriaient les fleuves jusqu'aux eaux profondes de la mer ».

Les Alvarez pâtissent aussi d'un abus de bonnes choses, en l'occurrence la quantité gênante d'iridium présente dans l'échantillon. D'après leurs calculs, si l'on mélange de l'iridium astéroïdal ordinaire à environ cent fois sa masse de terre matérielle (quantité nécessaire pour reconstituer le grand nuage de poussière), la quantité moyenne d'iridium présente dans les sédiments ne représenterait qu'un dixième de celle contenue dans l'échantillon danois. L'échantillon italien se rapproche davantage des estimations.

Ce ne sont peut-être pas là les seuls problèmes. Une étude insuffisamment étayée affirme, en se fondant sur la stratigraphie fine des inversions magnétiques, que la ligne de plancton ne coïncide pas avec les extinctions des dinosaures — ce qui a peu de conséquences sur l'idée plus mesurée que la géologie se fait de la soudaineté (elle pourrait embrasser plusieurs milliers d'années), mais risquerait d'être fatal à la théorie des Alvarez en raison de la simultanéité réelle qu'elle requiert. J'ai l'impression que l'attitude adoptée par ces deux chercheurs à l'égard de cette affirmation est la bonne : ils n'éludent pas, relèvent les incertitudes qu'elle présente, reconnaissent que si elle venait à être confirmée, leurs hypothèses seraient affaiblies ou annulées, et estiment déjà — en se fondant sur leur propre théorie — qu'elle est probablement erronée mais qu'elle exige également une étude considérablement plus approfondie.

Personnellement, je me moque que le scénario astéroïdal soit exact ou non. L'intérêt remarquable des travaux des Alvarez —

ce qui a suscité un bourdonnement d'excitation chez mes collègues, tranchant sur les petites toux dubitatives qui accompagnent en général toute nouvelle et vaine spéculation — réside dans les données brutes qu'ils fournissent sur l'existence de taux d'iridium renforcés à la fin même du Crétacé. Pour la première fois, nous avons aujourd'hui l'espoir (et même nous nous attendons) qu'il puisse exister, dans le dossier géologique, un élément prouvant que l'extinction massive a pu avoir une cause extra-terrestre. Le vieux paradoxe selon lequel nous devons nous défendre des théories plausibles dès lors que nous ignorons comment les prouver, a disparu.

Au début de ma carrière de paléontologiste, j'affirmais que les discussions sur les extinctions massives mettaient peut-être un peu d'animation, mais ne revêtaient qu'une importance limitée pour une théorie générale et organisée du vivant et pour son histoire. J'étais alors prisonnier de certains préjugés courants qui faisaient d'une progression intrinsèque et majestueuse le sceau de l'histoire de la vie. Les extinctions massives, me semblait-il, risquaient de gravement perturber ce processus et de beaucoup retarder cette progression. Mais le temps (pour un géologue) est une contrainte sans gravité ; la vie reprendrait le dessus et continuerait d'aller de l'avant.

Je ne crois vraiment pas avoir soutenu (passé l'âge de cinq ans) d'idée que je considère aujourd'hui comme plus idiote (sauf celle que les N.Y. Giants * pouvaient faire mordre la poussière aux Brooklyn Dodgers en 1951, ce qu'ils firent — encore merci, Bobby Thomson). L'histoire de la vie a quelques petites tendances empiriques, mais cela n'aboutit intrinsèquement à rien. Les extinctions massives ne remettent pas la pendule à l'heure : elles créent le schéma d'ensemble. Elles éliminent les groupes qui auraient pu s'imposer durant d'innombrables millénaires à venir et créent des opportunités écologiques pour d'autres qui, sinon, auraient pu ne jamais acquérir droit de cité. Et elles effectuent leurs ravages sans se soucier, du moins pour une large part, de la perfection de l'adaptation (le plancton photosynthétique le plus magnifiquement conçu était incapable de survivre

* Célèbre équipe de base-ball. (NdT.)

aux ténèbres, tandis que quelque rival marginal pouvait passer au travers et devenir un reproducteur du groupe dominant suivant).

Qui sait ? Sans la grande extinction du Crétacé, les dinosaures auraient peut-être pris le dessus et domineraient encore la Terre (ils avaient déjà vécu bien plus longtemps que les soixante-cinq millions d'années qui se sont écoulées depuis leur disparition). Les mammifères seraient peut-être encore un petit groupe de créatures de la taille d'un rat, à la recherche d'un morceau de protéine dans un œuf de tricératopsien.

Parmi les mammifères du Crétacé qui furent témoins du grand événement, nous ne connaissons qu'un seul primate, le *Purgatorius*. Il ne fut peut-être pas le seul membre de notre ordre, mais nous n'étions sans doute pas nombreux à l'époque. Supposons que le *Purgatorius* ne s'en soit pas tiré — et rappelez-vous, il dut probablement de durer à la chance ou à des adaptations qui n'ont rien à voir avec les traits auxquels nous attachons de l'importance chez les primates, parce que nous en avons tiré parti. Les primates n'auraient pas réévolué. Dans les plaines, une girafe observerait peut-être aujourd'hui la création du haut de sa grandeur en estimant avec suffisance qu'elle est la plus belle créature de Dieu. Notre existence actuelle n'est que la fonction prolongée d'énormes improbabilités. Nous devons peut-être notre évolution, pour une large part, à la grande extinction du Crétacé qui raya le chemin, mais épargna la vie de nos ancêtres pour qu'il soit foulé. Il se peut fort bien que l'astéroïde ait été la raison *sine qua non* de notre existence.

### Post-scriptum

L'hypothèse d'Alvarez a suscité tant d'écrits et de débats depuis que cet essai a été publié en juin 1980 qu'il faudrait un livre pour remettre celui-ci complètement (ou même convenablement) à jour. J'ai donc décidé de le laisser en grande partie dans sa forme originelle, il aura au moins le mérite historique de commenter l'hypothèse telle qu'elle fut présentée pour la première fois. Depuis, un élément essentiel est venu à la rescousse d'Alvarez : la découverte de pointes d'iridium juste à la frontière du Crétacé-Tertiaire en de nombreux endroits autres que les deux sites originaux mentionnés dans cet essai. Certains comprennent des environnements (des noyaux en eau profonde) et des lieux (la Nouvelle-Zélande, presqu'aux antipodes des deux sites originaux) très différents. Tous ces éléments laissent bien augurer d'une hypothèse qui implique des conséquences à l'échelle du globe. La difficulté essentielle et la source du débat ont porté sur un même problème que j'ai largement abordé dans mon essai (un de ceux qu'un paléontologiste de métier se devait de soulever — et il ne s'est pas privé de le faire). Dans leur article original (voir bibliographie), Alvarez *et al* laissaient très nettement entendre que l'astéroïde pouvait complètement expliquer le schéma d'ensemble des extinctions de la fin du Crétacé. Mais le dossier paléontologique indique clairement (comme l'ont en effet relevé les critiques) que beaucoup des groupes qui ont disparu au Crétacé déclinaient déjà depuis des millions d'années avant que la Terre ait pu subir ce désastre au Crétacé. A mon avis, ce fait ne minimise pas l'importance d'une catastrophe éventuelle à cette période ; il ne relègue même pas une telle catastrophe au statut relativement insignifiant de *coup de grâce*. Car, comme je le dis dans mon essai, ces déclins graduels — si aucune catastrophe terminale ne s'y était ajoutée — n'auraient probablement pas abouti à une extinction massive capable de redéfinir le schéma d'ensemble de l'histoire ultérieure de la vie, y compris de notre propre évolution. Il nous faut une théorie complexe et synergétique de l'extinction du Crétacé.

En octobre 1981, presque tous les experts en matière d'impact provoqués par des corps extraterrestres, de pointes d'iridium, de preuve paléontologique, etc., se sont réunis à Snowbird, dans l'Utah, pour discuter de l'hypothèse d'Alvarez et du problème général du rôle des catastrophes extraterrestres en histoire géologique. Les comptes rendus de ce colloque ont été publiés par la Geological Society of America. Ce volume constitue une source importante pour le lecteur qui désire approfondir ce passionnant sujet.

# 26.

## Les richesses du hasard

La notion de hasard est souvent associée en littérature à celle de chaos, d'anarchie ou de désordre destinée à évoquer une vision d'apocalypse. Dans son *Essay of Man,* Alexandre Pope évoque l'image d'un univers qui se désintégrerait complètement pour peu que l'ordre qui y préside vienne à disparaître :

> Que la terre en déséquilibre quitte son orbite,
> Que les planètes et le soleil se précipitent dans le ciel en une source
> désordonnée,
> Que les anges dominateurs soient projetés de
> leurs sphères.
> Dans une succession d'êtres et de mondes détruits ;
> Toutes les fondations des cieux basculent vers
> leur centre
> Et la nature tremble devant le trône de Dieu.

La solution facile et pleine d'espoir à laquelle songeait Pope éliminait purement et simplement, par un acte de foi, l'idée même de hasard :

> La nature n'est qu'un art que tu ignores,
> Le hasard une direction que tu ne peux voir,
> La discorde une harmonie incomprise,
> Le mal partiel le bien universel.

Ce fut aussi le hasard qui causa des ennuis à Darwin, un bon siècle plus tard, lorsqu'il lui accorda une place importante dans sa théorie de l'évolution. Beaucoup de ses détracteurs, inspirés par un négativisme réflexe à l'égard du hasard, ne firent aucun effort pour essayer de comprendre le rôle strictement limité que Darwin lui avait assigné. Darwin a sûrement tort, soutenaient-ils ; la nature est si harmonieuse, les animaux si bien conçus. Cet ordre ne peut être l'œuvre du hasard.

Darwin n'aurait pas dit le contraire. Il construisit sa théorie en deux parties, en faisant la part belle au hasard dans la première, mais en l'excluant strictement de la seconde pour une raison classique : le hasard ne pouvait pas, selon lui, être à l'origine de l'ordre qui dominait à ce point notre univers. Dans la théorie de Darwin, les populations doivent d'abord présenter une part importante de variation transmissible, afin de fournir la matière brute nécessaire à l'action ultérieure de la sélection naturelle, qui s'exerce dans une direction donnée. Darwin estimait que ce pool de variation était aléatoire en ce qui concernait la direction de l'adaptation — autrement dit, si une espèce réussit mieux en ayant une taille réduite, la variation a tendance à apparaître aussi souvent lorsque la taille est supérieure à la moyenne courante que lorsqu'elle lui est inférieure. La matière brute de l'évolution — et elle seulement — naît d'un processus de mutation aléatoire.

La sélection naturelle intervient alors dans la seconde partie de sa théorie, et elle agit comme une force classique, déterministe et imprimant une direction. La sélection naturelle façonne la matière brute de la variation en préservant et en favorisant les individus qui varient pour s'adapter. Dans notre population hypothétique, les petits organismes élèveront, en moyenne, une progéniture plus apte. Lentement mais inexorablement, la taille moyenne de la population déclinera.

Darwin s'exprimait avec une clarté admirable, et pourtant cela fait plus d'un siècle que ceux qui le critiquent se méprennent sur ce point fondamental, à commencer par le Révérend Adam Sedgwick (maître à penser de Darwin en géologie et théologien ni dogmatique ni hostile à la science), et jusqu'à Arthur Koestler. C'est toujours la même litanie : Darwin a sûrement tort ; l'ordre ne peut pas naître du hasard. Je le répète : Darwin n'a jamais affirmé le contraire. Le hasard produit seulement la matière brute ; la sélection naturelle donne une direction au changement évolutif.

La théorie de l'évolution a commencé à se démarquer à l'heure actuelle, du darwinisme strict qui a prévalu durant ces trente dernières années environ. Sans vraiment attaquer sur son terrain l'explication avancée par Darwin pour expliquer l'adaptation, ses adversaires ont mis en avant la notion de pluralisme. Doit-on considérer que toute évolution est une adaptation et qu'elle est due à la sélection naturelle ? Les critiques ont principalement centré leurs objections sur le hasard, car la stricte dichotomie de Darwin leur semble constituer un élément de rupture. L'action du hasard ne se limite peut-être pas à la seule production de variation ; il peut être également un facteur d'évolution important. Aujourd'hui, le spectre du hasard s'impose réellement là où les adversaires de Darwin l'avaient, à tort, localisé à un stade antérieur. Si l'on songe à la mauvaise réputation inégalée dont pâtit le hasard en général, ainsi qu'à la tradition proprement darwinienne qui en limite le rôle à la seule production de matière brute, ce nouveau prolongement de la théorie de l'évolution est passionnant et, pour beaucoup, affligeant.

Je me dois d'introduire quelques démentis, ne serait-ce que pour calmer ces remous. Le hasard se présente comme un agent de l'évolution, mais il ne menace en aucune manière la sélection naturelle en matière d'adaptation. La beauté et l'efficacité aérodynamique d'une aile d'oiseau, la grâce et le dessin d'une nageoire de poisson ne sont pas d'heureux accidents. Par ailleurs, je donne au mot « hasard » le sens qui fut longtemps le sien dans la théorie de l'évolution : il décrit le changement qui apparaît sans direction déterminée. Je ne l'utilise pas en tant que métaphore générale du chaos, du désordre ou de l'incompréhensible (je reviendrai plus loin sur ce point).

L'évolution opère à trois grands niveaux : les populations changent à mesure que certains gènes deviennent plus ou moins courants parce que les individus qui en sont porteurs se reproduisent avec plus ou moins de succès ; de nouvelles espèces apparaissent du fait que les descendants se séparent de leurs ancêtres ; des tendances évolutives se manifestent parce que certaines espèces réussissent mieux que d'autres à se ramifier et à durer. A ces trois niveaux, le hasard remet en question le déterminisme de la sélection naturelle en tant que cause de l'évolution.

*La structure génétique des populations.*

Quand la sélection naturelle opère à sa manière habituelle, la variation génétique est limitée : celui qui est apte apparaît, en partie, du fait de l'élimination de celui qui ne l'est pas. La variation génétique totale d'une population doit représenter un équilibre entre l'addition d'une nouvelle variation par voie de mutation et l'élimination de variantes inaptes par la sélection naturelle. Comme nous avons en réserve quantités de données sur les taux de mutation et de sélection, nous pouvons prévoir quelle sera la limite supérieure de la variation qu'une population peut maintenir *si* la sélection agit sur tous les gènes.

C'est seulement depuis une quinzaine d'années que nous disposons de techniques permettant de mesurer le degré de variation génétique dans les populations naturelles. Les premiers résultats — essentiels — ont surpris beaucoup de généticiens : la plupart des populations présentent un taux trop élevé de variation pour que tous les gènes passent au crible de la sélection naturelle comme on l'affirmait habituellement.

Évidemment, la sélection naturelle n'a pas, automatiquement, une action éliminatrice. Dans certains cas, elle accroîtra ou maintiendra au même niveau le taux de variation génétique. La façon la plus courante d'assurer ce maintien est ce qu'on appelle l'« avantage hétérozygote ». Supposons qu'un gène existe sous deux formes, un *A* dominant et un *a* récessif. Chez des espèces sexuées, chaque individu possède deux exemplaires du gène, un de chaque parent. Supposons maintenant que ce mélange, appelé *Aa* hétérozygote, possède un avantage sélectif sur les deux autres formes pures, le double *AA* dominant ou le double *aa* récessif. Dans ce cas, la sélection préservera à la fois *A* et *a*, en favorisant les individus hétérozygotes *Aa*.

Mais même ces modes de préservation ont leurs limites, et beaucoup de généticiens pensent que les populations conservent encore une variation trop importante pour que le contrôle de la sélection s'exerce. S'ils ont raison (et c'est un problème qui continue à faire l'objet d'un intense débat), nous devons alors envisager la possibilité que de nombreux gènes restent dans les populations parce que la sélection ne peut pas les « voir », et ne peut donc les marquer en vue de leur élimination, ou supprimer les autres variantes en les favorisant. Autrement dit, beaucoup de gènes peuvent être *neutres*. Ils sont invisibles pour la sélection naturelle, et leur augmentation ou leur diminution peut résulter du seul hasard.

Puisqu'on définit officiellement l'évolution comme un « changement de la fréquence des gènes dans les populations », le hasard a franchi la frontière darwinienne et s'est imposé en tant qu'agent de *changement* évolutif. (Ce processus d'augmentation ou de diminution aléatoire de la fréquence est appelé « dérive génétique ». Le darwinisme contemporain a toujours admis cette dérive, mais en affirmant qu'elle était un processus peu fréquent et peu important, principalement limité à de minuscules populations ayant peu de chance de continuer à évoluer. Cette théorie plus récente du neutralisme indique que beaucoup — sinon la plupart — des gènes de vastes populations doivent essentiellement leur fréquence à des facteurs aléatoires.)

## L'origine des espèces.

On définit les espèces comme des populations qui se reproduisent isolément les uns des autres. Placée au contact d'autres populations, une espèce authentique restera une unité qui évoluera indépendamment et ne se mélangera pas à une autre population par hybridation. La question-clé de l'origine des nouvelles espèces devient alors : comment cette reproduction isolée évolue-t-elle ?

Dans l'optique traditionnelle, une population ancestrale se scinde de part et d'autre d'une frontière géographique (les continents peuvent dériver, une chaîne de montagnes apparaître, des fleuves dévier leur course, par exemple). Les deux populations qui en sont issues évolueront ensuite au moyen de la sélection naturelle pour s'adapter à leurs milieux distincts. Au bout d'un certain temps, les populations deviennent si différentes qu'elles ne seront plus capables de se reproduire entre elles au cas où elles devraient de nouveau se trouver en contact. L'isolement reproductif est un sous-produit de l'adaptation de l'évolution qui se fait au moyen de la sélection naturelle.

Au cours des dix dernières années, la prédominance de ce mode a été remis en question par une variété de nouvelles hypothèses annonçant un virage intéressant ou un renversement de perspective. Toutes soutiennent que l'isolement reproductif peut apparaître très vite à la suite d'accidents historiques dénués de la moindre signification sélective. Dans ce cas, l'isolement reproductif vient en premier. En mettant en place des unités nouvelles et discrètes, il permet à la sélection d'opérer. La réussite ultime d'une espèce de ce type dépendra du développement ultérieur de traits sélectionnés, mais la spéciation proprement dite peut constituer un événement aléatoire.

Prenons, par exemple, le processus de la spéciation chromosomique. Les taxinomistes ont découvert que de nombreux groupes d'espèces étroitement parentes ne sont guère différents dans leur forme, dans leur comportement, ni même dans leur composition génétique générale. Ils manifestent en revanche des différences remarquables dans le nombre et la forme des chromosomes, et ces différences sont responsables de l'isolement reproductif qui leur conserve leurs caractères distinctifs en tant qu'espèces. Selon une hypothèse qui va de soi — et au demeurant ancienne —, une nouvelle espèce apparaît quand il se produit accidentellement une modification majeure des chromosomes qui réussit à établir une nouvelle population.

Mais cette hypothèse se heurte à un problème évident : cette modification majeure apparaît chez un individu isolé. Avec qui se reproduira-t-il ? La progénitude hybride de ce mutant et d'un membre normal de la population sera de toute évidence très vulnérable à la sélection. Et la mutation s'en trouvera rapidement éliminée.

Des travaux récents sur la structure des populations montrent que des formes raisonnablement courantes d'organisation sociale pourraient favoriser l'apparition de nouvelles espèces par la modification rapide et accidentelle des chromosomes. Si les populations sont « panmictiques », c'est-à-dire si chaque femelle a une chance égale de se reproduire avec chaque mâle disponible, le mutant chromosomique ne peut pas proliférer. Mais supposons que les populations soient subdivisées en petits groupes d'individus parents qui se reproduisent exclusivement entre eux sur plusieurs générations. Supposons aussi que ces groupes parents soient des harems dans lesquels un mâle dominant entretient plusieurs femelles, et où une partie de la progéniture résulte de l'accouplement frère-sœur.

Si une mutation chromosomique apparaît chez le mâle dominant, tous ses rejetons seront porteurs de la forme mutante (transmise par le seul père) et de la forme normale (transmise par les différentes mères). Ils seront sans doute fortement désavantagés par rapport à la progéniture normale des autres harems. Mais cela peut ne pas avoir d'importance, surtout s'ils n'ont que des contacts limités avec les autres groupes. Ces rejetons peuvent présenter un taux de mortalité élevé, mais il suffit que quelques-uns seulement survivent pour s'accoupler avec leurs frères et sœurs pareillement affligés.

Un quart des membres de cette deuxième génération seront « purs » et comporteront deux exemplaires de la mutation chromosomique. S'ils peuvent se reconnaître et s'accoupler de préférence ensemble à la génération suivante, tous les rejetons seront des mutants purs et appartiendront déjà à une espèce nouvelle (s'ils continuent à se reproduire entre eux et si la progéniture hybride présentant la forme normale est fortement pénalisée par la sélection). Sur le plan de la sélection, le nouveau chromosome est neutre ; il ne présente en lui-même ni avantages ni inconvénients. En s'établissant rapidement et de manière accidentelle dans un petit groupe, il permet l'apparition d'une nouvelle espèce, là encore par hasard. La nouvelle espèce peut avoir besoin d'être considérablement remaniée par l'adaptation pour sa survie ultérieure, mais c'est une autre histoire, et cela interviendra plus tard.

Mon collègue Guy Bush, de l'université du Texas, me dit que le cas du cheval apporte un argument solide, au moins sur certains points, à l'hypothèse de la spéciation chromosomique. Ces animaux ont tous des harems où la reproduction intervient entre membres de la même famille. Les sept espèces qui existent à l'heure actuelle (deux chevaux, deux ânes et trois zèbres) se ressemblent toutes et ont un comportement assez identique, malgré des différences marquantes de couleur et de robe. Mais le nombre de leurs chromosomes varie considérablement et d'une façon étonnante, allant de trente-deux chez l'un des zèbres à soixante-dix dans ce paradigme de l'imprononçable qu'est le cheval sauvage de Prjewalski.

*Les grands schémas de grandeur et de décadence*
*dans l'histoire de la vie.*

Beaucoup de lecteurs accepteront sans peine que le hasard existe aux niveaux inférieurs. Quelques gènes « invisibles » fichent la pagaille au sein des populations, et l'on récupère quelques espèces accidentelles de-ci de-là. Mais il est évident que des raisons classiques gouvernent le puissant flux et reflux des grands groupes de l'histoire de la vie. Les trilobites n'étaient sûrement pas aussi doués que les arthropodes « avancés » (les crevettes et leurs alliés) qui peuplent aujourd'hui nos mers. Les hordes de brachiopodes de périodes révolues furent sûrement évincés par d'autres créatures, en particulier par les praires, qui leur ressemblaient mais se débrouillaient mieux. Les dinosaures étaient nuls dans un domaine où les mammifères excellaient. A ce niveau, la sélection naturelle doit régner et la vie s'améliorer.

Les extinctions massives montrent le caractère foncièrement erroné d'un tel raisonnement. Si des groupes avaient lentement remplacé d'autres groupes, certains acquérant de nouvelles espèces au fil de millions d'années, d'autres en perdant avec la même régularité, il serait difficile d'éliminer le scénario d'un contrôle exercé par la sélection. Or, la plupart des groupes ont disparu pendant les épisodes d'extinction massive qui ont ponctué l'histoire de la vie. Ce fait n'est pas nouveau. Il y a plusieurs décennies qu'on l'admet, mais on l'a évacué en posant l'hypothèse que cette mortalité différentielle devait être fondée sur la

sélection. Les groupes qui, rugissant (ou même couinant), survécurent à un holocauste, durent sûrement d'y parvenir à une
raison quelconque. C'étaient les costauds, les battants. Mais des
données récentes sur l'ampleur des extinctions de masse remettent en question cette explicaiton réconfortante.

La première de toutes ces extinctions se produisit il y a quelque deux cent vingt-cinq millions d'années, à la fin du Permien.
(Nous en ignorons la cause, bien que le fait que tous les continents se soient soudés pratiquement à la même époque ait dû
mettre en place ses conditions initiales.) En supprimant totalement de nombreux groupes, en affaiblissant de façon permanente d'autres groupes, et en permettant à certains de s'en tirer
sans trop de dommages, cet anéantissement massif établit le
schéma fondamental d'ensemble de la diversité de la vie,
schéma qui n'a cessé de prévaloir depuis lors. Mais quelle fut
l'ampleur de l'extinction du Permien ? Selon une vieille estimation bien connue, la moitié des organismes marins (cinquante-
deux pour cent, pour être exact) périrent pendant cette période.
Mais les familles sont des abstractions de la taxinomie. Que
signifient cinquante-deux pour cent des familles pour les espèces, qui sont la véritable unité de la nature ? (Des pratiques
taxinomiques contradictoires et un dossier fossile inadéquat
empêchent de recenser directement les espèces. Il est plus difficile de passer à côté des familles, car elles constituent des unités
plus volumineuses.)

Nous pouvons être certains que, pour que la moitié des familles disparaisse, il a fallu qu'un pourcentage bien plus élevé
d'espèces périsse. Une famille ne disparaît que si toutes ses
espèces meurent, et beaucoup de familles comptent des dizaines
ou des centaines d'espèces. L'extinction de la plupart des espèces individuelles n'entraîne pas la disparition de toute une
famille, de la même façon que le fait de retirer au hasard, par
exemple, une seule entrée de l'annuaire des téléphones supprime rarement le nom dans sa totalité — imaginez un peu le
nombre de Dupont qu'il vous faudrait occire ! Pour que cinquante pour cent des familles disparaissent, combien d'espèces
durent être éliminées ?

David M. Raup, du Chicago's Field Museum, s'est récemment penché sur la question (voir bibliographie). La solution n'est pas simple. Si toutes les familles comportaient environ le même nombre d'espèces, une simple formule suffirait. Mais la variation est énorme. Beaucoup de familles ne comportent qu'une espèce. Dans ce cas, la suppression de l'espèce supprime aussi la famille. Les annuaires ont bien leurs Zzyzzymanski et autres Wong. D'autres familles comptent plus de cent espèces. Nous devons connaître la répartition empirique des espèces par famille avant de pouvoir nous livrer à une estimation convenable. Et nous ne pouvons pas formuler une répartition empirique des familles du Permien, car nous n'avons pas la possibilité d'en recenser directement les espèces.

Raup se livra donc à des calculs sur un groupe que nous connaissons bien, les échinodermes, ou oursins. Les échinodermes comprennent huit cent quatre-vingt quatorze espèces, réparties en deux cent vingt genres et quarante familles. Combien d'espèces doit-on retirer en moyenne et au hasard pour que cinquante-deux pour cent des familles soient éliminées ? Raup étudia la question sous son aspect empirique et sous son aspect théorique et obtint le chiffre stupéfiant de quatre-vingt-seize pour cent. Si le reste de la vie présente la même répartition des espèces à l'intérieur des familles que les échinodermes — et rien ne prouve qu'il existerait des disparités majeures dans ce schéma général—, quatre pour cent des espèces seulement pourraient avoir survécu à la débâcle du Permien.

Étant donné qu'on estime de quarante-cinq mille à deux cent quarante mille le nombre d'espèces vivantes au Permien, la disparition de quatre-vingt-seize pour cent des espèces signifierait que seules mille huit cents à neuf mille six cents d'entre elles auraient assuré la continuité de la vie. De plus, affirme Raup, nous ne disposons d'aucun indice solide, malgré des recherches intensives et spécifiques, prouvant que la sélection se soit exercée lors des extinctions du Permien. La débâcle ne semble avoir favorisé aucun genre d'animal précis — les créatures plus grosses, les habitants des eaux peu profondes ou les formes plus complexes, par exemple.

Ce chiffre de quatre-vingt-seize pour cent n'est pas convaincant. Les échinodermes ne sont peut-être pas le modèle idéal pour rendre compte de tout ce qui vit. Plus important, Raup prend pour acquis que le chiffre de cinquante-deux pour cent n'est pas artificiellement gonflé par les imperfections du dossier des fossiles. Nous savons, par exemple, que les sédiments marins de la fin du Permien ont été préservés. Néanmoins, même les chiffres les plus optimistes indiquent que quatre-vingt à quatre-vingt-cinq pour cent des espèces disparurent.

Je crois que nous devons donc regarder en face une réalité désagréable. Si quatre-vingt-seize pour cent ou un pourcentage plus ou moins voisin d'espèces moururent, laissant à deux mille formes seulement la responsabilité de propager la vie ultérieure, c'est que certains groupes périrent et que d'autres survécurent sans raison particulière. Les organismes ne peuvent guère se protéger contre des catastrophes d'une telle ampleur, et les survivants peuvent simplement avoir fait partie des heureux quatre pour cent qui s'en tirèrent. Comme l'extinction du Permien détermina le schéma essentiel de la diversité ultérieure de la vie (aucun nouveau phylum n'est apparu depuis, et seulement quelques classes ont vu le jour), il se peut que notre éventail actuel de grandes configurations n'ait pas représenté les meilleures adaptations, mais un groupe de survivants tout spécialement vernis.

Admettons donc que le hasard soit un agent important de *changement* évolutif à tous les niveaux. Que faut-il en déduire ? Allons-nous nous laisser aller au désespoir et claironner que l'histoire de la vie est complètement désordonnée et qu'on ne la connaîtra jamais ? Ce genre de solution pourrait assimiler, comme le faisait Pope, le hasard au désordre, mais ce serait gravement méconnaître ce que signifie le hasard, et cela pour deux raisons.

D'abord, le hasard peut parfaitement représenter une séquence d'événéments, sans vouloir dire pour autant que chaque élément en soi serait dénué de cause. Prenez l'exemple-type, la pièce qu'on lance en l'air ou le dé qu'on jette. J'imagine que chaque jet de cette pièce aurait un résultat déterminé si nous pouvions (mais nous ne le pouvons pas) préciser les multiples facteurs qui entrent en jeu — la hauteur par rapport au vol, la force du jet, la face qui était visible au départ ou l'angle qu'elle forme en retombant par terre. Mais ces facteurs sont trop nombreux et nous ne les contrôlons pas ; la meilleure prévision que nous puissions émettre à long terme est que chaque possibilité a autant de chances de se présenter.

Peut-être que l'extinction du Permien opéra comme une série de coups de dés, avec quelques coups gagnants. Chaque espèce s'éteignit pour une raison locale classique — une mare qui s'assécha, un estuaire qui devint trop saumâtre ou fut envahi par un prédateur particulièrement destructeur. Mais les raisons sont si nombreuses, et elles dépassent tellement nos compétences, que nous pouvons tout au plus prévoir que toutes les espèces avaient autant de probabilités de disparaître.

C'est de cette seule façon que certains promoteurs de la théorie de la probabilité pouvaient tolérer leur propre création, car ils croyaient traditionnellement à la cause déterminante et se refusaient, en théistes convaincus, à ne pas voir une intention dans l'univers. Charles Bell, auteur d'un célèbre ouvrage sur la main de l'homme, dont la conception compliquée reflétait la sagesse divine, écrivit en 1833 :

> Nous disons, en langage courant, que les dés étant secoués ensemble, c'est le hasard qui fait qu'une face apparaît plutôt qu'une autre ; mais si nous pouvions observer avec précision leur position dans le cornet avant de secouer celui-ci, la direction de la force appliquée, sa quantité, le nombre de tours dans le cornet et la courbe décrite par le geste, la manière dont ce geste a été interrompu et la ligne selon laquelle les dés ont été jetés, nous pourrions prédire avec certitude quelles faces apparaîtraient.

Cette explication est peut-être réconfortante (et exacte), mais je crois que nous devons envisager une seconde possibilité. Peut-être le hasard est-il autre chose que la description correcte de causes complexes que nous sommes incapables de déterminer. Peut-être le monde fonctionne-t-il réellement de cette façon et que bon nombre d'événements sont sans causes, au sens classique du terme. Peut-être notre sentiment viscéral qu'il ne peut en être ainsi reflète-t-il seulement nos espoirs et nos préjugés, nos efforts désespérés pour comprendre un monde complexe et déconcertant, et non comment procède la nature.

Vers quelles consolations devons-nous alors nous tourner, si c'est de consolations dont nous avons besoin ? La réponse réside, je crois, dans le rejet d'une autre conviction traditionnelle, la fausse équation que posait Pope quand il égalait le hasard à tout un ensemble de notions terrifiantes, à savoir le désordre, le chaos, l'anarchie, l'imprévisiblité et la destruction. Car, contrairement à ce qu'on croit en général, le hasard n'est rien de tout cela. Il peut fort bien, comme les dés de Bell, ne pas impliquer une absence de cause. Et même s'il le fait dans nombre de cas, un processus aléatoire n'a nul besoin d'engendrer un désordre imprévisible. Les processus aléatoires peuvent être à l'origine d'un ordre hautement complexe. Nous disposons d'une théorie compliquée pour prévoir les résultats du pile ou face, archétype du processus aléatoire. Supposons que nous lancions six pièces de monnaie en même temps et que nous recommencions indéfiniment. Nous pouvons prévoir combien de fois reviendra la résultat le plus courant — trois « pile » et trois « face » —, et combien de fois le résultat rare de « tout pile » ou « tout face » apparaîtra (une chance sur soixante-quatre pour chaque possibilité, soit une sur trente-deux pour les deux).

Je reconnais qu'il s'agit là d'un ordre de prévision différent. Il rend seulement compte d'essais répétés, et sur de longues périodes. Nous pouvons attribuer une probabilité chaque fois que la pièce est lancée, mais nous ne pouvons déterminer de résultats précis. Néanmoins, le résultat final est ordonné et prévisible. Ce type de hasard n'est-il pas un réconfort suffisant face à la menace de chaos ? N'en rend-il pas le monde plus intrigant ? Après tout, c'est la chance, au sens propre, qui donne à nos vies et au cours de l'histoire humaine leur richesse et leur intérêt. Rien ne vous empêche de lui donner ses vocables plus anciens, la fortune ou le libre-arbitre. Devons-nous refuser une richesse analogue au reste de la nature ?

# 27.

## Mort, où est ta victoire ?

Bille Lee, à n'en pas douter le plus pittoresque sinon le plus habile lanceur de base-ball, soutenait un jour que le déclin de ses performances sur le terrain était peut-être imputable au système du « batteur suppléant ». (Précisons pour les profanes que cette règle de base-ball autorise l'American League à désigner un remplaçant permanent pour n'importe quel joueur de l'équipe normale. Comme la plupart des lanceurs sont nuls à la batte, c'est presque toujours un batteur qui remplace le lanceur, ce qui explique que les lanceurs finissent par ne plus toucher une batte.) « Les espèces qui se sont éteintes, affirmait Lee, le doivent à un excès de spécialisation. »

Dans ce constat, notre prétendu philosophe du base-ball énonce une fois de plus ce qui doit être l'erreur la plus répandue à propos de l'histoire de la vie, à savoir que l'extinction est l'ultime expression d'un échec. Il ne semble pas y avoir de plus noir stigmate que la disparition irrévocable. Les dinosaures furent les maîtres du terrain pendant cent millions d'années, ce qui n'a pas empêché une espèce qui mesure sa propre existence en simples dizaines de milliers d'années d'y voir le symbole de l'échec. Il y a deux ans, par exemple, ces braves gens d'Audi proclamaient (en se livrant à une comparaison peu subtile avec leurs grands rivaux) que le Brontosaure était « incontestablement la créature la plus mal conçue qui ait jamais existé ». « L'évolution, poursuivaient-ils, disposait d'une méthode infaillible pour rectifier ces erreurs de conception » — l'extinction, pardi. Les paléontologistes protestèrent vigoureusement et Audi battit en retraite. « On vous promet qu'on traitera le Brontosaure avec plus de respect à l'avenir », assurèrent-ils.

Je crois que cette façon d'assimiler la disparition à l'incompétence reflète une approche dépassée, qui se fondait sur la fausse métaphore du progrès et sur une vision exagérément sinistre de la sélection naturelle, perçue comme une lutte incessante et sans merci entre rivaux — la version militaire d'expressions darwiniennes telles que « la survie du plus apte » et « la lutte pour la vie ». Si la vie va toujours plus loin et plus haut grâce à une bataille impitoyable et à l'élimination des perdants, l'extinction doit être en effet l'expression la plus achevée de l'inadaptation. Mais la vie n'est pas une saga du progrès ; elle est plutôt une histoire de bifurcations et de méandres compliqués, avec des survivants temporaires qui s'adaptent aux transformations du milieu local et n'approchent guère de la perfection cosmique ni technique. Et en matière de sélection naturelle, la réussite d'une espèce est moins affaire de meurtres et de destruction que de production du plus grand nombre de rejetons capables de survivre.

L'assimilation de l'extinction à l'inadaptation n'a aucun sens sur les longues périodes qu'étudie la paléontologie. L'extinction est le destin ultime de toutes les lignées, mais nous ne pouvons affirmer pour autant que toutes les espèces sont mal conçues ou mal adaptées. L'extinction n'a rien de honteux. Elle est, dans un sens, la force qui permet à la biosphère d'exister. Étant donné que la plupart des espèces font preuve d'une résistance peu commune face aux grands changements évolutifs et que beaucoup d'habitats contiennent une quantité plus que respectable d'espèces, comment l'évolution pourrait-elle procéder si l'extinction ne lui faisait pas place nette pour innover ? Serais-je en train d'écrire — et vous, de lire —, si les dinosaures avaient survécu et si les mammifères étaient restés, comme ils l'avaient fait durant cent millions d'années, un groupe mineur de petites créatures vivant dans des coins et recoins écologiques où les dinosaures ne pénétraient pas ?

Si la plupart des extinctions étaient le résultat direct de la compétition avec une espèce supérieure, ou si elles représentaient, dans leur grande majorité, un échec inévitable devant les difficultés nées d'une petite modification du milieu (comme le prétendait Bill Lee), la disparition aurait tout lieu d'être entachée d'opprobre. Mais beaucoup d'extinctions, sinon la plupart d'entre elles, sont des réactions à des conditions de l'environnement si dures et si imprévisibles que nous ne sommes absolument pas en droit d'attendre une réponse assortie de réussite, et que nous n'avons donc aucune raison de « reprocher » à une espèce sa disparition. Un poisson d'eau douce plongera et nagera avec tant d'élégance que son anatomie sera jugée optimale par un ingénieur. Mais si les lacs et les rivières s'assèchent, comment se défendra-t-il ? Les baleines bleues auront-elles une ligne moins exquise si la rapacité de l'homme les occit jusqu'à la dernière ? Certaines polices d'assurances n'offrent aucune protection contre des cataclysmes si soudains et si violents qu'on les appelle, en termes de droit, des « actes divins [1] ». Les espèces meurent souvent pour des raisons qui échappent autant au contrôle qu'aux calculs.

Peut-être me trouvez-vous un peu sec dans ma façon de présenter mes arguments, mais rien ne vous oblige à les accepter tant que je ne les étaie pas de preuves et de chiffres. Au cours de ces dix dernières années, un des chercheurs essentiellement regroupés à Chicago (mais qui admettaient quelques éléments extérieurs comme moi, à titre de marginaux) ont essayé de quantifier la diversité présentée par l'histoire de la vie. Ces études nous ont fourni les données les plus extensives et les plus cohérentes dont nous disposions sur l'extinction. Elles s'inscrivent dans la ligne de ma thèse principale, à savoir que l'extinction n'est pas un déshonneur, mais habituellement le résultat inévitable de circonstances qui se situent au-delà des possibilités raisonnables de réaction. Deux communications publiées dans *Science* en mars 1982 énuméraient trois conclusions qui sont capitales pour cette discussion :

---

1 Aux États-Unis. Nous parlons, quant à nous, de catastrophes naturelles, et elles figurent depuis peu dans toutes les polices d'assurances. (NdT.)

1. *Une quantification de l'extinction massive.*

Nous savons depuis l'aube de la paléontologie que les extinctions ne se produisent pas de façon uniforme au fil des temps, mais qu'elles sont concentrées sur de brèves périodes de décimation particulièrement accentuée, intervenant souvent à l'échelle mondiale — ce qu'on appelle les extinctions massives de l'histoire de la géologie. Les bornes de cette chronologie géologique correspondent à ces périodes d'extinction. (Chaque année, quand mes étudiants gémissent lorsque je demande, ou plutôt exige, qu'ils apprennent par cœur la chronologie géologique, je leur réponds que ces drôles de noms — Cambrien, Ordovicien, Silurien — ne sont pas des instruments de torture purement gratuits, mais les archives des événements marquants de l'histoire de la vie.)

D.M. Raup et J.J. Sepkoski ont réuni et récapitulé les données de la longévité géologique de toutes les formes de vie marine. Leur tableau des taux d'extinction (nombre des familles d'organismes disparaissant par million d'années) comparées au temps géologique offre peu de surprises dans ses grandes lignes, mais nous fournit le meilleur et le plus cohérent des exposés sur les *quantités* qui entrèrent en jeu. Quatre brèves périodes d'extinction massive se situent nettement au-dessus du taux ordinaire — ou de « base » — des périodes normales, et une cinquième atteint presque le niveau de ces quatre grands épisodes. Deux événements marquent les limites des ères bien connues : la grande extinction du Permien, qui élimina peut-être plus de quatre-vingt-dix pour cent des espèces marines vivant en eau peu profonde, il y a quelque deux cent vingt-cinq millions d'années (voir l'essai nº 26), et la débâcle du Crétacé, qui gomma de la surface du globe les dinosaures ayant subsisté, ainsi qu'une foule de créatures marines, il y a soixante-cinq millions d'années environ (voir l'essai nº 25). Les trois autres événements, tout en étant assez bien connus des paléontologistes, ont nettement moins frappé les esprits. Deux survinrent avant le Permien (à l'Ordovicien et au Dévonien), et le troisième entre le Permien et le Crétacé (au Triassique).

Raup et Sepkoski ont constaté que ces brèves extinctions massives sont encore moins marquées que ne l'indiquaient les données précédentes. Le taux de base moyen varie entre 2 et 4,6 familles par million d'années, alors que les grandes extinctions massives frappent 19,3 familles par million d'années. Les auteurs concluent : « Notre analyse montre que les grandes extinctions massives se démarquent considérablement plus de l'extinction de base que ne l'indiquait l'analyse précédente des autres ensembles de données. »

Les hypothèses avancées pour expliquer les extinctions massives (voir les autres essais de cette partie) vont de la fusion continentale et de ses séquelles (pour le Permien) à l'impact d'un astéroïde (pour le Crétacé) — autant de causes qui tombent dans la catégorie des fluctuations excluant tout contrôle ou réaction raisonnable, ce qui évite à leurs victimes l'aura de la honte. Et comme ces extinctions sont encore plus massives que ce qu'on avait cru jusque-là, le champ de l'extinction « irréprochable » s'en est trouvé considérablement élargi.


*2. L'extinction « classique » due à une infériorité dans la compétition n'a aucun fondement.*


Pendant la plus grande partie du Tertiaire (l' « ère des mammifères »), l'Amérique du Sud fut un continent entièrement entouré d'eau — une sorte de super-Australie — dont la faune indigène battait largement les marsupiaux de ces terres australes en intérêt et en particularité. La région australienne présente exclusivement un seul ordre de mammifères, les monotrèmes ovipares (l'échidné et l'ornithorynque). L'Amérique du Sud en abrita jadis plusieurs, avec des animaux étranges qui allaient des toxodontes, voisins mais non parents des rhinocéros, que Darwin découvrit pendant son temps d'apprentissage à bord du *Beagle,* aux litopternes qui faisaient mieux encore que les chevaux en n'ayant plus qu'un seul doigt et en perdant même les plaques osseuses latérales (vestiges réduits de doigts) que conservent ceux-ci (voir l'essai n° 14), aux paresseux géants et aux glyptodontes. On relevait d'autres bizarreries dans des ordres qui vivaient ailleurs mais présentaient des caractéristiques purement sud-américaines. Tous les grands mammifères carnivores, par exemple, étaient des marsupiaux et comportaient des créatures aussi extraordinaires que le Thylacosmilus aux canines en lame de sabre.

Tous ces animaux ont disparu aujourd'hui, victimes de la plus grande tragédie biologique de ces cinq derniers millions d'années. Pour une fois, les humains sont hors de cause, et nous devons imputer la responsabilité de cette extinction à l'émergence de l'isthme de Panama, il y a juste quelques millions d'années. L'isthme relia l'Amérique du Sud à la faune plus cosmopolite des continents septentrionaux. Vinrent les mammifères de l'Amérique du Nord (après avoir fait un petit tour dans l'isthme) ; selon la théorie traditionnelle, ils virent et conquirent. Les animaux que nous considérons habituellement comme la faune moderne « indigène » de l'Amérique du Sud — des lamas aux alpagas et aux jaguars, en passant par les tapirs et les pécaris — sont tous des immigrants arrivés du Nord à une période relativement récente.

La théorie traditionnelle, avec ses métaphores racistes, oppose une faune septentrionale harmonieuse aux lignes pures, et rigoureusement adaptée, endurcie à l'épreuve de climats rudes et d'une incessante compétition née des vagues antérieures de migrants d'Europe et d'Asie, à une faune indigène sud-américaine paresseuse, stagnante et jamais stimulée. Quelles étaient les chances des malheureux toxodontes et litopternes ? Les formes nordiques supérieures qui se déversaient par l'isthme les exterminèrent. En retour, seules quelques formes sud-américaines inférieures réussirent à faire le voyage en sens inverse et à survivre. Nous récupérâmes le porc-épic, l'opossum et le tatou à neuf bandes. L'Amérique du Sud, quant à elle, accueillit tout un nouveau régime.

Si ce scénario est exact, peut-être que la loi de la vie et de l'extinction comporte bel et bien une connotation de défaite. Mais l'est-il ? Les chiffres le confirment-ils ? Les formes nordiques furent-elles plus nombreuses à mettre le cap sur le sud que l'inverse ? Les taux d'extinctions furent-ils beaucoup plus élevés pour les formes sud-américaines ? L.G. Marshall et S.D. Webb ont écrit, en collaboration avec Raup et Sepkaski, un deuxième article qui appliquait les mêmes méthodes quantitatives à l'histoire de la faune récente de l'Amérique du Sud. Ils concluent que plusieurs points du scénario traditionnel sont inexacts.

Tout d'abord, l'échange fut étrangement symétrique. Des membres de quatorze familles de l'Amérique du Nord résident à l'heure actuelle en Amérique du Sud, représentant quarante pour cent de la diversité familiale sud-américaine. Douze familles de l'Amérique du Sud vivent aujourd'hui en Amérique du Nord, formant trente-six pour cent des familles nord-américaines. Sur l'échelle plus fine des genres, la réduction fut aussi également répartie de part et d'autre de l'isthme. Les genres indigènes sud-américains ont décliné de treize pour cent entre les faunes antérieures et postérieures à l'apparition de l'isthme. Les genres indigènes de l'Amérique du Nord ont décliné de onze pour cent pendant le même intervalle. Ainsi, un même nombre de familles, à peu de chose près, se déplaça avec succès dans un sens comme dans l'autre, et un pourcentage presque identique de formes indigènes disparut de part et d'autre à la suite de ces déplacements. Pourquoi donc ce dossier évoque-t-il, à première vue, une victoire en ce qui concerne l'Amérique du Nord et un carnage pour ce qui est de l'Amérique du Sud ?

Je crois que trois grandes raisons sont responsables de cette impression : l'une sociale, l'autre biologique, mais fausse pour une grande part, et la troisième réelle et importante. Nous devons commencer par considérer le chauvinisme de la plupart des anglophones qui vivent aux États-Unis (Seigneur, j'ai bien failli écrire « les Américains » !). Tout ce qui est situé au sud du Rio Grande parle espagnol et est donc culturellement lié à l'Amérique du Sud. Or, une bonne part de l'Amérique du Nord s'étend entre El Paso et Panama, et c'est là que vivent la plupart des migrants sud-américains, et non aux États-Unis ou au Canada. Après tout, la ligne de l'équateur traverse Quito (dans un pays qui s'appelle à juste titre l'Équateur), et l'Amérique du Sud comporte plus de terres tropicales que l'Amérique du Nord. C'est pourquoi la plupart des formes sud-américaines migrantes ont des préférences tropicales ou sub-tropicales, et leurs habitats nordiques naturels se trouvent au Mexique ou en Amérique centrale. Le fait que les migrants sud-américains soient rares dans mon jardin (encore que j'y aie vu un opossum) ne remet pas en cause leur abondance ni leur vigueur.

Ensuite, la structure taxinomique des formes sud-américaines imposa à la diversité générale de conception une réduction égale en pourcentage de genres. Quand l'isthme est apparu, beaucoup de groupes indigènes de l'Amérique du Sud accusaient déjà une diversité si réduite que la disparition d'un genre ou deux provoquait l'extinction du groupe tout entier. Peu de groupes nord-américains frôlèrent d'aussi près la faillite. Si une première faune compte vingt groupes comportant chacun un genre, et si une seconde faune en compte deux comportant chacun dix genres, la disparition de quatre genres dans chaque faune éliminera quatre des groupes les plus vastes dans la première faune, et aucun dans la seconde.

Enfin, même si les migrants se déplacèrent avec une réussite égale dans les deux sens et si les formes indigènes accusèrent un taux de déclin égal, les migrants nord-américains se débrouillèrent nettement « mieux », et cela d'une façon aussi différente qu'intéressante. Quand nous recensons les genres dérivés des migrants après leur arrivée dans leurs nouveaux habitats, nous observons une différence marquée. En Amérique du Nord, les genres venus d'Amérique du Sud ne donnèrent en évoluant qu'un petit nombre de nouveaux genres, tandis que les formes nord-américaines furent remarquablement prolifiques en Amérique du Sud. Douze migrants primaires d'Amérique du Sud ne produisirent en évoluant que trois genres secondaires, tandis que vingt et un migrants d'Amérique du Nord produisirent quarante-neuf genres secondaires en Amérique du Sud. Ainsi, les formes nord-américaines rayonnèrent vigoureusement en Amérique du Sud et remplirent le continent de sa faune moderne, tandis que les formes sud-américaines ne se débrouillèrent pas trop mal en Amérique du Nord, mais sans se répandre de manière extensive.

Pourquoi cette différence ? D'après nos quatre auteurs, la longue phase de formation des Andes fit barrage aux pluies sur presque toute la longueur de l'Amérique du Sud, ce qui amena le remplacement des habitats de savane et de terres boisées dominants par des forêts et des pampas plus sèches, et par des déserts et des semi-déserts en certaines régions. Peut-être les formes nord-américaines rayonnèrent-elles dans un nouvel habitat qui convenait à leur style de vie antérieur, alors que les formes sud-américaines continuèrent à décliner à mesure que leurs habitats favoris se rétrécissaient. A moins que l'explication classique ne soit en partie vraie et que les formes nord-américaines aient rayonné parce qu'elles sont, de façon inexpliquée, compétitivement supérieures aux formes indigènes sud-américaines — quoique la plupart des versions de cette « supériorité compétitive » n'expliqueront pas les taux plus élevés de spéciation, seulement la victoire dans la bataille (conduisant à une durée plus grande des migrants, associée à des taux plus élevés d'extinction chez les vaincus, ce qui n'a rien à voir avec cette histoire). Quoi qu'il en soit, cette vieille histoire de « Gloire au héros vainqueur » — les vagues de migration différentielle et de carnage — a fait son temps.

3. *Une lueur de réconfort pour les mélioristes.*

Le grand naturaliste français du XVIIIe siècle Georges Buffon recourut à une belle image littéraire pour évoquer l'extinction : « Ils doivent mourir car le temps lutte contre eux. » Nous pouvons dire aujourd'hui, avec la même licence poétique, que les organismes sont peut-être en train de rendre coup pour coup. Quand ils compilèrent leurs données sur l'effet quantitatif des extinctions massives, Raup et Sepkoski firent une découverte intéressante et inattendue sur le taux de « base » des périodes normales. Ils constatèrent que ce niveau diminuait lentement mais régulièrement depuis un demi-milliard d'années. Au début du Cambrien, lorsque débuta notre dossier fossile, il y a six cent millions d'années environ, le taux moyen d'extinction était de 4,6 familles par million d'années. Depuis lors, ce taux a décliné de façon continue pour atteindre celui que nous connaissons aujourd'hui, de 2 familles environ par million d'années. Si le taux du Cambrien s'était maintenu, 710 familles supplémentaires se seraient éteintes. On ne peut être qu'intrigué — bien que j'ignore le sens exact de ce mot — en constatant que le nombre total des familles marines a augmenté d'un nombre presque égal (680) depuis le Cambrien.

Gardons-nous de trop interpréter cette conclusion étonnante car, comme nous le rappellent Raup et Sepkoski, nous devons toujours nous méfier des traces fossiles qui peuvent être la cause artificielle de ces schémas d'ensemble. Par exemple, la probabilité que les fossiles soient préservés augmente à mesure que les roches sont plus jeunes (les sédiments sont géographiquement plus étendus, et il a y moins de possibilités de destruction par la chaleur et la pression). Peut-être que des familles plus anciennes semblent vivre pendant des périodes plus brèves tout simplement parce que les traces de leur apparition précoce ou tardive n'ont pas été conservées. Mais si ce schéma reflète bien une réalité biologique, il indique alors que les familles modernes se défendent mieux contre l'extinction et que le déploiement d'ensemble de la diversité de la vie résulte peut-être de cet accroissement de la résistance générale.

Pourtant, aussi héroïque que soit le combat (pour utiliser une métaphore inappropriée), les organismes ne peuvent en sortir vainqueurs. Le taux d'extinction des familles a peut-être diminué de moitié pendant l'histoire de la vie dont il nous reste des traces, mais aucune espèce n'est immortelle et toutes doivent, en dernier ressort, périr. La perfection de l'adaptation immédiate est impuissante contre les fluctuations massives de l'environnement qui touchent inévitablement, au fil des millions d'années, tous les recoins de la planète. Étant donné que les processus darwiniens sont seulement capables d'améliorer les adaptations locales et que les espèces ne peuvent prévoir le futur (à une intéressante et imparfaite exception près), toutes finiront par disparaître en ne laissant comme patrimoine potentiel que les descendants modifiés qui peuvent se ramifier à partir d'elles.

Comme je me trouvais dans la cathédrale d'York au printemps dernier, je découvris l'essence de ce thème exprimé dans un charmant poème sans prétention inscrit sur la tombe d'un certain William Gee, qui avait vécu au XVII$^e$ siècle. Sir William, semblait-il, mena une vie si irréprochable que si Dieu avait voulu conférer l'immortalité à une de Ses créatures, il avait de toute évidence trouvé là un candidat valable. Mais Sir William mourut, et Dieu dut renoncer à cette éventualité :

> Si le savoir universel, le langage, la loi,
> La piété pure, la crainte révérente de la religion,
> De bons amis, une belle progéniture ; si une femme vertueuse,
> Une conscience tranquille, une vie satisfaite,
> Les prières du clergé ou les larmes du pauvre hère
> Avaient pu augmenter le nombre des années assignées à
> [l'homme,
> Sûre comme le destin, que pour nos fautes nous redoutons,
> La mort hautaine n'aurait jamais triomphé en ce lieu.
> Vois ici ton destin, pourvois à ta tombe.
> Sir William avait tout pour lui, et pourtant il est mort.

(Comme il est ici question de la progéniture de Sir William, on peut penser que sa lignée a survécu.)

L'inévitable ne devrait jamais être déprimant. Selon une vieille tradition philosophique qui remonte au moins à Spinoza, être libre, c'est admettre la nécessité. Si nous respectons l'intellect, la vraie liberté naîtra de ce que nous apprendrons comment fonctionne le monde — ce qui peut changer et ce qui ne le peut pas — et que nous saurons ainsi goûter le sel de la vie.

# VII. UNE TRILOGIE DU ZÈBRE

# 28.

# Au fait, c'est quoi un zèbre ?

Chaque année, les scientifiques de métier parcourent des milliers de titres, lisent des centaines de résumés et s'attardent sur quelques articles. Comme les titres sont la forme de contact la plus courante — et habituellement l'unique — entre les auteurs et leurs éventuels lecteurs dans cette surabondance de littérature, on aime ceux qui accrochent, on s'en souvient, mais ils sont malheureusement rares. Chaque scientifique a son titre favori. Le meilleur fut trouvé par le paléontologiste Albert E. Wood en 1957 : « *Au fait, c'est quoi un lapin ?* »

La question que posait Wood était peut-être désabusée, mais sa conclusion sonnait clair et net : les lapins et les espèces parentes forment un ordre de mammifères cohérent, bien défini, pas particulièrement proche des rongeurs dans la généalogie de l'évolution. Ce titre de Wood me revint récemment en mémoire alors que je lisais un article qui remettait sérieusement en question l'intégrité d'un de mes mammifères préférés : le zèbre. Inutile de vous énerver, je n'essaie pas de perturber le monde des opinions reçues. Il y a des chevaux rayés, c'est indiscutable. Reste à savoir s'ils forment une unité d'évolution digne de ce nom. Avec son « Les rayures ne font pas le zèbre » — titre parfaitement respectable en soi —, Debra K. Bennett nous a obligés à étendre cette question à un autre groupe de mammifères. Au fait, c'est quoi un zèbre ?

Depuis que l'évolution est notre critère de classification en biologie, nous définissons les groupes d'animaux par leur généalogie. Nous ne réunissons pas deux groupes apparentés de manière lointaine parce que leurs membres ont mis indépendamment en place quelques traits similaires. Les humains et les dauphins au « bec » en goulot, par exemple, ont en commun ce qu'on fait de mieux en matière de gros cerveau chez les mammifères. Mais nous n'en créons pas pour autant le groupe taxinomique des Psychozoaires pour regrouper les deux espèces — car les dauphins sont plus apparentés par leur généalogie aux baleines, et les humains aux singes. Nous suivons les mêmes principes dans nos généalogies humaines. Un mongolien reste le fils de ses parents et n'est pas, du fait de son infirmité, plus étroitement apparenté aux autres enfants souffrant de la même affection, si longue soit la liste de leurs traits similaires.

Le dilemme éventuel en ce qui concerne les zèbres s'énonce de façon simple : ils existent en tant que trois espèces, tous zébrés noir et blanc, bien sûr, mais le nombre de rayures et leur dessin diffèrent considérablement. (Une quatrième espèce, le quagga, s'est éteinte au début de ce siècle ; ce zèbre présentait des rayures seulement sur le cou et sur les quartiers de devant.) Ces trois espèces appartiennent toutes au genre *Equus,* de même que les vrais chevaux, les ânes et les onagres. (Dans cet essai, j'utilise le mot « cheval » au sens générique pour désigner tous les membres du genre *Equus,* y compris les ânes et les zèbres. Quand je voudrai parler de l'Old Dobbin ou du Man o'War, j'écrirai les « vrais chevaux ».) L'intégrité du zèbre dépend alors de la réponse à une seule question : ces trois espèces forment-elles une unité d'évolution unique ? Ont-elles un ancêtre commun qui ne donna naissance qu'à elles seules, et à aucune autre espèce de cheval ? Ou bien existe-t-il des zèbres plus étroitement apparentés par la généalogie aux vrais chevaux ou aux ânes qu'aux autres zèbres ? Si cette possibilité est une réalité, comme l'indique Bennett, les zèbres rayés noir et blanc sont apparus à plusieurs reprises au sein du genre *Equus* et le zèbre, au sens évolutif — important —, n'existe pas.

Mais comment savoir, puisque personne ne fut témoin de l'origine de l'espèce des zèbres (en tout cas, les australopithécinés ne prenaient pas de notes à l'époque) et que le dossier fossile ne permet pas, dans le cas présent, d'identifier des événement sur une échelle aussi fine. Au cours des vingt dernières années, tout un ensemble de procédures a été codifié en matière de systématique pour résoudre les problèmes de ce genre. Cette méthode, la cladistique, est une formalisation des procédures que les bons taxinomistes suivaient intuivement mais sans exprimer en clair par des mots, ce qui entraînait d'interminables arguties et embrouillaminis de concepts. Un clade est une branche de l'arbre de l'évolution, et la cladistique est la science qui essaie de tracer le schéma des ramifications d'un ensemble d'espèces apparentées.

La cladistique est à l'origine d'un jargon redoutable, et nombre de ses principaux représentants en Amérique figurent parmi les scientifiques les plus teigneux que je connaisse. Mais ces noms et leurs traquenards cachent un ensemble important de principes. Encore que la formulation en clair de principes ne garantisse pas, dans chacun des cas, une application dénuée de toute ambiguïté — comme nous le verrons pour ce qui est de nos zèbres.

Je crois que nous pouvons en juger avec simplement deux termes pris dans la manne abondante que dispensent les cladistes. Deux lignées partageant un ancêtre commun à partir duquel aucune autre lignée n'est apparue forment un *groupe frère*. Ma sœur et moi formerions un groupe frère (excusez la confusion des genres) parce qu'elle serait ma seule frangine et qu'aucun de mes parents n'aurait d'autre enfant, par exemple.

Les spécialistes de la cladistique essaient d'établir des hiérarchies de groupes frères afin de définir l'ordre chronologique des ramifications dans l'histoire de l'évolution. Par exemple, les gorilles et les chimpanzés forment un groupe frère parce qu'aucune autre espèce de primate ne s'est ramifiée à partir de leur ancêtre commun. Nous pouvons prendre alors le groupe frère des chimpanzés comme unité et nous demander quels primates forment un groupe frère avec lui. La réponse, d'après la plupart des experts, est : nous. Nous avons maintenant notre groupe frère avec trois espèces, chacune étant plus étroitement apparentée à ses deux partenaires qu'aux autres espèces.

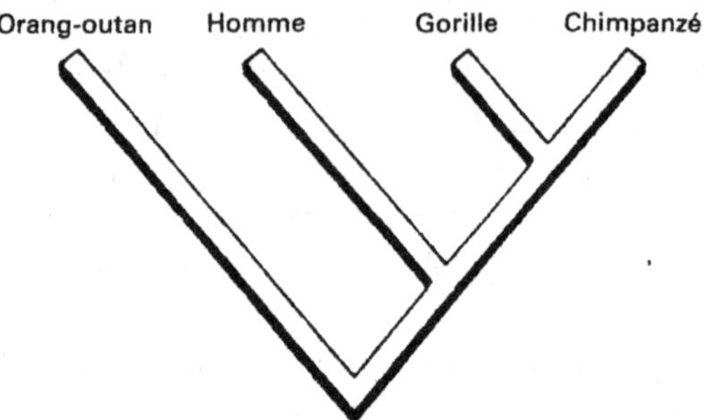



*Schéma cladistique des grands singes et des humains.* TIRÉ DE *L'HISTOIRE NATU-RELLE,* DESSIN DE JOE LE MONIER.

Nous pouvons étendre ce processus à l'infini pour tracer un tableau des rapports de ramification, le cladogramme. Mais avançons encore d'un cran : quelle espèce primate est le groupe frère de l'unité humain-chimpanzé-gorille ? La sagesse traditionnelle répondant l'orang-outan, nous l'ajoutons à notre cladogramme.

Ce cladogramme des primates « supérieurs » comporte une indication intéressante : le singe n'existe pas, du moins selon la définition qu'on en donne. Plusieurs espèces de primates se balanceront dans les arbres, mangeront des bananes dans les zoos et constitueront de bons prototypes de science-fiction diverse et variée. Mais les orangs-outans, les chimpanzés et les gorilles (les « grands singes » de notre langage courant) ne constituent pas une unité biologique, parce que les orangs-outans sont, du point de vue cladistique, plus éloignés des chimpanzés et des gorilles que ne le sont les humains — et que nous avons défini au départ le terme singe pour opposer des formes inférieures à notre état sublimé, sans nous y inclure !

Le problème du zèbre peut être replacé dans le même contexte. Si les trois espèces de zèbres forment un groupe frère (comme les humains, les chimpanzés et les gorilles de notre cladogramme), chacun est plus étroitement apparenté à ses deux partenaires qu'à n'importe quelle espèce de cheval, et les zèbres forment une authentique unité d'évolution. Mais si les zèbres sont comme les « singes », et que le cladogramme des zèbres inclut une autre espèce de cheval (de la même façon que le cladogramme des singes traditionnels inclut les humains), les chevaux rayés partagent peut-être quelques similitudes frappantes qui méritent un terme vernaculaire commun (zèbre, par exemple), mais ne constituent pas une unité généalogique.

Mais comment identifier correctement les groupes frères ? Si l'on croit les spécialistes de la cladistique, nous devons chercher — et là apparaît notre deuxième ensemble de termes — des *caractères dérivés communs* (appelés en jargon technique des synapémorphies). Les caractères primitifs sont des traits présents chez un ancêtre commun éloigné ; ils peuvent disparaître ou être modifiés indépendamment dans plusieurs lignées. Nous devons veiller à éviter les caractères primitifs quand nous cherchons les traits communs qui nous permettrons d'identifier des groupes frères, car ils sont seulement une source de confusion et d'erreur. Les humains et beaucoup de salamandres ont cinq doigts, les chevaux n'en ont qu'un. Nous pouvons donc dire que les humains sont plus étroitement apparentés aux salamandres qu'aux chevaux et que le concept de « mammifère » appartient, de ce fait, à la fiction. Disons plutôt que cinq doigts constituent un caractère primitif à écarter. L'ancêtre commun à tous les vertébrés terrestres avait cinq doigts. Les salamandres et les humains ont conservé le nombre de doigts initial. Les chevaux — et les baleines, les vaches, les serpents et une foule d'autres vertébrés — les ont perdu en partie ou tous.

Les caractères dérivés, en revanche, sont des traits présents *seulement* chez les membres d'une lignée immédiate. Ils sont uniques et récents. Tous les mammifères, par exemple, ont des poils, à la différence de tous les autres vertébrés. Les poils sont un caractère dérivé de la classe des Mammifères parce qu'il n'a évolué qu'une seule fois chez l'ancêtre commun des mammifères et qu'il s'identifie, de ce fait, à une vraie branche sur l'arbre généalogique des vertébrés. Des caractères dérivés communs sont partagés par deux lignées ou plus et peuvent être utilisés pour déterminer des groupes frères. Si nous voulons identifier le groupe frère des thons, des phoques et des lynx, nous pouvons prendre les poils comme caractère dérivé commun pour réunir les deux mammifères et éliminer le poisson.

Pour les zèbres, la question devient alors : les raies sont-elles un caractère dérivé commun aux trois espèces ? Dans l'affirmative, l'espèce constitue un groupe frère et les zèbres sont une unité généalogique. Dans la négative, comme le soutient Bennett, les zèbres sont un groupe de chevaux disparate présentant quelques points de similitude propres à semer la confusion.

La méthode de la cladistique est à la fois simple et pleine de bon sens : on établit des séquences de groupes frères en identifiant les caractères dérivés communs. Malheureusement, l'élégance conceptuelle ne garantit pas une application facile. L'ennui, dans le cas présent, c'est qu'il faut déterminer exactement ce qui est un caractère dérivé commun et ce qui n'en est pas. Nous avons quelques lignes directrices pour nous guider et nous naviguons « au jugé », mais nous ne disposons d'aucune formule infaillible. Si les caractères dérivés sont suffisamment « complexes », par exemple, nous possédons un début de certitude : ils ne pourraient en effet avoir évolué indépendamment chez des lignées séparées et leur présence chez l'une et l'autre indique donc une origine commune.

Les chimpanzés et les gorilles présentent les uns comme les autres un ensemble de modifications complexes et à première vue indépendantes dans plusieurs de leurs chromosomes (en général, des « inversions » au sens propre : une partie du chromosome se retourne en se scindant, bascule et se fixe de nouveau). Étant donné que ces changements chromosomiques sont complexes et ne paraissent pas constituer des modifications « faciles », nécessaires du point de vue de l'adaptation au point que des lignées séparées aient pu évoluer indépendamment à partir d'elles, nous y voyons des caractères dérivés communs présents chez l'ancêtre des chimpanzés et des gorilles, et chez aucun autre primate. Et c'est pourquoi nous disons que les chimpanzés et les gorilles sont un groupe frère.

Malheureusement, la plupart des caractères dérivés sont plus ambigus. Ils ont tendance à apparaître plus facilement, ou bien présentent tant d'avantages que plusieurs lignées peuvent les mettre en place sans intervention de la sélection naturelle. Beaucoup de mammifères, par exemple, développent une arête sagittale — une protubérance osseuse allant de l'avant à l'arrière du crâne et qui sert de point d'ancrage aux muscles. La plupart des primates sont dépourvus d'arête sagittale, en partie parce que leurs cerveaux plus gros sont à l'origine de la protubérance du crâne et ne laissent ni la place ni le matériau voulus pour une structure de ce type. Mais une règle générale observable chez les mammifères veut que les grands animaux aient des cervaux relativement plus petits que leurs parents de moindre taille (voir les essais de *Darwin et les grandes énigmes de l'évolution* et *Le Pouce du panda*). Ainsi, les grands primates ont une arête sagittale parce que leurs cerveaux relativement plus petits n'empêchent pas sa formation. (Cet argument ne s'applique pas à ce drôle de numéro qu'est l'*Homo sapiens,* qui a un gros cerveau malgré sa grande taille.) Le plus grand australopithéciné, l'*Australopithecus boisei,* présente une arête sagittale prononcée, contrairement à d'autres membres plus petits appartenant au même genre. Les gorilles ont une arête sagittale eux aussi, alors que la majorité des primates plus petits en sont dépourvus. Nous nous tromperions lourdement si, en utilisant l'arête sagittale comme caractère dérivé commun, nous mettions un australopithéciné et un gorille dans un groupe frère et rattachions les autres australopithécinés de dimensions plus réduites aux marmousets, aux gibbons et aux singes rhésus. L'arête sagittale est un caractère « simple », qui fait probablement partie du répertoire de développement potentiel de n'importe quel primate. Elle apparaît et disparaît au fil de l'évolution, et sa présence chez tel ou tel n'est pas la marque d'une origine commune.

Bennett fonde son analyse cladistique du genre *Equus* sur certains caractères du squelette, essentiellement sur le crâne. Sous leur peau, les chevaux sont pratiquement tous bâtis sur le même modèle, et Bennett n'y a trouvé aucun caractère dérivé commun aussi convaincant que peuvent l'être les similitudes chromosomiques chez les chimpanzés et les gorilles. Elle reconnaît elle-même que la plupart de ces caractères s'apparentent davantage à l'arête sagittale — d'où la nature toute provisoire de ses conclusions.

Le genre *Equus,* nous dit Bennett, comporte deux grands groupes cladistiques — des ânes et des onagres d'une part, des vrais chevaux et des zèbres d'autre part. Les zèbres sortent victorieux du premier test permettant de les considérer comme une unité généalogique. Malheureusement (ou heureusement, selon le point de vue auquel on se place), Bennett affirme qu'ils échouent au deuxième test. Elle identifie bien les zèbres de Burchell et de Grevy (*Equus burchelli* et *E. grevyi*) comme groupe frère. Mais, dans son schéma, la troisième espèce, le zèbre de Hartmann ou zèbre de montagne *(E. zebra)* ne s'associe pas à ses cousins pour former un groupe frère plus vaste. Au lieu de quoi, l'espèce sœur du zèbre de montagne est notre proche compatriote de trait et animal de ferme, le vrai cheval *(E. caballus)* ! Ainsi, le zèbre de montagne s'associe avec les vrais chevaux avant de se rattacher aux autres zèbres. L'Old Dobbin est inextricablement coincé dans le cladogramme des zèbres — et étant donné qu'il n'a rien à voir avec les zèbres, alors c'est quoi, un zèbre ?

Mais l'analyse de Bennett ne repose que sur trois caractères, dont aucun n'est très sûr. Tous sont des modifications relativement simples de forme ou de proportion, et non des présences ou des absences de structures complexes. Tous, comme l'arête sagittale, pourraient fort bien apparaître et disparaître. Un seul caractère dérivé commun potentiel unit les vrais chevaux et le *E. zebra :* l'« orientation des barres postorbitales par rapport au plan horizontal » (la position légèrement moins oblique d'une barre osseuse située sur le crâne, derrière les yeux — pas exactement le genre d'étoffe dont sont faites les conclusions sûres). Deux caractères dérivés communs seulement unissent les zèbres de Burchell et de Grevy : la présence d'une protubérance frontale (le gonflement de la partie supérieure du crâne) et la largeur relative du crâne (ces deux zèbres ont un museau long et étroit). Nous savons malheureusement qu'un de ces caractères au moins ne s'insère pas correctement dans le schéma cladistique de Bennett ; cet auteur reconnaît en effet qu'un membre de son autre lignée — un cheval possédant la marque caractéristique de l'hémione *(E. hemonius)* — a développé indépendamment un museau long et étroit. Si cela a été possible deux fois, pourquoi pas trois ?

Quand nous cherchons la corroboration que peut nous apporter une source évidente — le nombre de chromosomes —, là

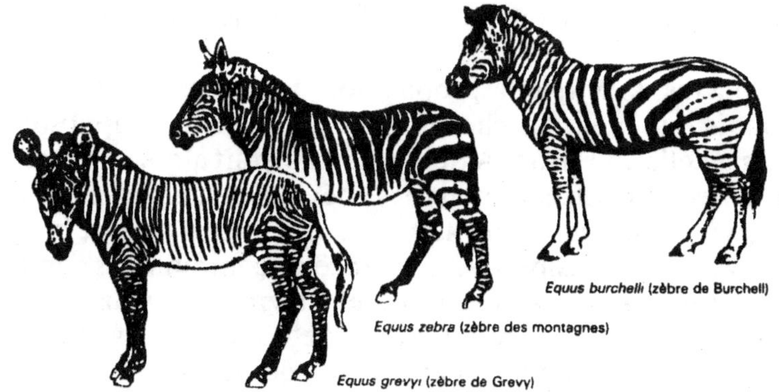



encore nous sommes déçus. Comme je l'ai dit dans l'essai n° 26, les différentes espèces de chevaux, malgré des similitudes marquées de forme, ont un nombre de chromosomes extrêment variable. La fusion ou la fission de chromosomes constitue peut-être un des grands mécanismes de spéciation chez les mammifères, et ces différences revêtent peut-être, de ce fait, une grande importance dans l'évolution. Tous les zèbres — et seulement les zèbres — ont moins de cinquante paires de chromosomes (trente-deux chez les zèbres de Grevy). Tous les autres chevaux en ont plus de cinquante (de cinquante-six chez l'*Equus hemionus* à soixante-six chez le cheval de Prjewalski). Le nombre moins élévé, chez les zèbres en fait peut-être un groupe généalogique si le caractère est dérivé et commun, et non primitif ou ayant évolué plus d'une fois. On peut encore défendre l'hypothèse de Bennett en disant que les nombres moins élevés sont primitifs chez tous les chevaux, et que ceux des ânes et des vrais chevaux sont devenus plus élevés au fur et à mesure que ceux-ci ont évolué indépendamment ; ou encore que les différentes lignées ont donné des nombres moins élevés mais en suivant des chemins d'évolution séparés. Toutefois, étant donné que nous n'avons aucune raison d'associer les raies au petit nombre de chromosomes, leur présence conjointe chez tous les zèbres pourrait plutôt être interprétée comme un signe généalogique. Plus un groupe possède de caractères complexes en commun, plus ce groupe a des chances d'être généalogique — sauf si nous avons de bonnes raisons de considérer que tous les caractères sont primitifs (ce que nous ne faisons pas dans le cas présent).

J'en conclus donc que la proposition de Bennett est intéressante, mais que bien des choses restent à prouver. Supposons toutefois qu'elle ait raison. A quoi ressemblerait alors un zèbre ? Où, plus précisément, comment des chevaux non apparentés du point de vue cladistique ont-ils acquis des raies noires et blanches ? Il y a deux possibilités. Ou l'ancêtre commun des zèbres et des vrais chevaux avait des raies, et les vrais chevaux les ont perdues, tandis que les trois espèces de « zèbres » les conservaient passivement ; ou bien l'apparition des raies est une capacité de développement acquise chez tous les chevaux, et non un caractère aussi complexe qu'on le dirait à première vue. Dans ce cas, plusieurs lignées isolées pourraient acquérir indépendamment des raies. Les zèbres seraient alors des chevaux qui ont réalisé une voie potentielle de développement probablement commune à de nombreux membres du genre *Equus* ou à tous (voir l'essai suivant).

L'histoire particulière des zèbres peut ne reposer sur aucun fondement, il n'empêche qu'en dernier ressort, les informations fournies par la classification cladistique sont sûres dans de nombreux cas. Certains de nos groupes les plus courants et les plus rassurants n'existent plus si nous devons fonder nos classifications sur les cladogrammes. N'en déplaise à M. Walton et à tant de ses compatriotes du littoral de Nouvelle-Angleterre, j'ai le regret de dire que les poissons n'existent pas. Environ 20 000 espèces de vertébrés ont des écailles et des nageoires et vivent dans l'eau, mais ils ne forment pas de groupe cladistique cohérent. Quelques-uns d'entre eux — les poissons dépneumones et le cœlacanthe en particulier — sont généalogiquement proches des créatures qui sortirent de l'eau en rampant pour devenir des amphibiens, des reptiles, des oiseaux et des mammifères. Dans une classification cladistique de la truite, du dipneuste et de n'importe quel oiseau ou mammifère, le dipneuste doit former un groupe frère avec le moineau ou l'éléphant, et abandonner la truite à sa rivière. Les caractères qui constituent notre concept courant de « poisson » sont tous des caractères communs primitifs, qui ne déterminent donc pas de groupes cladistiques.

Ce point soulève un tollé chez beaucoup de biologistes, et à mon avis ils ont raison. Les cladogrammes de la truite, du dipneuste et de l'éléphant est de toute évidence exact en tant qu'expression d'une ramification dans le temps. Mais les classifications doivent-elles reposer uniquement sur une information cladistique ? Un cœlacanthe ressemble à un poisson, à le goût d'un poisson, agit comme un poisson et donc — à titre légitime, au-delà de toute tradition étroite — *est* un poisson.

Aucun débat de la biologie évolutionniste n'a été plus intense au cours de la dernière décennie que celui qui a opposé la cladistique aux systèmes de classifications traditionnels. Le problème vient de la complexité du monde, et non de la confusion de la pensée humaine (encore que la verbosité y ait eu son rôle, elle aussi). Nous devons reconnaître deux composantes assez différentes dans notre conception vernaculaire de la « similitude » entre les organismes — et les classifications ont pour objet d'exprimer des degrés relatifs de ressemblance. D'une part, nous avons la généalogie, ou l'ordre de ramification. La cladistique ne s'intéresse qu'aux seules ramifications, en excluant rigoureusement toute autre notion de similitude. Mais que dire alors de la notion reconnue, vague et qualitative, mais non dénuée d'importance pour autant, de similitude générale dans la forme, la fonction ou le rôle biologique ? Le cœlacanthe, répétons-le, ressemble à un poisson et agit comme un poisson, même si ses parents cladistiques les plus proches sont les mammifères. Une autre théorie de la classification, appelée la phénétique — du grec « apparence » — met seulement l'accent sur la ressemblance générale et essaie d'éviter d'être accusée de subjectivité en insistant sur le fait que les classifications phénétiques doivent être fondées sur de longues séquences de caractères, toutes exprimées en chiffres et traitées sur ordinateur.

Malheureusement ces deux types d'information — l'ordre de ramification et la similitude générale — n'aboutissent pas toujours à des résultats cohérents. Le spécialiste de la cladistique écarte la seule ressemblance générale, qu'il considère comme un leurre et une illusion, et travaille uniquement sur la ramification. Le spécialiste de la phénétique essaie de travailler sur la seule similitude générale et de la mesurer en cherchant vainement l'objectivité. Le systématisme classique s'efforce d'équilibrer les deux sources d'information mais sombre souvent dans une confusion sans espoir, car elles sont réellement contradictoires. Les cœlacanthes ressemblent à des mammifères si l'on en juge la ramification, et à des truites si l'on en juge par le rôle biologique. Ainsi, les cladistes acquièrent une objectivité virtuelle au prix de l'ignorance d'une information importante au plan biologique. Et les traditionnalistes sombrent dans la confusion et la subjectivité en essayant de mettre en balance deux sources d'information légitimes mais souvent disparates. Que faire ?

C'est une question à laquelle je ne répondrai pas, car elle met davantage en cause des problèmes de style, de mœurs et de méthodologie qu'une substance démontrable. Je puis au mieux émettre quelques remarques sur la source de cet âpre débat — insister sur un point assez simple qu'on a perdu de vue dans la chaleur des discussions. Dans un monde idéal, ces trois écoles — cladistique, phénétique et traditionnelle — ne seraient pas en conflit, et elles aboutiraient toutes à la même classification pour un ensemble donné d'organismes. Dans cet univers purement imaginaire, nous observerions une parfaite corrélation entre la similitude phénétique et le caractère récent de l'ancêtre commun (ordre de ramification) ; autrement dit, plus il y a longtemps que deux groupes d'organismes se sont séparés d'un ancêtre commun, moins les chances sont grandes que celui-ci soit visible et joue un rôle biologique. Les spécialistes de la cladistique établiraient un ordre de ramification dans le temps en cataloguant les caractères dérivés communs. Les spécialistes de la phénétique enfourneraient leurs nombreuses mesures de similitude dans leurs ordinateurs favoris et constateraient le même ordre parce que les créatures les plus dissemblables auraient l'ancêtre commun le plus ancien. Les traditionalistes, devant la cohérence fatale de leur double source d'information, se joindraient à cet accord parfait.

Mais trêve de rêveries. Le monde est bien plus intéressant qu'idéal. La similitude phénétique n'a souvent que peu de corrélation avec le caractère récent d'une hérédité commune. Notre monde idéal requerrait que les taux d'évolution soient constants dans toutes les lignées. Or ces taux varient énormément. Certaines lignées ne changent pas d'un iota pendant des dizaines de millions d'années ; d'autres subissent des modifications marquées durant un simple millénaire. Quand les ancêtres des vertébrés terrestres se séparèrent jadis de leur ancêtre commun avec les cœlacanthes, ils étaient encore indiscutablement poissons en apparence. Mais ils sont devenus, au fil de nombreuses lignes d'évolution pendant quelque 250 millions d'années, des grenouilles, des dinosaures, des flamants et des rhinocéros. Les cœlacanthes, de leur côté, sont restés des cœlacanthes. A en juger par leur ordre de ramification, les cœlacanthes modernes sont peut-être plus proches du rhinocéros que du thon. Mais tandis que les rhinocéros, qui se trouvent sur une ligne d'évolution raide, présentant aujourd'hui des différences marquées avec leur lointain ancêtre commun, les cœlacanthes continuent à avoir l'aspect et le comportement de poissons — et rien ne nous empêche de le dire. Les spécialistes de la cladistique les mettront avec les rhinocéros, ceux de la phénétique avec les thons ; les traditionalistes feront appel à leur discours habituel pour défendre une décision nécessairement subjective.

La nature a imposé ce conflit à la science en décrétant, par le biais de l'évolution, que ces taux de changement seraient inégaux dans les lignées et qu'il y aurait peu de corrélation entre la similitude phénétique et le caractère récent de l'hérédité commune. Je ne crois pas que la nature nous frustre à dessein, mais je ne m'en réjouis pas moins de son intransigeance.

# 29.

# A propos de zébrures

Il est, dans la nature, des questions sans réponse qui recèlent une sorte d'insolubilité majestueuse. L'univers a-t-il eu un commencement ? Jusqu'où s'étend-il ? D'autres refusent de céder la place parce qu'elles éveillent une curiosité prosaïque, mais elles semblent calculées, dans leur formulation même, pour susciter les controverses plutôt que pour être résolues. Comme prototype de la seconde catégorie, je citerai le zèbre. Le zèbre est-il un animal blanc avec des raies noires ou un animal noir avec des raies blanches ? J'ai appris jadis que le ventre blanc du zèbre avait tranché en faveur des raies noires sur un torse blanc. Mais pour illustrer une fois de plus que « les faits » sont indissociables de leur contexte culturel, j'ai récemment découvert que la plupart des peuples africains estiment que les zèbres sont des animaux noirs avec des raies blanches.

Dans un poème sur les singes, Marianne Moore passait en revue plusieurs de leurs compatriotes du zoo et opposait les éléphants et leurs « appendices strictement concrets » aux zèbres, « suprêmes dans leur anomalie ». Or nous avons appris dans l'essai n° 28 que les trois espèces de zèbres existantes ne constituent peut-être pas un groupe des plus étroitement apparentés — et que les raies ont pu apparaître à diverses reprises au cours de l'évolution, ou bien qu'elles représentent un dessin ancestral chez les aïeux communs aux vrais chevaux et aux zèbres. Si les raies ne sont pas les signes distinctifs de quelques parents farfelus, mais constituent un dessin essentiel à l'intérieur d'un vaste groupe d'animaux, les problèmes posés par leur apparition et leur signification devient, d'une façon générale, plus intéressant. J.B.L. Bard, un embryologiste d'Edimbourg, s'est récemment penché sur les raies des zèbres dans le contexte plus élargi de modèles rendant compte des couleurs chez tous les mammifères. Il a décelé une unité de développement sous les divers dessins des raies adultes chez nos trois espèces de zèbres et a même proposé, *inter alia,* une réponse au grand problème du noir et du blanc, qui penche en faveur de la thèse africaine.

Les biologistes obéissent à plusieurs styles intellectuels. Certains se délèctent de la diversité en tant que telle, et ils décriront leur vie durant les variations complexes de thèmes communs. D'autres font des pieds et des mains pour découvrir une unité sous-jacente aux différences, qui classera sous quelques thèmes communs plus d'un million d'espèces. Parmi les passionnés d'unité, le biologiste et érudit écossais D'Arcy Wentworth Thompson (1860-1948) occupe une place à part. D'Arcy Thompson passa sa vie hors des sentiers battus en se consacrant à sa vue platonicienne des choses et en entassant ses intuitions dans un ouvrage classique de mille page, *On Growth and Form* — livre si riche d'intérêt qu'il lui valut d'être nommé docteur *honoris causa* à Oxford et qu'il figura, trente ans plus tard, dans le *Whole Earth Catalog* au titre de « référence classique ».

D'Arcy Thompson s'efforça de réduire les expressions les plus diverses à des modèles génériques communs. Il croyait que les modèles de base eux-mêmes possédaient une sorte d'immuabilité platonique en tant que conceptions idéales, et que les formes des organismes pouvaient ne comporter qu'un ensemble de variations imprimées par ces modèles. Il élabora une théorie des « coordonnées transformées » pour décrire ces variations comme l'expression d'un modèle unique qui subissait des étirements et des déformations divers. Mais il effectua ses travaux avant que l'ordinateur ne fût là pour exprimer ces transformations sous une forme numérique, et sa théorie n'eut que des effets limités car elle n'alla jamais beaucoup plus loin que l'élaboration de jolies images.

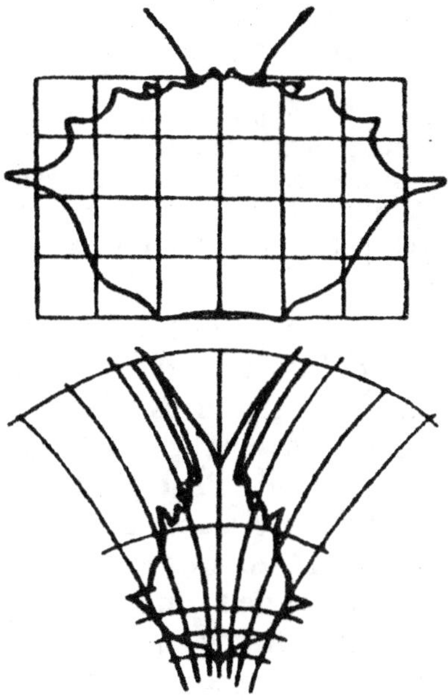

*Les « coordonnées transformées » visibles sur la carapace de crabe appartenant à deux genres différents prouvent l'unité de forme.* TIRÉ DE D'ARCY WENTWORTH THOMPSON, ON GROWTH AND FORM, *CAMBRIDGE UNIVERSITY PRESS, 1917.*

Penseur subtil, D'Arcy Thompson comprit que le fait d'insister sur la diversité ou sur l'unité n'engendre pas des théories biologiques différentes, mais des styles esthétiques qui influencent profondément la pratique de la science. Celui qui étudie la diversité ne nie pas qu'il existe des modèles génériques communs, et celui qui cherche l'unité prend en compte le caractère unique d'expressions particulières. Mais l'adoption de l'un ou de l'autre de ces styles conditionne, souvent imperceptiblement, la façon dont les biologistes voient les organismes et ce qu'ils choisissent d'étudier. Nous devons inverser la maxime du père réprobateur qui inculque la morale à son fils — fais ce que je te dis, pas ce que je fais — et reconnaître qu'en biologie, la fidélité réside moins dans les mots que dans les actes et les sujets de recherche choisis. Fais attention à ce que je fais, pas à ce que je dis. D'arcy Thompson écrivait à propos du « taxinomiste pur » :

> Lorsqu'il compare un organisme à un autre, il décrit leurs diffé-
> rences point par point et « caractère » par « caractère ». S'il est de
> temps à autre obligé d'admettre l'existence d'une « corrélation »
> entre des caractères... il reconnaît vaguement cette corrélation en
> tant que fait, en tant que phénomène dû à des causes auxquelles il
> ne peut guère, sauf en de rares exemples, remonter ; et il prend
> vite l'habitude d'envisager l'évolution et d'en parler comme si elle
> s'était produite selon la description qu'il en fait, point par point,
> caractère par caractère.

D'Arcy Thompson reconnaissait avec tristesse qu'on avait beaucoup parlé de la notion d'unité sous-jacente, mais qu'on l'avait peu appliquée. Les différences entre les raies de nos trois espèces de zèbres avaient été décrites dans les moindres détails, et l'on avait investi beaucoup d'énergie dans des spéculations sur l'importance des différences en matière d'adaptation. Mais on s'était rarement demandé si tous les modèles pouvaient être réduits à un système unique de formes génériques. Et l'on semblait peu comprendre l'importance que pouvait revêtir une telle preuve d'unité pour la science de la forme organique.

D'après la version vulgaire de darwinisme (pas celle de Darwin), la sélection naturelle est si puissante et envahissante, lorsqu'elle passe au crible chaque variation et met en place des structures optimales, que les organismes deviennent un assemblage de parties parfaites, chacune étant minutieusement élaborée pour le rôle particulier qu'elle doit jouer. Sans nier les corrélations du développement ou de l'unité sous-jacente dans le modèle général, le darwinien tient bel et bien ces concepts pour insignifiants, car la sélection naturelle peut toujours faire éclater une corrélation ou remodeler une configuration générale acquise.

Notre darwinien vulgaire à l'état pur appartient peut-être à la fiction ; nul ne saurait être aussi idiot. Mais, dans la pratique, les biologistes de l'évolution ont souvent donné dans le darwinisme vulgaire (tout en réfutant ses principes), en suivant une stratégie de recherche réductionniste qui consiste à analyser les organismes partie par partie et à invoquer de préférence la sélection naturelle pour expliquer toutes les formes et toutes les fonctions — ce que soulignait l'affirmation profonde de D'Arcy Thompson précédemment citée. C'est seulement ainsi que je puis comprendre ce fait étrange qu'on ait accordé si peu d'importance à l'unité de conception dans la recherche — tout en parlant amplement d'elle dans les manuels — au cours des quarante dernières années, alors que les biologistes de l'évolution ont préféré, en général, une acception du darwinisme assez stricte dans leurs explications de la nature.

Pour de multiples raisons, qui vont de la neutralité probable d'une grande partie de la variation génétique à la nature non-adaptative de beaucoup de tendances évolutives, cette stricte acception est en train de céder, et les thèmes unitaires se voient accorder un regain d'attention. On redécouvre les vieilles théories ; D'Arcy Thompson, bien qu'il n'ait jamais été définitivement épuisé, figure maintenant dans les rayons des librairies (et des bibliothèques privées). Un thème fécond, déjà ancien, souligne les effets corrélatifs de changements intervenant dans la chronologie du développement embryonnaire. Un petit changement dans cette chronologie, résultant peut-être d'une modification génétique mineure, peut avoir des répercussions profondes sur une séquence de caractères adultes si le changement en question se produit tôt dans l'embryologie et si ses effets s'accumulent ensuite.

La théorie de la néoténie humaine, dont j'ai souvent parlé dans mes essais (voir mon commentaire sur Mickey dans *Le Pouce du panda*) reprend ce thème. Selon cette théorie, un ralentissement du processus de maturation et des rythmes de développement a entraîné, chez les humains adultes, l'expression de nombreux traits qu'on trouve en général chez les embryons ou au stade juvénile chez les autres primates. Ces traits ne doivent pas être tous considérés comme des adaptations directes mises en place par la sélection naturelle. Beaucoup d'entre eux, comme la répétition « embryonnaire » des poils sur la tête, aux aisselles et à la région pubienne, ou la préservation d'une membrane embryonnaire, l'hymen, tout au long de la puberté, peuvent être des conséquences non adaptatives d'une néoténie élémentaire qui est, elle, adaptative pour d'autres raisons — la valeur d'une maturation lente chez un animal pendant sa période d'apprentissage, par exemple.

L'hypothèse de Bard, qui propose « une unité sous-jacente

aux différents dessins des raies chez les zèbres », reprend l'idée de D'Arcy Thompson, à savoir un dessin de base subissant un étirement et des déformations diverses du fait de formes embryonnaires variables. Ces formes variables apparaissent parce que le dessin de base se développe à des *périodes différentes* de l'embryologie des trois espèces. Bard combine ainsi le thème des coordonnées transformées et l'idée qu'une évolution importante peut procéder par des changements intéressants dans la chronologie du développement.

Le dessin de base est la simplicité même : une série de raies parallèles perpendiculaires à une ligne dorsale allant de la tête à la queue du zèbre — vous placez un drap à cheval sur un fil d'étendage bien tiré et vous peignez des bandes verticales de chaque côté. Ces raies ont au départ un format constant, indépendamment de la grosseur de l'embryon qui les forme. Elles font 0,4 mm, soit environ 20 diamètres de cellule chacune. Plus l'embryon est gros, plus le nombre initial de raies est grand. (Je dois préciser que l'argument de Bard est un modèle qui vous incite à expérimenter, non un ensemble d'observations ; personne n'a jamais suivi directement l'embryologie des raies d'un zèbre.)

Les trois espèces de zèbres diffèrent à la fois par le nombre et par la configuration des bandes. Dans l'hypothèse de Bard, ces variations complexes apparaissent seulement parce que le même dessin de base — des raies parallèles régulièrement espacées — est mis en place durant la cinquième semaine du développement embryonnaire chez une des espèces, pendant la quatrième semaine chez une autre, et pendant la troisième semaine chez la troisième. Étant donné que l'embryon subit des transformations de forme complexes au cours de ces semaines, le dessin de base subit des étirements et des déformations multiples, qui entraînent toutes ces importantes différences de rayures à l'âge adulte.

Les trois espèces présentent les différences les plus remarquables dans le dessin des raies sur la croupe et l'arrière-train (voir l'illustration au chapitre précédent). Le zèbre de Grevy *(Equus grevyi)* a des raies nombreuses, fines, élémentaires et parallèles dans ces régions postérieures. Sur le modèle de Bard, les raies ont dû se former quand la partie postérieure de l'embryon était relativement développée. (Plus la partie en question est développée, plus elle reçoit de raies, puisque celles-ci présentent au départ un même format et un même espacement). Dans l'embryologie des chevaux, la queue et les régions postérieures ont un développement marqué pendant la cinquième semaine *in utero*. Si les adultes possèdent des raies postérieures nombreuses et fines, celles-ci doivent se former après le développement des parties arrière. (Malheureusement, personne n'a jamais étudié directement l'embryologie primitive des zèbres, et Bard part de l'hypothèse que le schéma de développement intra-utérin des vrais chevaux est également suivi par leurs parents zébrés. Comme les traits essentiels de l'embryologie primitive sont en général hautement conservateurs dans l'évolution, les vrais chevaux constituent probablement d'assez bons modèles en ce qui concerne les zèbres.)

Le zèbre de montagne, *Equus zebra*, ressemble beaucoup à l'*E. grevyi*, jusqu'à ce que nous en venions à l'arrière train où trois larges raies remplacent les nombreuses raies fines du zèbre de Grevy. Des raies larges chez l'adulte indiquent que celle-ci se sont formées au départ sur un petit fragment d'embryon (où pouvaient tenir quelques raies) et que ce fragment s'est ensuite développé rapidement (les raies s'élargissant en même temps que la région en question). Si un embryon forme des raies pendant la quatrième semaine, juste avant le développement ultérieur qui donne suffisamment de place aux nombreuses raies fines du zèbre de Grevy, il mettra en place le dessin caractéristique du zèbre de montagne pendant la suite de son développement embryonnaire.

Le zèbre de Burchell, *Equus burchelli*, ne présente lui aussi que quelques larges raies sur l'arrière-train. Mais, alors que le zèbre de montagne a des raies fines sur la plus grande partie de son dos et des raies larges sur l'arrière-train seulement, les raies larges du zèbre de Burchell partent du milieu du ventre et s'étendent sur tout l'arrière-train. Ce dessin indique que les raies ont commencé à se déformer au cours de la troisième semaine du développement embryonnaire. A ce stade primitif, l'embryon présente un dos court et compact, qui se développe par la suite vers l'arrière en formant une large courbe convexe tandis que le ventre reste plus court. Une raie qui, au départ, allait verticalement du ventre à l'épine dorsale serait ainsi tirée vers l'arrière tandis que la surface supérieure de l'embryon se développerait vers l'arrière et que le ventre se développerait moins. Une raie adulte, soumise à une déformation de ce genre pendant sa vie embryonnaire, serait large et irait du ventre jusqu'à l'arrière-train — comme chez les zèbres de Burchell.

Ainsi, Bard peut expliquer les différences existant entre les raies postérieures des trois espèces comme le résultat de la déformation d'un même dessin initial à des moments différents du développement embryonnaire normal. Hypothèse que vient étayer de façon frappante une autre source : le nombre total de raies lui-même. Rappelez-vous que Bard estime que les raies, lorsqu'elles se forment, ont le même format et le même espacement. Donc, plus l'embryon est grand quand les raies se forment, plus ces raies sont nombreuses. Le zèbre de Grevy, dont les raies se forment probablement alors qu'il est un embryon de cinq semaines mesurant environ 32 mm, présente quelque quatre-vingt raies à l'âge adulte — soit des raies de 0,4 mm. Les zèbres de montagne, avec un embryon de quatre semaines mesurant environ quatorze à dix-neuf millimètres, compte environ quarante-trois raies — soit de nouveau 0,4 millimètres par raie. Le zèbre de Burchell a de vingt-cinq à trente raies ; si elles se forment chez un embryon de trois semaines mesurant environ onze millimètres de long, nous obtenons la même valeur — 0,4 millimètre environ par raie.

Comme argument supplémentaire en faveur de cette hypothèse — bel exemple de la différence entre l'aspect superficiel et la connaissance des causes sous-jacentes —, considérons un vieux paradoxe qui fait intervenir la progéniture hybride des zèbres et des vrais chevaux. Ces animaux ont presque toujours davantage de raies que leur parent zèbre. Si l'on se fie au « bon sens », fondé sur l'aspect superficiel, ce résultat est curieux. Après tout, l'état intermédiaire entre des raies et pas de raies du tout est : quelques raies. Mais si Bard a raison au sujet des causes sous-jacentes des raies, ce résultat paradoxal a un sens. L'état intermédiaire entre des raies et pas de raies du tout pourrait parfaitement être un *retard* dans la formation embryonnaire de ces raies. Si les raies commencent à se former, toujours selon leur format et leur espacement, sur un embryon plus grand, l'adulte qui en résultera aura *plus* de raies.

Si une unité d'architecture de base sous-tend la diversité des raies du zèbre, c'est que nous sommes probablement devant un modèle général de la nature, et pas seulement devant cette « suprême anomalie » que décrivait Marianne Moore. C'est dans cette perspective que Darwin considérait les chevaux, reconnaissant que la capacité pour tous les chevaux d'avoir des raies constituaient un argument puissant en faveur de l'évolution elle-même. Si les zèbres dont des adaptations étranges et parfaites en vue de quelque camouflage, Dieu aurait pu les créer tels que nous les avons trouvés. Mais si les zèbres expriment et accentuent une propriété virtuelle commune à tous les chevaux, la production occasionnelle de raies chez d'autres chevaux — où elles ne peuvent être considérées comme une adaptation parfaite ordonnée par Dieu — indique obligatoirement une communauté d'évolution.

Darwin consacra une grande partie du chapitre 5 de son *Origine des espèces* à un répertoire exhaustif de l'apparition occasionnelle des raies chez d'autres chevaux. L'âne, constatait-il, présente souvent sur les pattes « des raies transversales très distinctes, semblables à celles qui se trouvent sur les pattes du zèbre ». Les vrais chevaux ont souvent une raie dorsale, et certains ont aussi des raies transversales sur les jambes. Darwin observa un poney gallois portant trois raies parallèles sur chaque épaule. Et il notait que les hybrides (n'ayant pas de parents zèbres) sont souvent très fortement rayés — exemple d'une observation courante et pourtant mystérieuse, à savoir que les hybrides présentent souvent des réminiscences ancestrales qui n'existent chez aucun des parents. « J'ai vu une fois un mulet, écrit Darwin, dont les pattes étaient rayées au point qu'on aurait pu le prendre pour un hybride de zèbre. »

A partir de cette illustration des schémas communs, un de ses arguments les plus puissants et les plus passionnés en faveur de l'évolution mérite amplement d'être cité *in extenso* :

Quiconque admet que chaque espèce équine a fait l'objet d'une création indépendante est disposé à affirmer, je le présume, que chaque espèce a été créée avec une tendance à la variation, tant à l'état sauvage qu'à l'état domestique, de façon à pouvoir revêtir accidentellement les raies caractéristiques des autres espèces du genre ; il doit affirmer que chaque espèce à été créée avec une autre tendance très prononcée, à savoir que, croisée avec des espèces habitant les points du globe les plus éloignés, elle produit des hybrides ressemblant par leurs raies non à leurs parents, mais à d'autres espèces du genre. Admettre semblable hypothèse, c'est vouloir substituer à une cause réelle une cause imaginaire, ou tout au moins inconnue ; c'est vouloir, en un mot, faire de l'œuvre divine une dérision et une déception. Quant à moi, j'aimerais tout autant admettre, avec les cosmogonistes ignorants d'il y a quelques siècles, que les coquilles fossiles n'ont jamais vécu, mais qu'elles ont été créées en pierre pour imiter celles qui vivent sur les rivages de la mer.

Le même thème suggère également une réponse au titre de l'essai n° 28 : « Au fait, c'est quoi un zèbre ? » J'ai émis l'hypothèse que les zèbres ne forment peut-être pas un groupe étroitement apparenté, mais un ensemble de chevaux différents qui ont indépendamment mis en place des raies en évoluant, ou qui les ont héritées d'un ancêtre commun (alors que les ânes et les vrais chevaux les ont perdues). L'hypothèse de Bard appuie cette conjoncture, car elle indique que le modèle sous-jacent des raies du zèbre est peut-être si simple que tous les chevaux l'incluent dans leur répertoire de développement. Les zèbres sont peut-être, dans ce cas, la réalisation d'une potentialité commune à tous les chevaux.

Enfin, en allant du sublime au tout simplement intéressant, Bard propose une solution au dilemme primordial en affirmant que, tout compte fait, les zèbres sont des animaux noirs avec des raies blanches. Le ventre blanc, souligne-t-il, est un argument-bidon : beaucoup de mammifères entièrement colorés ont le dessous du corps blanc. L'apparition de la couleur peut, d'une façon générale, être inhibée dans cette région du corps pour des raisons encore inconnues. Les couleurs des mammifères ne sont pas apposées sur un fond blanc. Le problème essentiel peut donc être formulé autrement : les raies résultent-elles d'une inhibition de la mélanine ou d'un dépôt de celle-ci ? Dans le premier cas, les zèbres sont noirs ; dans le second, ils sont blancs avec des raies noires.

Les biologistes cherchent souvent des tératologies, ou anomalies du développement, pour résoudre ce genre de problème. Bard a découvert un zèbre anormal dont les « raies » sont des lignes de points et de taches discontinues plutôt que des raies suivies de couleur. Les points et les taches sont blancs sur fond noir. « On ne peut comprendre ce schéma, écrit Bard, qu'en admettant que les raies blanches ne se sont pas correctement formées et que ce « manque » de couleur apparaît comme noir. Le rôle du mécanisme responsable des raies est donc d'inhiber la formation du pigment naturel plutôt que de la stimuler. » Autrement dit, le zèbre est un animal noir à raies blanches.

<h1 style="text-align:center">30.</h1>

<h1 style="text-align:center">Quaggas, Gryphaea et autres faits<br>sans consistance</h1>

Tandis qu'il recensait des cas de chevaux et d'ânes rayés pour illustrer leur généalogie commune avec les zèbres (voir essai précédent), Darwin tomba — c'était inévitable — sur un des plus célèbres animaux de l'histoire naturelle du XIX<sup>e</sup> siècle : la jument du comte de Morton. Darwin écrivait dans *L'Origine des espèces :* « Chez le fameux hybride obtenu par lord Morton du croisement d'une jument alezane avec un quagga, l'hybride, et même les poulains purs que la même jument donna subséquemment avec un cheval arabe noir, avaient sur les jambes des raies encore plus accentuées qu'elles ne le sont chez le quagga pur. »

Le quagga, un zèbre qui présente des raies seulement sur le cou et les quartiers de devant, est aujourd'hui éteint. Il n'était déjà guère florissant au début du siècle, quand ce brave comte espérait sauver l'espèce en la domestiquant. Il put se procurer un mâle pour sa noble expérience mais ne réussit jamais à obtenir une femelle. Aussi croisa-t-il son quagga mâle avec « une jeune jument alezane comportant sept-huitièmes de sang arabe » et obtint un hybride « portant des indications très claires de son origine mêlée ». Jusque-là, rien de très étonnant.

Mais notre lord Morton, déçu, incapable de dénicher d'autres quaggas, vendit sa jument arabe à Sir Gore Ouseley, qui entreprit de la croiser avec « un splendide cheval arabe noir ». Quand il rendit visite à son ami et vit les deux poulains des parents de pedigree arabe, il fut stupéfait d'observer chez eux ce qu'il prit pour une « ressemblance frappante avec le quagga ». Le père quagga avait, d'une façon ou d'une autre, influencé la progéniture engendrée « subséquemment » par d'autres mâles après qu'il fut définitivement sorti de la vie de la jument de lord Morton. Comment cette influence avait-elle pu subsister alors que tout contact physique était terminé depuis belle lurette ?

La jument de lord Morton fut le cas le plus célèbre, mais en aucun cas unique, d'un phénomène que le biologiste allemand August Weismann devait baptiser par la suite « télégonie », de racines grecques signifiant « progéniture à distance », soit l'idée que les reproducteurs pouvaient influencer une progéniture ultérieure qu'ils n'avaient pas engendrée. Étant donné que le prétendu phénomène se révéla être une illusion, la télégonie n'est plus aujourd'hui qu'un article de plus abandonné parmi les cendres de l'histoire, et lord Morton et sa jument ont désormais sombré dans l'oubli.

Mais l'historien des sciences qu'est Richard W. Burkhardt, Jr., auteur d'un excellent article sur l'histoire de la télégonie en général et de la jument de lord Morton en particulier (voir bibliographie), a montré que la télégonie fut à un moment donné un grand sujet de recherche et qu'elle « inspira les travaux les plus extensifs en matière de reproduction animale à avoir été conduits en Grande-Bretagne entre la mort de Darwin en 1882 et la redécouverte de la loi de Mendel en 1900 ». Darwin lui-même fut un ardent défenseur de la télégonie.

Si les causes supposées de la télégonie sont un peu mystérieuses, les raisons qui poussèrent Darwin à épouser cette théorie semblent tout aussi insondables. Après tout, il évoqua pour la première fois la progéniture de la jument de lord Morton dans un contexte qui proposait explicitement une explication située à l'opposé de la télégonie. Comme je l'ai écrit dans les deux premières parties de cette trilogie, Darwin avait répertorié tous les cas qu'il avait pu trouver d'ânes et de vrais chevaux présentant des raies. Il utilisa ces chevaux rayés comme arguments en faveur de l'évolution : si Dieu avait créé les vrais chevaux, les ânes et les zèbres en tant que forme distincte, pourquoi faut-il que nous découvrions de temps à autre des individus rayés dans des espèces qui en sont normalement dépourvues ? Cette tendance latente aux raies chez tous les chevaux (exprimée en permanence seulement chez les zèbres) n'indique-t-elle pas une origine commune ? Pourquoi Darwin fit-il alors intervenir le reproducteur quagga antérieur dans les raies présentées par les rejetons ultérieurs de la jument de lord Morton ? Dans cette première analyse, tirée de *L'Origine des espèces,* Darwin se proposait de prouver que les vrais chevaux et les ânes peuvent avoir des raies *sans* que le zèbre s'en mêle. Comme nous le verrons, cette explication initiale était apparemment correcte.

Burckhardt affirme que Darwin revint sur son idée et défendit la télégonie parce qu'elle s'insérait particulièrement bien dans la théorie « non darwinienne » (c'est bien là le paradoxe) de l'hérédité qu'il élabora en 1868. D'après cette « hypothèse provisoire de pangénèse » (comme il l'appelait), toutes les cellules du corps produisent de minuscules particules appelées gemmules, qui circulent à travers tout le corps, se réunissent dans les cellules sexuelles et transmettent finalement les caractères des parents à leur progéniture. Étant donné que les gemmules peuvent être modifiées si les cellules qui les produisent sont modifiées par l'influence du milieu ou par l'activité du milieu ou par l'activité des animaux eux-mêmes, des caractères acquis peuvent être hérités et l'évolution prend un tour lamarckien non négligeable.

La télégonie cadrait bien avec la pangénèse ; les gemmules incluses dans le sperme du quagga seraient en effet restées dans l'organisme de la jument de lord Morton et leur influence se serait exercée sur la progéniture ultérieure. (Darwin émit même l'hypothèse, un jour, que les gemmules passées dans le sperme pouvaient expliquer pourquoi certaines femmes finissent par ressembler à leurs maris. Sur le fait que tant de gens ressemblent à leur chien, Darwin garde un silence discret.)

La perte de la télégonie fut consommée le jour où une nouvelle théorie de l'hérédité s'imposa et la supplanta. August Weismann, qui se posait en défenseur du darwinisme orthodoxe de la sélection naturelle contre toutes formes d'héritage lamarckien (y compris la propre pangénèse de Darwin), soutenait ce qu'il appelait « la continuité du protoplasme germinal ». Selon lui, les cellules reproductrices sont complètement isolées du reste du corps et ne peuvent être influencées par les facteurs, quelles qu'ils soient, qui modèlent et modifient les autres organes et tissus. Les caractères acquis ne peuvent affecter la génération suivante parce qu'il leur est impossible de pénétrer dans le « coffret » qui renferme les cellules reproductrices et se transmet intégralement de génération en génération. (L'œuf fertilisé, bien sûr, est constitué par l'union de deux cellules reproductrices. Au moment où il commence à se diviser, cependant, les cellules non reproductrices se forment, finissent par se développer dans le corps de l'organisme et sont strictement isolées de la lignée continue des gamètes. La télégonie n'a aucun sens parce que, même si elles existaient, les gemmules présentes dans un organisme femelle ne pourraient atteindre les gamètes — sauf si elles réussissaient à aller jusqu'aux ovaires proprement dits et à modifier l'ovule immature.)

La télégonie traîna dans la littérature scientifique pendant soixante-dix ans, soit depuis la note adressée par Morton en 1820 à la Royal Society, jusqu'à la remise en question opérée par Weismann. Quand ce dernier proposa l'hypothèse du protoplasme germinal, la télégonie apparut comme une anomalie redoutable qu'il fallait obligatoirement confirmer ou rejeter. On procéda à de nombreux examens auxquels la télégonie échoua piteusement. J.C. Ewart notamment, professeur Regius d'histoire naturelle à Edimbourg, essaya de reproduire l'expérience de Morton. Comme le quagga avait rejoint l'*Eohippus* au royaume des chevaux disparus, Ewart croisa vingt juments de races et d'espèces différentes avec un zèbre de Burchell mâle. Le premier hybride, né en 1896, avait des raies comme prévu. Ewart croisa ensuite la jument avec un deuxième reproducteur, un étalon arabe. Leur progéniture avait également des raies, quoique moins visibles, et la télégonie semblait tenir sa justification. Mais Ewart, sachant qu'il avait besoin de groupes témoins, croisa le même étalon arabe avec d'autres juments qui « n'avaient même jamais vu de zèbre ». Les produits de ces croisements présentèrent un pelage aussi somptueusement rayé que le poulain né de la jument qu'on avait précédemment croisée avec un zèbre. Darwin avait eu raison la toute première fois. Les raies n'apparaissent pas du fait de l'influence antérieure et mystérieuse d'un zèbre ; elles représentent une voie de développement potentielle chez tous les chevaux.

Je n'ai pas relaté cette histoire de télégonie pour elle-même ; les songes creux appartenant à des époques révolues ne passionnent que les professionnels et les amateurs invétérés de futilités. Mais, comme le souligne Burkhardt, cette histoire exprime un problème plus vaste, troublant et important, qui touche à la nature du fait dans la science. La télégonie, pour autant que je puisse en juger, se trompait ; or elle est restée dans la littérature comme un fait intact, en grande partie incontesté, et cela pendant soixante-dix ans. Par un retournement du scénario-type, où un seul fait solide vient détruire tout l'édifice théorique, le « fait » de la télégonie est apparu en premier, a solidement assuré sa position, et ne fut sérieusement remis en question que lorsqu'une théorie — la continuité du protoplasme germinal de Weismann — en fit une anomalie. Burkhardt note que dans le schéma habituel, « une théorie acceptée depuis longtemps est démolie par un fait nouvellement découvert et apparemment anormal. Dans le cas de la télégonie, en revanche, un "fait" depuis longtemps accepté tomba dans le discrédit lorsqu'il fut confronté à une théorie nouvelle et apparemment contradictoire. »

La télégonie dut en partie la faveur dont elle jouit, indique Burkhardt, au fait qu'elle rejoignait toute une série d'hypothèses du XIXe siècle, allant de la prédominance « naturelle » des mâles sur les femelles aux arguments en faveur de la séparation des races sous prétexte que les contacts sexuels avec une race inférieure risquaient d'étendre leur influence maléfique bien au-delà des conséquences immédiates de l'acte lui-même. Pour une part, la télégonie n'échauffait pas suffisamment les passions et nul ne se souciait de vérifier les affirmations improbables de lord Morton. Une fois soumise à l'examen, la télégonie chuta et, dans cette mesure, le modèle habituel de la science en tant qu'expérience objective trouva sa justification. Mais un autre aspect de l'attitude classique fut alors remis en question : le fait ne fit pas office de balai pour évacuer une théorie dépassée. Un « fait » erroné s'imposa sur une longue période inconfortable, jusqu'au jour où la théorie exigea qu'il fût soumis à l'examen. Que nous apprend cette histoire sur les rapports entre le fait et la théorie en science et, d'abord, sur le rôle des faits uniques et isolés ? Je reviendrai sur ces généralités, mais voyons pour l'instant une autre histoire du même ordre.

En 1922, la paléontologiste A.E. Trueman publia la communication la plus célèbre de notre siècle sur une lignée de fossiles dont l'évolution n'avait théoriquement jamais été interrompue. Il affirmait que les huîtres plates avaient lentement évolué pour donner des huîtres caractérisées par leurs spires et appartenant au genre *Gryphaea*. Bien que la structure spiralée de ces huîtres ait eu au départ l'avantage de décoller les huîtres du fond de la mer où elles s'enfonçaient de plus en plus, la tendance, une fois amorcée, ne pouvait plus être interrompue. Les *Griphaea* formèrent une valve spiralée et une valve plate reposant comme un couvercle sur son homologue spiralée. Finalement, la spire se développa et recouvrit le couvercle en lui imprimant une forte pression. Incapable de s'ouvrir, la *Gryphaea* périt, victime de sa propre étreinte.

Quand Trueman publia son article, la plupart des paléontologistes n'étaient pas darwiniens. La théorie de l'orthogénèse, ou de l'évolution « en ligne droite », obligeant les organismes à emprunter des voies prédéterminées, était encore en vogue. Une tendance inexorable, que la sélection naturelle était incapable d'enrayer et qui conduisait à la disparition de la lignée, n'avait rien d'insolite. Aussi le scénario de Trueman ne fut-il pas contesté par les paléontologistes et, comme l'effet du zèbre sur la jument de lord Morton, la production excessive de spires chez la *Gryphaea* devint un fait établi.

A la fin des années 1930, une centaine d'années après la grande intuition darwinienne et quatre-vingts ans après sa publication, la sélection naturelle finit par s'imposer comme théorie reconnue du changement évolutif, et la *Gryphaea* devint une anomalie. Comment une lignée pouvait-elle évoluer et se condamner *activement* à l'extinction si le changement évolutif est orienté par la sélection naturelle et ne peut, de ce fait, se produire que dans des directions qui adaptent les organismes au milieu local ? (L'extinction fondée sur l'incapacité de changer suffisamment

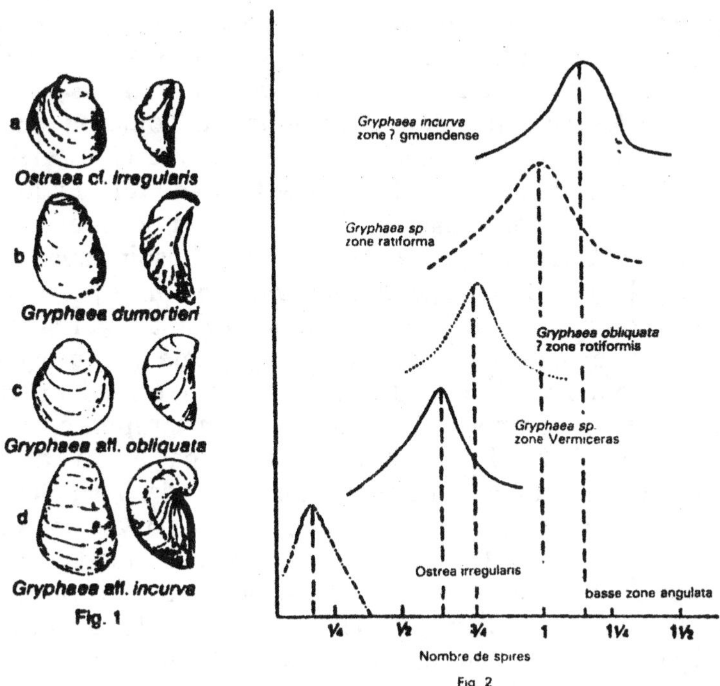



*L'augmentation des spires chez la Griphaea* d'après Trueman. A gauche, représentation des ancêtres (en haut) et de leurs descendants à spires (en bas). A droite, tableau de la variation du nombre de spires, toujours dans le même ordre. Tiré de K. Joisey, *Biological Reviews*, vol. 34, 1959.

vite face à une perturbation du milieu est quelque chose de tout à fait différent et de parfaitement orthodoxe dans l'univers darwinien.)

Les darwiniens eurent des réactions diverses à l'égard de la *Gryphaea,* mais tous furent profondément troublés. Certains, comme J.B.S. Haldane, se contentèrent d'admettre leur embarras : « La formation exagérée de spires chez la *Gryphaea* ne peut être expliquée pour l'instant avec un degré de vraisemblance suffisant. » D'autres, comme G.G. Simpson, essayèrent de contourner le problème en émettant des hypothèses légèrement plausibles mais faites à l'évidence pour les servir : puisque la formation excessive de spires ne touchait que les individus les plus âgés et ayant probablement dépassé la phase de reproduction, elle pouvait avoir été bénéfique à la population des *Gryphaea* en la débarrassant de ses vieux débris et en faisant place nette pour les éléments jeunes et vigoureux. Toutefois, malgré tous ces efforts pour récupérer la sélection naturelle, personne ne posa la question essentielle : d'abord est-ce vrai ? La formation excessive de spires chez la *Gryphaea* était devenue un fait.

Or, ce n'est pas vrai ; cet excès est aussi illusoire que la prétendue influence du quagga de lord Morton sur la progéniture ultérieure de sa jument. En 1959, Anthony Hallam, aujourd'hui un de mes bons amis et professeur de géologie à Birmingham, mais à l'époque étudiant de doctorat frondeur, écrivit un article iconoclaste qui comportait deux affirmations propres à susciter les passions : d'abord, la *Gryphaea* n'avait pas évolué à partir des huîtres plates mais avait migré dans le sud de l'Angleterre en venant d'ailleurs ; ensuite, la *Gryphaea* était arrivée en Angleterre pourvue de toutes ses spires — et aucune tendance à en produire davantage ne pouvait être prouvée dans cette lignée. La conclusion de Hallam scandalisa beaucoup de scientifiques plus âgés, qui avaient connu Trueman. H.H. Swinnerton, doyen de la paléontologie britannique, répondit par un article vengeur où il était question de « péché » et d'« erreur monstrueuse » de la part de Hallam, accusations pour les moins étranges sous la plume d'un scientifique.

Vingt ans plus tard, les choses se sont tassées et je ne pense pas que qui que ce soit irait contester aujourd'hui la réfutation apportée par Hallam. Pour ce qui est de sa première affirmation — la *Gryphaea* n'a pas évolué à partir des huîtres plates —, l'impressionnante monographie de H.B. Stenzel (*Treatise on Invertebrate Paleontology,* partie N, 1971) a prouvé que les lignées d'huîtres plates (genre *Ostrea*) et des huîtres à spires (genre *Gryphaea*) sont apparues séparément, que la *Gryphaea* est un peu plus vieille que l'*Ostrea,* et que les ancêtres spiralées de la *Gryphaea* de Trueman vécurent au Groenland avant que l'*Ostrea* n'apparaisse en Angleterre. Pour ce qui est de la seconde affirmation — la *Gryphaea* n'a pas produit davantage de spires en évoluant —, j'ai réexaminé toutes les données publiées et j'en ai conclu que si le format de la *Gryphaea* avait en effet augmenté, la formation de spires à l'état adulte restait constante. Ce qui signifie, paradoxalement, que les *Gryphaea* plus tardives présentaient en réalité une forme moins spiralée que les spécimens primitifs de même dimension ; les spires augmentent avec la croissance, et si un descendant adulte plus grand forme autant de spires que son ancêtre adulte plus petit, la coquille du descendant est moins étroitement spiralée quand il est encore au stade juvénile et a la même taille qu'un adulte ancestral. (J'ai reproduit tous les principaux articles du grand débat sur les *Gryphaea* dans un volume intitulé : *The Evolution of Gryphaea,* Arno Press, 1980).

Si l'édifice de Trueman bascula si facilement, pourquoi son « fait » avait-il été d'abord si vite accepté ? On pourrait penser que la formation excessive de spires chez la *Griphaea* s'appuyait sur une longue et complexe documentation, aussi peu fiable qu'elle se soit révélée par la suite, et que Trueman avait les éléments voulus pour répondre à d'éventuels adversaires. Pas du tout : les éléments de départ étaient d'une minceur incroyable. Dans son article de 1922, Trueman montrait comment la plupart des grandes *Gryphaea* adultes évitent une surproduction de spires désastreuses en formant des spires moins resserrées à la fin de leur croissance.

Les affirmations de Trueman relatives à cette surproduction se fondaient sur un spécimen unique, le spécimen « type » (ou générique) de l'espèce *Gryphaea incurva*. J'ai examiné ce spécimen au British Museum en 1971. A première vue, la valve spiralée semble en effet presser fortement la valve plate. Mais le spécimen fut découvert dans une vase à grains très fins, de même couleur que le coquillage lui-même. Quelques observations plus poussées révélèrent — ce que confirmèrent plus tard les clichés radiographiques — que le prétendu « verrouillage » de la valve plate n'avait pas été mis en place par la valve spiralée proprement dite, mais par la boue qui s'était insérée dans l'espace existant entre les deux valves — espace qui permettait au coquillage de s'ouvrir — après la mort de l'animal.

Si la télégonie et la surproduction de spires sont des « faits » erronés, pourquoi chacun s'imposa-t-il et n'inspira-t-il si longtemps aucune tentative de réfutation ? Je crois d'abord que l'absence de réfutation des faits erronés est étayée par la croyance naïve que les faits sont des fragments d'une information vierge extraite de la nature par un processus d'observation pure ou par la déduction scientifique. Or les faits apparaissent sur la toile de fond des attentes, et l'œil et l'esprit sont l'un comme l'autre des instruments faillibles. (Celui qui croit que les prétentions à l'observation directe possèdent un statut spécial et irréfutable devraient lire le livre terrifiant d'Elizabeth Loftis sur le témoignage oculaire.) Les paléontologistes, en acceptant la réalité de l'orthogénèse, étaient préparés à croire à la surproduction de spires chez la *Gryphaea* ; la télégonie parut raisonnable jusqu'au jour où elle fut contestée par Weismann, soixante-dix ans plus tard. Ensuite, les faits accèdent presque à l'immortalité dès lors qu'ils passent des documents primaires aux sources secondaires, en particulier les manuels. Il n'y a pas de publications plus conservatrices que les manuels ; les erreurs sont recopiées de génération en génération et semblent se renforcer du fait de leur simple réplication. Personne ne revient en arrière pour découvrir la fragilité des arguments originels.

Je n'essaie pas d'insinuer que tout savoir est relatif et que les faits ne seront jamais universellement approuvés — bien au contraire. Mais nous devons opérer une distinction entre les affirmations factuelles qui peuvent être reconnues et celles qui doivent rester dans les limbes. Les faits les plus dérangeants sont les cas isolés — la progéniture de la jument de lord Morton, la surproduction de spires chez une *Gryphaea*. Nous devons, comme le conseillait William Bateson, « conserver précieusement nos exceptions ». Mais nous devons aussi être conscients que les cas uniques sont fragiles et que les faits solides sont des schémas largement répandus dans la nature, et non des particularités singulières. La plupart des « bonnes histoires » de la science sont fausses.

Le besoin de distinguer le fait solide (schéma largement répandu) des affirmations factuelles chancelantes (cas uniques accompagnés de documents douteux) ne m'est jamais apparu avec plus d'évidence que dans le débat qui oppose actuellement les évolutionnistes et les prétendus « créationnistes scientifiques ». Le fait de l'évolution est aussi solide que n'importe quelle affirmation de la science. Sa solidité réside dans la présence généralisée d'un schéma, décelée par plusieurs disciplines — par exemple, l'âge de la Terre et de la vie tel que le déchiffrent l'astronomie et la géologie, et le schéma de certaines imperfections dans des organismes, qui atteste une descendance physique.

Contre ce schéma, les créationnistes utilisent une approche destructrice et contraignante. Ils ne présentent aucune alternative vérifiable mais lâchent une volée de critiques rhétoriques sous la forme d'affirmations factuelles bancales et décousues — un pot-pourri, au sens propre, d'absurdités qui font beaucoup de dupes parce qu'elles se travestissent en faits et abusent du faux prestige de l'observation prétendue pure.

Les affirmations individuelles sont assez faciles à réfuter : il suffit d'un minimum de recherches. Les créationnistes eux-mêmes ont été forcés de battre en retraite sur les points les plus gênants. Henry Morris, par exemple, créationniste notoire, a souvent cité les empreintes de dinosaures et d'humains qu'on aurait retrouvées côte à côte sur les rochers de la Paluxy River, au Texas. Mais le créationniste Leonard Brand attribue certaines des empreintes « humaines » à l'érosion et d'autres à un dinosaure à trois doigts. Il ajoute aussi : « Nous savons parfaitement qu'il y a eu un type, pendant la crise de 29, qui a fabriqué de ces traces. »

Pourtant, chaque fois que nous prouvons la fausseté d'un « fait » créationniste, on en invente deux autres pour le remplacer. Hercule finit par triompher de l'Hydre de Lerne, monstre qui avait la même tendance à proliférer après avoir été partiellement anéanti. Nous pouvons ôter au créationniste toute respectabilité intellectuelle (mais pas, hélas, la séduction qu'il exerce sur le public) en rappelant que les faits solides sont le résultat de schémas largement répandus et que la cohérence structurelle est la marque des arguments et des théories vigoureux. Les éléments singuliers, disparates, restent en équilibre précaire tant qu'ils n'ont pas constitué un schéma reconnaissable ou ne se sont pas renforcés d'autres documents individuels que ni la télégonie ni la surproduction de spires — sans parler de toutes les thèses créationnistes n'ont jamais présentés à ce jour.

Si les affirmations factuelles bancales étaient toujours faciles à déloger, ma chronique pourrait s'achever sur une note purement optimiste. Mais la télégonie a tenu bon soixante-dix années durant, et le fantôme de William Jennings Bryan hante à nouveau notre pays. Si j'en termine cependant sur un optimisme modéré, c'est pour recommander que nous fixions notre attention sur la deuxième partie de ce qui est peut-être l'affirmation la plus célèbre de Darwin (dans *La Descendance de l'homme*) : « Les faits erronés sont hautement préjudiciables pour le progrès de la science, car ils ont souvent une existence trop longue ; mais les théories fausses, si quelque preuve vient les étayer, ne font guère de mal, car chacun s'emploie avec joie à en prouver la nature inexacte. »

# Bibliographie


M.B. Adams, « Nikolay Ivanovich Vavilov », *Dictionary of Scientific Biography*, 15, p. 505-513, New York, Charles Scribner's Sons, 1978.

J. Adler, « The sensing of chemicals by bacteria », *Scientific American*, 1976, 234(4), p. 40-47.

E.C. Agassiz, *Louis Agassiz, sa vie et sa correspondance*, Neuchâtel, A.-G. Berthoud, 1887.

L. Agassiz, *Geological sketches*, Boston, Houghton, Mifflin, 1885 (réimpression d'essais, principalement ceux des années 1860).

J. Alcock, *Animal behavior, an evolutionary approach*, Sunderland, MA, Sinauer Associates, 1975.

L.W. Alvarez, W. Alvarez, F. Asaro et H.V. Michel, « Extraterrestrial cause for the Cretaceous-Tertiary extinction », *Science*, 1980, 208, p. 1095-1108.

Aristote, *Secondes Analytiques*, Paris, Librairie philosophique Joseph Vrin, 1962.

Aristote, *Historia animalium*, 3 vol., Lœb Classical Library Numbers 437-439, Cambridge, MA, Harvard University Press, 1965.

D.P. Barash, « Male response to apparent female adultery in the mountain bluebird : an evolutionary interpretation », *American Naturalist*, 1976, 110, p. 1097-1101.

J.B.L. Bard, « A unity underlying the different zebra striping patterns », *Journal of Zoology (London)*, 1977, 183, p. 527-539.

W. Bateson, *Materials for the study of variation*, Londres, MacMillan, 1894.

D.K. Bennett, « Stripes do not a zebra make », *Systematic Zoology*, 1980, 29, p. 272-287.

H.C. Berg, « How bacteria swim », *Scientific American*, 1975, 229(6), p. 24-37.

H.C. Berg et R.A. Anderson, « Bacteria swim by rotating their flagellar filaments », *Nature,* 1973, 245, p. 380-392.

M. Boule, *Les hommes fossiles,* Paris, Masson, 1921.

R.J. Britten et E.H. Davidson, « Repetitive and non-repetitive DNA sequences and a speculation on the origins of evolutionary novelty », *Quaterly Review of Biology,* 1971, 46, p. 111-133.

W. Buckland, *Geology and mineralogy considered with reference to natural theology,* ed. Philadelphie, Lea and Blanchard, 1841 (trad. française : *La géologie et la minéralogie dans leurs rapports avec la théologie naturelle,* Paris, Crochard, 1838, 2 vol.

R.W. Bulliet, *The camel and the wheel,* Cambridge, MA, Harvard University Press, 1975.

R.W. Burkhardt, Jr., « Closing the door on Lord Morton's Mare : the rise and fall of telegony », *Studies in the History of Biology,* 1979, 3, p. 1-21.

A. Chase, *The legacy of Malthus,* New York, A. Knopf. 1977.

P. Costello, « Teilhard and the Piltdown hoax », *Antiquity,* 1981, 45. p. 58-59.

F. Crick, *Life itself,* New York, Simon and Schuster, 1981 (traduction française : *La vie vient de l'espace,* Paris, Hachette, 1982).

C. Cuénot, *Teilhard de Chardin, a biographical study,* Baltimore, Helicon, 1965.

G. Cuvier, *Recherches sur les ossemens* (sic) *fossiles des quadrupèdes,* Paris, Deterville, 1812, 4 vol.

G. Cuvier, *Essays on the theory of the earth.* With geological illustrations, by Professor Jameson, Edimbourg, 1817.

C. Darwin, *The structure and distribution of coral reefs,* Londres, Smith, Elder, 1842 (trad. française : *Les Récifs de corail, leur structure et leur distribution,* Paris, Germer-Baillère, 1878).

C. Darwin, *On the origin of specie by means of natural selection* Londres, John Murray, 1859 (trad. française : *l'Origine des espèces,* Paris, Maspero, 1980, 2 vol.).

C. Darwin, *On the various contrivances by which British and foreign orchids are fertilized by insects,* Londres, John Murray, 1862 (trad. française : *De la fécondation des Orchidées par les insectes et les bons résultats des croisements,* Paris, C. Reinwald, 1870).

C. Darwin, *The descent of man and selection in relation to sex,* Londres. John Murray, 1871 (trad. française : *La Descendance de l'homme et la sélection sexuelle,* Paris, C. Reinwald, 1872).

C. Darwin, *The formation of vegetable mould, through the action of worms,* Londres, John Murray, 1881 (trad. française : *Rôle des vers de terre dans la formation de la terre végétale* (Paris, C. Reinwald, 1882).

G.L. Davies, *The earth in decay, a history of British geomorphology 1578-1878,* New York, American Elsevier, 1969.

B. Dawkins, *The selfish gene,* New York, Oxford University Press, 1976 (trad. française : *Le Gène égoïste,* Paris, Mengès, 1978).

W.F. Doolittle et C. Sapienza, « Selfish genes, the phenotype paradigm, and genome evolution », *Nature,* 1980, 284, p. 601-603.

N. Eldredge et S.J. Gould, « Punctuated equilibrium. An alternative to phyletic gradualism », in T.J.M. Schopf, ed., *Models in Paleobiology,* San Francisco, Freeman Cooper and C°, 1972, p. 82-115.

J.H. Fabre, *La vie des insectes,* Paris, Delagrave, 1958.

J.H. Fabre, *Les merveilles de l'instinct,* Paris, Delagrave, 1961.

A. Geikie, *The founders of geology,* Londres, MacMillan, 1905.

M. Ghiselin, *The economy of nature and the evolution of sex,* Berkeley, University of California Press, 1974.

R. Ginger, *Six days or forever ?* Boston, Beacon Press, 1958.

D.T. Gish, *Evolution ? The fossils say no !* San Diego, Creation-Life Publishers, 1979.

H.H. Goddard, « The Binet tests in relation to immigration », *Journal of Psycho-Asthenics,* 1913, 18, p. 105-107.

H.H. Goddard, « Mental tests and the immigrant », *Journal of Delinquency,* 1917, 2, p. 243-277.

R. Goldschmidt, *The material basis of evolution,* New Haven, Yale University Press, 1940 (réimprimé en 1982, avec une introduction de S.J. Gould).

S.J. Gould, « Allometric fallacies and the evolution of *Gryphaea :* A new interpretation based on White's criterion of geometric similarity », in T. Dobzhansky *et al,* ed., *Evolutionary Biology,* 1972, vol. 6, p. 91-118.

S.J. Gould, *Ever since Darwin,* New York, W.W. Norton, 1977 (trad. française : *Darwin et les grandes énigmes de la vie,* Paris, Pygmalion, 1979).

S.J. Gould, *The Panda's Thumb,* New York, W.W. Norton, 1980 (trad. française : *Le Pouce du panda,* Paris, Grasset, 1982).

S.J. Gould, *The Mismeasure of Man,* New York, W.W. Norton, 1981 (trad. française : *La Mal-mesure de l'homme,* Paris, Ramsay, 1983).

S.J. Gould et R.C. Lewontin, « The spandrels of San Marco and the Panglossian paradigm : a critique of the adaptationist programme », *Proceedings of the Royal Society, London,* 1979, Serie B, 205, p. 581-598.

S.J. Gould et Elisabeth S. Vrba, « Exaption — a missing term in the science of form », *Paleobiology,* 1982, 8(1), p. 4-15.

J.V. Grabiner et P.D. Miller, « Effects of the Scopes Trial », *Science,* 1974, 185, p. 832-837.

A. Hallam, « On the supposed evolution of *Gryphaea* in the Lias », *Geological Magazine,* 1959, 96, p. 99- 108.

A. Hampé, « Contribution à l'étude du développement et de la régulation des déficiences et des excédents dans la patte de l'embryon de poulet », *Archives d'anatomie et de microscopie morphologique,* 1959, 48, p. 345-478.

L. Harrison Matthews, « Reproduction in the spotted hyena *Crocuta crocuta* (Erxleben) », *Philosophical transactions of the Royal Society, London,* 1939, Serie B, 230, p. 1-78.

L. Harrison Matthews, *« Piltdown man — the missing links »,* parution hebdomadaire fractionnée in *New Scientist,* 30 avril-2 juillet 1981.

J. Hutton, « Theory of the earth ; or an investigation of the laws observable in the composition, dissolution, and restoration of land upon the globe », *Transactions of the Royal Society of Edinburgh,* 1788, 1, p. 209-304.

J. Hutton, *Theory of the earth, with proofs and illustrations,* Edimbourg, 1795 (trad. française : Paris, 1815).

J. Huxley, *Evolution, the modern synthesis,* Londres, George Allen and Unwin, 1942.

T. H. Huxley, « Evolution and ethics » (1893), in *Evolution and ethics and other essays,* vol. 9 (publié en 1894) des Essais de T. H. Huxley, New York, O. Appleton and Company.

E. Jarvis, « Statistics of insanity in the United States », *Boston Medical and Surgical Journal,* 1842, 27, p. 6-121 et 281-282.

E. Jarvis, « Insanity among the colored population of the Free states », *American Journal of the Medical Science,* 1844, nouvelle série, 7, p. 71-83.

W. Kirby et W. Spence, *An introduction to entomology,* 7ᵉ ed., Londres, Longman, Green, Longman, Roberts and Green, 1856.

E.J. Kollar et C. Fisher, « Tooth induction in chick epithelium : expression of quiescent genes for enamel synthesis », *Science,* 1980, 207, p. 993-995.

H. Kuuk, *The spotted hyena,* Chicago, University of Chicago Press, 1972.

E.B. Lewis, « A gene controlling segmentation in *Drosophila* », *Nature,* 1978, 276, p. 565-570.

M. Lukas, « Teilhard and the Piltdown hoax : A playful prank gone too far ? Or a deliberate scientific forgery ? Or, as it now appears, nothing at all ? » *America,* 23 mai 1981, p. 424-427.

M. Lukas, « Gould and Teilhard's « Fatal error », *Teilhard Newsletter,* 1981, 14, p. 4-6.

E. Lurie, *Louis Agassiz, a life in science,* Chicago, University of Chicago Press, 1960.

C. Lyell, *Principles of geology,* Londres, John Murray, 1830-1833 (trad. française : *Principes de géologie,* Paris, Langlois et Leclercq, 1843-1848, 4 vol.).

T.D. Lysenko, *Agrobiology, essays on problems of genetics, plant breeding and seed growing,* Moscou, Foreign Language Publishing House (réimpression de tous les articles cités dans l'essai sur Vavilov), 1954 (trad. française : *Agrobilogie,* Paris, Éditions de Moscou, 1953).

O.C. Marsh, « Recent polydactyle horses », *American Journal of Science,* 1892, 43, p. 339-355.

L.G. Marshall, S.D. Webb, J.J. Sepkoski, Jr., et D.M. Raup, « Mammalian evolution and the great American interchange », *Science,* 215, p. 1351-1357.

J. McPhee, *Basin and Range,* New York, Farrar, Straus and Giroux, 1981.

St. G. Mivart, *On the genesis of species,* Londres, MacMillan, 1871.

T.J. Moon, P.B. Mann et J.H. Otto, *Modern biology,* New York, Henry Holt and Company, 1956.

D. Nelkin, *Science textbook controversies and the politics of equal time,* Cambridge, MA, Massachusetts Institute of Technology Press, 1977.

J.B. Nelson, *Galápagos : Islands of birds,* Londres, 1968.

J.B. Nelson, *The Sulidae — gannets and bobbies,* Oxford, Oxford University Press, 1978.

S. Ohno, *Evolution by gene duplication,* New York, Spinger, 1970.

J.H. Oliver, Jr., « A mite parasitic in the cocoons of earthworms », *Journal of Parasitology,* 1962, 48, p. 120-123.

L.E. Orgel et F.H.C. Crick, « Selfish DNA : the ultimate parasite », *Nature,* 1980, 284, p. 604-607.

W.J. Ouweneel, « Developmental genetics of homeosis », *Advances in genetics,* 1976, 18, p. 179-248.

K. Pearson et M. Moul, « The problem of alien immigration into Great Britain, illustrated by an examination of Russian and Polish Jewish children », *Annals of Eugenics,* 1925, 1, p. 5-127.

T.W. Pietsch, « Dimorphism, parasitism, and sex : reproductive strategies among deep sea ceratioid anglerfishes », *Copeia,* 1976, 4, p. 781-793.

T.C. Quinn et G.B. Craig, Jr., « Phenogenetics of the homeotic mutant proboscipedia in *Aedes albopictus* », *Journal of Heredity,* 1971, 62, p. 1-12.

P.A. Racey et J.D. Skinner, « Endocrine aspects of sexual mimicry in spotted hyenas *Crocuta crocuta* », *Journal of Zoology, London,* 1979, 187, p. 315-326.

K. Ralls, « Mammals in which females are larger than males », *Quarterly Review of Biology,* 1976, 51, p. 245-276.

D.M. Raup, « Size of the Permi-Triassic bottleneck and its evolutionary implications », *Science,* 1979, 206, p. 217-218.

D.M. Raup et J.J. Sepkoski, Jr., « Mass extinctions in the marine fossil record », *Science,* 1982, 215, p. 1501-1503.

C.T. Regan, « Dwarfed males parasistic on the females in oceanic anglerfishes (Pediculati : Ceratioidea) », *Proceedings of the Royal Society,* 1925, Serie B, 97, p. 386-400.

C.T. Regan, « The pediculate fishes of the suborder Ceratioidea », *Dana Reports,* 1926, vol. 2.

K. Schmitz-Moormann, éd., *Pierre Teilhard de Chardin - l'œuvre scientifique* (édition facsimilé des œuvres scientifiques de Teilhard de Chardin, 14 vol.), Olten and Freiburg im Breisgau, Walter-Verlag, 1960.

K. Schmitz-Moormann, « Teilhard and the Piltdown hoax », *Teilhard Newsletter*, 1981, 14, p. 2-4.

J. Scopes, *Center of the storm*, New York, Holt, Rinehart and Winston, 1967.

K.E.L. Simmons, « Ecological determinants of breeding adaptations and social behavior in two fish-eating birds », in J.H. Crook, éd., *Social behavior in birds and mammals*, Londres, Academic Press, 1970.

W. Stanton, *The leopard's spot : scientific attitudes towards race in America 1815-1859*, Chicago, University of Chicago Press, 1960.

N. Steno, *De Solido intra solidum naturaliter contento dissertationis prodromus*, 1969, New York, Macmillan, 1916.

B.B. Stenzel, « Oysters », *Treatise on Invertebrate Paleontology*, Part N, Volume 3, Mollusca 6, Bivalvia. Geological Society of America and the University of Kansas, 1971.

G. Struhl, « A gene product required for correct initiation of segmental determination in *Drosophila* », *Nature*, 1981,293, p. 36-41.

S. Tamm, « Relations between membrane movements and cytoplasmic structures during rotational motility of a termite flagellate », Abstracts, Cold Spring Harbor Cytoskeleton Meetings, 1978, p. 89.

P. Teilhard de Chardin, « Le cas de l'homme de Piltdown », *Revues des questions scientifiques*, 1920, n° 27, p. 149-155.

P. Teilhard de Chardin, *Œuvres de Pierre Teilhard de Chardin*, (édition complète des lettres et ouvrages généraux, 13 vol.), Paris, Éditions du Seuil, 1955-1976.

P. Teilhard de Chardin, *Lettres d'Hastings et de Paris 1909-1914*, Paris, Aubier, Éditions Montaigne, 1965.

P. Teilhard de Chardin, *Le Phénomène humain*, Paris, Éditions du Seuil, 1955.

D.W. Thompson, *Growth and form*, Cambridge, Cambridge University Press, 1942.

W.H. Thorpe, *Learning and instinct in animals*, Cambridge, MA, Harvard University Press, 1956.

A.E. Trueman, « On the use of *Gryphaea* in the correlation of the Lower Lias », *Geological Magazine*, 1922, 59, p. 256-268.

N.I. Vavilov, « The law of homologous series in variation », *Journal of Genetics*, 1922, 12, p. 47-89.

J.S. Weiner, *The Piltdown forgery*, Londres, Oxford University Press, 1955.

A. Winchell, *Sketches of cration*, New York, Harper and Brothers, 1870.

A.E. Wood, « What, if anything, a rabbit ? » *Evolution*, 1957, 11, p. 417-425.

# Index

# Table des matières